国家出版基金项目

中国煤矿生态技术与管理

煤矿区生态环境监测技术

编　著◎汪云甲　毛　缜　肖　昕　袁丽梅
　　　　赵银娣　杨永均　闫志刚　徐嘉兴
　　　　刁鑫鹏　秦　凯　朱雪强
主　审◎吴　侃　王丽萍　冯启言　雷少刚
　　　　何士龙

中国矿业大学出版社
·徐州·

内 容 提 要

矿区生态环境监测是以准确、及时、全面反映矿区生态环境状况及其变化趋势为目的而开展的监测活动,包括环境质量、污染源和生态状况监测。矿区生态环境监测是矿区生态环境保护及绿色矿山建设的重要基础。本书根据作者多年研究成果及国内外相关最新研究成果编著。全书共十章,分别为煤矿区生态环境系统特点、矿区生态环境监测的基本要素与程序、矿区地表沉陷监测、矿区土地破坏监测、矿区植被退化监测、矿区水环境监测、矿区大气环境监测、矿区土壤环境监测、矿区生态环境评价及预警、矿区生态环境监测信息系统。

本书可供从事环境、测绘、采矿、地质、土地、管理等专业的科技工作者、研究生和本科生参考使用。

图书在版编目(C I P)数据

煤矿区生态环境监测技术/汪云甲等编著. —徐州:
中国矿业大学出版社,2023.12
　ISBN 978 - 7 - 5646 - 5296 - 8

Ⅰ. ①煤…　Ⅱ. ①汪…　Ⅲ. ①煤矿—矿山环境—生态
环境—环境监测—研究　Ⅳ. ①X322

中国版本图书馆 CIP 数据核字(2021)第 275350 号

书　　　名	煤矿区生态环境监测技术
编　　　著	汪云甲　毛　缜　肖　昕　袁丽梅　赵银娣　杨永均 闫志刚　徐嘉兴　刁鑫鹏　秦　凯　朱雪强
责任编辑	周　红
出版发行	中国矿业大学出版社有限责任公司
	(江苏省徐州市解放南路　邮编 221008)
营销热线	(0516)83885370　83884103
出版服务	(0516)83995789　83884920
网　　　址	http://www.cumtp.com　E-mail:cumtpvip@cumtp.com
印　　　刷	苏州市古得堡数码印刷有限公司
开　　　本	787 mm×1092 mm　1/16　**印张** 25.75　**字数** 643 千字
版次印次	2023 年 12 月第 1 版　2023 年 12 月第 1 次印刷
定　　　价	168.00 元

(图书出现印装质量问题,本社负责调换)

《中国煤矿生态技术与管理》
丛书编委会

丛书总负责人：卞正富

分册负责人：

《井工煤矿土地复垦与生态重建技术》　　卞正富

《露天煤矿土地复垦与生态重建技术》　　白中科

《煤矿水资源保护与污染防治技术》　　冯启言

《煤矿区大气污染防控技术》　　王丽萍

《煤矿固体废物利用技术与管理》　　李树志

《煤矿区生态环境监测技术》　　汪云甲

《绿色矿山建设技术与管理》　　郭文兵

《西部煤矿区环境影响与生态修复》　　雷少刚

《煤矿区生态恢复力建设与管理》　　张绍良

《矿山生态环境保护政策与法律法规》　　胡友彪

《关闭矿山土地建设利用关键技术》　　郭广礼

《煤炭资源型城市转型发展》　　李效顺

丛书序言

中国传统文化的内核中蕴藏着丰富的生态文明思想。儒家主张"天人合一",强调人对于"天"也就是大自然要有敬畏之心。孔子最早提出"天何言哉?四时行焉,百物生焉,天何言哉?"(《论语·阳货》),"君子有三畏:畏天命,畏大人,畏圣人之言。"(《论语·季氏》)。他对于"天"表现出一种极强的敬畏之情,在君子的"三畏"中,"天命"就是自然的规律,位居第一。道家主张无为而治,不是说无所作为,而是要求节制欲念,不做违背自然规律的事。佛家主张众生平等,体现了对生命的尊重,因此要珍惜生命、关切自然,做到人与环境和谐共生。

中国共产党在为中国人民谋幸福、为中华民族谋复兴的现代化进程中,从中华民族永续发展和构建人类命运共同体高度,持续推进生态文明建设,不断强化"绿水青山就是金山银山"的思想理念,生态文明法律体系与生态文明制度体系得到逐步健全与完善,绿色低碳的现代化之路正在铺就。党的十七大报告中提出"建设生态文明,基本形成节约能源资源和保护生态环境的产业结构、增长方式、消费模式",这是党中央首次明确提出建设生态文明,绿色发展理念和实践进一步丰富。这个阶段,围绕转变经济发展方式,以提高资源利用效率为核心,以节能、节水、节地、资源综合利用和发展循环经济为重点,国家持续完善有利于资源能源节约和保护生态环境的法律和政策,完善环境污染监管制度,建立健全生态环保价格机制和生态补偿机制。2015年9月,中共中央、国务院印发了《生态文明体制改革总体方案》,提出了建立健全自然资源资产产权制度、国土空间开发保护制度、空间规划体系、资源总量管理和全面节约制度、资源有偿使用和生态补偿制度、环境治理体系、环境治理和生态保护市场体系、生态文明绩效评价考核和责任追究制度等八项制度,成为生态文明体制建设的"四梁八柱"。党的十八大以来,习近平生态文明思想确立,"绿水青山就是金山银山"的理念使得绿色发展进程前所未有地加快。党中央把生态文明建设作为统筹推进"五位一体"总体布局和协调推进"四个全面"战略布局的重要内容,提出创新、协调、绿色、开放、共享的新发展理念,污染治理力度之大、制度出台频度之密、监管执法尺度之严、环境质量改善速度之快前所未有。

面对资源约束趋紧、环境污染严重、生态系统退化加剧的严峻形势,生态文明建设成为关系人民福祉、关乎民族未来的一项长远大计,也是一项复杂庞大的系统工程。我们必须树立尊重自然、顺应自然、保护自然,发展和保护相统一,"绿水青山就是金山银山""山水林田湖草沙是生命共同体"的生态文明理念,站在推进国家生态环境治理体系和治理能力现代化的高度,推动生态文明建设。

国家出版基金项目"中国煤矿生态技术与管理"系列丛书,正是在上述背景下获得立项支持的。

我国是世界上最早开发和利用煤炭资源的国家。煤炭的开发与利用,有力地推动了社会发展和进步,极大地便利和丰富了人民的生活。中国 2 500 年前的《山海经》,最早记载了煤并称之为"石湼"。从辽宁沈阳发掘的新乐遗址内发现多种煤雕制品,证实了中国先民早在 6 000~7 000 年前的新石器时代,已认识和利用了煤炭。到了周代(公元前 1122 年)煤炭开采已有了相当发展,并开始了地下采煤。彼时采矿业就有了很完善的组织,采矿管理机构中还有"中士""下士""府""史""胥""徒"等技术管理职责的分工,这既说明了当时社会阶层的分化与劳动分工,也反映出矿业有相当大的发展。西汉(公元前 206—公元 25 年)时期,开始采煤炼铁。隋唐至元代,煤炭开发更为普遍,利用更加广泛,冶金、陶瓷行业均以煤炭为燃料,唐代开始用煤炼焦,至宋代,炼焦技术已臻成熟。宋朝苏轼在徐州任知州时,为解决居民炊爨取暖问题,积极组织人力,四处查找煤炭。经过一年的不懈努力,在元丰元年十二月(1079 年初)于徐州西南的白土镇,发现了储量可观、品质优良的煤矿。为此,苏东坡激动万分,挥笔写下了传诵千古的《石炭歌》:"君不见前年雨雪行人断,城中居民风裂骭。湿薪半束抱衾裯,日暮敲门无处换。岂料山中有遗宝,磊落如磐万车炭。流膏迸液无人知,阵阵腥风自吹散。根苗一发浩无际,万人鼓舞千人看。投泥泼水愈光明,烁玉流金见精悍。南山栗林渐可息,北山顽矿何劳锻。为君铸作百炼刀,要斩长鲸为万段。"《石炭歌》成为一篇弥足珍贵的煤炭开采利用历史文献。元朝都城大都(今北京)的西山地区,成为最大的煤炭生产基地。据《元一统志》记载:"石炭煤,出宛平县西十五里大谷(峪)山,有黑煤三十余洞。又西南五十里桃花沟,有白煤十余洞""水火炭,出宛平县西北二百里斋堂村,有炭窑一所"。由于煤窑较多,元朝政府不得不在西山设官吏加以管理。为便于煤炭买卖,还在大都内的修文坊前设煤市,并设有煤场。明朝煤炭业在河南、河北、山东、山西、陕西、江西、安徽、四川、云南等省都有不同程度的发展。据宋应星所著的《天工开物》记载:"煤炭普天皆生,以供锻炼金石之用",宋应星还详细记述了在冶铁中所用的煤的品种、使用方法、操作工艺等。清朝从清初到道光年间对煤炭生产比较重视,并对煤炭开发采取了扶持措施,至乾隆年间(1736—1795 年),出现了我国古代煤炭开发史上的一个高潮。17 世纪以前,我国的煤炭开发利用技术与管理一直领先于其他国家。由于工业化较晚,17 世纪以后,我国煤炭开发与利用技术开始落后于西方国家。

中国正式建成的第一个近代煤矿是台湾基隆煤矿,1878年建成投产出煤,1895年台湾沦陷时关闭,最高年产为1881年的54 000 t,当年每工工效为0.18 t。据统计,1875—1895年,我国先后共开办了16个煤矿。1895—1936年,外国资本在中国开办的煤矿就有32个,其产量占全国煤炭产量总数的1/2～2/3。在同一时期,中国民族资本亦先后开办了几十个新式煤矿,到1936年,中国年产5万t以上的近代煤矿共有61个,其中年产达到60万t以上的煤矿有10个(开滦、抚顺、中兴、中福、鲁大、井陉、本溪、西安、萍乡、六河沟煤矿)。1936年,全国产煤3 934万t,其中新式煤矿产量2 960万t,劳动效率平均每工为0.3 t左右。1933年,煤矿工人已经发展到27万人,占当时全国工人总数的33.5%左右。1912—1948年间,原煤产量累计为10.27亿t[①]。这期间,政府制定了矿业法,企业制定了若干管理章程,使管理工作略有所循,尤其明显进步的是,逐步开展了全国范围的煤田地质调查工作,初步搞清了中国煤田分布与煤炭储量。

我国煤炭产量从1949年的3 243万t增长到2021年的41.3亿t,1949—2021年累计采出煤炭937.8亿t,世界占比从2.37%增长到51.61%(据中国煤炭工业协会与IEA数据综合分析)。原煤全员工效从1949年的0.118 t/工(大同煤矿的数据)提高到2018年全国平均8.2 t/工,2018年同煤集团达到88 t/工;百万吨死亡人数从1949年的22.54下降到2021年的0.044;原煤入选率从1953年的8.5%上升到2020年的74.1%;土地复垦率从1991年的6%上升到2021年的57.5%;煤矸石综合利用处置率从1978年的27.0%提高到2020年的72.2%。从2014年黄陵矿业集团有限责任公司黄陵一矿建成全国第一个智能化示范工作面算起,截至2021年年底,全国智能化采掘工作面已达687个,其中智能化采煤工作面431个、智能化掘进工作面256个,已有26种煤矿机器人在煤矿现场实现了不同程度的应用。从生产效率、百万吨死亡人数、生态环保(原煤入选率、土地复垦率以及煤矸石综合利用处置率)、智能化开采水平等视角,我国煤炭工业大致经历了以下四个阶段。第一阶段,从中华人民共和国成立到改革开放初期,我国煤炭开采经历了从人工、半机械化向机械化再向综合机械化采煤迈进的阶段。中华人民共和国成立初期,以采煤方法和采煤装备的科技进步为标志,我国先后引进了苏联和波兰的采煤机,煤矿支护材料开始由原木支架升级为钢支架,但还没有液压支架。而同期西方国家已开始进行综合机械化采煤。1970年11月,大同矿务局煤峪口煤矿进行了综合机械化开采试验,这是我国第一个综采工作面。这次试验为将综合机械化开采确定为煤炭工业开采技术的发展方向提供了坚实依据。从中华人民共和国成立到改革开放初期,除了1949年、1950年、1959年、1962年的百万吨死亡人数超过

---

① 《中国煤炭工业统计资料汇编(1949—2009)》,煤炭工业出版社,2011年。

10 以外,其余年份均在 10 以内。第二阶段,从改革开放到进入 21 世纪前后,我国煤炭工业主要以高产高效矿井建设为标志。1985 年,全国有 7 个使用国产综采成套设备的综采队,创年产原煤 100 万 t 以上的纪录,达到当时的国际先进水平。1999 年,综合机械化采煤产量占国有重点煤矿煤炭产量的 51.7%,较综合机械化开采发展初期的 1975 年提高了 26 倍。这一时期开创了综采放顶煤开采工艺。1995 年,山东兖州矿务局兴隆庄煤矿的综采放顶煤工作面达到年产 300 万 t 的好成绩;2000 年,兖州矿务局东滩煤矿综采放顶煤工作面创出年产 512 万 t 的纪录;2002 年,兖矿集团兴隆庄煤矿采用"十五"攻关技术装备将综采放顶煤工作面的月产和年产再创新高,达到年产 680 万 t。同时,兖矿集团开发了综采放顶煤成套设备和技术。这一时期,百万吨死亡人数从 1978 年的 9.44 下降到 2001 年的 5.07,下降幅度不大。第三阶段,煤炭黄金十年时期(2002—2011 年),我国煤炭工业进入高产高效矿井建设与安全形势持续好转时期。煤矿机械化程度持续提高,煤矿全员工效从 21 世纪初的不到 2.0 t/工上升到 5.0 t/工以上,百万吨死亡人数从 2002 年的 4.64 下降到 2012 年的 0.374。第四阶段,党的十八大以来,煤炭工业进入高质量发展阶段。一方面,在"绿水青山就是金山银山"理念的指引下,除了仍然重视高产高效与安全生产,煤矿生态环境保护得到前所未有的重视,大型国有企业将生态环保纳入生产全过程,主动履行生态修复的义务。另一方面,随着人工智能时代的到来,智能开采、智能矿山建设得到重视和发展。2016 年以来,在落实国务院印发的《关于煤炭行业化解过剩产能实现脱困发展的意见》方面,全国合计去除 9.8 亿 t 产能,其中 7.2 亿 t(占 73.5%)位于中东部省区,主要为"十二五"期间形成的无效、落后、枯竭产能。在淘汰中东部落后产能的同时,增加了晋陕蒙优质产能,因而对全国总产量的影响较为有限。

虽然说近年来煤矿生态环境保护得到了前所未有的重视,但我国的煤矿环境保护工作或煤矿生态技术与管理工作和全国环境保护工作一样,都是从 1973 年开始的。我国的工业化虽晚,但我国对环保事业的重视则是较早的,几乎与世界发达工业化国家同步。1973 年 8 月 5—20 日,在周恩来总理的指导下,国务院在北京召开了第一次全国环境保护会议,取得了三个主要成果[①]:一是做出了环境问题"现在就抓,为时不晚"的结论;二是确定了我国第一个环境保护工作方针,即"全面规划、合理布局、综合利用、化害为利、依靠群众、大家动手、保护环境、造福人民";三是审议通过了我国第一部环境保护的法规性文件——《关于保护和改善环境的若干规定》,该法规经国务院批转执行,我国的环境保护工作至此走上制度化、法治化的轨道。全国环境保护工作首先从"三废"治理开始,煤矿是"三废"排放较为突出的行业。1973 年起,部分矿务局开始了以"三废"治

---

① 《中国环境保护行政二十年》,中国环境科学出版社,1994 年。

理为主的环境保护工作。"五五"后期,设专人管理此项工作,实施了一些零散工程。"六五"期间,开始有组织、有计划地开展煤矿环境保护工作。"五五"到"六五"煤矿环保工作起步期间,取得的标志性进展表现在[①]:① 组织保障方面,1983 年 1 月,煤炭工业部成立了环境保护领导小组和环境保护办公室,并在平顶山召开了煤炭工业系统第一次环境保护工作会议,到 1985 年年底,全国统配煤矿基本形成了由煤炭部、省区煤炭管理局(公司)、矿务局三级环保管理体系。② 科研机构与科学研究方面,在中国矿业大学研究生部环境工程研究室的基础上建立了煤炭部环境监测总站,在太原成立了山西煤管局环境监测中心站,也是山西省煤矿环境保护研究所,在杭州将煤炭科学研究院杭州研究所确定为以环保科研为主的部直属研究所。"六五"期间的煤炭环保科技成效包括:江苏煤矿设计院研制的大型矿用酸性水处理机试运行成功后得到推广应用;汾西矿务局和煤炭科学研究院北京煤化学研究所共同研究的煤矸石山灭火技术通过评议;煤炭科学研究院唐山分院承担的煤矿造地复田研究项目在淮北矿区获得成功。③ 人才培养方面,1985 年中国矿业大学开设环境工程专业,第一届招收本科生 30 人,还招收17 名环保专业研究生和 1 名土地复垦方向的研究生。"六五"期间先后举办 8 期短训班,培训环境监测、管理、评价等方面急需人才 300 余名。到 1985 年,全国煤炭系统已经形成一支 2 500 余人的环保骨干队伍。④ 政策与制度建设方面,第一次全国煤炭系统环境保护工作会议确立了"六五"期间环境保护重点工作,认真贯彻"三同时"方针,煤炭部先后颁布了《关于煤矿环保涉及工作的若干规定》《关于认真执行基建项目环境保护工程与主体工程实行"三同时"的通知》,并起草了关于煤矿建设项目环境影响报告书和初步设计环保内容、深度的规定等规范性文件。"六五"期间,为应对煤矿塌陷土地日益增多、矿社(农)矛盾日益突出的形势,煤炭部还积极组织起草了关于《加强造地复田工作的规定》,后来上升为国务院颁布的《土地复垦规定》。⑤ 环境保护预防与治理工作成效方面,建设煤炭部、有关省、矿务局监测站 33 处;矿井水排放量 14.2 亿 m³,达标率 76.8%;煤矸石年排放量 1 亿 t,利用率 27%;治理自然发火矸石山 73 座,占自燃矸石山总数的 31.5%;完成环境预评价的矿山和选煤厂 20 多处,新建项目环境污染得到有效控制。

回顾我国煤炭开采与利用的历史,特别是中华人民共和国成立后煤炭工业发展历程和煤矿环保事业起步阶段的成就,旨在出版本丛书过程中,传承我国优秀文化传统,发扬前人探索新型工业化道路不畏艰辛的精神,不忘"开发矿业、造福人类"的初心,在新时代做好煤矿生态技术与管理科技攻关及科学普及工作,让我国从矿业大国走向矿业强国,服务中华民族伟大复兴事业。

---

① 《当代中国的煤炭工业》,中国社会科学出版社,1988 年。

　　针对中国煤矿开采技术发展现状和煤矿生态环境管理存在的问题,本丛书包括十二部著作,分别是:井工煤矿土地复垦与生态重建技术、露天煤矿土地复垦与生态重建技术、煤矿水资源保护与污染防治技术、煤矿区大气污染防控技术、煤矿固体废物利用技术与管理、煤矿区生态环境监测技术、绿色矿山建设技术与管理、西部煤矿区环境影响与生态修复、煤矿区生态恢复力建设与管理、矿山生态环境保护政策与法律法规、关闭矿山土地建设利用关键技术、中国煤炭资源型城市转型发展。

　　丛书编撰邀请了中国矿业大学、中国地质大学(北京)、河南理工大学、安徽理工大学、中煤科工集团等单位的专家担任主编,得到了中煤科工集团唐山研究院原院长崔继宪研究员,安徽理工大学校长、中国工程院袁亮院士,中国地质大学校长、中国工程院孙友宏院士,河南理工大学党委书记邹友峰教授等的支持以及崔继宪等审稿专家的帮助和指导。在此对国家出版基金表示特别的感谢,对上述单位的领导和审稿专家的支持和帮助一并表示衷心的感谢!

　　丛书既有编撰者及其团队的研究成果,也吸纳了本领域国内外众多研究者和相关生产、科研单位先进的研究成果,虽然在参考文献中尽可能做了标注,难免挂一漏万,在此,对被引用成果的所有作者及其所在单位表示最崇高的敬意和由衷的感谢。

卞正富

2023 年 6 月

本书前言

　　生态环境监测是生态环境保护的基础,是生态文明建设的重要支撑。自20世纪70年代以来,我国生态环境监测事业从无到有,由小到大,不断发展完善,经过了镜像反映生态环境变化、支撑考核评估、智慧监测等阶段,实现了从手工到自动、从粗放到精准、从分散封闭到集成联动、从现状监测到预测预警的转变,为在更高水平上推进生态环境现代化奠定了基础。党的十八大以来,以习近平同志为核心的党中央高度重视生态环境监测工作。2023年,习近平总书记在全国生态环境保护大会上指出要"加快建立现代化生态环境监测体系"。《中共中央 国务院关于全面推进美丽中国建设的意见》中,将加快建立现代化生态环境监测体系作为一项重要任务,要求健全天空地海一体化监测网络,加强生态、温室气体、地下水、新污染物等监测能力建设,实现降碳、减污、扩绿协同监测全覆盖。生态环境部印发《关于加快建立现代化生态环境监测体系的实施意见》指出要充分应用人工智能、区块链、物联网等符合新质生产力发展要求的新技术,全面推进智慧监测,并建立覆盖全部监测活动的"人机料法环测"全过程质量管理体系,保障全国环境质量监测数据真、准、全。

　　随着生态环境保护要求的提高及科技进步,生态环境监测的定义、内涵及方法、手段也不断拓展。一般而言,生态环境监测就是运用化学、物理、生物、医学、遥测、遥感、计算机等现代科技手段监视、测定、监控反映生态环境质量及其变化趋势的各种标志数据,从而对生态环境质量作出综合评价。从工作范围讲,生态环境监测是指以山水林田湖草生命共同体为对象,以准确、及时、全面反映生态环境状况及其变化趋势为目的而开展的监测活动,包括环境质量、污染源和生态状况监测。其中,环境质量监测以掌握环境质量状况及变化趋势为目的,涵盖大气(含温室气体)、地表水、地下水、海洋、土壤、辐射、噪声等全部环境要素;污染源监测以掌握污染源排放状况及变化趋势为目的,涵盖固定源、移动源、面源等全部排放方式;生态状况监测以掌握生态系统数量、质量、结构和服务功能的时空格局及其变化趋势为目的,涵盖森林、草原、湿地、荒漠、水体、农田、城市、海洋等全部典型生态系统。环境质量监测、污染源监测和生态状况监测三者之间互相关联、互相影响、互相作用。

煤矿区生态环境损害种类多,时空变化复杂,交叉影响,生态保护与恢复的难度大、要求各异、任务艰巨,生态环境监测尤为重要。我国煤矿区生态环境监测从 20 世纪 80 年代之后有了长足发展,煤炭工业系统第一次环境保护工作会议后就建设了一批环境监测站,五十多年来一直是煤炭行业关注的热点,做了大量探索及实践。中国矿业大学"九五"期间就将"矿区生态环境监测与治理"列入国家"211"重点学科建设项目,此后在国家"211 工程""985 工程优势学科创新平台"和国家"双一流"多期项目中一直将矿区生态环境监测列为重要建设内容,在煤矿区生态环境天空地井(卫星遥感监测-无人机监测-地面监测-井下监测)多源协同感知认知中取得重要进展,为矿区环境保护与绿色矿山建设、土地复垦与生态重建提供了关键技术及信息支撑。

本书在作者相关科研与教学实践,参考国内外典型研究及实践案例,考虑内容系统性、代表性、先进性基础上,在汪云甲、毛缤、肖昕、袁丽梅、赵银娣、杨永均、闫志刚、徐嘉兴、刁鑫鹏、秦凯、董霁红等反复讨论基础上,由汪云甲确定章节目录。具体编写分工如下:第一章、第二章由毛缤编写(遥感监测相关内容由徐嘉兴编写),第三章由刁鑫鹏编写,第四章由赵银娣编写,第五章由杨永均编写,第六章由肖昕编写(遥感监测相关内容由赵银娣编写、地下水相关内容由朱雪强编写),第七章由袁丽梅编写(秦凯提供了章末的案例),第八章由肖昕编写,第九章由徐嘉兴编写,第十章由闫志刚编写,全书由汪云甲修改、定稿。吴侃、冯启言、王丽萍、雷少刚、何土龙教授审阅了书稿内容,并提出了修改意见,在此一并表示感谢。本书的书版得到了国家出版基金、高等学校引智计划(111)项目的资助。

煤炭开发活动具有较强的时间持续性、空间扩展性,开发周期长,对矿区生态环境系统扰动形式多,影响来源广,机理复杂。矿区生态环境具有综合性、空间性、动态性、后效性、不确定性等特征。我国对生态环境监测、煤矿生态环境保护等工作的重视程度及要求不断提高,国务院有关部委陆续发布了《关于加快建立现代化生态环境监测体系的实施意见》《关于加快建设绿色矿山的实施意见》《矿山地质环境保护规定》等文件,相关科技的日新月异发展为煤矿区生态环境监测提供了新机遇、新要求、新挑战。如何使得煤矿区生态环境监测变得更高精度、更快速度、更广覆盖、更智能化,需解决的问题很多。希望本书的出版能对该领域的教学科研及科技进步起促进作用。

由于作者水平所限,本书难免存在诸多不足,欢迎大家批评指正。

编著者

2023 年 6 月

目　录

第一章 矿区生态环境系统特点

　　煤矿区通常指以采煤作为重要的经济活动的地区,在此区域中煤矿开采会对社会、环境产生巨大影响。因此,不同于单纯的自然生态系统,煤矿区生态环境系统是一个建立在自然生态系统上的,受煤矿开采活动影响的,复杂的多目标、多层次、多功能的动态生态系统。本章在对矿区生态环境这一概念进行解释的同时,详细地阐述了煤炭开发对矿区生态环境系统造成的影响;划分了矿区生态环境系统的结构,列举出矿区生态环境系统的功能;对不同的矿区生态环境系统进行分类,同时说明了各个类型矿区生态环境系统所具有的特点。

第一节 生态环境系统

一、生态环境的界定

　　生态环境有多个定义。有些学者认为生态和环境是两个不同的科学概念,不赞成将"生态环境"作为一个统一的新术语使用;另外一些学者肯定"生态环境"这一术语的科学性,但强调其生态学属性,认为生态环境应以生物为中心加以考虑。主要有以下几种定义:① 生态环境是指除人类以外的生态系统中不同层次的生物所组成的生命系统,强调除人类以外的生物群体。② 生态环境是由各种自然要素构成的自然系统,具有环境与资源的双重属性。③ 生态环境即生物的生存环境。④ 以人类为中心的生态环境概念,其中比较有代表性的有马乃喜教授提出的生态环境,是自然生态环境与社会生态环境共同组成的统一体的概念。我国著名学者马世骏、王如松等提出的生态环境是一个自然-社会-经济复合系统的概念(马世俊 等,1984)。

　　本书倾向于生态环境是一个复合系统的观点。人类赖以生存的环境是一个自然、社会、经济复合系统,在这个系统中,一定区域的人口、资源、环境、经济、社会等子系统相互作用、相互影响、相互制约,从而构成具有一定结构和功能的有机整体。同时人类也拥有自然属性和社会属性,能在一定生产方式下干预自然界的物质循环和能量流动,从而间接影响自身的生存和发展。因此,这里所讲的环境是以人为中心的环境,生态环境也是指人类生存的自然环境与社会环境。

二、矿区生态环境系统

　　矿区,可从狭义和广义两个方面来理解。狭义的矿区是指采矿工业所涉及的地域空间,包括埋藏在地下的矿产资源开采范围和影响范围;广义的矿区是指以矿产资源开发和利用为主导产业发展起来的,使人口聚集在一起、并辐射一定范围而形成的经济与行政社区。本书所述矿区指广义的矿区,具体概念为统一规划和开发的煤田以及与其相应的配套设施区域,包括若干矿井或露天矿区域,有完整的生产工艺、地面运输、电力供应、通信调度、生产管理及生活服务等设施。从功能区划上可把矿区划分为已开发利用矿产资源的生产作业区和职工及其家属生活区。

矿区生态环境系统则是指在矿区范围内人类生产生活的自然环境和进行矿产资源开发利用所涉及的社会环境的总和。因此,矿区生态环境系统既具有一般生态系统的特点,又具有矿区独有的特征;既包含矿区范围内的自然生态系统,也包括矿区范围内的人为建造的社会经济环境;是一个关系复杂的多目标、多层次、多功能的复合动态生态环境系统。目前对于矿区生态环境的研究已从传统的只关注于污染的研究,逐渐转向研究采矿活动对于矿区生态环境质量、生态格局、生态过程、生态功能的研究。

第二节　矿区生态环境系统受煤炭开发的影响

煤炭作为主要能源,促进了社会的发展与进步,极大地便利和丰富了人民的生活,同时煤炭开发也给人类赖以生存的生态环境带来了深刻的影响。

一、煤炭开发对矿区生态环境系统的影响

常用的煤炭开采方式主要有露天开采和井工开采。但无论哪种开采方式都会对矿区生态环境系统带来巨大的影响。

(一)煤炭开发对矿区生态环境影响的形式

煤炭资源开发利用对矿区生态环境的影响主要包括采矿和选矿两个主要环节。采矿活动属于自然资源开发,由于所处区域与自然生态环境交织在一起,所以其一切活动都会影响到生态系统,在选矿加工过程中排放的各种有害污染物,则通过各种途径污染生态环境。煤炭资源开发对周围生态环境的破坏和扰动的形式主要表现在以下几个方面。

1. 挖损

露天采矿是一个需要将矿体上覆盖物剥离并移走,得到所需矿物的过程。这一过程,原地表形态、植被覆盖、土地利用类型、生物种群等遭到完全破坏,矿区的原生态系统不复存在。因此,挖损会对矿区生态系统造成毁灭性的破坏。

2. 固废压占

在矿井建设过程中,排土和废弃物会压占土地。在选矿过程中,废石、废渣、尾矿、煤矸石等固体废弃物压占了大量的土地,被压占的土地及其周围的生态环境受到严重破坏。固体废弃物压占土地、导致各种土地利用类型转变为废弃地,原生态系统完全被破坏;按照废弃物种类的不同,固废压占分为压占、废渣尾矿压占和煤矸石压占等。

3. 塌陷

井工开采时,地下采煤活动形成采空区并逐渐扩大到一定范围后,岩土原有平衡力遭到破坏,地表发生下沉和水平变形,最终形成塌陷盆地。塌陷区内土地覆盖、生物种群等均遭到不同程度的破坏,原有的生态环境发生了一系列的变化,造成生态系统功能下降,甚至完全丧失。在东部平原高潜水位矿区,塌陷地区还会导致大面积积水区出现,土地和生态环境遭到严重破坏。

4. 建设占地

矿井建设和投产过程中,矿井、厂房、运煤铁路、排土道路、选煤场、通风排水管道的工

业广场、供电通信线路等建设用地占用了大量的土地。矿区土地主要由农田、草地等土地利用类型转变而来,这种转变导致农田景观生态系统向工矿建设用地生态系统转变,破坏了原有的土地生态系统,对生态环境影响较大。

5.废弃物排放

矿区生态环境的主要污染物来源有尾矿、废渣、矿井废水、煤矸石及其他固体废弃物等。这些废弃物不仅压占了大量的土地,并在长期的露天暴晒条件下,氧化、风蚀、溶滤等过程会使得废弃物中有毒矿物质随水流入地表水、地下水中,污染周边的土壤和水体,造成生态环境的恶化。此外,随矿井通风排出的 CO、H_2S、SO_2、SO_2(煤矸石自燃产生)、NO_2 等有害气体,在空气中氧化为酸,随雨水降落地面,形成酸雨,使土壤发生酸化和盐渍化,影响农作物生长。总之,矿区废弃物的排放,会导致严重的土壤污染、大气污染和水污染,对生态环境影响极为严重。

(二)煤炭资源开发对生态要素的影响

煤炭资源开采导致地表、地下不同程度的破坏,其作用于整个矿区范围内,使得各生态要素均受到不同程度的影响。由于矿区生态系统自身的特点,煤炭资源开采对不同生态要素的影响在不同的矿区、不同生命周期具有不同的表现形式,或直接或间接。不同的生态要素之间又紧密联系、相互影响,具有较强的相关性。通过图 1-1 可以看出,煤炭资源开发对矿区生态要素影响种类繁多,且各响应因素之间又相互影响,表现形式复杂,这里仅对矿区主要的生态要素响应进行分析。

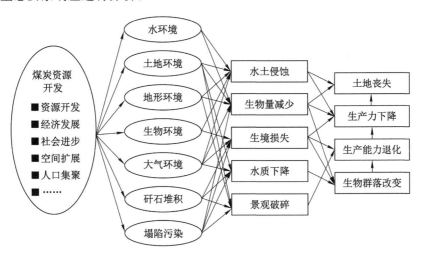

图 1-1　煤炭资源开发的生态环境效应示意图

1.对土地以及周边环境的影响

煤炭资源的开发和利用对土地资源造成了严重破坏,直接改变了矿区地表的土地利用与土地覆被。煤炭资源露天开采和井工开采,使原地表、地质层都会出现变化,如地表变形、塌陷。在挖损过程中,表层土壤被搬运至排土场,直接摧毁了原生物种群。此外,废矿、废渣、煤矸石等压占大量的土地,导致原土地景观逐年减少,挖损土地和压占地持续增加。

煤炭资源开发后地表的变化是由采矿的方式决定的。露天开采方式将会严重改变原有的自然景观,移除现有的植被,破坏土壤结构,危及野生动植物和生境,降低空气质量,改变土地用途及地形。更值得关注的是,煤炭资源开采过程中土壤的移动、储存和重新分配会破坏土壤微生物群落的改变,从而破坏养分循环过程。而井工开采方式会引起地表的塌陷,破坏地表结构,干扰土壤的养分循环,并通过干扰自然排水而破坏溪流和河流的流动。大量堆积的矸石还可能产生酸性水,这些酸性水渗入水道和含水层,对生态和人类健康造成影响。

露天开采几乎破坏了景观原有因素,覆盖在煤层上的土壤和岩石覆盖层被剥离并搬走后可能会导致表土的流失、暴露母质,在采掘场地形成地面坑洼、岩石裸露的景观,或形成水坑。

井工开采过程中,采空区上覆岩层的原始应力平衡状态受到破坏,依次发生垮落、断裂、弯曲等移动变形,最终涉及地表,形成一个比采空区面积大得多的近似椭圆形的下沉盆地,称之为矿区塌陷地。塌陷地内的土地将发生一系列变化,造成土地生产力的下降或完全丧失。矿山塌陷会对地表产生重大影响,在越是发达的地区破坏性越大。在东部平原高潜水位矿区,井工开采导致地表下沉,形成采煤塌陷地。据不完全统计,截至 2017 年,我国 23 个省份 151 个县(市区)分布有 2 万 km^2 采煤塌陷区,其中涉及城乡建设用地面积占比 20%～25%。根据 59 个矿区采出煤量与塌陷面积统计数据计算万吨塌陷率平均值约为 0.002 6 km^2/万 t,预计今后一段时间内每年增加塌陷面积超过 884 km^2(胡炳南 等,2021)。

塌陷对土地破坏的类型主要有水渍化、盐渍化、裂缝和地表倾斜。地表塌陷造成潜水位相对上升,当上升到作物根系所及的深度时,便产生水渍化。在我国东部潜水位较高的煤矿区,如枣庄、兖州、大屯、淮南、淮北、徐州等矿区水渍化相当普遍。如开滦矿区从投产到 2006 年年底,因地下采煤地表塌陷面积达 213.3 km^2,其中绝产耕地超过 40 km^2,形成大小塌陷积水坑 53 个,积水总面积 20.9 km^2,最大积水深度 12 m;因采煤塌陷已搬迁村庄 94 个,旧村址废弃地面积达 7.1 km^2;因排矸石形成 16 座矸石山,占地 3 km^2,季节性塌陷积水波及耕地 133.3 km^2。淮南矿区从投产到 2016 年年底,采煤塌陷区总面积达 27 863.1 hm^2。随着时间的推移,未来塌陷区还将呈现出前期面积快速增大、后期深度缓慢增加的发展趋势。盆地的外围,地表被拉伸变形产生裂缝。裂缝造成耕地漏肥、漏水,农作物减产,这种情况在丘陵山区表现更为严重。在陕西渭河煤田,采空区上方出现暂时裂缝(闭合裂缝),在采空区的外缘出现永久裂缝(张开裂缝),前者裂缝宽 2 m,裂缝步距一般 5～10 m;后者裂缝宽 35～60 m,裂深 5～15 m。裂缝影响了农田的耕作、土壤的保墒和农田灌溉,农田一般减产 20%～30%(沈渭寿 等,2004)。

地表倾斜是地表下沉后形成的破坏类型。地表塌陷使下沉盆地的内、外边缘原来的水平耕地变为坡地,增加了水土流失,给作物的生长带来不利影响。这种情况在丘陵山区和平原地区都存在,但在丘陵山区更为严重。据调查,在山西因采煤塌陷造成的坡地及地面裂隙,使旱地减产 20%～30%,水浇地产量减少 50% 以上。若遇干旱年份减产更为严重,如霍州十里铺万亩灌区,小麦单产由 3 750 kg/hm^2 减少到 750 kg/hm^2 左右(沈渭寿 等,2004)。截至 2018 年,据统计我国已经形成了约 200 万 hm^2 的采煤塌陷区,并以每年约 7 万 hm^2 的速度增加,按照现有生产规模,预计到 2030 年采煤塌陷区的面积将增加到 280 万 hm^2。

在煤炭采选过程中,产生大量的剥离土、废石(煤矸石)和尾矿等固体废弃物,排出量为原煤产量的 10%～20%。露天采矿剥离物包括土壤、岩石和岩石风化物,一般石多土少。

在剥离和堆放时经过机械扰动后,原土体的结构及层序受到破坏(沈渭寿 等,2004),堆占地表的不再是土壤层,而是贫瘠的土石混合物。即使表土超前剥离,排土作业结束后覆盖在排土场的表面,在机械施工下,也不可能保持原来的层序,土体结构依然受到破坏(沈渭寿 等,2004),农业生物多样性和生产力降低。全国现有 800 多座煤矸石山,占地约 6 000 hm²。矸石山不仅压占土地,还严重污染环境,破坏生态平衡。在旱季,矸石山成为主要的粉尘源,在雨季,由矸石分化产生的酸性物质被雨水淋溶,造成周围水体的酸污染和重金属污染。

通过遥感监测调查手段,2014 年在全国 30 个省(自治区、市)开展了矿山地质环境监测,共圈定矿山开发占地面积 220.42 万 hm²,约占全国陆域面积的 0.23%。其中,采场占地 83.62 万 hm²,中转场地占地 35.80 万 hm²,固体废弃物占地 26.60 万 hm²,地下开采沉陷(或采空塌陷)区占地 57.08 万 hm²,矿山环境恢复治理面积 8.69 万 hm²,矿山建筑占地面积最小为 8.63 万 hm²(杨金中 等,2017)。截至 2014 年,全国矿山开发占地面积见表 1-1。

表 1-1　2014 年全国矿山用地情况

	采场	中转场	固体废弃物	地下开采沉陷	矿山环境恢复治理	矿山建筑
面积/万 hm²	83.62	35.80	26.60	57.08	8.69	8.63
占比/%	37.94	16.24	12.07	25.89	3.94	3.92

据有关资料统计,在我国,仅 2014 年,矿山开采造成采空塌陷 1 887 处,滑坡 1 296 处,崩塌 1 093 处,泥石流 440 处(表 1-2),其中特大型矿山、大型矿山引发的次生地质灾害占到 11.7%,由中小型矿山引起的地质灾害占到 88.29%(表 1-3)(杨金中 等,2017)。

表 1-2　2014 年全国矿山地质灾害情况

地质灾害类型	采空塌陷	滑坡	崩塌	泥石流
数量/处	1 887	1 296	1 093	440
占比/%	40.01	27.48	23.18	9.33

表 1-3　不同规模矿山发生地质灾害情况

	特大型矿山	大型矿山	中型矿山	小型矿山
数量/处	134	418	832	3 332
占比/%	2.84	8.86	17.64	70.65

2. 对水环境的影响

煤炭开采对矿区水环境系统造成的影响甚多,这些影响叠加作用于矿区水环境系统,影响水质、水位和水流场等各方面。随着资源的开发,这些效应不断积累,矿区水环境系统于潜移默化之中发生了量或质的变化。

煤矿建设、开采过程会引起地表水、地下水体污染与破坏。煤炭开采可能会将浅含水层中的地下水排出,造成附近区域地下水位下降、含水层内水流方向改变,增加劣质矿井水渗入并污染含水层中地下水的风险。在煤炭资源开采过程中,人为地疏干排水,导致矿区地下水位下降,井泉干涸,从而导致草场退化、农作物减产等,在半干旱的西部地区可能诱发荒漠化等生态问题。同时,煤炭开采、分选过程中也会产生大量的矿井水,其中含有大量各种对人体有害的悬浮物、难降解化合物及重金属离子,甚至是危害较大的放射性物质等。另外,废矿、尾矿堆、煤矸石长期处在露天条件下,氧化、风蚀等过程会使得有毒矿物质随水流入地表水、地下水中,造成矿区地下、地表水体长期处于污染状态。当采矿废水和选煤废水排入地表及渗入地下水体后,矿区水资源会进一步恶化(刘涛,2014)。2015 年全国煤炭开采和分选业废水排放量为 14.8 亿 t,占 41 个工业行业排放废水总量的 8.2%(图 1-2),与 2014 年相比增加了 2.1%(表 1-4)(环境统计年报,2015)。

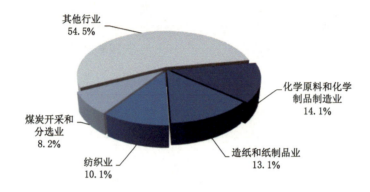

图 1-2 重点行业废水排放情况(环境统计年报,2015)

表 1-4 重点行业废水排放情况   单位:亿 t

年份	行业				
	合计	化学原料和化学制品制造业	造纸和纸制品业	纺织业	煤炭开采和分选业
2011	105.4	28.8	38.2	24.1	14.3
2012	99.6	27.4	34.3	23.7	14.2
2013	90.9	26.6	28.5	21.5	14.3
2014	88.1	26.4	27.6	19.6	14.5
2015	82.5	25.6	23.7	18.4	14.8

在部分矿区,排出的矿井水属于酸性,特别是我国贵州省大量煤矿矿层含硫量较高,产生的煤矿废水呈酸性,且铁锰含量较高。煤矿酸性废水的形成过程非常复杂,酸性废水是煤层中夹杂的硫铁矿经过氧化、水解等反应后生成的,是一系列物理、化学和生物过程相互作用的结果。这些含有重金属的酸性废水会腐蚀管道及设备,渗入河流会导致水体酸化,污染水质,杀死鱼类、植物和水生动物,严重者会危害矿区及周边居民用水和身体健康。酸性废水排入土壤会降低土壤 pH 值,阻止植物和土壤微生物的生长,还会与土壤中植物所需的各种矿物质发生反应,导致植物所需的养分从土壤中流失。根据采矿作业的规模和性质,这些影响既可以局限于采矿地点,或者根据当地的水文状况,也可以延伸到附近的水生系统,例如河流、湿地和湖泊。

3. 对大气环境的影响

矿区大气污染主要来源于煤炭开采运输过程和燃煤过程产生的颗粒物和气体,包括甲烷(CH_4)、二氧化硫(SO_2)、氮氧化物(NO_x)以及一氧化碳(CO)等。具体包括露天开采钻探、铲装、破碎、筛分、运输等作业过程中产生的扬尘,井工开采过程中排放的井下废气,排土场、矸石山等场所作业过程会产生的大量扬尘,以及矿区生产生活所用锅炉燃烧排放的大量颗粒物和二氧化硫等气态污染物。矿区内常见的大气污染物性质及危害见表1-5。

表 1-5 矿区内常见大气污染物性质及危害

气体名称	主要性质					中毒时的主要特征	许可浓度 /(mg/m³)
	色味臭	相对密度	溶解性	爆炸性	毒性		
一氧化碳	无色、无味、无臭	0.97	微溶	有	剧毒	耳鸣、头痛、头晕、心跳、呕吐、感觉迟钝、丧失行动能力,严重时呼吸困难、停顿,出现假死。中毒特征:嘴唇呈桃红色,脸颊出现红色斑点	<0.002 4
一氧化氮	棕红色、特臭	1.57	微溶	无	剧毒	眼、鼻、喉出现炎症和充血,咳嗽、吐黄痰、呼吸困难、呕吐、肺水肿。中毒特征:手指尖和头发呈现黄色,潜伏期长	<0.002 5
硫化氢	无色、微甜、臭	1.19	易	有	剧毒	脸色苍白、流唾液、呼吸困难,呕吐、抽筋、四肢无力、瞳孔放大	<0.006 6
二氧化硫	无色、硫黄味、酸味	2.2	易	无	剧毒	眼睛红肿、咳嗽、头痛、急性支气管炎、肺水肿	<0.000 5
氨	无色、氨水剧臭	0.7	极易	无	极毒	流泪、咳嗽、头晕。中毒特征:手指尖发黄等	<0.02

在煤炭资源开采的过程中,大量烃类气体(主要为甲烷)会随矿井通风排放出。甲烷是一种主要的温室效应气体,其浓度在大气层中增高后,会使对流层中的臭氧增加,而平流层中的臭氧减少。据统计,煤炭开采所排放的甲烷量约占空气中甲烷总量的10%,而我国煤炭开采甲烷的排放量占全球采煤所排放甲烷总量的25%～35%;同时随矿井通风排出的还有少量的CO、H_2S、SO_2等有害气体。除此之外,矸石山自燃以及地下煤火的燃烧也会产生大量颗粒物和有毒气体。由于大气污染最突出的环境效应形式是空间扩展效应,在各种因素的影响下,它可以实现超出矿区空间边界的远距离输送,影响到更远范围的人、畜、植物。

大量的颗粒物和气态污染物进入大气中会对矿区周围生态环境造成严重影响,诱发酸雨的发生。大气中的污染物发生沉降,逐渐污染土壤和地下水,其扩散途径见图1-3。存在大气中的气态污染物将严重损害人体的健康。

4. 对土壤性质的影响

土壤作为生态系统的重要组成部分,具有自稳性和自净能力。但当土壤受到的干扰大于其恢复力时,土壤的物理、化学和生物性质恶化,引起其生产力、调节能力及可持续利用性下降,导致土壤退化。由于煤炭开采导致的土壤退化,主要有荒漠化、污染、酸化及生物退化。原因主要有:① 采矿活动会影响自然成土作用,改变土壤肥力和土壤质量的发展方向。② 酸性矿井水的排入,导致土壤酸化,生产力下降。③ 高潜水地区采后地表出现裂

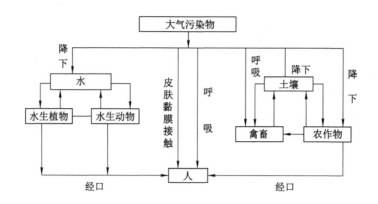

图 1-3　大气污染物的扩散途径

缝、沉陷、积水,导致土壤次生盐碱化,土壤生产力下降。④ 矿区内一些建筑物占用了大量土地,使土壤压实,结构破坏,无法接受水分补给,地下水水位下降,通气和供氧状况变差,极大地影响土壤生物区系的组成,造成土壤生物退化。⑤ 矿区内人类的不合理行为,如滥垦、滥伐、滥牧、滥采、水资源的不合理利用等,超过土壤的承载容量,引起土壤退化。

土壤退化的核心是土壤肥力的下降。地球上 60 多亿人口都是依靠地表约 20 cm 厚的土壤层的生产力生存,因此土壤的退化对农业以及人类生存的影响是巨大的。退化的土壤,如盐碱土、酸化土壤对作物产量有很大的影响,而在被污染的退化土壤上种植作物,还将影响到作物的质量。同时,土壤退化还会造成某些敏感物种包括地上群落和地下群落的衰退和消失,影响生物群落的生产力以及群落结构,进而影响到生物群落演替的方向与进程。

以平朔矿区为例(表 1-6),在开采受损区全氮含量只有 0.03 g/kg,参考土壤养分含量分级与丰缺度标准(表 1-7),含氮量属于 6 级,属于急缺状态。开采未受损区氮含量在 0.02~0.25 g/kg 之间,平均值为 0.07 g/kg,土壤含氮量属于 6 级,丰缺度为急缺,说明煤炭开采使土壤的全氮含量下降,土壤供氮能力弱。在开采未受损区平均速效磷含量为 2.67 mg/kg,然而开采受损区平均速效磷含量只有 1.87 mg/kg,虽然 2 个地区速效磷含量与第二次全国土壤普查土壤丰缺度标准相比都为急缺状态,但是开采未受损区相比开采受损区的速效磷含量多了 44.9%,说明开采影响了磷的转化,使速效磷含量降低。开采未受损区有机质土壤养分分级属于 3 级,丰缺度为中等,开采受损区有机质含量属于 5 级,丰缺度为缺,说明煤炭开采对土壤有机质含量有一定的影响(王颖 等,2019)。

表 1-6　平朔矿区土壤养分分析

变量	开采受损区			开采未受损区		
	最小值	最大值	平均值	最小值	最大值	平均值
pH 值	7.02	8.28	7.9	7.54	8.48	7.94
全氮/(g/kg)	0.01	0.06	0.03	0.02	0.25	0.07
速效磷/(mg/kg)	0.42	4.53	1.87	0.18	10.95	2.67
速效钾/(mg/kg)	14.22	120.44	66.86	28.38	254.97	122.09
有机质/(g/kg)	4.10	31.43	8.82	4.28	76.17	25.21

表 1-7　土壤养分含量分级与丰缺度标准

级别	丰缺度	有机质/(g/kg)	全氮/(g/kg)	速效氮/(mg/kg)	全磷/(g/kg)	速效磷/(mg/kg)	全钾/(g/kg)	速效钾/(mg/kg)
1	丰	>40	>2.0	>150	>1.0	>40	>25.0	>200
2	稍丰	30～40	1.5～2.0	120～150	0.81～1.0	20～40	20.1～25.0	150～200
3	中等	20～30	1.0～1.5	90～120	0.61～0.80	10～20	15.1～20.0	100～150
4	稍缺	10～20	0.75～1.0	60～90	0.41～0.60	5～10	10.1～15.0	50～100
5	缺	6～10	0.5～0.75	30～60	0.20～0.40	3～5	5.1～10.0	30～60
6	急缺	<6	<0.5	<30	<0.20	<3	<5.0	<30

5. 对生态系统的影响

煤炭资源的井工开采，必然会引起地表沉陷、潜水位下降和土壤性状的变化等，进而对地表、地层中生物生态带来一系列的影响。在高潜水位矿区，地表积水促使陆地生态系统转变为水生生态系统，土地利用类型的转变驱动着地表覆盖发生变化。地形地貌、水体环境等变化会引起植被类型和生物量的变化，带来第一性生产力的变化。据对兖州煤矿采煤塌陷区水体生物多样性的调查表明，塌陷水域中 N、P 等营养物质丰富，使水体趋于富营养化状态，此外，采煤塌陷区形成的水域为静水生态系统，缺少水质净化功能，浮游植物富集堆积，但随着水体污染程度加重，浮游植物种类趋于减少（郭友红 等，2010）。

露天开采剥离植被，废石、尾矿、工业场地、施工机械等压占和破坏植被，矿床的疏干排水引起地下水位的下降（沈渭寿 等，2004），土壤退化，都会造成矿区及其周围植被的破坏、生物多样性减少。更值得关注的是，采矿过程中土壤的移动、储存和重新分配会破坏土壤微生物群落，从而破坏养分循环过程。

对于一个生态系统而言，其功能取决于生物和非生物成分之间的持续相互作用。因此每一种成分都影响其他所有成分的运作，土壤养分的耗竭和土壤酸化、压实都能够影响矿区植被的数量。随着植物生物量的减少，通过光合作用固定的碳越来越少，这就导致更少的氧气产生，更少的固定生物量、更少的养分转移和循环。此外，植物是生态系统水循环的关键调节者，是因为它们利用光合作用中的水分，并将水蒸气蒸发回大气。因此，矿区生态系统中植物的缺乏会抑制多种生态服务功能的实现。

通过对内蒙古大兴安岭林区内不同开采方式的煤矿进行样方调查，统计了煤炭开采前后对地表植物多样性的影响（表 1-8），可见露天开采方式下多年生草本所占比例较大，井工开采方式下一、二年生草本所占比例较大。露天开采的调查区与对照区相比，一、二年生草本减少 18.8%，多年生草本增加 16.2%。井工开采的调查区与对照区相比，一、二年生草本增加 24.4%，多年生草本增加 19.8%。露天开采对一、二年生草本的影响较大，井工开采对多年生草本的影响较大。造成这种情况一方面是由于露天开采过程中，对植被及土壤的破坏较大，改变了原有的生长环境及景观，一、二年生植物相对不稳定，生长环境及景观发生变化后，极易受到影响；另一方面因为井工开采会造成不同程度的沉陷或塌陷，沉陷会对植物根系造成一定的机械拉伤，使得植物根系吸收营养和水分的功能受到影响，多年生植物根系较一、二年生植物根系发达，扎入土壤较深，受影响程度较大。通过对不同开采情况下植物群落多样性指数研究发现(表 1-9),在露天开采方式下,调查区与对照区相比,无论是丰富度指数、均匀度指数还是多样性指数,均显著低于对照区,同时,优势度指数也存在极显著差异,说明露天开采的矿区群落物种多样性受煤炭资源开发的影响显著。井工开采方式下,调查区与对照区之间多样性指数、丰富度指数和均匀度指数有显著差异,优势度指数差异不显著,说明井工开采的矿区群落物种多样性受煤炭资源开发的影响比露天开采的影响小(尚洁 等,2015)。

表 1-8   内蒙古大兴安岭林区不同开采情况下不同生活型植物种类统计

开采方式	类别	一、二年生草本		多年生草本		灌木、半灌木		合计	
		种数	比例/%	种数	比例/%	种数	比例/%	种数	比例/%
露天开采	调查区	2	25.0	5	62.5	1	12.5	8	100
	对照区	4	30.8	7	53.8	2	15.4	13	100
井工开采	调查区	11	64.7	6	35.3	0	0	17	100
	对照区	13	52.0	11	44.0	1	4.0	25	100

表 1-9   内蒙古大兴安岭林区不同开采情况下植物群落多样性指数

开采方式	类别	优势度指数(Si)	多样性指数(SW)	均匀度指数(P)	丰富度指数(Mar)
露天开采	调查区	0.452A	1.013a	0.858a	0.590a
	对照区	0.835B	2.080b	0.964a	1.390b
井工开采	调查区	0.680a	1.827A	0.943a	1.153a
	对照区	0.771a	0.947B	0.468b	1.973a

通过表 1-9 中的数据可以看出显著的差异,不论煤炭采取何种开采方式,都对地表植被多样性存在或大或小的影响,可见煤炭的开采对生态系统造成了相当大的破坏。

6. 对声环境的影响

噪声污染作为一种强污染和安全隐患,被认为是矿山人员的健康危害之一。一般而言,地下采区的环境噪声水平受采煤机的运行、输送带的移动和爆破的影响。装煤机、输送装置和转运装置的移动都会产生噪音,而这些噪音在地下会因为没有相应的吸音装置而变得更加明显。因此,井下噪声具有声源多、强度大、声级高、频带宽等特点。噪声不仅会引起矿工听力下降和职业性耳聋,还会引发神经系统、心血管系统和消化系统等多种疾病,还可使井下工人反应迟钝、工作积极性下降、不易观察事故预兆、忽略或难以接收和传递井下各种灾害信号,增加了发生事故的可能性,严重影响矿山安全生产(王浩 等,2011)。

一些大型流体动力设备也会带来噪声,比如局部通风机的噪声级一般在 90～120 dB(A)之间,并且随功率的增加和设备使用年限的延长,噪声级不断增高。新风扇使用约一年后,噪声级升高 10～15 dB(A),一般一台风扇的使用周期在 5 年左右。所以,风扇的噪声级一般都在 120～140 dB(A)。加之平时维护保养不周,导致局扇变形损坏,噪声级更加高。除局部通风机之外,还有空气压缩机[70～85 dB(A)]、水泵[85～100 dB(A)]等设备。这些矿山通防机械产生的噪声不仅声压级高、低频突出,而且几乎是长时间不断的存在(王浩等,2011)。

除此之外,选矿过程以及一些运输设备,如矿井提升罐笼、绞车、带式输送机等也会产生摩擦噪声;在巷道交叉点或某些通风构筑物处,气流波动可产生严重的空气动力性噪声,这些都严重影响井下工人健康,造成安全隐患。表1-10统计了长治西掌矿区的噪声污染状况(邱雪辉 等,2016)。

表 1-10 长治西掌矿区的噪声污染状况

声源设备	平均噪声级/dB	声源设备	平均噪声级/dB
回风井风机	110	筛分机	85
锅炉房风机	95	运输输送机械	90
各类泵	90	运输车辆	90
坑木加工房	120		

刘卫东等(2008)针对国内某煤矿进行了噪声调查,该煤矿生产方式为炮采炮掘。共有生产工人9 885人,其中有4 009人接触噪声,接触噪声人数占企业生产工人总数的40.6%。调查结果如表1-11所示。煤矿井下工人由于工种和生产工艺的不同,其暴露噪声的强度也存在差异,最高的是岩石段开拓工,其噪声强度达到了117 dB(A),其余噪声强度也在90 dB(A)以上,均超过了国家职业卫生标准。煤矿工人长期暴露在这样的环境中造成的危害是比较严重的。

表 1-11 煤矿井下接触噪声人员分布与主要噪声源强度测定

工种	接触噪声人数	主要噪声源	噪声强度/dB(A)
岩石段开拓工	1 544	风锤	117
采煤段掘进工	1 870	电钻	92~96
运输段电车司机	58	电车	100
运输段罐笼工	396	罐笼	107(保持值)
机电段局扇、压风机工	142	局扇、压风机	90~99

7. 对景观格局演变影响

煤炭资源的开发与利用引起地表塌陷,直接改变了地表景观类型的空间格局,植被破坏,矿区内部基质受到影响,原来有利于物质和能量流动的各种景观廊道被截断,景观斑块的面积、周长、性质和结构都发生变化,形成了各种斑块间隔离度大、连接性小的景观格局,景观破碎化加大,造成了矿区景观功能下降,景观稳定性降低,生物多样性减少等,进而加剧了水土流失与荒漠化。煤矿区的景观格局一般是随着煤矿的开采,地表逐渐沉陷,平坦农田转为坡耕地,沉陷耕地形状变得不规则,根据生态环境的累积效应,会造成如景观结构的破碎化、生态系统退化、景观多样性减少、土地污染加重等的影响。

煤炭开采过程对矿区生态环境的影响如图1-4所示。

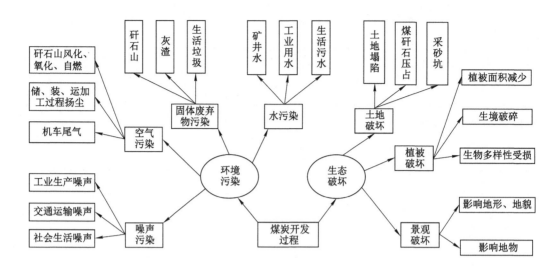

图 1-4　煤炭开采过程对矿区生态环境的影响

（三）煤炭资源开发对矿区生态环境影响的特征

1. 时空性

从时间角度上看,煤炭资源开采对矿区生态环境的影响随矿区生命周期而不断变化,采矿年限不同,开采周期不同,影响的程度有很大差异;从空间角度分析,在矿区空间范围内,生态系统都将受到不同程度的影响,由近及远,而且距离越近,影响的程度越大。

2. 复杂性

由于矿区本身生态环境的差异,煤炭资源开采的方式、规模和历史发展时期、矿区生态要素影响因素、影响途径和影响程度等均具有复杂性的特点。因此,矿区生态系统的演替过程非常复杂,如资源开采所带来的地表塌陷,涉及开采方法、地质条件、土壤、水文等诸多因素;矿区水体质量的变化涉及地表水、地下水、和塌陷积水等,污染来源包括矿井污水排放、矸石淋滤、煤化工排水等。

3. 系统性

矿区生态系统诸多子系统、诸多要素之间既相互联系、相互作用,又相互影响和制约,矿区生态环境问题是多种因素相互作用和叠加影响的结果。因此应从系统的角度分析矿区各种生态环境影响效应。

4. 滞后性

煤炭资源开采与矿区生态环境受损具有不同步性,矿区生态环境因子所受到的损害一般要滞后于煤炭资源开采活动3～6个月,甚至更长时间才能显现出来。如井工开采对地表变形的影响可能需要1年的时间才能显现;煤矿闭坑以后,生态环境的影响可能依然存在,部分生态效应甚至需要滞后一段时间才能显现出来。

5. 累积性

煤炭资源的开采具有时间上的持续性和空间上的扩展性,对矿区生态要素的影响存在着累积效应。如随着开采工作面的不断推进,地表变形塌陷范围不断扩大,随着累积程度加大,会出现地质灾害,如房屋倒塌、塌陷积水、植被破坏、耕地减少等一系列生态问题。

二、矿区生态系统演变规律

生态系统由一定空间内的植物、动物和微生物群落以及其生存的非生物环境共同组成。在这个统一整体中,生物与环境之间相互影响、相互制约,并在一定时期内处于相对稳定的动态平衡状态。煤炭资源开发作为一种人为干扰形式,直接影响着矿区原有生态系统的结构、功能、景观格局以及生态过程。同时,在采矿活动的干扰下,原有生态系统的演替过程发生加速或倒退。

矿区生态系统的演替与矿区煤炭资源生命周期息息相关。一方面,煤炭资源的开发与利用是矿区乃至周边地区的经济社会发展的重要驱动因素;另一方面,矿业城市的发展强烈地依赖煤炭资源的大量开发及利用,结构单一、资源枯竭、环境恶化等阻力因素又制约着矿区经济的发展。由于煤炭资源是不可再生资源,其资源的赋存条件和有限性决定了煤炭资源的开发和利用必然要经历勘探、开采、发展、稳定、衰退等阶段,虽然不同矿区各有其特殊性,但矿区的资源特性使其成长必然要经历形成、发展、稳定、衰退等生命周期过程。矿区演变的生命周期示意图如图 1-5 所示(徐嘉兴,2013)。

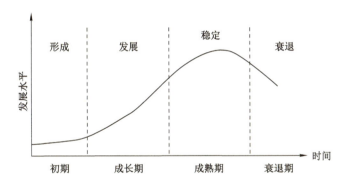

图 1-5   矿区演变的生命周期示意图(徐嘉兴,2013)

伴随着煤炭资源的开发,矿区生态系统必然会受到资源开发的干扰和影响。在矿区发展初期,探明井田内煤炭资源储量,矿区内各生产要素开始配置,矿井开始建设。这一阶段,煤炭产量较小,基本属于点状活动,占用少量土地,矿区的土地利用、植被覆盖基本没有发生变化,矿区生态系统没有受到影响,具有很好的恢复能力。矿区成长期,矿井建设不断加大,与其相配套的产业链开始形成,煤炭资源开采量也不断增加,矿区的范围不断扩大。这一时期,对土地占用较多,一方面矿井及配套设施建设要占用土地,同时建井时的废弃物,采矿过程中的尾矿、煤矸石等也要占用土地,导致农田生态系统逐渐转变为工矿建设用地生态系统,矿区的土地利用、植被覆盖等均发生较大变化,矿区生态系统开始发生变化,但仍能保持原有生态系统的自我恢复的能力。矿区进入成熟期,煤炭资源持续大规模地开采,煤炭产量稳步增加,以资源型为主导的工业产业链迅速扩大,并严重影响到矿区原有的产业结构,矿区原有的相对平衡的生态环境被打破,矿区生态系统的稳定状态发生变化,生态系统开始由稳定状态转向脆弱,此时,地表下沉、塌陷、废渣、废水排放量显著加大,水资源变化明显,生态系统中生物因子、非生物因子都受到影响,已经超出了生态系统自我恢复能力,并逐渐恶化。矿区进入衰退期,煤炭资源储量减少,开采量开始下降,开发与利用过程对矿区生态环境的影响开始减弱。这一时期,由于生态系统的干扰程度明显大于稳定程度,矿区的生态环境继续恶化,原生态系统基本破坏,新的生态系统开始形成,矿区进入新的生命周期循环,从而实现矿区生态系统的演替(徐嘉兴,2013)。

煤炭资源开采过程中,原生矿区生态系统受损,生态环境遭受破坏,形成受损生态系统,其结构与功能逐渐丧失,此过程为逆向演替过程。煤炭资源开发利用完成后,生态演替可能朝不同的方向发展:① 若不采取任何修复方式,矿区生态系统在其结构与功能逐渐丧失的情况下,继续发生逆向演替,最终形成结构与功能完全丧失的退化或极度退化的生态系统。② 若对矿区进行合理的生态恢复与重建,则矿区生态系统逐渐发生正向演替,其结构与功能逐渐恢复,最终形成结构与功能完善、发展相对稳定的生态系统(Dong et al.,2019)。具体如图 1-6 所示。

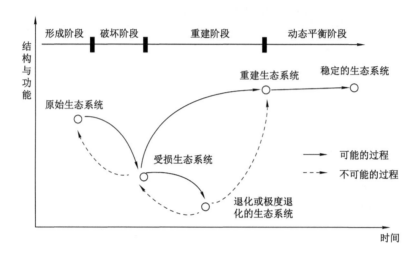

图 1-6　矿区生态系统演变机理(Dong et al.,2019)

白中科等(白中科 等,1999;白中科 等,2018)通过对大型露天矿生态系统的演变研究提出了矿区生态系统演变的 3 个阶段和 4 个类型,如图 1-7 所示。由于我国大多数矿区处于生态脆弱区,开采前的资源特点是地上光温资源较充足、地表水土资源较贫瘠、地下矿产资源较丰富。由于矿产资源开发使原脆弱生态演变为极度退化生态为第 1 阶段,即矿区生态系统破损阶段,此阶段生态系统结构、功能完全丧失,并产生较大的负效益(不考虑从系统中摄取的采矿利润)。由极度退化生态演变为重建生态雏形为第 2 阶段,即矿区生态系统雏形建立阶段,该阶段为结构与功能骨架恢复与调整过程,通过采取水土保持、防风固沙等具有防护性功能的措施,重塑地貌、再造土体、改善生境,故产生的效益以生态效益为主;同时,此阶段的社会效益也仅仅体现在减轻自然灾害方面,如保护新造土地不遭沟蚀破坏与石化、沙化,减轻矿区下游洪涝灾害与泥沙危害等,此阶段也可能获得少量经济效益。由重建生态雏形演变为重建生态相对稳定型为第 3 阶段,即矿区生态系统动态平衡阶段,该阶段为结构合理、功能高效的持续过程,保水、保土效益及生态效益较好,矿区生态系统已具有生产性功能的基本条件,可考虑以经济效益为主导;同时,此阶段的社会效益不仅体现在减轻自然灾害上,而且上升到促进社会进步,如改善农业基础设施,提高土地生产率,使失去土地的矿区农民重返家园,调整土地利用结构和农村生产结构,适应市场经济,提高环境质量,缓解人地矛盾,促进脱贫致富奔小康等。因此,矿区生态系统动态平衡阶段才可能是矿区经济效益、生态效益和社会效益高度统一阶段。

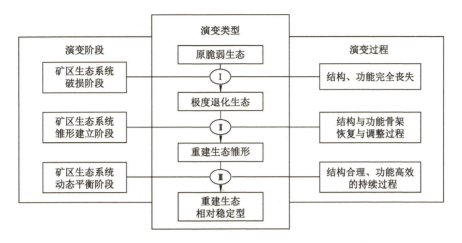

图 1-7　矿区生态系统演变的阶段、类型及过程(白中科等,2018)

第三节　矿区生态环境系统的结构与功能

一、矿区生态环境系统的结构

对于矿区生态系统结构的划分,因不同的研究出发点与方向划分的系统结构也不同。

从生态经济学角度,矿区生态系统是由生态系统和经济系统两个子系统有机结合形成的统一复合系统,它具有三个主要特点:① 双重性,由于矿区生态系统由生态系统和经济系统复合形成,因此它同时要受经济规律和生态规律的制约。② 结合性,在矿区生态系统运行中,由于人类发展的经济需求,生态系统和经济系统两个子系统中,经济系统的运行是先导,生态系统的运行是基础和保证,两个系统的结合也体现了自然规律和经济规律作用的结合。③ 矛盾统一性,即在其内部,生态和经济两个子系统的运行方向和要求既是矛盾的,又是统一的。一方面,经济系统要求对生态系统最大化利用;另一方面,生态系统对自身的要求则是尽可能地保护。因此二者在发展进程中会产生矛盾。但从长远利益而言,人们对于生态系统的利用,需要的是长期的可持续的利用和发展,因此既要对其利用也要加以保护,这使得经济体系和生态系统的要求得到了统一(雷冬梅 等,2012)。虽然从生态经济的角度较好地对矿区生态系统进行了概括,但忽视了社会系统的作用,因此,在此基础上,学者进一步从复合生态系统的角度对其进行了划分。

从复合生态系统角度,矿区生态系统可分为社会、经济、自然三个子系统。矿区自然系统,包括矿区范围内的所有非生物环境因子(大气、水体、土壤、岩石、矿产资源、太阳、风、水等)和所有生物群落(野生动植物群落、微生物群落和人工培育的生物群体)。矿区经济系统,是指以矿产资源开发与利用为基础的各种配套设施、运输体系和相关产业(例如:煤电等),以满足经济社会发展需要而提高物质和能量的全过程,也包括矿区内的农业经济系统和第三产业系统。矿区社会系统是指以满足矿区居民的生产、生活为目标,相应的就业、居住、医疗、教育及生活等矿区服务系统,以及由矿区文化、宣传等构成的矿区人文环境,该系统为矿区生态系统提供劳力和智力支持(雷冬梅 等,2012)。构成矿区生态系统的诸要素之间既相互作用又相互依存,既相互促进又相互制约,既有积极正面的影响,又有消极负面的影响,构成了一个复杂的结构体系。在这一结构中,人既是矿区生态系统发展的组织者,也是调控者,处于系统的核心地位。矿区复合生态系统并不是各个子系统的简单组合,不是原来系统的机械叠加,而是各个系统通过人类活动过程这个耦合作用链有机地交织在一起,各系统的物流、能流、信息流和价值流通过生产、流通、分配和消费的环节有序地关联耦合,实现矿区生态系统整体功能(卞正富 等,2007)。

二、矿区生态环境系统的功能

一般而言,生态系统的功能主要包括:生物生产、能量流动、物质循环和信息传递。矿区生态系统同样具有这四大功能。① 矿区生态系统中的生物生产,主要体现在矿区植被将太阳能转化成化学能,以及动物将化学能转化成细胞能利用的能量的过程。不同的采矿形式对初级生产量的影响差异较大,露天矿区表土剥离较多,植被覆盖较少,初级生产量较少;井工矿区对地上植被造成的影响较少,植被覆盖率较大,初级生产量相对较大。② 矿区生态系统的能量流动,不仅包括太阳能在系统中的转化和流动,也包括人工创造的能量在其中的转化和流动。在自然生态系统中,能量的流动是不可逆和逐渐递减的。而人为参与的复合生态系统中能量的流动更加复杂,形式也更加多样。③ 矿区生态系统中的物质循环,由于人类活动的参与,改变了原有的循环方式,加快了循环速率,使物质循环的规模更大,实现更充分。埋藏在地下的碳,通过采矿活动快速进入碳循环中,给全球气候变化带来巨大影响。④ 矿区生态系统中的信息传递,是系统中各组分之间存在广泛的交流形式,通过各种营养信息、化学信息、物理信息和行为信息把矿区生态系统联系成统一有机的整体。在此过程中,人类活动提高了经济系统和社会系统中的信息化水平,使信息的交流和传递更为顺畅。但在自然生态系统中,人类的干扰可能会阻碍生物之间的信息传递,从而影响生物生存。

根据系统中物质、能量、信息交换方向及范围,矿区生态系统的功能可划分为外部功能和内部功能。外部功能是指矿区生态系统对其他系统所产生的作用,根据系统的内部需求,通过不断与外部系统进行物质、能量、信息交换,以保证系统内部能量流动和物质循环的正常运转和平衡。内部功能是指矿区生态系统内部各子系统之间的相互作用,主要维持系统内部物流、能流和信息流的循环和畅通,并形成各种反馈机制来调节外部功能,把系统内部多余的或者不需要的物质、能量等输出到其他生态系统。矿区生态系统的外部功能需要依靠内部功能的协调运转来完成,因此矿区生态系统的功能主要表现为系统内外物质、能量、信息及物流的输入转换和输出。矿区生态系统能流、物流及信息流交换途径如图1-8所示。

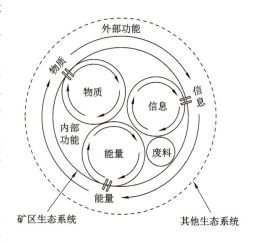

图 1-8 矿区生态系统能流、物流及
信息流交换途径(Dong et al.,2019)

三、矿区生态环境系统与自然生态环境系统的区别

矿区生态系统是以人为中心且具有整体性的生态系统,人类活动引起的各种扰动,使得矿区生态系统的结构和功能等发生变化,整个生态系统从稳定状态向不稳定状态转变。从矿区产生和发展的历史及特征看,矿区生态系统是一个人为改变了结构,改变了物质循环和部分改变了能量转换的、受人类生产和生活活动影响的生态系统,它既具有一般自然生态系统的特征,即生物群落和周围环境的相互关系,以及物质循环、能量流动和自我调节的能力,但它同时又要受社会生产力、生产关系以及与之相联系的上层建筑所制约,使得自我调节能力变得很弱,而与一般自然生态系统存在差异,这种差异主要体现在生物多样性的变化。生物多样性是生物及其环境形成的生态复合体以及与此相关的各种生态过程的综合,包括动物、植物、微生物和它们所拥有的基因以及它们与其生存环境形成的复杂的生态系统。生物多样性通常体现在遗传多样性、物种多样性、生态系统多样性和景观多样性四个层次。

遗传多样性是生物多样性的重要组成部分。广义的遗传多样性是指地球上生物所携带的各种遗传信息的总和。狭义的遗传多样性主要是指生物种内基因的变化。在自然界中,对于绝大多数有性生殖的物种而言,种群内的个体之间往往没有完全一致的基因型,而种群就是由这些具有不同遗传结构的多个个体组成的。一个物种所包含的基因越丰富,它对环境的适应能力越强。因此,基因的多样性是生命进化和物种分化的基础。采矿活动破坏了一些地区的原生生境,乡土植物群落组成的基因库受到破坏,作为物种源的大型植被群落被破碎为一些小型的残遗斑块,遗传信息交流受阻,导致矿区生态系统内的遗传信息多样性受到影响,从而影响整个生态系统对环境变化的适应能力。同时,由于采矿活动造成的污染也会造成种群中的敏感性个体消失,这些个体具有特质性的遗传变异也因此而消失,进而导致整个种群的遗传多样性水平降低。

物种是生物分类的基本单位,而物种多样性则是生物多样性的核心。物种多样性是指地球上动物、植物、微生物等生物种类的丰富程度。物种多样性是衡量一定地区生物资源丰富程度的一个客观指标。采矿活动不仅破坏原生生境上的植被群落,还会导致以原生生境为栖息地的鸟类和其他动物、微生物的栖息数量和种类减少,造成物种多样性降低。同时由于各物种种群对矿区污染的抵抗力不同,有些种群会消失,而有些种群会存活,最终结果往往是物种丰富度减少。

生态系统的多样性是生物多样性研究的重点,主要是指地球上生态系统组成、功能的多样性以及各种生态过程的多样性,包括生境的多样性、生物群落和生态过程的多样化等多个方面。其中,生境的多样性是生态系统多样性形成的基础。与原生境相比,露天煤矿开采复垦过程中新形成的生境趋于简单,重新组合堆置的固相岩土结构松散、地层层序紊乱、地表物质更加复杂、土壤性质趋于恶化。而生物与生境存在着正反馈机制,生态系统中的生物利用生境中的各种物质条件,加强系统中的生物小循环,减弱地质大循环,积极地改造生境条件,使之越来越适合生物的生存与发展。系统中生物多样性越丰富,上述作用就越强,即进入良性循环的轨道。反之,随着生物多样性的下降,系统中的生物小循环不断减弱,地质大循环不断加强,如水土流失、沙漠化等加强进入恶性循环的轨道,生态系统逐步简化,最终崩溃,生态系统的服务功能也随之降低或丧失。采矿过程加强了地质大循环,使

原有自然生态系统逐渐简化,丧失部分生态服务功能。

景观多样性,作为生物多样性的第四个层次,是指由不同类型的景观要素或生态系统构成的景观在空间结构、功能机制和时间动态方面的多样化程度。采矿活动,包括露天开采和地下开采,二者都会造成原有自然景观的改变,导致矿区景观破碎化。地下开采形成采空区,导致地表沉陷,引发地貌和景观生态的改变;露天开采砍伐树木,剥离表土,挖损土地,破坏地表植被,以及堆放尾矿、煤矸石、粉煤灰和冶炼渣,直接影响景观的环境服务功能。据统计,中国因采矿直接破坏的森林面积累计达 106 万 hm^2,破坏草地面积达26.3 万 hm^2。

第四节　矿区生态环境系统的类型与特点

一、矿区生态环境系统的类型

按照人类对生态系统的影响程度可以先将矿区生态系统划分为自然生态系统和人工生态系统。其中人工生态系统主要包括建立在矿区范围内的城镇生态系统和农田生态系统,是经过人类干预和改造后形成的生态系统,它取决于人类活动、自然生态和社会经济条件的良性循环。自然生态系统,又可以按照水生和陆生两大类分别分类。水生生态系统主要包括矿区范围内的湿地生态系统和淡水生态系统;陆地生态系统则主要包括矿区范围内的荒漠生态系统、半荒漠生态系统、草原生态系统和森林生态系统。荒漠生态系统是指分布于干旱矿区的生态系统,由于水分缺乏,植被极其稀疏,甚至有大片的裸露土地,植物种类单调,以耐旱植物占优势的生态系统。此生态系统生物生产量很低,能量流动和物质循环缓慢。半荒漠生态系统是草地生态系统与荒漠生态系统的过渡地带,主要分布于半干旱矿区,极容易演变为荒漠生态系统。草原生态系统是以多年生草本植物为主要生产者的陆地生态系统,具有防风、固沙、保土、调节气候、净化空气、涵养水源等生态功能,对维系生态平衡具有重要地理价值。森林生态系统是以乔木为主体的生物群落(包括植物、动物和微生物)及其非生物环境(光、热、水、气、土壤等)综合组成的生态系统,具有调节气候、养护生物、固定二氧化碳,以及防风固沙、保持水土的功能(陕永杰 等,2001)。我国矿区生态环境系统的类型及特征见表 1-12。

按照生态系统作用,将其划分为三种类型,即生产性生态系统、防护性生态系统和园艺性生态系统。生产性生态系统是以产生经济效益为主要目的的生态系统,是人类生存和社会发展的物质支柱,它包括采矿生产和农业生产这两大基础性生态系统,不仅为人们提供物质、文化生活的必需品,还为其他生态系统提供完成生产和再生产所需的各类生产资料等补给品。因此,在衡量采矿生产和农业生态系统的效益时,就把经济效益提到了首位。防护性生态系统是以防护为目的的生态系统,如排土场平台农田防护林、排土场边坡防护林、传送带运输干道两旁等。由于其特定的设计目的和要求,把经济效益作为一种次要的辅助性效益。因此,防护性生态系统主要考虑系统建成后能否产生良好的生态环境效益,达到消除环境隐患、减缓生态环境恶化的目的。园艺性生态系统是以对人类社会功用为主的生态系统,如生活区、工业广场、公园复垦区、建筑复垦区等。在园艺性生态系统中,能否产生良好的社会效益,是人们所关心的问题,这是人们对其生存环境的一种社会性要求(白中科 等,2001)。

表 1-12　我国矿区生态环境系统的类型及特征

矿区主要生态系统类型			分布	特征与功能
自然生态系统	陆生生态系统	荒漠生态系统	干旱矿区	水分缺乏,植被极其稀疏,甚至有大片的裸露土地,植物种类单调,以耐旱植物占优势
		半荒漠生态系统	半干旱矿区,草地生态系统与荒漠生态系统的过渡地带	植被稀疏,以耐旱植物占优势,生态脆弱,极易演变为荒漠生态系统
		草原生态系统	我国草原矿区主要分布在欧亚大陆温带草原,主体是东北-内蒙古的温带草原	以多年生草本植物为主,具有防风、固沙、保土、调节气候、净化空气、涵养水源等生态功能
		森林生态系统	主要分布在湿润或较湿润的地区	以乔木为主体的生物群落,具有调节气候、养护生物、固定二氧化碳,以及防风固沙、保持水土的功能
	水生生态系统	湿地生态系统	介于陆生生态系统和水生生态系统之间	具有多种生态功能,孕育丰富自然资源,具有净化、气候调节作用,以及作为物种贮存库,在保护生物多样性中,具有重要作用
		淡水生态系统	包括淡水湖泊、沼泽、池塘和水库等,以及河流、溪流和水渠等	担负物质循环、净化污染、减轻洪水、补充地下水,以及为野生动物提供栖息地的功能。具有易被破坏、难以恢复的特征
人工生态系统		农田生态系统	分布在我国蔬菜、粮食产区	通过合理的生态结构和高效生态机能,进行能量转化和物质循环,并按人类社会需要进行物质生产。不仅受自然规律的制约,还受人类活动的影响;不仅受自然生态规律的支配,还受社会经济规律的支配
		城镇生态系统	分布在大小城镇,包括作为城市发展基础的房屋建筑和其他设施,以及作为城市主体的居民及其活动	由于城市生态系统需要从其他生态系统中输入大量的物质和能量,同时又将大量废物排放到其他生态系统中去,所以对其他生态系统具有很大的依赖性,因而也是非常脆弱的生态系统

生产性、防护性和园艺性生态系统功能见表 1-13。

表 1-13　生产性、防护性和园艺性生态系统功能

生态系统类型	分布区域	功　能
生产性生态系统	采矿生产区、农田复垦区和经济作物种植区等	培育土壤、提高地力,以获得经济效益为目的
防护性生态系统	排土场坡地、粉尘污染区、湿地处理区、公路、铁路四周附近等	控制侵蚀、涵养水源、保护动物、净化大气、净化土壤,以获得生态效益为主要目的
园艺性生态系统	生活区、工业广场、公园复垦区、建筑复垦区等	保持风景、保健休养,以获得社会效益为主要目的

二、矿区生态环境系统的特点

矿区生态系统的特点包括以下几方面(闫旭骞 等,2003):

(1) 矿区生态系统改变了自然生态系统的属性。矿区生态系统主要部分变成了人工的环境,矿区为了生产、生活等的需要,在自然环境的基础上,建造了大量的建筑物、交通、通信等设施。这些矿区,除具有阳光、空气、水、土地、地形地貌、地质、气候等自然条件以外,还大量地加进了人工环境的成分。矿区高强度的经济生产活动大大地改变了原来的自然生态系统的组成、结构和特征,大量的物质、能量在矿区生态系统中输入、输出、排废,超出了原来的自然生态系统的承载能力,剧烈的人类活动不但改变了自然环境,而且也在不断地破坏自然生态系统。由于矿区的自然环境条件很大程度上受到人工环境因素和人类活动的影响,矿区生态系统的环境显得更加复杂和多样化。

(2) 矿区生态系统是一个开放的、不稳定的和依赖性很强的非自律系统。处于良性循环的自然生态系统,其形态结构和营养结构比较协调,只要输入太阳能,依靠系统内部的物质循环、能量交换和信息传递,就可以维持各种生物的生存,并能保持生物生存环境的良好质量,使生态系统能够持续发展(称为自律系统)。而矿区生态系统则不然。一方面维持矿区生态系统所需要的物质和能量需要从系统外的其他生态系统中输入;另一方面矿区生态系统所产生的各种废物,也不能靠矿区生态系统完全分解,而要靠人类通过各种环境保护措施加以分解。所以矿区生态系统是一个开放的、不稳定的和依赖性很强的非自律生态系统。

(3) 矿区生态系统的能量流动具有明显特点。在能量使用上,自然生态系统和矿区生态系统的不同在于:前者的能量流动类型主要集中于系统内各生物物种间所进行的动态过程,反映在生物的新陈代谢过程之中;而后者由于技术发展,大部分的能量是在非生物之间交换和流转,反映在人力制造的各种机械设备运行过程之中,并且随着矿区的发展,它的能量、物资供应范围越来越大。在传递方式上,矿区生态系统的流动方式要比自然生态系统多。自然生态系统主要通过食物网传递能量,而矿区生态系统可通过采掘、能源生产、运输部门等传递能量。在能量流运行机制上,自然生态系统能量流动是自为的、天然的,而矿区生态系统能量流动以人工为主,如一次能源转换成二次能源、有用能源等皆依靠人工等。

(4) 矿区生态系统具有非线性动态特征。由于矿区生态系统处在地球几个圈层相互作用、渗透的交界面上,既受区域的地质、地形地貌条件的影响和制约,又与矿山工程及人类的活动密切相关,具有矿区多层空间的动态时空特性;产生生态问题的物质、能量流在环境介质和界面间的运移过程和规律,至少与两种因素有关,一般遵守二级动力学理论(模型),呈现出典型的非线性特征。

第二章 矿区生态环境监测的基本要素与程序

2021 年 12 月发布的我国《"十四五"生态环境监测规划》中指出,生态环境监测是生态环境保护的基础,是生态文明建设的重要支撑。生态环境监测就是运用化学、物理、生物、医学、遥测、遥感、计算机等现代科技手段监视、测定、监控反映生态环境质量及其变化趋势的各种标志数据,从而对生态环境质量作出综合评价。生态环境监测既包括对化学污染物的检测和对物理(能量)因子如噪声、振动、热能、电磁辐射和放射性等污染的监测(传统的环境监测内容),又包括对生物因环境质量变化所发出的各种反应和信息测试的生物监测,以及对区域内大环境进行的生态状况的监测(生态监测)等。对于矿区生态环境监测而言,其监测内容不仅限于矿区环境质量的监测,还应包括矿区生态状况的监测,即在矿区范围内的重要生态功能区、生态保护红线区、自然保护区、湖泊湿地等重点地区建立生态定位和生物多样性观测网络,开展典型生态问题监测,实现矿区遥感在线监测,掌握矿区内生态环境状况、变化趋势、影响因素和潜在生态风险。

第一节 矿区生态环境监测的意义

一、矿区生态环境监测的定义

监测通常可以定义为根据空间和时间的预先安排,在一定的时间段内在一个或多个位置重复测量一组指定的变量。监测程序不仅要收集数据,它还需要将所有结果以适当格式呈现给所需要的用户,包括对数据的分析和解释。

环境监测就是运用各种设备与相应的方法,对目标区域内的标志性污染物进行测定,从而了解这些污染物的实际情况、发展趋势、分布状况,进而对整个目标区域的环境状况与趋势得出确切的数据(盖丽红 等,2021)。其过程一般为:接受任务、现场调查和收集资料、设计监测计划、优化布点、样品采集、样品运输和保存、样品的预处理、分析测试、数据处理和综合评价等。

2020 年 6 月,生态环境部发布《生态环境监测规划纲要(2020—2035 年)》,指出生态环境监测,是指按照山水林田湖草系统观的要求,以准确、及时、全面反映生态环境状况及其变化趋势为目的而开展的监测活动,包括环境质量、污染源和生态状况监测。其中,环境质量监测以掌握环境质量状况及其变化趋势为目的,涵盖大气、地表水、地下水、海洋、土壤、辐射、噪声、温室气体等全部环境要素;污染源监测以掌握污染排放状况及其变化趋势为目的,涵盖固定源、移动源、面源等全部排放源;生态状况监测以掌握生态系统数量、质量、结构和服务功能的时空格局及其变化趋势为目的,涵盖森林、草原、湿地、荒漠、水体、农田、城乡、海洋等全部典型生态系统。环境质量监测、污染源监测和生态状况监测三者之间相互关联、相互影响、相互作用。

矿产开采易引起诸多的生态环境问题,有地质灾害、地貌景观破坏、土地资源破坏、土壤及水资源污染等。这些问题不容小觑,一旦发生其危害将是巨大的,因此矿区的生态环境监测是必不可少的。矿区生态环境监测能够在危害发生之前进行预测,然后分析,再人为进行干预整治,从根源上解决问题。

首先,矿区生态环境监测可以帮助了解矿区内各种污染源的分布情况和运移规律。通过了解污染源的分布情况,针对性地采取措施,避免环境问题扩散。其次,监测可以实现对矿区内各种环境指标的实时监测。这样可以尽早发现并及时处理出现的环境问题,减少环境损失的情况发生并及时进行治理。再次,监测可以保障周边居民的生活环境及其卫生安全。常规矿山的开采以及有可能带来大量的粉尘、噪音、有害气体排放等环境问题,通过矿区生态环境监测,及时检测、及时处理才是最好的解决办法。

综上,矿区生态环境监测是协调人与环境关系、实现生态共建共享的重要环节,其意义十分重大。

二、矿区生态环境监测的作用

生态环境监测是生态环境保护的基础,是生态文明建设的重要支撑。环保工作离不开环境监测工作,只有做好生态环境监测,才能对环境污染状况有明确的掌握,才能够制定科学合理的环境保护策略和措施。

(一)提供一手资料

在生态环境保护工作中,通过有效的生态环境监测,能够对矿区的环境质量状况及其中存在的问题有切实的了解,进而为环境保护和整理提供有效依据,为矿区环境治理政策制定奠定有效基础。生态环境监测效果的发挥,使得矿区生态环境保护和治理有的放矢(盖丽红 等,2021)。通过环境监测工作的开展,利用相关技术与设备可准确、直接地获取所需的环境数据,从资料层面保障生态环境保护评价工作的顺利实施(张芳,2021)。

(二)明确生态环境治理目标

受思想观念等因素的影响,过去矿区在经济发展过程中严重污染、破坏了自然生态环境。为保障自然生态安全,需科学治理与修复遭受破坏的生态环境,促使过去所造成的污染问题得到消除。而通过环境监测工作的开展,能够对环境污染类型、污染原因、污染程度等情况充分掌握,进而采取针对性的治理和修复方法,明确治理和修复的目标,显著提升生态环境治理成效(张芳,2021)。

(三)及时了解突发性污染情况

在实际工作中,可能会出现一些突发性的污染事件,一旦出现其控制和治理难度高,而且造成的影响范围大,往往会在短时间内造成巨大的损失。而生态环境监测的存在,不但能够基于自动监测系统及时发现问题,而且还能够利用其预警系统,迅速向相关人员发出警报以启动相应的应急预案,高效控制突发性环境污染问题。同时,生态环境监测还可以对污染状况给出实时的数据支持,从而为污染事件的控制和处理提供有效的依据(盖丽红等,2021)。

三、矿区生态环境监测的功能

矿区生态环境监测的作用就是将生态系统和环境变化作为输入信息,并且将这一信息与生态环境监测的目标或是标准进行对比,确定是否达标,并将结果告知决策者或者管理者,以采取相应的改善或修复措施。所制定的监测标准是根据生态系统的功能决定的,因此,根据生态系统所提供的生态服务功能不同,所要达到的生态环境标准也不同。因此,可以使用生态监测程序来评估大规模人类活动的(预期)影响。生态监测程序在监管体系中的作用如图 2-1 所示。

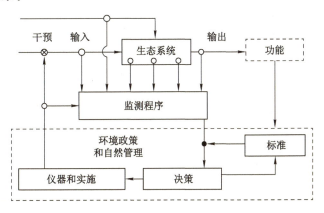

图 2-1　生态监测程序在监管体系中的作用(VOS et al. ,2000)

与所有的监测系统相同,矿区生态环境监测系统也有两个独立的监测功能,每个功能都具有特定的优势(VOS et al. ,2000):

• 预警功能:在早期阶段,来自监测程序的信息可以检测生态指标或环境要素的变化,并识别导致这些变化的原因,以起到预警的作用。这样做的好处是可以防止将来可能发生进一步的生态环境的破坏,也可以节省生态环境恢复所需的成本。

• 早期控制功能:在某些活动开始的早期阶段,来自监测程序的信息可用于检查修复或补救措施是否成功,以及评估特定措施或活动的预期后果。根据评估的结果可以进行相应的决策,取消效率低下的措施或具有不良生态效应的活动,取而代之的是更有效的措施。此外,还可以加强对已证明有效的措施的支持。

值得注意的是这两个功能可能需要不同的监测方法去收集数据,最终可能导致不同类型的管理决策。就早期控制功能而言,监测程序主要是检验有关矿区人类活动的生态后果;就预警功能而言,监测程序通过归纳推理或模式识别然后进行假设:是否存在重要的生态变化? 是否可以确定哪些可能原因和易于控制的原因? 也就是说,早期控制功能确实可能导致直接行动(继续、更改或停止与其他重要利益相适应的措施);而对于早期预警功能,则应谨慎对待,一般必须在存在有力证据的情况下才可能导致直接行动(Gray et al. ,1991;Peterman et al. ,1992)。在所有其他情况下,可能需要对已有的假设进行验证后才能采取行动。

四、生态环境监测与传统环境监测的区别与优势

根据我国 2007 年颁布的《环境监测管理办法》规定,环境监测的目的是全面反映环境质量状况和变化趋势,及时跟踪污染源变化情况,准确预警各类环境突发事件等。监测活动主要包括:环境质量监测、污染源监督性监测、突发环境污染事件应急监测、为环境状况调

查和评价等环境管理活动提供监测数据的其他环境监测活动。但在传统的环境监测活动中主要关注于利用物理、化学、生物指标的监测确定污染状况,对于生态环境中的各个要素、生物与环境之间的相互关系、生态系统结构和功能的变化关注较少。

2021 年 12 月发布的我国《"十四五"生态环境监测规划》中强调生态环境监测要"立足新发展阶段,完整准确全面贯彻新发展理念,构建新发展格局,面向美丽中国建设目标,落实深入打好污染防治攻坚战和减污降碳协同增效要求,坚持精准、科学、依法治污工作方针,以监测先行、监测灵敏、监测准确为导向,以更高标准保证监测数据"真、准、全、快、新"为根基,以健全科学独立权威高效的生态环境监测体系为主线,巩固环境质量监测、强化污染源监测、拓展生态质量监测,全面推进生态环境监测从数量规模型向质量效能型跨越,提高生态环境监测现代化水平,为生态环境持续改善和生态文明建设实现新进步奠定坚实基础"。要求"推进生态环境监测网络陆海天空、地上地下、城市农村协同布局,注重规模、质量、效益协调发展。立足山水林田湖草沙整体性与系统性,实现环境质量、生态质量、污染源全覆盖监测、关联分析和综合评估"。

基于此,矿区生态环境监测的任务就要在现有大气、水质、噪声等环境要素监测基础上,引入现代生态学理念,拓展监测范围,完善监测手段,通过运用在线自动监测、3S 宏观监测等先进技术,弥补原有要素监测手段的不足,由原来单纯针对环境要素的环境监测,转变为针对区域生态系统功能结构的生态监测,全面系统地监测和评估矿区生态环境质量,对矿区生态环境的演化趋势、特点进行动态监测与预警,为矿区生态环境保护提供连续、准确、实时的科学依据。

第二节 矿区生态环境监测的基本内容

为了使生态环境监测有意义和切实可行,任何生态环境监测都应包括如下内容(Harrison et al.,2012):① 具有明确的目的性或明确的保护目标;② 能够有效证明生态环境变量和人类活动之间的联系;③ 在资金和其他约束条件下能够切合实际。

当存在明确的保护目标并能够根据这个目标开展评估时,才能满足第一个条件。保护目标因一般项目而异,取决于项目的基本目标(例如,生态系统服务或是单一物种保护)、区域生态、过去的干扰历史、该地区以前的保护经验和可用资源。因此,根据项目的具体目标,生态环境监测计划也应因项目而异,最终生态环境监测研究的结果会反馈到管理过程中,从而改善管理干预机制。

一、矿区生态环境监测的目标

矿区生态环境监测的核心目标是提供生态系统和环境质量现状及变化趋势的数据,为判断环境质量、评价生态系统健康度和环境管理服务。因开采阶段不同,生态环境变化情况也不同(图 2-2),故可以根据开采不同阶段来制定具体的监测目标。

(一)开采前生态环境监测的目标

开采前工作主要包括矿井的勘探与矿区构筑物的建设,因此这一时期涉及的生态环境问题主要有勘探过程中的少量土地挖损、植被破坏以及建设期间的大气污染、噪声污染等。由于这一时期对生态系统的影响主要体现在少量挖损带来的植被破坏等,影响程度较小,

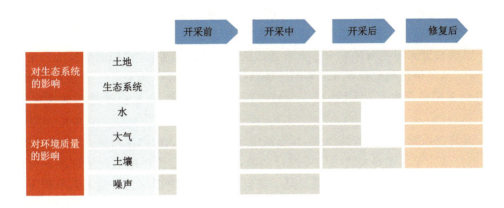

图 2-2　矿井开采不同阶段对生态环境系统的影响

（　▨　表示矿井开采对生态环境带来的负面影响，　▨　表示生态修复给生态环境带来的有益影响）

生态影响基本可以忽略。因此，根据这一时期矿区环境变化的特点，监测目标主要是针对建设时期的各类污染因子进行污染物监测，掌握环境质量变化数据，控制环境污染。

（二）开采中生态环境监测的目标

开采阶段是矿区生产活动最为活跃的时期，也是对生态环境破坏最为严重的阶段，在这一阶段，存在大量的挖损（露天矿）、塌陷（井工矿）、废弃物压占、植被破坏以及大气污染、矿井水污染、土壤污染、噪声污染等问题。因此，在此阶段，生态环境监测的目标不仅要关注各类污染因子，同时要关注由于挖损、塌陷等问题带来的对生态系统的影响，全面掌握生态环境变化数据，为控制污染、保护生态系统服务。

（三）开采后生态环境监测的目标

矿井关闭后，虽然挖掘工作结束了，但开采活动对矿区生态环境带来的影响持续存在。在塌陷、挖损、废弃物压占等问题未解决的情况下，原有生态系统无法恢复，生态服务功能仍旧不能实现，同时还持续存在扬尘、土壤污染、地下水污染等一些环境问题。因此，在此阶段，生态环境监测的目标仍然要同时兼顾生态监测和污染监测，持续关注关闭矿井对矿区生态环境带来的影响。

（四）生态恢复后生态环境监测的目标

矿区生态恢复主要是对矿区生态系统结构和功能的重建与恢复，具体实施措施主要包括：地形地貌的重塑、土壤重构和植被恢复。矿区生态修复往往工程量巨大，伴随着植被生长、土壤质量提高、系统演替和稳定，这就意味着对矿区生态修复必须进行长期监测。只有通过长期监测，才能判断生态修复工程的成功性。因此，在这一阶段，生态环境监测的主要目标是针对生物多样性和生态系统功能进行长期监测，为生态恢复工程效果评价提供依据。

二、生态环境监测的类型

根据生态环境监测的目的不同，国内常把生态环境监测分为三种类型：

① 研究性监测。研究确定污染物从污染源到受体的运动过程，鉴定环境中需要注意的污染物。这类监测需要化学分析、物理测量、生物和生理生化检验技术，并涉及大气化学、

大气物理、水化学、水文学、生物学、流行病学、毒理学、病理学等学科的知识。如果监测数据表明存在环境污染问题时,则必须确定污染物对人、生物和其他物体的影响。

② 监视性监测。监测环境中已知有害污染物的变化趋势,评价控制措施的效果,判断环境标准实施的情况和改善环境取得的进展,建立各种监测网,如大气污染监测网、水体污染监测网,累积监测数据,据此确定一个城市、省、区域、国家,甚至全球的污染状况及其发展趋势。

③ 事故性监测。对事故性污染,如石油溢出事故所造成的海洋污染、核动力厂发生事故时放射性微尘所造成的大气污染等进行监测,包括利用监测车或监测船的流动监测、空中监测、遥测、遥感等,确定污染范围及其严重程度,以便采取措施。按监测对象的不同,可分为大气污染监测、水质污染监测、土壤污染监测、生物污染监测等。按污染物的性质不同,可分为化学毒物监测、卫生(包括病原体、病毒、寄生虫、霉菌毒素等的污染)监测、热污染监测、噪声污染监测、电磁波污染监测、放射性污染监测、富营养化监测等。

而在一些欧美国家,根据监测目的和阶段,常把监测分为:

① 实施过程监测。包括对已实施的管理干预措施进行简单的监测,以评估是否已达到最低标准。这不包括对生物多样性的监测,因此实施过程监测不能说明干预措施是否对生物多样性产生了预期的影响。事实上,多数干预措施可能无法完全实现预期的生物多样性影响。

② 有效性(或趋势)监测。涉及监测生态系统内的生态变量。许多生态监测计划都是这种性质的。但是,有效性监测仅关注了生态系统内的生态变量是否发生了改变,而没有尝试寻找改变发生的原因(改变发生的原因可能与管理完全无关)。因此,这种方法的实用性也很有限,因为如果不了解发生改变的原因,就不可能有效地管理改变的方向和步伐,无法说出所制定的管理干预措施哪些有效,哪些无效,以及如何进行改善,同时也无法预测干预措施在其他领域带来的影响。

③ 验证性监测。这种类型的监视最为有用,因为它可以使干预措施与相关生态变量的变化相关联,并由此评估管理是否产生了预期的影响。可以确定有效的干预措施以及改善途径,同时识别无效的干预措施并加以改善或停止使用,从而简化管理流程。因此,验证性监测的核心是使用可测试的、科学易处理的并且与决策相关的假设,来观察干预措施对生态系统的影响,以及设计合理的抽样方案来帮助确定因果关系,给出决策建议。

三、生态环境监测要素指标

生态环境监测指标体系系统庞大,为了更确切地评价不同生态系统的功能作用,须在筛选监测指标时考虑所选指标的科学性、实用性、代表性和可行性,依据这些选择原则,提出如下供选择的主要监测要素指标,对于特殊的生态系统,具体应用时还可增加相应要素指标内容(罗文泊 等,2011)。

1. 气象

气温、湿度、主导风向、风速、年降水量及其时空分布、蒸发量、土壤温度梯度、有效积温、大气干湿沉降物的量及化学组成、大气中 CO_2 等温室气体浓度及动态、大气中有毒气体浓度及动态、日照和辐射强度等。

2. 水文

地面水化学组成、地下水水位及化学组成、地表径流量、侵蚀模数、水温、水深、水色、透明度、气味、pH 值、油类、重金属、氨氮、亚硝酸盐、酚、氰化物、硫化物以及农药、除莠剂、COD、BOD_5、异味等。

3. 土壤

土壤类别、土种、土壤粒径、土壤含水量、土壤导电率、土壤酸碱度、土壤碱化度、土壤水溶性盐、大量营养元素含量、速效氮磷钾含量、微量元素含量、pH 值、有机质含量、土壤交换当量、土壤团粒构成、孔隙度、容重、透水率、持水量、土壤元素背景值、土壤微生物、总盐分含量及主要离子组成含量、土壤农药、重金属、有机物及其他有毒物质的积累量等。

4. 植物

植物群落及高等植物(低等植物)种类、数量、种群密度、指示植物、指示群落、覆盖度、生物量、生长量、光能利用率、珍稀植物及其分布特征,以及植物体、果实或种子中农药、重金属、亚硝酸盐等有毒物质的含量,作物灰分、粗蛋白、粗脂肪、粗纤维等。

5. 动物

动物种类、种群密度、数量、生活习性,食物链消长情况、珍稀野生动物的数量及动态,动物体内农药、重金属、亚硝酸盐等有毒物质富集量。

6. 微生物

微生物种群数量、分布及其密度和季节动态变化,生物量、热值、土壤酶类与活性、呼吸强度、固氮及其固氨量、致病细菌和大肠杆菌的总数。

7. 污染物排放指标

水环境中主要污染物排放指标包括:有机质、总氮、总磷、pH 值、重金属、氰化物、总汞、甲基汞、硫化物、COD、BOD_5等。

环境空气中主要指标包括:颗粒物、SO_2、NO_x、CO、O_3 和苯并[a]芘(BaP)等污染物。

8. 地质

岩石构造、地表形变、地下形变、岩土体含水率、孔隙水压力、土压力、地应力等。

9. 人类活动

矿产资源开发强度、土地利用水平、土地损毁度、次生地质灾害破坏度、生产力水平、退化土地治理率、采矿废弃地治理率、基本农田保存率、水资源利用率,受保护的森林、草原、湿地、农田、水体面积,受保护的野生动植物种类与数量、生产污染排放强度、保护生态平衡能力等。

四、矿区生态环境监测的基本要素

矿区生态环境监测对象、指标众多、复杂,区域及目标不同,其监测对象、监测要素也有所差异。一般矿区的主要监测要素见表 2-1。

实际操作过程中,对于水文、地质等要素,更多的是充分利用已有的常规观测资料,通常仅补充监测生物、土壤和有关生态系统整体结构与功能的部分指标。为识别与评价开采活动导致的生态环境变化,通常会把主要影响因素和最为敏感的环境要素或因子列为优先的监测指标,例如:污染物排放指标、土壤指标、植被指标、地质指标等。在煤炭资源开采的不同阶段,关注的优先监测指标会有所不同,比如在开采中我们更多关注污染物排放指标、地质指标等,而在修复前后更多关注植被、土壤指标等。

表 2-1   矿区生态环境监测主要监测要素

监测类型	监测对象	监测要素
环境质量监测	水环境质量监测	地表水:流速、流量、水温、地表水水质等 地下水:含水层厚度、含水层孔隙率,含水层渗透系数,地下水位(水温),地下水水量,地下水流速、地下水水质等
	大气环境质量监测	风向、风速、气温、气压、湿度、颗粒物组分、有机物、温室气体、硫氧化物、氮氧化物、一氧化碳、特殊组分等
	土壤监测	土壤粒径、土壤含水量、土壤导电率、土壤酸碱度、土壤碱化度、土壤水溶性盐、土壤重金属、无机污染物、有机污染物等
污染源监测	废水监测	废水水质等
	空气污染源监测	烟尘、粉尘及气态、气溶胶态的多种有害物质等
	固体废物监测	矿区产生的矿业的、工业的、城市生活的和放射性的固体污染物等
	物理污染监测	造成环境污染的物理因子如噪声、振动、电磁辐射、放射性等
生态状况监测	生态系统监测	生态格局、生态功能、生物多样性、生态胁迫等
	地表形变及沉降监测	地表形变、地下形变、岩土体含水率、孔隙水压力、土压力、地应力等
	地下煤火及煤矸石山自燃监测	热异常、地表沉陷、区域空气等
	其他矿区生态扰动监测	土地利用、土地损毁度、植被覆盖度、生物丰度、次生地质灾害破坏度、土地复垦率等

对不同矿区、不同阶段的生态环境监测内容、目标及要素可根据具体区域、监测目的及条件有针对性地确定。如青海省聚乎更矿区,综合运用卫星遥感、无人机遥感和信息化等技术,发挥 INSAR、热红外和三维遥感的技术特点,结合常规的地质调查、物探、钻探等手段,建立了聚乎更矿区生态环境修复治理监测技术体系,从矿区生态环境修复治理前的勘查设计阶段生态环境问题调查分析、地形地貌整治中的工程监管、覆土复绿工作中的土壤重构和复绿效果监测,最终到后期管护阶段,对修复效果的稳定性和持久性的跟踪监管,对生态修复治理的全过程进行综合监测,并取得了良好的应用效果。图 2-3 为聚乎更矿区生态环境修复治理监测技术体系(李聪聪 等,2021)。

五、矿区生态环境监测的内容

矿区生态环境监测是以准确、及时、全面反映矿区生态环境状况及其变化趋势为目的而开展的监测活动,包括环境质量、污染源和生态状况监测。环境质量监测以掌握矿区环境质量状况及其变化趋势为目的,污染源监测以掌握矿区污染源排放状况及其变化趋势为目的,生态状况监测以掌握矿区生态系统数量、质量、结构和服务功能的时空格局及其变化趋势为目的。监测分为宏观微观监测、空天地监测、干扰性生态监测、污染性生态监测和治理性生态监测,具有综合性、空间性、动态性、后效性、不确定性等特征(汪云甲,2017)。监测和分析矿区生态环境各种典型信号和异常,方便、快速、低成本地获取精确、可靠、及时的矿区生态环境数据资料,客观、准确反映矿区生态环境状况是矿区生态环境保护及绿色矿山建设的重要基础及关键。

不同矿区、不同开发阶段,应有不同的矿区生态环境监测内容及要求。国家发展和改

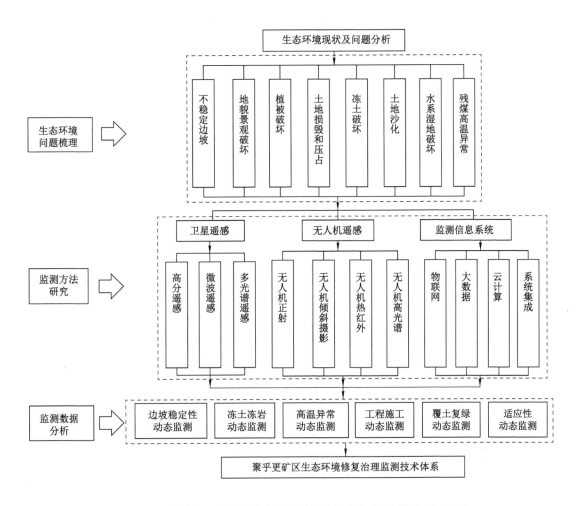

图 2-3　聚乎更矿区生态环境修复治理监测技术体系(李聪聪 等,2021)

革委员会等八部委下发的《关于加快煤矿智能化发展的指导意见》、自然资源部下发的《绿色矿山评价指标》及《矿山地质环境监测技术规程》等相关文件都从不同角度列出了矿区生态环境监测主要内容。

自然资源部下发的《绿色矿山评价指标》对矿区环境管理与在线监测提出的具体内容及要求包括:

① 环境保护设施齐全,有效运转且得到有效维护;

② 获得环境管理体系认证,建立环境监测的长效机制,有环境监测制度;

③ 矿区内设置对噪声、大气污染物的自动监测及电子显示设备;

④ 构建应急响应机制,有应对突发环境事件的应急响应措施;

⑤ 对地面变形等矿山地质环境进行动态监测;

⑥ 对选矿废水、矿井水、尾矿(矸石山)、排土场、废石堆场、粉尘、噪音等进行动态监测,对复垦区土地损毁情况、稳定状态、土壤质量、复垦质量等进行动态监测;

⑦ 构建矿山自动化集中管控平台,能够将自动控制系统、远程监控系统、各种监测系统等集中统一显示;

⑧ 建设矿区环境在线监测系统,对环境保护行政主管部门依法监管的污染物(矿井水、大气污染物、固体废弃物、噪声)排放指标具备按超标程度自动分级报警、分级通知功能。

即建设绿色矿山,除具备监测机制和应急制度外,还需构建环境监测体系,从地质灾害、气、水、土、噪声、土壤质量、复垦质量等方方面面进行监测,并且所有设施有效运转且得到有效维护。

在《矿山地质环境监测技术规程》等文件中也提出了相应的监测内容,包括:

① 侵占、破坏土地及土地复垦监测:侵占和破坏土地类型、面积,破坏土地方式,破坏植被类型、面积,可复垦和已复垦土地面积。

② 固体废弃物及其综合利用监测:固体废弃物的种类、年排放量、累计积存量、来源、年综合利用量,固体废弃物堆的主要隐患、压占土地面积等。

③ 尾矿库监测:尾矿库数量和规模,年接纳尾矿量,尾矿的主要有害成分、主要隐患、年综合利用量等。

④ 采空区地面沉(塌)陷监测:塌陷区数量,塌陷面积,塌陷坑最大深度、积水深度,塌陷破坏程度等。

⑤ 山体开裂、滑坡、崩塌、泥石流地质灾害监测:本年度发生次数、造成的危害,地质灾害隐患点或隐患区的数量,已得到治理的隐患点或隐患区的数量。

⑥ 水土流失和土地沙化监测:水土流失和土地沙化的区域面积及治理情况等。

⑦ 矿区地表水体污染监测:废水废液类型、年产出量、年排放量、年处理量、排放去向,地表水体污染源、主要污染物、污染程度及造成的危害、年循环利用量、年处理量。

⑧ 土壤污染监测:土壤污染的污染源、主要污染物、污染程度及造成的危害等。

⑨ 地裂缝监测:地裂缝数量,最大地裂缝长度、宽度、深度,地裂缝走向、破坏程度。

⑩ 废水废液排放监测:年废水排放量及达标排放量,废水主要有害物质及排放去向,废水年处理量和综合利用量等。

⑪ 地下水监测:a. 地下水均衡破坏监测,如矿区地下水水位、矿坑年排水量、含水层疏干面积、地下水降落漏斗面积等;b. 地下水水质污染监测,如 pH、氨氮、硝酸盐、亚硝酸盐、挥发性酚类、氰化物、砷、汞、铬(六价)、总硬度、铅、氟、镉、铁、锰、溶解性总固体、高锰酸盐指数、硫酸盐、氯化物、大肠菌群,以及反映本地区主要水质问题的其他项目。

与自然环境的生态环境监测不同,矿区生态环境监测不仅要进行污染监测、生态损伤监测,还涉及地形、地貌以及环境灾害监测,设计内容更为广泛,专业性更强。

六、矿区生态环境监测的要求

矿区生态环境监测内容广泛,涉及环境科学、生态学、遥感技术等多门学科理论与技术,因此在矿区生态环境监测中需要注意以下问题。

1. 样本容量应满足统计学要求

因为受到环境的复杂性和生物适应多样性的影响,生态监测结果的变异幅度往往很大。要使监测结果准确可信,除监测样点设置和采样方法科学、合理并具有代表性外,样本容量应该满足统计学的要求,对监测结果原则上都需要进行统计学的检验。否则,不仅要浪费大量的人力和物力,且容易得出不符合客观实际的结论(罗文泊 等,2011)。

2. 要定期、定点连续观测

在生态监测中生物的生命活动具有周期性特点,如生理节律以及日、季节和年周期变化规律等。这就要求生态监测在方法上应进行定期、定点的连续观测。每次监测最好都要保证一定的重复,切不可用一次监测结果作为依据对监测区的环境质量给出判定和评价(罗文泊 等,2011)。

3. 要对监测结果进行综合分析

随着监测技术的进步与发展,矿区生态环境监测的内容不断扩大,广度不断扩展,信息量越来越大,因此对于从宏观到微观的各种信息数据,要依据生态学的基本原理做综合分析,就是通过对诸多复杂关系的层层剥离找出生态效应的内在机制及其必然性,以便对矿区生态环境质量做出更准确的评价。综合分析过程既是对监测结果产生机理的解析,也是对干扰后生态环境状况对生命系统作用途径和方式以及不同生物间影响程度的具体判定。

4. 要有扎实的专业知识和严谨的科学态度

生态环境监测涉及面广、专业性强,监测人员需要能够掌握娴熟的专业技术和理论知识,熟悉有关环境法规、标准等技术文件,要以极其负责的态度保证监测数据的清晰、完整、准确,才能确保监测结果的客观性和真实性。

第三节　生态环境监测程序及其发展

在设计监测系统时,必须解决许多不同的问题,例如,在哪里、什么时间、怎样监测以及监测什么,如何储存样品,如何分析数据以及如何呈现结果。所有这些以及其他的问题都旨在一个程序来回答,它是一个促进自然和环境有效管理的程序。完整地设计监测程序是一件复杂的事情,本节首先介绍目前我国生态环境监测的设计程序,然后提出两个国际常用的设计框架,并且针对这两个框架的适用性进行讨论。

一、生态环境监测程序的设计

在我国,常把环境监测和生态监测分开实施。但实际上,生态监测与其他任何常规环境监测一样,需根据其具体的监测目的和对象,并参考监测者所能利用的技术手段来确定监测方案。同样,对应于水、气、声环境监测方案中的监测布点、监测项目、监测时间与频次、采样与分析方法等内容,生态监测方案也必须在明确监测对象与目的的基础上,结合监测区域的环境特点,确定监测区域、监测指标体系、监测时段与频次、监测方法。完整的监测方案还应包括监测数据的统计分析方法、监测人员安排与拟提交的监测成果(刘绮 等,2005)。

近年来,我国高度重视生态环境监测工作,将生态环境监测纳入生态文明改革大局,全面推进环境质量监测、污染源监测和生态状况监测,系统提升生态环境监测现代化能力。生态环境部发布的《生态环境监测规划纲要(2020—2035 年)》提出,提升整体性,构建"大监测"格局,提升系统性,补齐"生态"短板,提升协同性,加快"高质量"转型;到 2025 年,以环境质量监测为核心,统筹推进污染源监测与生态状况监测;到 2030 年,环境质量监测与污染源监督监测并重,生态状况监测得到加强;到 2035 年,环境质量、污染源与生态状况监测有机融合。

传统的生态环境监测主要由布点采样、分析测试、数据处理、质量控制和综合评价等构成,其程序一般为:根据监测目的,进行现场调查→收集相关信息和资料(水文、气候、地质、地貌、气象、地形、污染源排放情况、城市人口分布等)→根据检测技术路线,设计并制定检测方案(包括检测项目、监测网点、检测时间与频率、检测方法等)→实施方案(布点采样、样品预处理、样品分析测试等)→制定质量保证体系→数据处理→生态环境质量评价→编制并提交报告。

(一)明确监测对象和目的

这里的监测目的也可以理解为监测项目要解决的问题,因此对于任何的监测项目而言,提出问题、指出监测目的都是制定监测方案的基础。不同的监测对象与目的,其监测方案往往有很大差异。如上所述,生态环境现状监测、生态系统定位观测和生态环境影响监测,其监测目的不同,监测内容及指标体系不同,监测方式也往往有所区别。同样是生态系统定位监测,城市生态系统、森林生态系统、荒漠生态系统、湿地生态系统、海洋生态系统的监测指标都有极大差异(刘绮 等,2005)。

(二)确定生态环境监测的原则

确定指标体系时,应考虑以下 5 个方面(刘绮 等,2005):

① 指标的代表性和可操作性;

② 各站、台、场间指标的可比性;

③ 监测目的与对象的特殊性;

④ 应能反映当地生态系统结构与功能的主要方面,并有助于监控当地主要的生态环境问题;

⑤ 宏微观结合,充分利用可用信息资源,高效、经济地实现监测目的。

受监测条件限制,通常难以对所有指标进行监测,因此,在实际工作中需对其优选,以便获得有关生态环境的最重要数据,经济有效地实现监测目的,为此,在监测指标的确定中可提出优先监测指标体系。

确定优先监测指标体系时,应遵循以下原则(刘绮 等,2005):

① 重点与全面兼顾的原则;

② 兼顾现有的监测能力与不放弃紧急监测指标的原则;

③ 优先监测指标逐步完善的原则;

④ 尽量采用可用的调查和统计资料的原则。

需要说明的是,以上所列的"指标体系确定原则"主要是针对生态定位观测站点提出的。

环境保护、工程设计、生产运行管理、科学研究等有不同目的和要求,有各自侧重的监测项目。根据国家、地方及各行业对上述各项工作有关的标准及规范要求,确定监测项目。需进行监测的项目,必须有可靠的监测手段,并且监测结果要有可比较的标准或能做出正确的解释和判断,否则将使监测结果陷入盲目性。

(三)确定监测区域

即在界定监测区域范围的基础上,可以综合考虑生态环境功能区和生态系统类型的典型性、空间和行政区分布均匀性等因素,确定监测区域和具体的监测点位,如生态监测台、站的选址,土壤剖面的位置,植物样方的类型、规格和布点等。

在确定监测区域时需要注意的是:

① 监测范围的划分应根据监测目的和污染物排放情况、所在地区的自然条件和敏感区分布等因素来确定。

② 对大气污染范围的监测,应根据大气质量状况、地形和下垫面光洁度、气象因素、污染物排放高度和排放量、环境功能区等因素来划分监测范围。

③ 水体的监测范围可根据不同的水体状况确定。地面水监测范围必须包括对水环境影响比较明显的区域,应能全面反映与地面水有关的基本环境状况,并能充分满足监测目的要求;海域的监测范围通常根据工程规模和污染物排放量大小以及海洋特征而定;地下水监测范围的确定应考虑环境水文地质条件、地下水开采情况、污染物分布和扩散形式及区域水化学特征等因素。废水污染源一般经管道、沟排放,影响范围小,不须设置断面,直接确定采样点位即可。

(四)现场调查与资料收集

生态环境污染随时间、空间变化,受气象、季节、地形地貌等因素的影响,应根据监测区域呈现的特点,进行周密的现场调查和资料收集工作,主要调查各种污染源及其排放情况和自然环境特征,包括地理位置、地形地貌、气象气候、土地利用情况以及国家经济发展状况。

(五)确定监测项目

应当按照国家规定的生态环境质量标准,结合该地区污染源及其主要排放物的特点加以选择,并且还要测定一些气象与水文项目。

(六)数据处理与结果上报

因监测误差存在于生态环境监测的整个过程,所以唯有在可靠的采样和分析测试的基础上,运用数理统计的办法来处理数据,方有可能得出符合客观要求的数据,处理得出的数据应经仔细复核后才可上报。

在设计生态环境监测程序时应注意:

① 选用标准分析方法或统计分析方法。分析方法标准化是各国普遍遵循的做法。若进行国际合作,应选用国际统一监测方法。

② 选用标准分析方法时,应本着企业标准服从行业标准,行业标准服从国家标准,旧标准服从新标准,各标准尽量与国际接轨的原则。若采用非标准分析方法时,也应当用标准方法进行比对,保证结果的可靠性。

③ 为了避免高倍数稀释或高倍数富集操作引起的大误差,对含量高的污染物,一般选用准确度高的化学分析法;对含量低的污染物,宜选用仪器分析法;定性分析尽量选用简易法或生物监测法。

④ 在条件许可下,尽可能选用单项专用测定仪,简化分析操作过程。

⑤ 多组分测定时,尽可能选用分离和测定同时兼备的方法,以避免因样品预处理带来的操作误差。

⑥ 尽可能选用连续自动监测技术和仪器。

⑦ 应急监测和野外现场监测时尽可能选用便携式快速测定仪或现场简易快速分析法。

值得注意的是,随着科技的进步和环保事业的发展,传统的监测布点、采样方法和分析方法已经不能完全适应形势的需要,总量控制监测、流域性监测、重点工程控制性监测、行政断面监测、通量监测、应急性监测以及污染源的随机在线监测等都在布点、采样和分析上突破了传统方法。

二、通用生态环境监测系统框架

生态环境监测是一个复杂的过程。要将这个过程简单化,一种方法是将整个设计过程细分为单独的组件,这样可以更轻松地一次解决一个问题,在设计过程的每个阶段,按一定的顺序和详细程度解决每一个组件,并对每个组件都标注适当的注意事项。这就需要一个通用的系统框架,通过假设提供一个全面的框架,来阐明各个组件之间的关系,从而可以为每个组件的选择提供正确的方向。在国外常采用的监测系统框架包括通用的生态环境监测系统框架和自适应监测框架。对于通用的生态环境监测系统框架而言,主要程序如下:

(一)明确监测程序的目的

任何监测程序的设计都应该从识别目的开始。只有当需要信息的"决策系统"和被监控的生态系统都被清楚地识别,即被清晰地界定和描述时,才能做到这一点。

决策系统的识别不仅仅是识别决策者(即预期用户),还包括决策者权利的领域和范围。识别要监测的系统不仅仅是在空间和时间上界定的系统,基于系统的概念模型,还必须识别系统相关的输入、系统特征和输出,并且必须区分和描述子系统。对于生态监测,相关的输出是物种和群落的数量。这些输出可以根据它们的社会经济价值来选择,如有用性(如渔业、户外娱乐)或者是危害性(如害虫),或者是由公众接受的"内在"价值决定。输入输出之间的平衡是系统本身的特征。输出的值可以是永久性的(如土壤类型),也可以是可变的,即受输入的影响(如生物群中的毒素、繁殖率)可能会发生变化。在技术设计的过程中,概念模型和(子)系统边界可能被反复修改和细化。

(二)技术组件

为了确定监测计划的相关技术组成部分,Green(1984)、Maher(1990)以公认的科学序列为起点,设计了监测程序的四个不同的组成部分:监测目标(问题和假设)、采样策略(系统模型和采样设计)、数据收集(实际采样)和数据处理(分析、解释和呈现)。然而,生态环境监测不是那种一次性的、孤立的实验研究,而是一种持续性的活动,旨在回答一系列关于生态环境当前状况和未来可能的问题。在这里存在一个复杂的问题就是:必须把对象和变量的选择值与目标值区分开来。此外,连续的数据流需要特别注意数据存储(作为组件"数据处理"的一部分),同时许多个人和组织可能参与到监测计划中,这就要求"维护"和"组织"作为独立的组件(VOS et al.,2000)。这样初步形成了监测程序的七个主要组成部分(图2-4)。

1. 监测目标

一般可以分为两种类型的目标:用于进行状态评估的目标和用于进行变化检测的目标。进一步地还会涉及期望的精度和置信度、空间分辨率和时间尺度。此外,目标还包括以管理者的信息需求为出发点所需要识别的一些生态环境变化或找出违反环境标准的原因。

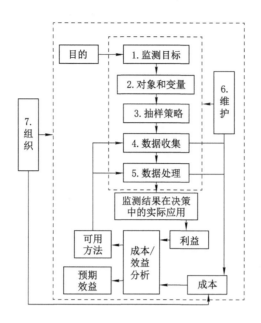

图 2-4 监测程序的设计和评估框架的示意图(VOS et al.,2000)

2. 对象和变量

描述生态状态和趋势的对象和变量可分为三种类型:描述有终点的变量("最终变量")、因果链中较早的变量("中间变量",可能是早期警告者)和可用作最终或中间变量替代物的变量("指标")。为了确定变化的原因,还需要关于输入的信息,包括"自然的"和"人为的",对于决策者和环境管理者而言后者往往具有较高优先级。

3. 抽样策略

策略主要涉及选址方法(具体的、有代表性的、常规的或随机的)和总监测区域的分层。根据要监测的变量集,采样可以是单阶段或多阶段的。抽样策略应该与监测计划的目的、目标以及预期的统计分析密切结合,应能够进行统计分析和解释,从而将原因和结果联系起来。

4. 数据收集

在设计过程中,完整的取样方案应该包括:现场方法、时间和空间上的采样分配策略(地点或地块的数量和位置、测量频率)的选择。在生态监测的操作阶段,数据的收集将对现有监测手段提出实质性要求。因此,监测成本和监测的有效性评估和优化就非常重要,这种优化应基于预期的统计分析,并将统计能力作为有效性的重要衡量标准。

5. 数据处理

数据处理包括数据存储、数据的统计分析以及结果的解释和呈现。特别是,大量的连续的数据要求在数据形成之前预先建立一个可操作的数据库。此外,统计分析的方法必须事先确定,以检查与早期选择的对象和变量、抽样策略和数据收集的兼容性。最后,需要考虑以汇总形式呈现结果的可能性,在缩减数据和数据的可解释性之间取得平衡。

6. 维护

维护不仅包括对数据收集和数据处理过程的定期质量控制(包括同行审查等),还包括根据不断变化的信息需求和环境变化(例如土地使用的大规模转变)对整个计划的定期评估。

7. 组织

组织包括组织运行程序组件的所有管理方面,包括数据收集、数据处理和维护等,使监测程序正常运行。

监测过程实施往往从明确项目目标开始,然后进行必要的分析、测量细节和调查设计(图 2-5)。总的来说,目标和分析大体上决定了要监测什么。实际操作过程中往往需要通过学习过程不断细化目标和方法决策,直到找到有效的监测计划[图 2-5(b)]。现实情况是,由于时间所限或是种种原因,监测人员往往"进入现场后马上进行分析",并没有进行彻底的规划[图 2-5(a)]。但是对于一个长期监测计划而言,完备的计划可以有效保证项目的顺利实施,并且投资较小(Gitzen,2012)。

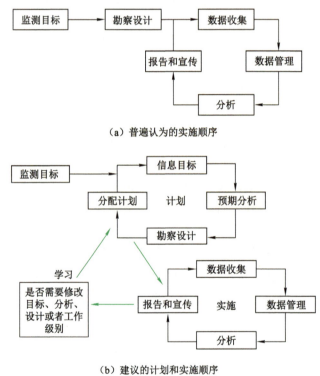

图 2-5 监测过程(Gitzen,2012)

三、自适应监测框架

(一) 自适应监测框架

基于有效监测程序应具备的一些显著特征,Lindenmayer 等(2009)提出了一种包含这些特征的监测程序的新方法,并将其称为"自适应监测"框架。

自适应监测框架的基本部分是设置问题、监测方案设计、数据收集、数据分析和数据解释的迭代(图 2-6)。同时,监测程序可以随着新信息或新问题的发展而发展。例如,当监测对象以不同于最初预期的速率变化时,可以通过更改数据收集的频率来适应新的变化。自适应监测框架还可以根据监测对象发生的变化,提出新问题,并采用新技术以提升整个监测框架内的现场或实验室检测水平以解决新问题。

自适应监测框架表示一种迭代和链接的框架,该框架允许新问题的提出。在自适应监测方法中需要注意的一点是,采用新的采样或分析方法时必须确保长期数据的完整性,同时保证数据不会被破坏或扭曲。另外需要注意的是,有时某些特定的问题无法通过目前的长期监测数据集解决(或者该数据集最初并非旨在解决该问题),这时可能需要建立全新的调查监测方案。总而言之,自适应监测框架与规模无关,但与新问题提出相关。

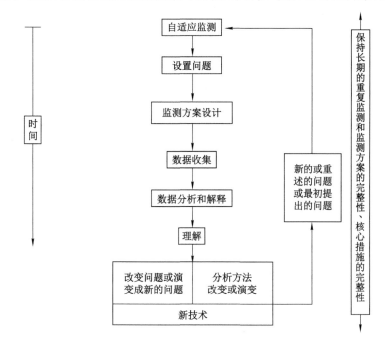

图 2-6 自适应监测框架(Lindenmayer et al.,2009)

如何判断一个自适应监测框架是否有效呢? 主要有以下几个标准:

① 该监测可以用于评估干预措施对生态系统的影响,并可以通过相关的问题/假设驱动。因此,如果这些问题发生变化,则可能需要更改监测方案。

② 针对所涉及的生态系统如何运作以及人类活动对该生态系统产生的影响,建立相应的概念模型,并可以不断更新相应的概念模型。

③ 一开始就建立严格的统计方案。

④ 通过执行监测的科技及统计工作者、政策制定者和项目经理之间的合作不断提出、完善问题,共同清除障碍,以实现监测目标。

⑤ 引入新的采样或分析方法(例如,通过中途"改进"方法)时,不会破坏或损害核心生态变量的长期数据集的完整性。

根据自适应监测框架,相应的监测程序也应是基于自适应框架中的关键步骤进行的流程设计(图 2-7)。在新技术、新问题出现时,自适应监测方法还可以适时调整监测程序和方案(Lindenmayer et al.,2010)。

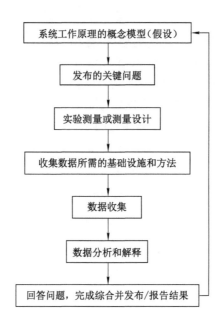

图 2-7　监测程序中关键步骤序列的流程图(Lindenmayer et al.,2010)

（二）自适应监测框架如何工作的假设示例

下面是自适应监测在实践中如何工作的一个简单例子(Lindenmayer et al.,2010)。在一项干预性措施中,建立了一个废水处理厂,以降低湖泊的磷负荷。在该湖泊中,富营养化被认为是由磷的过量负荷驱动的,针对这个问题建立了对浮游植物多样性和生产力以及水化学元素的长期监测计划。这一监测框架的建立,有助于揭示干预措施对湖泊富营养化的实际影响。经过 10 年的监测,很明显,由于气候的变化,项目成员发现除了水质之外,监测湖泊的热分层和冰层覆盖时间的变化也很重要,可以更准确地评估富营养化的恢复速度。因此,为了使最初的监测方案包括气候变化的影响,需要解决几个问题。例如:

① 这些新参数如何适应这个湖泊富营养化的概念模型?

② 为解决气候变化问题,应该提出哪些新问题和采取哪些新措施? 例如,一个可能的新问题可能是:"温度升高对湖水循环模式和藻类生产力有影响吗?"

③ 需要哪些基于统计的实验设计来回答这个问题?

④ 在一年中的不同时间,如果出现了新的问题,可能需要新的额外的监测协议,如何保持整个监测计划的完整性?

上述例子简单描述了一种用于湖泊系统富营养化问题的自适应监测方法中所涉及的假设。这种模式也可以被推广到其他情况,但不同的情况所涉及的问题往往不同。例如,2009 年 2 月,墨尔本东南部烧毁了大量用于木材生产的森林和保护区,将其作为 25 年综合生态系统和人口监测计划的一部分进行了研究。这些森林是一个复杂系统的一部分,这个系统存在许多问题和多重管理目标。在与森林管理者和政策制定者协商下,新的问题被仔细研究出来,这些问题是关于不同土地所有权下的火灾后生态恢复,特别是来自维多利亚州可持续发展和环境部、维多利亚公园和墨尔本的官员都提出了对于生态恢复监测方案的意见。在整个过程中自适应监测框架被用来指导协作问题设置、实验设计和建立新的现场监测阶段的过程。

这两个例子表明,自适应监测模式不会针对所有监测项目给出高度统一的解决方案。相反,它的具体应用将视具体情况而定,并根据要解决的具体问题、提出的问题以及具体生态系统的组成和生态过程而有所不同。同时还强调,适应性监测不是盲目的数据收集,而是基于合理的科学实践,提出严格的问题,并仔细设计和实施适当的研究来回答这些问题。

(三)自适应监测框架是一个通用的而非说明性的框架

自适应监测框架的核心原则意味着,该方法适用于各种情况和各种监测——从非常简单到非常复杂的计划,以及通常从粗略的好奇心驱动的简单监测计划到现场执行的强制性监测计划或各种级别的复杂监测计划。自适应监测框架可以应用于任何给定的监测程序,它的具体应用将取决于当时当地的情况,并且将根据要解决的特定问题、提出的问题以及特定生态系统的组成和生态过程而有所不同。同时,自适应监测不是无意识的数据收集,而是以提出严格问题并精心设计和实施适当的监测方案,通过监测数据的收集、分析和解释,以回答这些问题的科学实践为中心的。

(四)自适应监测框架的应用前景

由于可以帮助提高长期生态研究和监测项目的效率,自适应监测框架在未来将变得越来越重要。气候变化、酸雨、臭氧水平升高和大规模自然扰动的增加以及人为扰动频发,都给自适应监测提供了更多的机会。人类加速的环境变化为长期监测提供了新的"实验性"机会。由于这种环境问题现在处于社会关注的最前沿,自适应监测在寻找解决方案或设计环境恢复方案中多是至关重要的。例如,自适应监测框架的应用有助于现有的长期监测项目适应快速气候变化的影响带来的新问题(Lindenmayer et al.,2010)。自适应监测模式可以在"提出问题然后回答问题"的传统科学研究方法中起关键作用,用来提高监测项目的可信度。对于矿区生态环境监测项目而言,自适应监测框架可以帮助其快速适应采矿活动给矿区生态系统不断带来的新问题,提高监测的可信度和可靠性。

四、国外生态环境监测的特征

(一)提出有效的科学问题

提出有效的科学问题是有效的生态环境监测的核心,因此对于生态环境监测至关重要(Nichols et al.,2006)。由于在问题的定义和目标的设定方面考虑不周,可能导致生态环境监测的有效性受到一定的影响。有效的问题能够导致可量化的目标,这些目标为衡量进度提供了明确的路标(Lindenmayer et al.,2009)。因此,有效的问题必须在科学上易于处理,并易于测试,可以给政策制定和资源管理提供有效信息。虽然在一些长期研究或监测计划中,关键问题经常会发生变化或演变(Ringold et al.,1996),但不会破坏整个监测计划的完整性(Lindenmayer et al.,2009)。

(二)概念模型的使用

概念模型是目标生态系统或种群的关键组成部分和生态过程如何相互作用和/或相互影响的示意图(Bormann et al.,1967)。图2-8给出了一个概念模型的示例。针对要监测的生态系统或特定实体,概念模型是帮助识别和关注要解决的问题的一种有效的方法。

在研究开始时就建立一个概念模型,利用该模型可以迫使各种思想聚集在一起,以形

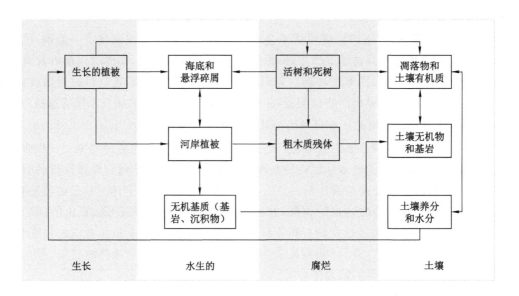

图 2-8　Tasmania 南部 Warra 长期生态研究基地的粗木屑碎片研究概念模型指导（Grove et al. ,2004）

成一个针对目标的工作框架和理论,有助于确保在项目设计中捕获所有相关组件。通过理解概念模型框架内的输入和输出,可以了解生态系统变化的机制以及干预措施带来的相应响应(Lindenmayer et al. ,2010)。

在许多情况下,可能存在两个或两个以上竞争的生态过程的概念模型,这些模型专门用于监测。这些模型之间的根本差异对于设计监控程序也很有用,通过这些差异可以将这些模型所需的数据类型进行区分(Nichols et al. ,2006)。

（三）多学科的合作

大多数成功的监测案例都是基于来自不同学科的能够进行知识互补的人们之间,其中包括科技及统计工作者,政策制定者和资源管理者,他们可能来自政府和非政府组织、大学、研究机构和其他组织。通过采取不同背景和不同专业知识的人容易理解的方式促进各方之间的信息交流。决策者需要更好地理解科学的方法以及以正确方式提出正确问题的重要性。科技工作者需要更好地阐明他们可以回答和不能回答的问题。这些人群之间建立良好的合作关系,有助于验证监测项目是否达到相应的目标,是否满足科学和统计上的严格要求,并确保结果可靠、结论可行(Lindenmayer et al. ,2010)。

（四）强大的决策层

强大的决策层对于监测方案的实施与项目能否成功至关重要。强大的决策层能够帮助设置适当的问题,识别新的问题,开发可行的概念模型,解决要监测的内容,指导研究设计,分析数据,将结果传达给管理机构、决策者和公众,以及建立和保持伙伴关系。

（五）持续的资金

没有资金就无法进行或维持任何项目。筹集资金以维持长期监测计划是一个真正的重大挑战。在某些情况下,资助金额与监测计划的规模和人类活动规模(例如,采矿)有关。如何保证资金的持续供给对于监测项目的成功至关重要。

（六）经常使用和检查数据

保持高质量长期数据记录的关键因素是对这些数据进行频繁检查和使用。不断地检查和使用会带来一些重要的发现和思考，并激发新的研究问题。不断的检查和使用数据也是发现错误和数据伪像等问题的主要方式（Lindenmayer et al.，2010）。此外，如果能够及时发现长期数据中的问题，可以及时与数据收集者、数据分析者进行讨论和检查，那么更容易解决长期收集数据中的问题。

（七）维护数据完整性和现场技术校准

新的传感器、新修改的方法或新的分析程序都可能造成数据的偏移，这是监测中的常见问题，必须谨慎解决。例如，在美国新罕布什尔州的生态系统长期研究中，为了比较新方法和旧方法的结果，并避免由于不同的方法而产生的数据记录中的偏差，可能需要花费数月或超过一年的时间进行新方法和旧方法的同时数据记录，以调整数据偏差（Buso et al.，2000）。

第四节　矿区生态环境监测技术

矿区是由资源开采加工及相关活动衍生出来的地域空间。矿区开采活动与地表生态环境是一个统一的整体。煤炭开采通过作用于矿区生物生存的物理与化学环境，影响着生物与环境之间的相互作用关系，从而形成了具有"开采痕迹"的生态环境功能单元。区域内关键监测因子及其变化发展有别于常规的自然、半自然或人文生态环境，因此其监测也较传统的以理化分析为主体的分析技术有所区别。一般而言，矿区生态环境监测方法包括矿区环境因子理化分析、实地调查、定位观测和遥测遥感等。从监测技术角度可以将矿区生态环境监测技术分为物理化学分析技术、大地测量技术、遥感技术、生物群落调查技术、分子生物学技术和星-空-地-井立体融合监测技术等。

一、物理化学分析技术

矿区土壤、植被、水体和大气等主要生态环境要素中污染物质含量和结构的监测多采用物理化学测试技术。其中物理监测技术如重量法，常用作水体中残渣、大气降尘，以及土壤和水体中油类等的测定。容量法则是通过化学定量分析确定环境介质中污染物质的含量，被广泛用于水中酸度、碱度、化学需氧量、溶解氧、硫化物、氰化物等的测定。

仪器分析是根据被测组分的某些物理的或物理化学的特性，如光学的、电学的性质，进行分析检测的方法。现代仪器分析将光谱学、量子学、傅立叶变换、微积分、模糊数学、生物学、电子学、电化学、激光、计算机及软件等成功地运用到现代分析的仪器上，研发了原子光谱（原子吸收光谱、原子发射光谱、原子荧光光谱等）、分子光谱（紫外、可见光分光光度计、远-近红外光谱、拉曼光谱、核磁共振等）、色谱（气相色谱、液相色谱等）、电化学分析（极谱法、离子选择性电极、伏安法等），现代分析仪器灵敏度高、选择性好、检出限低、准确性好，通过数据处理和显示分析结果，可以实现分析仪器的自动化和样品的连续测定，在环境分析领域应用广泛（肖昕，2017）。

大型仪器的联用技术和针对特征目标污染的新型仪器开发是环境分析化学的前沿领

域。利用气相色谱、高效液相色谱与质谱的联用技术,傅立叶变换红外光谱(FTIR)技术以及核磁共振(NMR)技术可以对未知有机污染物的结构进行不同角度的解析,为新兴污染物的研究提供了基础条件;电感耦合等离子体质谱(ICP-MS)的联用技术则实现了环境中无机痕量元素的同时测定,可以准确有效地分析矿区污染物的含量;利用高效液相色谱与电感耦合等离子体质谱联用(LC-ICP-MS)则可以直接分析无机元素的化合形态;颗粒物水溶性离子色谱、单颗粒气溶胶质谱、气溶胶化学成分质谱、飞行时间质量分析等相关技术则已广泛应用于国内外大气超级站,可以对大气中颗粒物、主要离子以及重金属等进行实时在线监测。

二、大地测量技术

煤炭资源开采引起地表变形是矿区生态环境损害的最重要原因。地表形变监测技术主要包括常规大地测量、摄影测量和遥感方法等。常规的大地测量技术多沿工作面走向和倾向方向布设监测点,使用水准仪、全站仪、全球导航卫星系统等传统大地测量手段定期观测剖面线下沉和水平移动信息。该方法虽然测量精度较高,但监测范围小,工作量大,成本高,效率低,测点易破坏,且难以实现连续监测。因此,其仅适用于监测矿区少数工作面开采导致的地表"线状"形变,时空分辨率相对较低(朱建军 等,2019)。随着自动化水平的提高,测量机器人也被应用于矿区形变监测之中。

全球导航卫星系统(global navigation satellite system,GNSS)可提供实时三维坐标、速度及时间等信息,可提供各监测点位基于全球坐标系统的变化,不受局部变形的影响。计算机技术和其他相关技术的融合使 GNSS 技术逐渐成熟稳定,CORS-RTK 技术(continuously operating reference station-real time kinematic)也已被广泛应用于各类工程测量中,大大提高了煤矿开采沉陷区形变监测的精度及效率。

三维激光扫描技术是随着当代地球空间信息科学发展而产生的另一项高新技术。该系统由三维激光扫描仪、数码相机、扫描仪旋转平台、软件控制平台、数据处理平台及电源和其他附件设备组成,可以实现复杂的现场环境及空间中实体或实景三维数据完整的采集,降低了环境条件对传统测量技术的限制,一定程度上克服了传统测量手段仅能获取点状信息的缺陷。

三、遥感技术

随着生态环境保护工作的快速发展和不断深入,污染防治攻坚战、生态环境保护督察、生态环境绩效评估、生态环境风险预警等对生态环境监测提出了更多、更高的要求,以地面采样为主的传统监测已难以满足以全方位、全过程、全要素、全周期为特征的现代环境管理的需要,迫切需要将地面的点上环境监测扩展到空间的面上监测、将定时的静态环境监测扩展到随时的动态监测、将局地的离散环境监测扩展到全域的连续监测。遥感技术作为目前一种先进的信息采集方式,具有信息量大、成本低和快速的特点,是生态环境监测中非常重要的技术手段,近年来得到高度重视。我国已初步建立了环境遥感监测技术体系,并形成了业务化应用能力,以高分辨率探测为核心的新一代环境监测卫星正在得到快速发展,环境专用卫星载荷的技术性能将得到大幅提升,同时,环境遥感机理研究正得到进一步加强,环境遥感监测的精度和效率将得到进一步提升,环境遥感监测正在与人工智能、大数据等新技术加速融合,从以数理建模为核心的模型驱动时代进入到以智能感知为特征的数据驱动时代,由此将催生新的环境遥感应用场景和大数据产品不断涌现,推动环境遥感监测向智能感知、智能预警、智能决策、智能服务的方向发展(王桥,2021),以北斗、高分等卫星应用技术与人工智能、5G等新兴技术相融合的应用模式已成为提升生态环境保护的重要手段及趋势(图 2-9)(张锐 等,2021)。

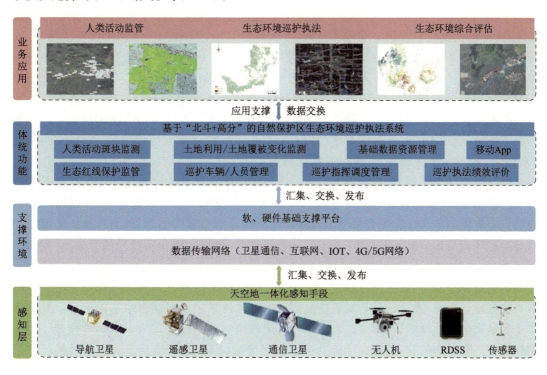

图 2-9　通导遥一体化生态环境保护系统架构(张锐 等,2021)

遥感监测有效解决了传统理化分析和大地测量技术中工作量巨大、特殊环境采样困难等问题,在矿区地表形变、植被生态、大气和水环境等诸多领域均有广泛应用。

合成孔径雷达干涉测量(interferometric synthetic aperture radar,InSAR)是一种新型主动式地表变形监测技术。该技术发展之初主要被用于提取地表高程信息。利用孔径雷达可以探测监测目标的后向散射系数特征,通过双天线系统或重复轨道法可以由相位和振幅观测值实现干涉雷达测量。将同一地区的两幅干涉图进行差分处理(除去地球曲面、地面起伏影响)即可获取地表微量形变数据。InSAR 技术具有全天候、全天时、成本低、覆盖范围大等优势,探测地表形变的精度可达厘米至毫米级。为解决 InSAR 技术失相干问题,人们逐渐从以往的高相干区域转移到了长时序上个别的高相干区域甚至是某些具有永久散射特性的点集上,通过分析它们的相位变化来提取形变信息,拓展出永久散射体差分干涉测量(PS-InSAR)、人工角反射器差分干涉测量(CR-InSAR)、短基线差分干涉测量(SBAS)等技术,有效提高了形变监测的精度。

从不同遥感平台可获得不同光谱分辨率、不同空间分辨率,以及不同时间分辨率的遥感影像,特别是无人机的应用,可形成多级分辨率影像序列的金字塔,为矿山生态环境信息的提取提供了丰富的数据来源。随着遥感数据分辨率的提高与波段信息的增加，矿区遥感监测已经可以实现定性和定量分析，并在矿区地表水、大气、土壤和矿区植被监测等领域得到了有效应用。

通过对矿区植被、水体等典型地物的光谱参数、大气参数、植被生化组分参数、水质参数的野外监测与多源遥感数据的处理，可以构建矿区生态环境参数多源遥感数据反演模型；通过去临近像元效应，可以解决矿区水体面积小、水质参数反演受临近像元效应影响等问题；通过植被生化组分抗土壤背景分析，可以解决植被生化组分反演中矿区植被稀疏、土壤背景影响显著的问题。根据植被胁迫程度，可以确定矿区生态环境临界值模型及评价预警模型。新型遥感技术的组合为矿区生态监测工作拓展了新的空间。综合应用 GNSS、CORS、遥感野外调查移动终端(PAD)、通用分组无线服务技术(GPRS)、RTK、地理信息系统(GIS)、无人驾驶飞机(UAV)等技术，可以突破精密定位、多传感器信息实时采集与传输等技术瓶颈，实现矿区野外巡查系统的设计与开发。通过集成气体传感器、Zigbee、GPRS、GPS 和 GIS 等多种最新技术，可以开发出新型矿区大气环境监测传感器，建设矿山环境多屏幕动态监测网络平台，实现污染气体的动态采集、分析与可视化表达等功能。突破多源异构的遥感数据、地物波谱数据与空间矢量数据集成管理和多重检索技术，可以构建矿区地质灾害与生态环境变化综合数据库及分析评价临界值监测模型库，进而开发矿区地质灾害与生态环境变化分析预警系统，基于 B/S 体系结构，最终实现预警结果的存储、管理和远程发布。

植被净初级生产力(NPP)是指在单位面积、单位时间内绿色植物通过光合作用积累的有机物数量。通过对矿区 NPP 的长期监测可以有效评估矿业活动对生态的影响。基于遥感学和植被生态生理学原理，可以建立中等尺度的植被净初级生产力遥感估算模型。该模型体现了三个方面的特色：建立了光合有效辐射分量(FPAR)与植被覆盖度的遥感反演模型；提出了归一化植被指数(NDVI)指数的确定方法；提出从采用中等分辨率的遥感影像、不同植被采用不同最大光能利用率、提高土地植被分类精度三方面提高基础数据的精度。对模型结果采用收获值和其他模型模拟结果进行对比，表明模型结果具有一定的可靠性(汪云甲，2017)。

四、生物群落调查技术

矿区生态监测包括宏观生态监测和微生态监测。通常宏观生态监测以遥感监测为主，地面生物群落调查技术为辅，结合 GIS 和 GNSS 技术构建一套相对完善的矿区生态监测网，建立完整的生态监测指标体系和评价方法，达到科学评价矿区生态环境状况及预测其变化趋势的目的。矿区微生态监测则着眼于小尺度开采形变造成的土壤微生物群落和植被在沉陷过程中的区系发育的过程监测，可以为矿山生态损害和恢复提供理论基础。

生物群落调查是用统一、规范的调查方法，对生物群落进行全面、系统的野外调查。常用的调查方法为样方调查，在充分考虑矿区生态环境特征的基础上，采用分层随机取样法在不同干扰和恢复水平区域设置调查样方，同时在未受矿业影响区设置对照样方。样方的布设需具有全面性、代表性和典型性。通过对样方中生物形态、群落结构、群落动态以及环境因子等相关数据进行全面调查和重点精查，并将各类指标记录在调查表或基于移动 GIS 的数据库上。通过生物群落调查可以明确矿区生物群落类型及其物种构成、结构、分布和动态等的整体状况,分析矿区生产与生物群落之间的相互关系,对重点群落类型进行长期监测,可以了解矿区群落优势种的生态属性等,并对群落现状和发展趋势进行有效评估与预测(方精云 等,2009)。

五、分子生物学技术

分子生物学技术已广泛应用于不同环境介质微生物群落结构分析中,其研究方法主要包括末端限制性酶切片段长度多态性分析法(T-RFLP)、基因克隆文库分析法、荧光原位杂交法等。分子生物学技术突破了传统纯培养方法的制约,为人类较为准确地认识自然界中微生物群落的结构、功能、进化和演替等提供了新视野。随着分子生物学技术的发展,尤其是近些年来新一代测序技术高通量技术的研发应用和传统实验方法的改进优化,为微生物分子生物学的研究方法提供了新的技术支持。

高通量测序技术可以对直接从环境样品中获得的 16S/ITSrPNA 基因片段进行序列分析,进而研究环境样品中微生物群落结构和多样性。该方法通量高、信息量大、操作简便、成本低、耗时短;但数据产出量大、分析难、数据去伪存真难。目前所指的高通量测序技术是以 Roche 公司的 454 焦磷酸技术、Illumina 公司的 Solexa 技术、ABI 公司的 SOLiD 技术和 Life Science 公司的 PGM 测序技术为主的第二代测序技术等。随着分析需求的不断提升,这些平台还在不断地升级当中(陈慧清等,2018)。利用新一代高通量测序技术以特定环境下微生物群体基因组为研究对象,在分析微生物多样性、种群结构、进化关系的基础上,可进一步探究微生物群体功能活性、相互协作关系及与环境之间的关系,从而利用微生物变化反映环境变化。

六、星-空-地-井立体融合监测技术

煤矿区地表环境具有类型多样、损伤动态、尺度跨度大、显性隐性信息交融的特点,因此单一的监测技术难以全面探究矿区生态环境的演化过程,需采用星-空-地-井(航天-航空-地面-地下)"四位一体"进行监测,研究立体融合技术和多源多尺度时空数据的实时交互与转换融合问题,明确不同地表环境损伤因子、不同监测尺度的监测手段耦合机制。与传统技术方法相比,该技术突出地下采矿信息的先导作用,实现井上井下信息耦合,为科学界定损伤边界,为与开采时序相结合的煤矿区地表环境损伤因子监测提供保障。

利用星(空)-地井多源数据(来自 D-InSAR、三维激光扫描、GNSS、水准测量、无人机等)解算与融合成图可以提取损毁边界信息。如该技术可以解决单纯遥感技术无法直接获得采煤沉陷边界信息、传统以地表下沉 10 mm 为边界划定的沉陷地损毁范围过大,导致复垦成本剧增等问题;从影响植物生长角度,考虑地面积水、土壤裂缝发生和地面坡度变化等土地损毁因素,构建沉陷土地损毁边界计算模型;综合矿区环境介质理化分析技术-大型仪器联用技术-分子生物学技术-多光谱遥感技术可以提取全采矿生命周期的矿区土壤、环境污染物、矿区微生态以及宏观生态学数据,与矿业开采的数据相融合可以获取不同采矿条件下矿区生态环境损害水平和矿区生态环境自恢复模型,预测评估矿业开采对区域生态环境的影响;综合考虑遥感影像各个波段间、各个波段与地物之间的相互关系,可以创建基于 CA 差值法的土地生态变化信息遥感自动发现技术,对煤矿区受采动影响土地生态剧烈变化因子进行明确表达;研发以局部性和空间相关性为主的矿区植被覆盖度时空效应获取技

术,运用空间关联指数,可在单纯基于 NDVI 值获取趋势分析的基础上,从全局演变和局部效应的视角揭示植被受采矿扰动的时空演变和内在作用机制,等等。

七、矿区生态环境监测技术发展方向

1. 分析仪器小型化、便携化、在线化

随着微型部件、高精度定量、低试剂分析方法的不断成熟,通过采用小型或微型部件、高精度定量检测单元、试剂废液分流结构等措施,在提高测量准确度的同时也减少了试剂消耗和废液排放,降低了运维成本。同时,随着监测要求的不断提高,便携式检测设备、在线监测设备的研发势在必行。

2. 水质综合毒性在线分析技术

目前的水质综合毒性分析仪器虽然只能对慢性毒性产生响应,但是生物法监测已经逐渐成为饮用水水源地水质预警系统中不可或缺的部分。水质综合毒性在线分析技术以各种探测生物作为被测物,可为水质评价提供较为理想的数据和信息。

3. 一器多用的多用途监测系统

监测中常常需要同时监测多种指标,需要监测设备具有多种指标同时检测的功能。例如能够连续监测烟气排放中 HF、SO_2、HCl、NO_x、CO_x、H_2O、O_2 等多种气体组分的浓度。稳定性好、零点自动校准、响应迅速的监测设备具有良好的应用前景。

4. 无人载具立体监测组网系统

采用无人机、无人船、水下机器人等载具同时架设数据传输组网,实现对大气、河流、水下的立体监测,可增加环境监测的细致度,提高监测工作效率,在大气、水质常规监测或应急监测中正得到推广应用。

5. 大尺度遥感技术

利用环境卫星采集的遥感数据,对流域水生态、矿区生态治理进行实时、动态、准确的监测分析,成为我国流域水环境、矿区生态环境监测预警的新手段。

第三章 矿区地表沉陷监测

地面沉陷是造成煤矿区生态环境破坏的直接因素,沉陷监测是生态环境监测的一项重要内容。随着测绘技术的不断发展,矿区地表沉陷监测手段亦从常规大地测量方法向激光雷达、摄影测量与遥感方向转变。本章将从煤矿区地表沉陷的规律和特点出发,总结矿区地表沉陷的监测方法;重点介绍地面三维激光扫描、合成孔径雷达干涉测量(InSAR)与无人机倾斜摄影测量技术的基本原理、数据处理流程和误差来源;通过三维激光扫描和 InSAR 相关实验,以及具体矿区地表沉陷的监测案例,对其精度和可用性进行分析、研究与总结。

第一节 矿区地表沉陷监测的特点与方法

一、矿区地表沉陷监测的目的与意义

煤炭开采所引起的地表沉陷,是矿区生态环境破坏的最主要原因之一。矿区地表沉陷监测是分析研究地表形变规律,进而为地表沉陷灾害的预防及治理制定相应措施的主要依据(刁鑫鹏,2018)。因此,对地表沉陷现象进行实时动态监测及对开采沉陷学进行研究具有重要的实际意义。

二、矿区地表沉陷特点

(一)地表移动的形式

地下采空区面积扩大到一定范围后,岩层移动发展到地表,使地表产生移动与变形,在矿山开采沉陷的研究中称这一过程和现象为地表移动。开采引起的地表移动过程,取决于地质采矿因素(如开采深度、开采厚度、采煤方法、煤层产状等)的综合影响。归纳起来,地表移动主要有下列几种形式(何国清 等,1991;邓喀中 等,2014)。

1. 地表移动盆地

当地下开采达到一定范围后,开采影响波及地表,受采动影响的地表从原有的标高向下沉降,从而在采空区上方形成一个比采空区范围大得多的沉陷区域,这种地表沉陷区域称为地表移动盆地,或称地表下沉盆地(图 3-1)。地表移动盆地的形成过程改变了地表原有的形态,引起地表标高、水平位置及坡度发生变化,对地表的建(构)筑物、水体、铁路等产生不同程度的影响。

2. 裂缝及台阶

在地表移动盆地的外边缘区,或在工作面推进过程中的前方地表,均有可能产生裂缝。裂缝的深度、宽度与有无第四系松散层及其厚度、性质和变形值大小密切相关。若第四系松散层为塑性大的黏性土,一般地表拉伸变形值超过 6～10 mm/m,地表才产生裂缝;松散层为塑性较小的砂质黏土时,变形值达到 2～3 mm/m,地表即可产生裂缝。一般情况下,地

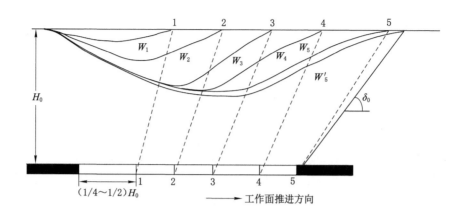

图 3-1　地表移动盆地形成过程

表裂缝平行于采空区边界发展,与地下采空区不连通,到一定深度可能尖灭。地表裂缝的深度一般不大于 5 m;但在基岩直接出露地表的情况下,裂缝深度可达数十米;当采深小、采厚大时,地表裂缝还可能与采空区连通。

在采深和采厚比值较小时,地表裂缝的宽度可能达数百毫米,裂缝两侧地表可能产生落差,形成台阶;而落差的大小取决于地表移动的剧烈程度。在急倾斜煤层条件下,地表移动取决于基岩的移动特征,特别是松散层较薄时,地表可能出现裂缝或台阶。

3. 塌陷坑

塌陷坑多出现在急倾斜煤层开采条件下,但在浅部缓倾斜或倾斜煤层开采,地表有非连续性破坏时,也有可能出现塌陷坑。塌陷坑分为漏斗式、井式和坛式,在下列条件下易出现塌陷坑。

① 急倾斜煤层浅部开采,煤层露头处,由于露头煤柱抽冒形成塌陷坑。

② 浅部开采厚度大的煤层,采用房柱式或水力采煤时,由于开采厚度不均匀,导致覆岩破坏高度不同,使地表产生漏斗状塌陷坑。如淮南谢二矿采用水力采煤法开采浅部煤层,在地表出现漏斗状塌陷坑。

③ 在含水砂层下采煤时,导水裂缝带波及水体,使水砂溃入井下,从而产生塌陷坑。开滦唐家庄矿采用水力采煤法,开采厚度 3.1～3.5 m 厚煤层,设计开采上边界距松散层垂高 18 m,由于超限开采,水砂溃入井下,使地面出现直径 30 m,深度 11～13 m 的塌陷坑。

④ 开采影响老窑、溶洞等,使岩溶塌陷,在地表形成塌陷坑。如湖南恩口煤矿为石灰岩岩溶地区,开采波及溶洞,使溶洞塌陷,在地表形成 6 100 多个塌陷坑。

（二）地表移动盆地的形成过程

地表移动盆地是在工作面推进过程中逐渐形成的。当工作面推进距离达到 $(1/4 \sim 1/2)H_0$（H_0 为工作面平均开采深度）时,开采影响波及地表,引起地表下沉(以地表下沉 $\geqslant$ 10 mm 为准),此时的工作面推进距离,称为起动距。随着工作面继续向前推进,地表的影响范围不断扩大,下沉值不断增加,下沉盆地也逐渐扩大,这种在工作面推进过程中形成的盆地,称为动态移动盆地。当采空区达到一定面积时(推进到图 3-1 中位置 4 时),地表最大下沉值达到该地质采矿条件下的最大值,随着工作面再往前推进,地表最大下沉值将不再增加,而形成最大下沉区域,称之为地表下沉盆地平底。当工作面停采后,地表移动不会马上停止,要延续一段时间。在这段时间内,移动盆地的边界还将继续向工作面推进方向扩展,然后才能稳定,形成最终的地表移动盆地,此时的盆地称为静态移动盆地。

（三）开采的充分性

1. 充分采动

使地表下沉值达到该地质采矿技术条件下应有的最大值的采空区面积为临界开采面积,此时的地表采动区影响称为充分采动。充分采动地表移动盆地形状为碗形(图 3-2)。现场实测表明,当采空区的长度和宽度均达到和超过$(1.2 \sim 1.4)H_0$(H_0 为工作面平均开采深度)时,地表达到充分采动。

2. 超充分采动

当地表达到充分采动后,工作面再继续推进开采时,地表将有多个点的下沉值达到该地质采矿条件下应有的最大下沉值,此时的采动称为超充分采动。超充分采动时地表移动盆地将出现平底($o_1 \sim o_2$ 区域),形状为盆形(图 3-3)。

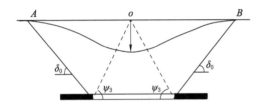

图 3-2　充分采动时的地表移动盆地

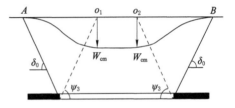

图 3-3　超充分采动时的地表移动盆地

3. 非充分采动

当采空区尺寸小于该地质采矿条件下的临界开采尺寸时,地表最大下沉值未达到该地质采矿条件下应有的最大值,称这种采动程度为非充分采动,此时地表移动盆地形状为碗形(图 3-4)。

（四）地表移动盆地的描述

地下开采引起的岩层及地表沉陷过程是一个极其复杂的"时间-空间"过程,其表现形式十分复杂。地表移动盆地沉陷过程本质上是盆地内各地表点移动轨迹的综合反映。

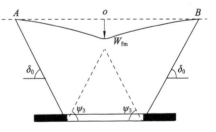

图 3-4　非充分采动时的地表移动盆地

大量的实测资料表明,地表点的移动轨迹取决于地表点在"时间-空间"上与工作面相对位置的关系,可用竖向移动分量和水平移动分量来描述。竖向移动分量称为下沉或隆起。水平移动分量按相对于某一断面的关系区分为沿断面方向的水平移动和垂直断面方向的水平移动。一般将前者称为纵向水平移动(简称水平移动),后者称为横向水平移动(简称横向移动)。为了便于研究,通常是将三维空间问题分成沿走向主断面和沿倾向主断面两个平面问题,然后分析这两个主断面内地表点的移动和变形。

1. 地表移动盆地主断面

在地表移动盆地内,通过地表最大下沉点所作的沿煤层走向或倾向的垂直断面称为地表移动盆地的主断面。沿走向的主断面称为走向主断面,沿倾向的主断面称为倾向主断面,如图 3-5 中的 AB、CD。

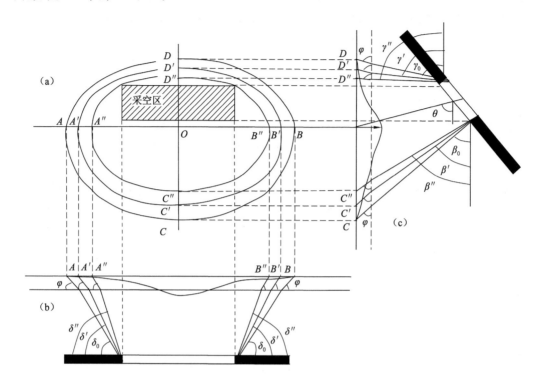

图 3-5　地表移动盆地与主断面关系图（非充分采动）

由主断面定义可知,当地表非充分采动或者充分采动时,沿一个方向的主断面只有一个;当地表达到超充分采动时,垂直于充分采动方向的主断面有无数个。

地表移动盆地主断面具有下列特征:

① 在主断面上地表移动盆地的范围最大;

② 在主断面上地表移动最充分,移动量最大;

③ 在主断面上,不存在垂直于主断面方向的水平移动。

在研究开采引起的地表沉陷规律时,为简单明了起见,首先研究地表移动盆地主断面上的地表移动和变形。

2. 地表移动盆地主断面内的地表移动和变形

在地表移动盆地内,地表各点的移动方向和量值各不相同。描述地表移动盆地内移动和变形的主要指标有下沉、倾斜、曲率、水平移动、水平变形,各移动变形量的定义类似建筑物变形量的定义。一般在移动盆地主断面上,通过设点观测来研究地表各点的移动和变形。

3. 地表移动盆地主要角量参数

地表移动角量参数反映了地下开采对地表移动盆地的影响程度、大小、范围。描述地表移动盆地形态和范围的角量参数主要有边界角、移动角(包括松散层移动角)、裂缝角、充分采动角和最大下沉角等。

(1)边界角

在充分采动或接近充分采动的条件下,地表移动盆地主断面上盆地边界点(通常以下沉 10 mm 确定)至采空区边界的连线与水平线在矿柱一侧的夹角称为边界角。当有松散层存在时,应先从盆地边界点用松散层移动角划线与基岩和松散层交接面相交,此交点至采空区边界的连线与水平线在矿柱一侧的夹角称为边界角。按不同断面,边界角可分为走向边界角 δ_0、下山边界角 β_0、上山边界角 γ_0、急倾斜煤层底板边界角 λ_0,具体如图 3-5 和图 3-6 所示。

（2）移动角

与临界变形值的概念有关,临界变形值是指建筑物不需要维修,仍能保持正常使用所允许的最大变形值。不同建筑物临界变形值不同,我国矿区大量的建筑物为砖石结构建筑物,因此,在《建筑物、水体、铁路及主要井巷煤柱留设与压煤开采规范》中规定,我国砖混结构建筑物临界变形值为:倾斜 $i=3$ mm/m(或 $i=3\times10^{-3}$),曲率 $K=0.2$ mm/m²($K=0.2\times10^{-3}$/m),水平变形 $\varepsilon=2$ mm/m(或 $\varepsilon=2\times10^{-3}$)。如果建筑物所处的地表达到上组临界变形值中的某一个指标,则认为建筑物可能损害。

在充分采动或接近充分采动的条件下,地表移动盆地主断面上三个临界变形值中最外边的一个临界变形值点至采空区边界的连线与水平线在矿柱一侧的夹角称为移动角。当有松散层存在时,应从最外边的临界变形值点用松散层移动角划线与基岩和松散层交接面相交,此交点至采空区边界的连线与水平线在矿柱一侧的夹角称为移动角。按不同断面,移动角可分为走向移动角 δ、下山移动角 β、上山移动角 γ、急倾斜煤层底板移动角 λ,具体如图 3-5 和图 3-6 所示。

（3）裂缝角

在充分采动或接近充分采动的条件下,在地表移动盆地主断面上,移动盆地最外侧的地表裂缝至采空区边界的连线与水平线在矿柱一侧的夹角称为裂缝角。当有松散层存在时,应从最外边的地表裂缝用松散层移动角划线与基岩和松散层交接面相交,此交点至采空区边界的连线与水平线在矿柱一侧的夹角称为裂缝角。按不同断面,裂缝角可分为走向裂缝角 δ''、下山裂缝角 β''、上山裂缝角 γ''、急倾斜煤层底板裂缝角 λ'',具体如图 3-5 和图 3-6 所示。

（4）松散层移动角

如图 3-7 所示,用基岩移动角自采空区边界划线和基岩松散层交接面相交于 B 点,B 点至地表下沉为 10 mm 处的点 C 连线与水平线在矿柱一侧所夹的锐角称为松散层移动角,用 φ 表示。它不受煤层倾角的影响,主要与松散层的特性有关。

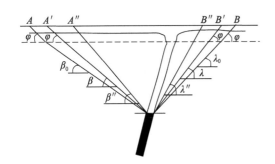

图 3-6　地表移动盆地边界的确定

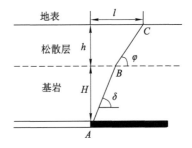

图 3-7　松散层移动角示意图

（5）最大下沉角

最大下沉角就是在倾斜主断面上,由采空区的中点和地表移动盆地最大下沉点(非充分或充分采动时)或地表移动盆地平底中心点(超充分采动时)在地表水平上投影点的连线与水平线之间在煤层下山方向一侧的夹角,常用 θ 表示[图 3-8(a)]。当松散层厚度 $h >$ $0.1H_0$ 时,先将地表最大下沉点投影到基岩面,然后再与采空区中心连线,即可得到 θ。

（6）充分采动角

充分采动角是指在充分采动条件下,在地表移动盆地的主断面上,移动盆地平底的边缘在地表水平线上的投影点和同侧采空区边界连线与煤层在采空区一侧的夹角称为充分采动角。下山方面的充分采动角以 Ψ_1 表示,上山方向的充分采动角以 Ψ_2 表示,走向方向的充分采动角以 Ψ_3 表示,具体如图 3-8(b)和图 3-3 所示。

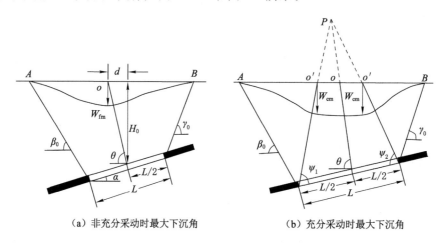

(a)非充分采动时最大下沉角　　　　　(b)充分采动时最大下沉角

图 3-8　最大下沉角确定方法示意图

（五）地表移动盆地的特征

实测表明,地表移动盆地的范围远大于对应的采空区范围。地表移动盆地的形状取决于采空区的形状和煤层倾角,移动盆地和采空区的相对位置取决于煤层的倾角。

在移动盆地内,各个部位的移动和变形性质及大小不尽相同。在采空区上方地表平坦、达到超充分采动、采动影响范围内没有大地质构造的条件下,最终形成的静态地表移动盆地可划分为三个区域:

① 移动盆地的中间区域(又称中性区域)。移动盆地的中间区域位于盆地的中央部位,在此范围内,地表下沉均匀,地表下沉值达到该地质采矿条件下应有的最大值,其他移动和变形值近似于零,一般不出现明显裂缝。

② 移动盆地的内边缘区(又称压缩区域)。移动盆地的内边缘区一般位于采空区边界附近到最大下沉点之间。在此区域内,地表下沉值不等,地面移动向盆地的中心方向倾斜,呈凹形,产生压缩变形,一般不出现裂缝。

③ 移动盆地的外边缘区(又称拉伸区域)。移动盆地的外边缘区位于采空区边界到盆地边界之间。在此区域内,地表下沉不均匀,地面移动向盆地中心方向倾斜,呈凸形,产生拉伸变形。当拉伸变形超过一定数值后,地面将产生拉伸裂缝。

　　在地表刚达到充分采动或非充分采动条件下,地表移动盆地内不出现中间区域。但拉伸区域和压缩区域存在于任何采动条件下所形成的盆地之内。为了便于理解和比较,下面分别介绍水平煤层(或近水平煤层)和倾斜煤层开采后所形成的地表移动盆地的特征。

　　水平煤层开采时地表达到充分采动的地表移动盆地具有下列特征:

　　① 地表移动盆地位于采空区的正上方。盆地的中心(最大下沉点所在的位置)和采空区中心是一致的,盆地的平底部分位于采空区中部的正上方。

　　② 地表移动盆地的形状与采空区对称。如果采空区的形状为矩形,则移动盆地的平面形状为椭圆形。

　　③ 移动盆地内外边缘区的分界点,大致位于采空区边界的正上方或略有偏离。

　　在水平煤层开采的条件下,非充分采动和刚达到充分采动的地表移动盆地的特征,与超充分采动的移动盆地特征相似,所不同的是移动盆地内不出现中性区域,只有一个最大下沉点,而且最大下沉点位于采空区中心的正上方。

　　倾斜煤层开采、地表未达到充分采动时,地表移动盆地有如下特征:

　　① 在倾斜方向上,移动盆地的中心(最大下沉点处)偏向采空区的下山方向,和采空区中心不重合。

　　② 移动盆地与采空区的相对位置,在走向方向上对称于倾斜中心线,而在倾斜方向上不对称,煤层倾角越大,这种不对称性越明显。

　　③ 移动盆地的上山方面较陡,移动范围较小;下山方面较缓,移动范围较大。

　　倾斜煤层充分采动时,移动盆地出现平底,充分采动区内的移动和变形特点与水平煤层充分采动区内相似。

　　急倾斜煤层开采时,地表移动盆地具有如下特征:

　　① 地表移动盆地形状的不对称性更加明显。工作面下边界上方地表的开采影响距开采范围以外很远,上边界上方开采影响则达到煤层底板岩层。整个移动盆地明显地偏向煤层下山方向。

　　② 最大下沉值不是出现在采空区中心正上方,而是大致位于采空区下边界上方。

　　③ 地表的最大水平移动值大于最大下沉值。

　　急倾斜煤层开采时,不出现充分采动的情况。

三、矿区地表沉陷监测方法

　　随着测绘技术的发展,变形监测的方法及仪器越来越多。在矿区地表沉陷的监测中,监测方法大致可以分为常规的大地测量方法、摄影测量与遥感方法。其中,前者主要采用常规的地面测量仪器、手段和方法进行水准、三角高程、方向和角度、距离、坐标测量;后者通过影像匹配等手段测量变形前后变形体的三维坐标,包括航空、地面摄影测量和近年来发展起来的 D-InSAR、PS-InSAR、机载雷达技术等。

(一) 常规的大地测量方法

　　大地测量是指用常规的大地测量仪器测量方向、角度、边长和高差等所采用方法的总称。常规的大地测量包括布设成网形来确定一维、二维、三维坐标的网平差法,各种交会法,极坐标法,卫星定位法以及几何水准、三角高程法等。常规的大地测量仪器主要有光学经纬仪、电磁波测距仪、电子水准仪、电子经纬仪、全站仪、GNSS 等。目前,带马达的全站仪可以进行数据自动采集,已经发展成智能型测地机器人(王启春 等,2017)。这里,重点介绍测量机器人监测技术和 GNSS 变形监测技术。

1. 测量机器人监测技术

变形监测机器人,也叫测量机器人(Measurement Robot,或称测地机器人,Geo-robot),是一种能代替人工进行自动搜索、跟踪、辨识和精确对准目标并获取角度、距离、三维坐标以及影像等信息的智能型电子全站仪。它是由马达、CCD 影像传感器构成的视频成像系统,并配置智能化控制和应用软件发展而形成的。目前,徕卡的 TCA2003 测量机器人测距标称精度为 $\pm 1 \text{ mm} + 1 \times 10^{-6} D$($D$ 为被测距离),测角标称精度为 $\pm 0.5''$,能达到较高的测量精度。

测量机器人变形监测系统主要由基站、参考点、目标点和控制中心组成(图 3-9)(梅文胜 等,2002)。基站安放测量机器人,为坐标的原点。参考点为已知三维坐标,位于变形区域外的稳固不动点,一般安置强制对中棱镜 3～4 个,要求覆盖整个变形区域。参考系除提供方位外,还为数据处理提供距离和高差差分基础,消除部分环境因素导致的误差。目标点均匀布设于变形体上能体现区域变形的部位,为变形监测实际工作点。控制中心由计算机和系统软件构成,控制机器人的操作,进行数据处理和预警等。

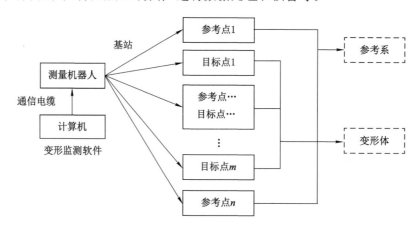

图 3-9   测量机器人变形监测系统组成

测量机器人监测系统一般分为移动式和固定持续式两种。移动式基于常规全站仪测量方式,利用便携计算机或者全站仪内置程序自动控制全站仪进行测量。该方式简单灵活、成本低。固定持续监测式将全站仪长期固定在测站上,在野外需在测站上建立监测房,通过供电通信系统,与控制机房内的控制计算机相连,实现无人值守、全天候的连续监测、自动数据处理、自动报警、远程监控等,目前该类系统有单台极坐标模式、多台空间前方交会模式、多台网络模式等。

测量机器人的目标自动识别的最佳距离一般为 300～500 m 左右,最远距离一般为 1 km 左右,监测范围小,测量速度也决定了用于高频率的振动测量比较困难。

2. GNSS 变形监测技术

全球导航卫星系统(GNSS)能在地球表面或近地空间的任何地点为用户提供全天候的三维坐标、速度及时间信息,已成为现代测量的主要技术手段;在变形监测方面,可以提供点位基于全球坐标系的变化,不受局部变形的影响(肖鸾 等,2005)。目前,GNSS 系统主要有美国的 GPS、俄罗斯的 Glonass、欧洲的 Galileo 和中国的 BDS,以下以 GPS 变形监测为例进行说明。

GPS 用于变形监测的作业模式可概括为周期性和连续性两种(胡友健 等,2006)。当变形体的变形速率相当缓慢,在局部时间和空间域内可以认为稳定不动时,可利用 GPS 进行周期性变形监测,监测频率视具体情况可为数月、一年甚至更长时间。连续性变形监测采用固定监测仪器进行长时间的数据采集,获得变形数据系列,此时监测数据是连续的,具有较高的时间分辨率。

周期性变形监测模式一般采用静态相对定位测量方法。连续性变形监测模式,适用于对自动化要求高、数据采集周期短的监测项目。在数据处理方法上,可选择静态相对定位和动态相对定位两种方法。在某些动态监测中,GPS 连续监测模式可实现 24 小时的连续观测,使监测、监控、决策实现远距离控制,但该模式要求 GPS 接收设备必须永久固定在变形点上,成本较高。为解决连续性监测模式高成本问题,研究出了 GPS 一机多天线在线实时监测系统,利用若干 GPS 天线和若干通道的微波开关控制电路及一台 GPS 接收机组成一机多天线系统。最新系统将控制电路板、GPS 接收机(OEM)板集成在工业控制计算机中。

根据监测对象及要求不同,GPS 在变形监测中可选择静态、快速静态和动态三种测量方法,静态和动态各有优缺点,根据实际需要选择。一般基准网应采用静态测量方法,当基准网的边长超过 10 km,要考虑基准网的起算点与国际 IGS 站联测,基线向量解算时采用精密星历,保证基线解算的精度。对监测点进行测量时,可采用快速静态测量法或实时动态测量,如果距离近,基准点与监测点有 5 颗以上通视 GPS 卫星时,精度可达 1~2 cm。各种测量方法精度见表 3-1。

表 3-1 GPS 各种测量方法比较

方 法	静态测量	快速静态测量	动态测量	
			准动态测量	实时动态测量
基准点状态 固定站数	3 台以上 GPS 接收机 同步观测	GPS 接收机固定基准点上连续观测		
		2	1	1
基准点状态 初始化 2		GPS 接收机在各观测点上流动观测		
		基准点上 5 min		
测量时间	1~2 h	5~10 min	2~10 s	1~3 s
采样间隔	10 s	2 s	1 s	
精度	水平优于 3 mm	水平优于 5 mm	1~2 cm	2~5 cm
	垂直优于 5 mm	垂直优于 8 mm		
最佳边长	10 km 以内	3 km 以内		
应用范围	基准网 监测网	监测网	低精度监测	振动监测

GPS 应用于变形监测中,数据采集、传送、处理和分析都很容易实现。以往的 GPS 定位基本上都是以厘米级或毫米级精度为目标的,人们所关心的是点位的定位精度和可靠性。显然,能否采取某些措施,使 GPS 在短基线相对定位中具有亚毫米的精度,这一点具有

重要的应用价值。影响 GPS 定位精度的因素有很多,常用的提高观测精度的措施有:

① 控制好观测时间和方案以减弱不利的卫星图形强度对 GPS 定位的影响;

② 采用精密星历削弱卫星星历误差的影响,采用扼流圈天线以及布设良好监测点以减弱多路径效应的影响;

③ 采用精密基线解算软件提高整周模糊度解算精度,采用精确的全球地心坐标提高基线解算的精度;

④ 采用适当方法消除测量噪声的影响,如卡尔曼滤波、小波变换等。

GPS 技术用于变形监测存在如下不足:

① GPS 接收机在高山峡谷、地下、建筑物密集地区和密林深处,由于卫星信号被遮挡以及多路径效应的影响,其监测精度和可靠性不高或无法进行监测。

② GPS 用于动态变形监测时,由于 GPS 动态测量的精度限制,对微变形量,GPS 测量误差成为强噪声。从受强噪声干扰的序列观测数据中提取微弱的变形信息,是 GPS 动态监测应解决的一个关键技术问题。

③ GPS 与一般全站仪、测斜仪等监测设备相比,设备成本较高,变形监测一般要 3 台以上 GPS 接收机;与传统大地测量手段相比,GPS 定位结果与观测值之间的函数关系复杂,误差源多,数据处理过程中任一环节处理不好都将影响最终的监测精度。

近年来,随着 GNSS 技术的逐步发展和完善,以及计算机技术和其他相关学科的迅速发展,CORS-RTK 这一技术已经被广泛应用于各类工程测量中,为高程测量代替水准测量提供了可能。相关研究结果表明,CORS-RTK 在煤矿开采沉陷区变形监测的精度能够达到厘米级(王见红,2015)。

（二）地面三维激光扫描技术

三维激光扫描技术是随着当代地球空间信息科学发展而产生的一项高新技术(李秋等,2006;徐进军 等,2010;吴侃 等,2011;李强 等,2014)。三维激光扫描系统由三维激光扫描仪、数码相机、扫描仪旋转平台、软件控制平台、数据处理平台及电源和其他附件设备共同构成。它克服了传统测量方法条件限制多、采集效率低下等劣势,可以深入到任何复杂的现场环境及空间中进行扫描操作,并可以直接实现各种大型的、复杂的、不规则的、标准或非标准的实体或实景三维数据完整的采集,进而快速重构出实体目标的三维模型及线、面、体、空间等各种制图数据。根据承载平台不同,三维激光扫描分为机载型、车载型、站载型,其中车载型和站载型属于地面三维激光扫描。

三维激光扫描的主要特点体现在数据采集的高密度、高速度和无合作目标测量。用户可以设置测点间隔为 0.1～2 m。三维激光扫描以每秒几十、几千乃至几十万个点的速度测量,具有很强的数字空间模型信息的获取能力。地面三维激光扫描仪的测程,根据仪器种类不同,从几米到两千米以上。10 m 以内测程为超短程三维激光扫描系统,10～100 m 为短程三维激光扫描系统,100～300 m 为中程三维激光扫描系统,300 m 以上为远程三维激光扫描系统。由于三维激光扫描测量受步进器的测角精度、仪器测时精度、激光信号的信噪比、激光信号反射率、回波信号强度、背景辐射噪声强度、激光脉冲接收器灵敏度、测量距离、仪器与被测目标面所形成的角度等方面的影响,一般中远程三维激光扫描仪的单点测量精度在几毫米到数厘米之间,模型的精度要远高于单点精度,可达 2～3 mm。

地面三维激光扫描技术作为非接触式高速激光测量方式,与同样具有快速测量优势的数字摄影测量相比,降低了对地表纹理的要求,无需像控点,能反映对象细节信息等特点。

激光扫描系统得到的是海量数据,点云具有一定的散乱性,没有实体特征参数,直接利用三维激光扫描数据比较困难。必须建立针对三维激光扫描技术的整体变形监测概念,研究与之相适应的变形监测理论及数据处理方法。现有的基于监测点的变形监测模式可以设置标靶进行监测,但是效率低,不能充分发挥三维激光扫描仪优势,必须探讨无监测点的监测对象测量方法;要研究监测对象三维模型的建立和模型的匹配;研究基于三维监测对象模型的变形分析理论及方法;建立基于激光三维扫描技术的监测数据和模型精度的评价体系等。

（三）数字化近景摄影测量方法

摄影测量作为一种遥感式数据采集方法,具有以下优点:作业人员可以远离被测对象,不需要接触被监测的变形体;外业工作量小,观测时间短,可获取快速变形过程,可同时确定变形体上任意点的变形;摄影影像的信息量大,利用率高,利用种类多,可以对变形前后的信息做各种后处理,可再现变形体变形前后的状态等。但其也存在摄影的仪器费用较高,所需工作环境在工程中往往难以满足（如地下采空区测量既难于设置摄站,又不易布设物方控制）、数据处理技术复杂、对软硬件的要求比较高、数据处理周期相对长、信息反馈慢等缺点（王启春 等,2017;李海启 等,2009;康向阳,2017;吴亚娜,2017;杨松勇,2019）。

（四）InSAR 监测技术

合成孔径雷达是以无线电波为媒介的主动微波遥感工具。通过合成孔径雷达,探测目标的后向散射系数特征,通过双天线系统或重复轨道法可以由相位和振幅观测值实现干涉雷达测量。利用同一地区的两幅干涉图像,其中一幅是通过形变事件前的两幅 SAR 获取的干涉图像,另一幅是通过形变事件后的两幅 SAR 获取的干涉图像,然后将两幅干涉图像进行差分处理（除去地球曲面、地面起伏影响）,可获取地表微量形变（王超 等,2002;舒宁,2003）。该技术已在各个领域的变形监测中得到广泛应用（杨成生,2008;刘广 等,2008;张勤 等,2009;王桂杰等,2010;胡俊 等,2010;韩宇飞,2010;盛耀彬,2011;温扬茂 等,2014;Yang et al.,2017）。

合成孔径雷达差分干涉测量（differential InSAR,D-InSAR）监测技术具有全天候、无接触、低成本等特点,可以在大面积范围内（100 km×100 km）监测地面的微小形变,不需要测量人员进入灾害地区,而且 D-InSAR 一幅图像就可以提供控制空间分辨率达 5 m×20 m 的 1 万 km^2 的地表形变数据,具有其他大地测量方法所不能比拟的优势。但 InSAR 数据质量要受到多种因素的影响,造成了 D-InSAR 技术在矿区形变监测应用时存在许多实际困难,精度受到一定的限制。另外,InSAR 卫星具有的固有运行周期,不能满足时间域上的高分辨率,不适合高动态的变形监测。

为解决时间长、相干性降低问题,国际上开始采用多个卫星串行方式。欧空局 ESR-1 和 ESR-2 两颗卫星构成串行星对,对同一地面访问时间差为一天,使得两次取得的 SAR 数据之间的相干性得到一定保障。同时为解决工作区域的相干性较弱问题,在预先设定的地面监测点上安装具有高精度坐标的人工角反射器,当 SAR 成像时会强烈反射过来的电磁波,在影像上出现明显特征点。或者在测区找到类似于角反射器的永久性散射体,比如裸露的岩石、建筑、高压线塔等。我国从 2004 年 4 月启动的中欧"龙"计划,主要的一项重要工作就是永久散射体技术（permanent scatterer InSAR,PS-InSAR）。

综上所述,随着现代化测绘技术的发展,煤矿区地面沉陷监测手段不断更新。一方面,随着行业领域对沉陷信息需求的提升,当前矿区地表沉陷监测技术亦呈现出新的发展趋势,正向着高精度、区域性、自动化和连续实时的三维立体监测方向发展。另一方面,因各类监测手段在数据获取方面存在着不同程度的单一性和局限性,未来煤矿区地面沉陷监测将会以多技术手段的协同监测和多源异质监测数据的融合处理为主。

第二节　矿区地表沉陷的三维激光扫描监测

一、三维激光扫描监测原理

(一)三维激光扫描工作原理

三维激光扫描系统由三维激光扫描仪、数码相机、扫描仪旋转平台、软件控制平台、数据处理平台及电源和其他附件设备共同构成,是一种集成了多种高新技术的新型空间信息数据获取手段。脉冲式三维激光扫描系统的工作原理如图 3-10 所示,首先由激光脉冲二极管发射出激光脉冲信号,经过旋转棱镜,射向目标,通过探测器,接收反射回来的激光脉冲信号,并由记录器记录每个激光脉冲从出发到被测物表面再返回仪器所经过的时间来计算距离,同时利用编码器测量每个脉冲的角度,可以得到被测物体的三维真实坐标(吴侃 等,2012)。

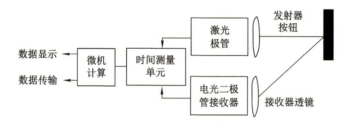

图 3-10　脉冲式三维激光扫描系统的工作原理

原始观测数据主要是:通过精密时钟控制编码器同步测量得到的每个激光脉冲横向扫描角度观测值 α 和纵向扫描角度观测值 ξ,通过脉冲激光传播的时间计算得到的仪器扫描点的距离值 S,扫描点的反射强度等。如图 3-11 所示,三维激光扫描测量一般使用仪器内部坐标系,X 轴在横向扫描面内,Y 轴在纵向扫描面内与 X 轴垂直,Z轴与横向扫描面垂直,根据式(3-1)可得到点坐标的计算公式:

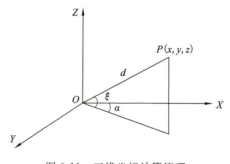

图 3-11　三维坐标计算原理

$$\begin{cases} x = d\cos \xi\cos \alpha \\ y = d\cos \xi\sin \alpha \\ z = d\sin \xi \end{cases} \quad (3\text{-}1)$$

(二)三维激光扫描观测站监测原理

地面三维激光扫描短期观测监测沉陷盆地示意图见图 3-12。工作面推进到位置 1 时,用地面三维激光扫描仪观测一次地表,拟合后可以得到当时的数字地面模型 DEM_1。当工作面推进到位置 2 时,再用三维激光扫描仪对同一位置地表进行第二次扫描,获得这个时候地表的数字地面模型 DEM_2。用 DEM_1 减去 DEM_2,可以得到监测区域的地表的实测下沉值即时刻 1 和时刻 2 之间的实测下沉值或动态下沉盆地(陈冉丽 等,2012)。

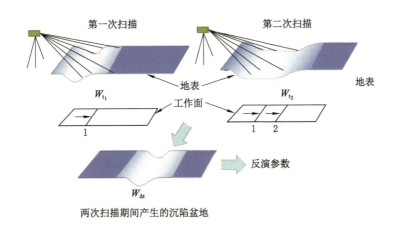

图 3-12　地面三维激光扫描短期观测监测沉陷盆地示意图

二、数据处理与精度分析

三维激光扫描观测站的精度研究包括误差来源分析、点云数据精度分析及融合精度分析。点云数据精度是三维激光扫描技术与其他测绘仪器(全站仪及 RTK)结合后获取的最终的融合精度。而这些点云数据分析的最终目的是求取沉陷预计参数,因此需要分析测量误差对预计参数的影响,对比分析利用传统方法测得的数据求参和利用地面三维激光扫描数据求参的精度。

(一)误差来源分析

三维激光扫描观测站的误差来源由三部分组成:一是作为控制测量时的观测仪器如全站仪或 RTK 引起的误差;二是作为分站扫描测量时三维激光扫描仪引起的误差;三是在观测过程中地表移动引起的观测误差。

目前进行控制测量最常用的方法是全站仪及 RTK。全站仪的优点在于精度比较高,而 RTK 的优点在于实时动态地获取测站点坐标,可以在分站扫描测量时与三维激光扫描仪同步进行观测。

利用全站仪进行控制测量时,在观测前首先进行导线测量,将稳定基点与部分测站点联系起来,也就是进行观测站的联测。经过导线平差后,点位精度为毫米级,能够满足沉陷观测要求。

由于全站仪只能进行静态的控制测量,而在观测过程中测点仍在移动,即先测得的坐标在进行三维激光扫描观测时测点坐标已经发生了变化。在地表移动变形缓慢的时候,这种地表的变化不大,可以忽略。但是在地表移动变形剧烈的时期,地表一天内的下沉量能高达百毫米以上,对测量结果的影响非常大。这样,虽然控制测量的精度能够满足要求,但是由于观测时间较控制测量时间有滞后性,这期间产生的误差不得不考虑。针对这个问题,可以采用 RTK 与三维激光扫描仪进行结合,通过改进标靶的方法使控制测量和扫描测量同步进行,从而最大限度地减小观测过程中的地表移动对观测数据精度的影响。

(二)点云数据精度分析

从上面的分析可以知道,最终获取的点云数据的精度是受到上述三种误差综合影响后的融合精度。在地表的移动变形比较缓慢的情况下,可以忽略第三部分的误差影响。分析点云数据的精度应考虑以下几个方面:三维激光扫描仪的观测精度,RTK 或全站仪的观测精度及三维激光扫描与其他测绘仪器(RTK 或全站仪)的融合精度。

1. 三维激光扫描仪精度

根据大量的实验分析,在地面三维激光扫描仪的误差来源中,仪器本身的测距误差和测角误差对最后仪器的测量精度有较大的影响。针对 Trimble GX200 三维激光扫描仪,通过大量的实验研究得到如下的结论:

① 在扫描距离为 50 m 内时,Trimble GX200 地面三维激光扫描仪的测距精度可以达到 1～2 mm。扫描距离为 50 m 时的单点定位精度能达到 6 mm,高程精度为 3.9 mm;在扫描距离为 100 m 时的单点定位精度能达到 12 mm,高程精度达到 5.8 mm。由于地面三维激光扫描仪的观测精度与扫描距离及扫描的精细程度有关,并且不同的仪器在相同扫描距离内的观测精度也不同,因此应用于沉陷变形监测领域时,根据变形监测精度小于 10 mm 的要求,激光扫描仪的扫描距离一般不要超过误差为 10 mm 时的扫描距离,就 Trimble GX200 而言的话,扫描距离一般不要超过 80 m。

② 扫描仪旋转角度的大小是影响地面三维激光扫描仪定位精度高低的一个重要因素,当旋转的角度越小时被扫描的物点的定位精度越高,反之越大。

③ 后视定向精度对地面三维激光扫描仪的观测精度也有影响,后视定向精度较高,地面三维激光扫描仪的观测精度也相对较高,反之观测精度较低。因此要测得高精度的点云数据,必须控制后视定向的精度。

2. RTK 精度分析

RTK 使用动态差分定位方式获得点位坐标。在满足 RTK 工作条件下,在一定的作业范围内(一般为 5 km),RTK 的平面精度和高程精度都能达到厘米级,且不存在误差积累。为了使控制测量和分站扫描测量同步进行,对扫描仪标靶进行改良(在其上方加工一个螺丝钉,如图 3-13 所示),以安装流动站 GPS 接收机,而标靶则通过固定在脚架上提高 RTK 精度。

加工的螺丝钉

在螺丝钉上安装流动站GPS接收机

图 3-13　改进的标靶

RTK 可以做到实时测量,实时地获取点位坐标,轻松地实现动态观测。为分析 RTK 获取测点的三维坐标精度进行了五组实验,其中实验一和实验二采用江苏 CORS(continuous operational reference system),即利用多基站网络 RTK 技术建立的连续运行卫星定位服务综合系统,这种技术不需要设基站。实验三至实验五在中国矿业大学环境与测绘学院楼顶设置基站。另外,按照对中杆 RTK 和标靶 RTK 分别进行实验,其中实验一和实验四是对中杆 RTK,实验二、三、五是标靶 RTK。所有测点均是已知高精度的三维坐标,将 RTK 测得的坐标与已知坐标进行比较分析,将已知的高精度坐标看作真值。具体实验结果见表 3-2 至表 3-6,其中实验二没有获取高程值,只获取了平面坐标。

表 3-2 实验一(对中杆 RTK) 单位:m

实验一	x 之差 Δx	y 之差 Δy	z 之差 Δz	三维误差 M_{xyz}	平面误差 M_{xy}
A21	0.033	0.002	−0.001	0.033	0.033
A22	0.020	0.009	0.030	0.037	0.022
A23	−0.004	0.023	0.006	0.024	0.023
A24	−0.003	0.009	−0.049	0.050	0.010
平均	0.011	0.011	−0.003	0.036	0.023
中误差	0.019	0.013	0.029	0.037	0.023

表 3-3 实验二(标靶 RTK) 单位:m

实验二	x 之差 Δx	y 之差 Δy	z 之差 Δz	三维误差 M_{xyz}	平面误差 M_{xy}
A22	0.007	0.014			0.016
A23	0.016	0.003			0.016
A24	0.007	0.011			0.013
平均	0.010	0.009			0.015
中误差	0.011	0.010			0.015

表 3-4 实验三(标靶 RTK) 单位:m

实验三	x 之差 Δx	y 之差 Δy	z 之差 Δz	三维误差 M_{xyz}	平面误差 M_{xy}
A21	0.008	−0.026	0.002	0.027	0.027
A22	−0.009	−0.006	−0.010	0.015	0.011
A23	−0.020	0.008	0.002	0.022	0.022
A24	−0.005	0.013	−0.001	0.014	0.014
平均	−0.007	−0.003	−0.002	0.020	0.019
中误差	0.012	0.015	0.005	0.020	0.020

表 3-5 实验四(对中杆 RTK) 单位:m

实验四	x 之差 Δx	y 之差 Δy	z 之差 Δz	三维误差 M_{xyz}	平面误差 M_{xy}
A21	0.016	−0.003	−0.012	0.020	0.016
A22	0.010	0.013	−0.004	0.017	0.016

表 3-5(续)

实验四	x 之差 Δx	y 之差 Δy	z 之差 Δz	三维误差 M_{xyz}	平面误差 M_{xy}
A23	0.007	0.033	−0.020	0.039	0.033
A24	0.014	0.026	−0.009	0.031	0.030
平均	0.011	0.017	−0.011	0.027	0.024
中误差	0.012	0.022	0.013	0.028	0.025

表 3-6 实验五(标靶 RTK)　　　　单位:m

实验五	x 之差 Δx	y 之差 Δy	z 之差 Δz	三维误差 M_{xyz}	平面误差 M_{xy}
A21	−0.006	−0.007	0.012	0.015	0.009
A22	0.000	0.010	0.015	0.018	0.010
A23	−0.005	0.004	−0.019	0.020	0.007
A24	0.005	0.024	−0.005	0.025	0.025
平均	−0.002	0.008	0.001	0.020	0.013
中误差	0.005	0.014	0.014	0.020	0.015

由表中数据可以得出以下结论:

① 平面坐标中误差:两组对中杆 RTK 的平面坐标中误差分别为 23 mm 和 25 mm,根据双次观测值求取中误差的公式计算得到对中杆 RTK 点位中误差为 24 mm;两组标靶 RTK 的平面中误差分别为 15 mm 和 20 mm,根据双次观测值得标靶 RTK 点位中误差为 18 mm,优于对中杆 RTK 的精度,主要原因在于对中杆 RTK 在数据获取过程中存在轻微摆动,增加了人为误差,而标靶 RTK 是把移动台主机安置在标靶上,没有了摆动,误差较小。

② 高程中误差:两组对中杆 RTK 的高程中误差分别为 29 mm 和 13 mm,根据双次观测值得到对中杆 RTK 高程中误差为 22 mm;两组标靶 RTK 的高程中误差分别为 5 mm 和 14 mm,根据双次观测值得到标靶 RTK 高程中误差为 11 mm,优于对中杆 RTK 的精度。

③ 三维坐标中误差:两组对中杆 RTK 的三维坐标中误差分别为 37 mm 和 28 mm,得对中杆 RTK 三维坐标中误差为 33 mm;两组标靶 RTK 的三维坐标中误差分别为 20 mm 和 20 mm,得标靶 RTK 三维坐标中误差为 20 mm,优于对中杆 RTK 的精度。

④ 比较对中杆 RTK 与标靶 RTK 的测量精度(见表 3-7)。可以得到标靶 RTK 比对中杆 RTK 的精度要高。因此,可以得到改进标靶可以提高 RTK 的观测精度的结论。

表 3-7 对中杆 RTK 与标靶 RTK 精度比较

中误差/mm		高程坐标	平面坐标	三维坐标
对中杆 RTK	中误差	22	24	33
	最大值	29	25	37
标靶 RTK	中误差	11	18	20
	最大值	14	20	20

（三）融合精度分析

通过上面数据精度的分析,可得到地面三维激光扫描仪观测精度与扫描距离及扫描精细程度有关,不同的扫描仪在相同的扫描距离内的定位精度也不同,但是必须满足开采沉陷监测的 10 mm 的观测精度要求。因此,在进行融合精度分析时,地面三维激光扫描的观测精度取 10 mm 这个极限值。而改进标靶后 RTK 的平面点位中误差为 17 mm,三维中误差为 20 mm,高程中误差为 10 mm。

根据误差传播定律,可以得到地面三维激光扫描仪及 RTK 数据融合后的精度（以 Trimble GX200 为例）,如表 3-8 所示。

表 3-8 地面三维激光扫描仪与标靶 RTK 融合后的平面点位及高程精度

高程中误差/mm	平面点位中误差 m_{xy}/mm	三维中误差 m_{xyh}/mm
15	20	22

第三节 矿区地表沉陷的 InSAR 监测

一、InSAR 监测原理

（一）InSAR 高程测量原理

InSAR 高程测量原理是通过雷达系统对同一测区在略有差异的视点上至少两次成像,利用雷达波的干涉现象对 SAR 影像中的相位数据进行干涉处理,进而获取地表的三维信息(何秀凤 等,2012)。由此可知,成像雷达两次回波信号的相位差是干涉测量的关键。对于地面任意分辨单元,回波信号的总体相位值 φ_{tol} 可以表示如下:

$$\varphi_{tol} = \varphi_r + \varphi_{scat} \tag{3-2}$$

其中,φ_{tol} 为因散射特性不同而造成的随机相位;φ_r 为距离相位,可以表示为:

$$\varphi_r = -\frac{4\pi}{\lambda} \cdot \rho \tag{3-3}$$

其中,λ 为雷达波长;ρ 为传感器与地面分辨单元间的斜距。

图 3-14 给出了 InSAR 测高的关键参数及其相互关系。

图 3-14 中,A_1、A_2 表示传感器在对地面同一目标点 P 两次成像时所处的位置;H 为 A_1 位置 SAR 传感器的轨道高度,h 为地面目标点 P 与参考椭球间的距离;ρ_1、ρ_2 为传感器与目标点 P 间的斜距;B_{spa} 为 A_1 与 A_2 间的空间距离,称为空间基线;空间基线与水平方向的夹角为 α,A_1 与 P 点连线与竖直方向的夹角为入射角 θ;$B_{//}$、$B_\perp$ 分别为空间基线 B_{spa} 在 A_1P 与垂直于 A_1P 方向上的投影。

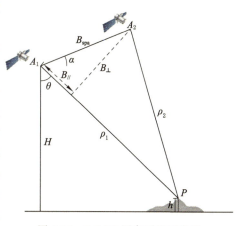

图 3-14 InSAR 测高原理示意图

由图 3-14 的几何关系可知,地面点 P 的高程 h 可表示如下:

$$h = H - \rho_1 \cos \theta \tag{3-4}$$

在 $\triangle A_1 A_2 P$ 中,由三角形余弦定理可得:

$$\rho_1^2 + B_{spa}^2 - \rho_2^2 = 2\rho_1 B_{spa} \cos(90° - \theta + a) \tag{3-5}$$

令 $\Delta\rho = \rho_1 - \rho_2$,则:

$$\rho_1 = -\frac{B_{spa}^2 - (\Delta\rho)^2}{2B_{spa}\sin(\theta - a) - 2\Delta\rho} \tag{3-6}$$

$$\Delta\rho = B_{spa}\sin(\theta - a) + \frac{B_{spa}^2}{2\rho_1} - \frac{(\Delta\rho)^2}{2\rho_1} \tag{3-7}$$

由于 $\Delta\rho \ll \rho_1$,且 $B_{spa} \ll \rho_1$,因此上式中后两项可以忽略,故式(3-9)可简化为:

$$\Delta\rho \approx B_{spa}\sin(\theta - a) + \frac{B_{spa}^2}{2\rho_1} \approx B_{spa}\sin(\theta - a) = B_{//} \tag{3-8}$$

由式(3-3)可知,两次成像的相位差 φ_{if} 可表示为:

$$\varphi_{if} = \varphi_1 - \varphi_2 = -\frac{4\pi}{\lambda} \cdot (\rho_1 - \rho_2) + (\varphi_{scat1} - \varphi_{scat2}) = -\frac{4\pi}{\lambda} \cdot \Delta\rho + \Delta\varphi_{scat} \tag{3-9}$$

假设对于相同地面分辨单元,两次成像的散射性质不变(即 φ_{scat} 相同),则将(3-8)代入式(3-9)可得:

$$\varphi_{if} = -\frac{4\pi}{\lambda} \cdot \Delta\rho = -\frac{4\pi}{\lambda} \cdot B_{spa}\sin(\theta - a) \tag{3-10}$$

故

$$\theta = a - \arcsin\left(\frac{\lambda\varphi_{if}}{4\pi B_{spa}}\right) \tag{3-11}$$

此外,同一测区两次成像的复数影像完成精配准后,将对应位置的像素进行共轭相乘,即可形成干涉条纹,得到的干涉相位可以表示为:

$$\varphi_{if} = -\frac{4\pi}{\lambda} \cdot \Delta\rho + 2\pi N, N = 0, \pm 1, \pm 2, \cdots \tag{3-12}$$

由于 SAR 传感器到参考椭球的高度 H、基线长 B_{spa} 及基线与水平方向的夹角 a 均可由卫星数据计算得到,故将式(3-12)代入式(3-11),进而代入式(3-4)即可得到地面点 P 的高程。

(二)D-InSAR 形变测量原理

D-InSAR 形变测量的基本原理是通过对形变前、后的两组干涉对进行差分,并将因地形和参考椭球面引起的相位变化从中移除,进而得到形变信息。根据地形相位去除方式或所用影像数目的不同,该技术分为"二轨法"、"三轨法"和"四轨法"三种模式。其中,表 3-9 展示了不同差分干涉测量模式在数据源、DEM 及形变干涉对获取方式中的对比情况(刁鑫鹏,2018)。

表 3-9　D-InSAR 技术的三种模型对比

干涉模式	数据源	地形干涉对	形变干涉对
2-pass 模式	两景 SAR 影像和外部 DEM	外部 DEM	形变前后两景 SAR 影像
3-pass 模式	三景 SAR 影像	形变前两景 SAR 影像	形变前两景 SAR 影像
4-pass 模式	四景 SAR 影像	形变前两景 SAR 影像	形变后两景 SAR 影像

图 3-15 为"二轨法"差分干涉测量的原理图,并显示了各要素间的空间几何关系。

由于在重复轨道干涉测量模式中,经干涉后所得相位与参考椭球、地面点位置、地表形变、大气延迟及各类系统噪声等诸多因素有关。因此,总体干涉相位可表示如下:

$$\varphi_{tol} = \varphi_{flat} + \varphi_{topo} + \varphi_{defo} + \varphi_{orbit} + \varphi_{atm} + \varphi_{noise} \tag{3-13}$$

式中,φ_{flat} 为参考椭球面相位;φ_{topo} 为地形相位;φ_{defo} 为沿雷达视线向(line of sight,LOS)的形变相位;φ_{orbit} 为轨道误差引起的相位;φ_{atm} 为大气延迟相位;φ_{noise} 为噪声引起的相位。

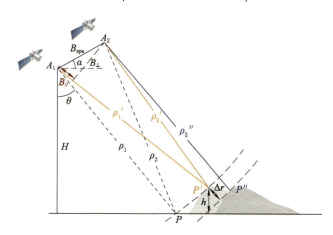

图 3-15　"二轨法"差分干涉测量原理图

在上述诸多因素中,轨道误差 φ_{orbit} 可以用低阶多项式进行拟合或利用精密轨道数据加以消除;而大气延迟相位 φ_{atm} 与噪声引起的相位 φ_{noise} 所占比重较小可直接忽略或通过滤波方法在一定程度上削弱。因此,总体干涉相位中主要因素为参考椭球面、地形和形变相位。以下做详细表述。

(1)参考椭球面相位(平地效应相位)φ_{flat}

若目标点 P 位于参考椭球面上(即相对于参考椭球面的高程为零),则称其对干涉相位的贡献量为 φ_{flat}。如图 3-15 所示,ρ_1、ρ_2 分别为 P 到雷达天线两位置的距离,由于空间基线距 $B_{spa} \ll \rho_1$、$B_{spa} \ll \rho_2$,故可认为 ρ_1 与 ρ_2 近似平行,由上节的分析可得目标点 P 的干涉相位 φ_{flat},表示如下:

$$\varphi_{flat} = -\frac{4\pi}{\lambda}(\rho_1 - \rho_2) = -\frac{4\pi}{\lambda}\Delta\rho \approx -\frac{4\pi}{\lambda}B_{spa}\sin(\theta - a) = -\frac{4\pi}{\lambda}B_{//} \tag{3-14}$$

(2)地形相位 φ_{topo}

如若目标点 P' 位于复杂地形而不在参考椭球面上,则该点对总体干涉相位的贡献应包含地形和参考椭球面相位两部分。在图 3-15 中,由于目标点 P' 和 P 到卫星天线位置 A_1 的距离相等,则 P' 点和参考椭球面上的 P 相对应,点位移动后视角变化 $\Delta\theta$,ρ'_1、ρ'_2 为 P' 到两传感器间的距离,则由几何关系可以得到 P' 点的干涉相位为:

$$\varphi_{P'} = -\frac{4\pi}{\lambda}(\rho'_1 - \rho'_2) = -\frac{4\pi}{\lambda}B_{//} - \frac{4\pi}{\lambda}B_{\perp}\Delta\theta \tag{3-15}$$

由式(3-14)可知 $\varphi_{P'}$ 第一项为参考椭球面相位,因此地形相位 φ_{topo} 可表示为:

$$\varphi_{topo} = -\frac{4\pi}{\lambda}B_{\perp}\Delta\theta = -\frac{4\pi}{\lambda}\frac{B_{\perp}}{\rho\sin\theta}h \tag{3-16}$$

地形相位 φ_{topo} 可以通过外部 DEM 数据进行去除。

由上面的分析可知,参考椭球面和地形相位是干涉图中干涉相位的主要组成部分,前者随着卫星的飞行呈连续平缓的变化;而地形相位的变化是无序的。在相位解缠时参考椭球面相位可使用确定的方法予以消除,因此最主要的难点在于地形相位的解缠,即去除平地效应。

(3)形变相位 φ_{defo}

在 SAR 影像获取期间,如果地表发生形变(由 P' 变为 P''),如图 3-15 所示,则 A_1、A_2 位置获得的分别是地表形变前和形变后的 SAR 影像,这种情况下干涉相位主要由参考椭球面相位、地形相位和形变相位贡献组成。假设 $\Delta\rho$ 为在雷达视线方向(LOS)上的形变量,则根据干涉理论可得形变相位为:

$$\varphi_{P_2} = -\frac{4\pi}{\lambda}(\rho'_1 - \rho''_2) \tag{3-17}$$

因为 $\rho''_2 \approx \rho'_2 + \Delta\rho$,所以式(3-17)可以转化为:

$$\varphi_{P_2} = -\frac{4\pi}{\lambda}(\rho'_1 - \rho'_2) - \frac{4\pi}{\lambda}\Delta\rho \tag{3-18}$$

由式(3-15)可知(3-17)中的第一项为地形相位和参考椭球面相位之和,所以形变相位可表示为:

$$\varphi_{defo} = -\frac{4\pi}{\lambda}\Delta\rho \tag{3-19}$$

因此,利用"二轨法"差分干涉测量获得的 LOS 向形变 $\Delta\rho$ 表达可表示为:

$$\Delta\rho = -\frac{\lambda}{4\pi}\varphi_{defo} = -\frac{\lambda}{4\pi}(\varphi_{tol} - \varphi_{flat} - \varphi_{topo}) = -\frac{\lambda}{4\pi}\varphi_{tol} - B_{//} - \frac{B_{\perp}h}{\rho\sin\theta} \tag{3-20}$$

对于"三轨法"差分干涉测量,若两幅干涉像对中去除平地效应后的相位值分别为 φ_{12}、φ_{13},则 LOS 方向上的形变量 $\Delta\rho$ 表示如下:

$$\Delta\rho = -\frac{\lambda}{4\pi}\varphi_{defo} = -\frac{\lambda}{4\pi}\left(\varphi_{13} - \frac{B_{13}}{B_{12}}\varphi_{12}\right) \tag{3-21}$$

二、数据处理与误差源分析

(一)数据处理流程

不论是何种形变监测模式,均是以干涉测量为基础的,其区别主要在于原始地形信息去除方式的不同,故以下主要介绍 InSAR 数据处理的关键步骤。并在此基础上,简要说明常规差分干涉测量形变监测的主要流程。其中,InSAR 提取 DEM 的流程如图 3-16 所示,主要包括主辅影像间的逐级配准、重采样、预滤波(可选项)、干涉相位图的生成、平地效应移除、平滑降噪与质量评价、相位解缠及地理编码等步骤。

① 复数影像配准与重采样。对于重复轨道干涉测量,两次成像过程中 SAR 传感器的飞行轨迹以及雷达波束入射角会不可避免地存在偏差,从而会导致主、辅影像间在距离与方位向上存有偏移甚至扭曲。因此,实现对同一研究区域主、辅影像间的精确配准是干涉测量的第一步;而逐级配准策略(即基于轨道信息的粗配准和基于相干系数的亚像元级配准)是提高配准质量行之有效的手段。由于亚像元级的配准精度,对于主辅影像相同的像元位置,其行列号会存在不一致现象。故精配准后需进行配准模型的计算,进而通过配准

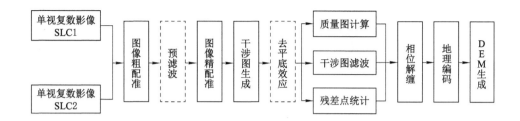

图 3-16 InSAR 数据处理主要流程

偏移多项式实现辅影像像元的重采样。

② 预滤波。预滤波是指去除主、辅影像中由于基线和多普勒参数等因素引起的相位噪声，其目的是提高配准精度与干涉图质量。预滤波并非干涉处理的必需步骤，可根据频谱偏移量的大小决定执行与否。

③ 干涉图生成。对精配准与重采样之后的主辅影像对应像素复数值进行共轭相乘，即可形成干涉条纹；而所得干涉图中的相位值为两幅原 SAR 复数影像的相位差。

④ 去平地效应。受雷达侧视成像及参考椭球影响，平坦地区的干涉相位会随距离和方位的变化而呈现有规律的周期性变化，在干涉图中体现为密集性条纹，这种现象称为平地效应。去平地效应就是指去除干涉图中由平地效应引起的相位变化，进而得到仅反映地形起伏的相位信息。

⑤ 干涉图滤波与质量评价。大气是雷达波束传播的通道，其对电磁波的吸收与散射必不可免，因此由回波信号得到的干涉相位定会含有大气的特征信息；同时由于受各种噪声、去相干以及配准误差的影响，干涉图质量与之后相位解缠的精度会进一步降低。为提高信噪比，降低解缠难度，对干涉相位图进行空间域滤波是干涉测量中必不可少的步骤；同时，为评定滤波后干涉效果以及提供相位解缠的依据，还需进行干涉质量评价。

⑥ 相位解缠。干涉相位图中的相位主值处于 $(-\pi, \pi]$ 之间，而由上节中的推导可知，要实现地面点高程值提取的目的，则须知其绝对相位。而由干涉相位恢复到真实相位（确定两者间相位整周数）的过程称为相位解缠，它是干涉处理中的重要环节。

⑦ 地理编码。经上述各步骤处理后得到的地形相位处于 SAR 坐标系下，而为实现干涉相位所代表高程值与地面点位间的统一，需将其转换到地理坐标系之中，该过程称为地理编码。其目的是实现斜距与地距、雷达坐标系与地理坐标系之间的相互转换。

常规 D-InSAR 地表形变提取以干涉测量为基础，其数据处理流程如图 3-17 所示。

（二）误差源分析

研究干涉测量的误差来源，并在数据处理过程中进行有效控制，可在一定程度上提高数据处理结果的准确性。

① InSAR 去相干源和相位噪声。对于重复轨道干涉测量而言，引起影像间去相干的因素主要有时间、空间（几何）、体散射、热噪声、多普勒质心与数据处理等。通常情况下，相干系数低于 0.3 时难以生成干涉条纹。

② 基线误差。准确确定主、辅影像成像时所处轨道的相对位置（空间基线）是干涉测量的基础；而基线计算的准确程度也会直接影响地面高程与形变监测的精度，因此应尽量

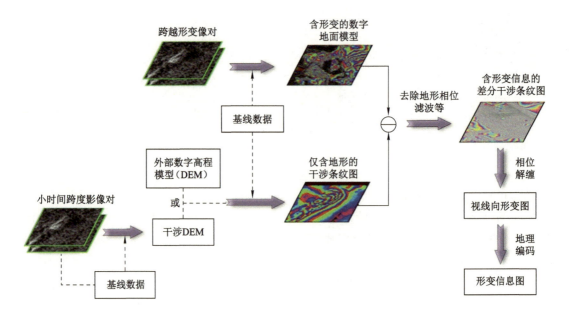

图 3-17　常规差分干涉测量形变监测流程图

准确。

③ DEM 误差。应用"2-pass"模式差分干涉测量进行形变监测时,须消除干涉相位图中因地形引起的相位变化,故而需引入外部 DEM。因此,所选研究区 DEM 误差会直接传递至最终的形变测量结果之中。

④ 大气效应。应用 InSAR 技术进行地面高程及地表变形提取时,大气影响主要表现在延迟雷达信号和信号传播路径弯曲两个方面。大气效应主要决定于电磁波在介质中传播速度的数学期望 $\overline{\delta}$。其中,干涉相位可以近似地表示为:

$$\varphi \approx -k\Delta R(1+\overline{\delta}) + kR\left[\delta(h) - \overline{\delta}\right]\frac{\delta h}{h} \tag{3-22}$$

式中,δh 表示天线的高度差,ΔR 表示两幅天线的路径差。

从式(3-22)中可以得出,对于重复轨道的干涉测量而言,大气延迟对于每一次的成像都会不同;其中,对流层是影响相位变化的主要因素。

此外,数据处理过程中的复数影像配准误差、相位解缠误差以及地理编码误差等被引入 InSAR 高程及形变信息提取之中,影响最终成果的可靠性及精度。

三、时序 InSAR 监测技术

常规 D-InSAR 技术由于受时空基线、相干性、大气误差以及轨道误差等因素的影响,其形变监测精度受到一定的限制。特别地,在煤矿沉陷区,由于地表往往被农田、植被覆盖,研究区域的相干性处于较低状态,数据处理过程中的干涉条纹难以形成(或者存在较大误差)。时序 InSAR 分析技术的提出是为削弱时空失相干影响,提高 InSAR 地表形变解译精度。时序 InSAR 分析技术中最具代表性的为永久散射体干涉测量技术(PS-InSAR)和短基线集干涉测量技术(SBAS-InSAR)。该类技术已被广泛地应用于煤矿区地表形变的监测之中,本节主要以 SBAS 为例介绍其基本思想和原理。

　　SBAS-InSAR 技术的基本原理就是将单次常规 D-InSAR 得到的形变结果作为观测值,再基于最小二乘法则获取高精度的形变时间序列;其处理流程主要包括差分干涉对的生成、点目标的选取、差分干涉图的解缠及时间形变序列的获取等步骤,如图 3-18 所示。其中常规 InSAR 技术的形变测量原理、处理流程和主要误差来源已在前节描述。

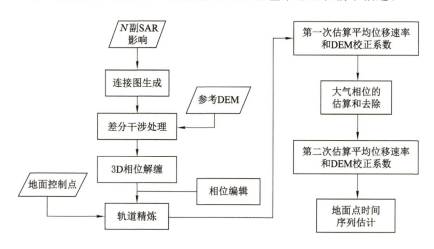

图 3-18　时序 InSAR 数据处理流程

四、子带干涉技术

　　根据 InSAR 形变测量的基本原理可知,InSAR 测量中的高度模糊度、形变模糊度及形变梯度与雷达波长成正比。而基于高分辨率 SAR 影像距离向上宽带频谱分解的子带干涉技术(Sub-band InSAR)能够有效扩展模拟的雷达波长,降低干涉条纹密度,进而更易实现陡峭地区 DEM 提取;其亦是大尺度地表形变提取的有效手段。

　　在 InSAR 测量领域,利用雷达信号中心频率偏移的方法最早出现在 Madsen 等提取地形绝对相位的科研实验之中(Madsen et al.,2002);2004 年,德国宇航中心的 Bamler 教授提出了首先利用带通滤波器进行原始影像斜距向子带分割,然后利用分割的上、下子带分别进行一次与二次干涉测量的技术,并定义为"子带干涉"(Bamler et al.,2004)。2012 年夏耶教授,首次将子带干涉技术引入国内,并结合角反射器成功地提取了三峡库区长时间间隔、大尺度的滑坡形变场(夏耶,2013)。目前,该技术已在地震同震形变场提取、大型人工建筑物及铜矿开采区域的形变监测领域得到成功应用(吴文豪 等,2017;陈鹏琦,2016;庾露,2015)。

　　(一)子带干涉基本原理

　　子带干涉技术的实现以 SAR 影像距离向上的子带分割为基础,所谓"子带"是指在频率域上将完整原始带宽信号分解成的仅保留了部分带宽的信号。其在时间域(或空间域)上拥有与原始信号相同的长度,但在频率域上却仅包含了所保留带宽内的能量,其余部分则被衰减。通常情况下,雷达信号的频谱分割往往通过带通滤波器实现,子带干涉的基本原理与流程如下:

① 利用复数带通滤波器，分别对主、辅影像在距离向上进行频谱分解，得到两个互不重叠的上子带对与下子带对(图 3-19)；图中 B 为传感器原始带宽，b 为子带带宽。

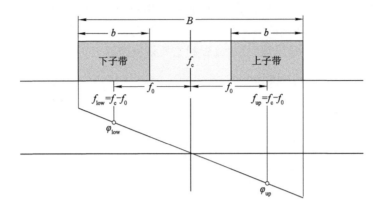

图 3-19　距离向频谱带宽及子带分割示意图

假设传感器的距离向原始中心频率为 f_c，频率偏移量为 f_0，则经频谱分解后上、下子带的中心频率 f_{up} 与 f_{low} 可分别表示为：

$$\begin{cases} f_{low} = f_c - f_0 \\ f_{up} = f_c + f_0 \end{cases} \tag{3-23}$$

② 然后，对频谱分解得到的上子带像对和下子带像对分别进行干涉测量；根据干涉测量的基本原理，上、下子带对的干涉相位分别表示如下：

$$\begin{cases} \varphi_{up} = 4\pi \dfrac{f_c + f_0}{c} \Delta r \\ \varphi_{low} = 4\pi \dfrac{f_c - f_0}{c} \Delta r \end{cases} \tag{3-24}$$

式中，c 为光速；Δr 为主辅影像间斜距差。

③ 最后，对上子带像对的干涉相位和下子带像对的干涉相位进行第二次干涉处理，即可得到子带干涉图的最终相位 φ_{sub}。

$$\varphi_{sub} = \varphi_{up} - \varphi_{low} = 4\pi \dfrac{2f_0}{c} \Delta r \tag{3-25}$$

因此，子带干涉技术对应的模拟波长 γ_κ 与雷达原始波长 γ 的比值 K 可以表示为：

$$K = \dfrac{\gamma_\kappa}{\gamma} = \dfrac{f_c}{2f_0} \tag{3-26}$$

由图 3-19 可知，频率偏移量 f_0 的取值应小于传感器原始带宽 B 的一半，而对于当前正在运行的多数传感器而言，原始带宽 B 远小于传感器距离向中心频率 f_c。因此，子带干涉处理极大地增加了模拟波长 γ_κ，其增长量能够达到原始波长 γ 的数十倍甚至上百倍，从而使得基于原影像的高程模糊度和形变模糊度得到明显提高，在干涉图中的体现就是干涉条纹数量和密度得以降低；相应地就会减小相位解缠的难度，甚至无须相位解缠流程即可直接得到绝对相位，进而可以实现大尺度形变监测的目的。

(二) 子带干涉技术的基本流程

子带干涉是一种基于常规 InSAR 技术演变而来的数据处理手段，因此在形变提取流程上可以参考和借鉴常规 D-InSAR 的数据处理方法。2009 年,Brcic 等在利用宽带 Terra-SAR-X 数据进行绝对相位提取时,分析总结了子带干涉处理的基本流程(Brcic et al.,2009),如图 3-20 所示。

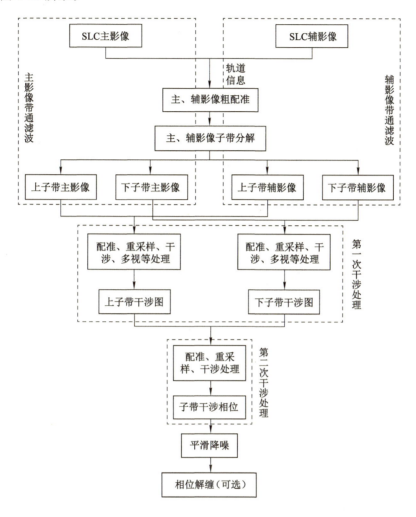

图 3-20　子带干涉处理流程

第四节　矿区地表沉陷的无人机倾斜摄影监测

现有遥感卫星,由于受轨道高度、重访周期、天气等因素制约,其机动性、现势性难以得到保证。无人机低空数字摄影测量采用轻型固定翼与旋翼平台,通过在相应平台上搭配非量测型数码相机,具有作业方式灵活、飞行成本低、机动性高、分辨率高、质量高的特点,有效填补了卫星遥感以及航空摄影测量的缺点,成为目前快速获取和实时更新基础地理信息的重要技术手段之一。其已广泛应用于各类地质灾害监测之中,在矿区地表形变监测领域也逐渐得到应用。

无人机低空数字摄影测量技术根据影像获取角度的不同可以分为:垂直摄影测量和倾

斜摄影测量。其中,前者是从俯视角度对被摄物体进行照片拍摄,该方式的局限与缺点是多角度的缺失。而倾斜摄影测量不仅能够实现垂直方向的照片拍摄,而且可获取地物多方向的影像,再配合惯性导航系统获取高精度的曝光点位置和飞行姿态信息。通过对影像畸变差的改正、影像相同点匹配、多角度影像联合平差、点云去噪处理等一系列复杂的处理,即可获取更为丰富的地形地貌信息。

一、无人机倾斜摄影测量系统

倾斜摄影测量携带相机平均分布于飞行平台几何中心周围不同角度的位置,分别有两镜头倾斜摄影与五镜头倾斜摄影。倾斜摄影所得到的像片其倾斜角一般都大于3°,所获得的像片称为倾斜像片。由于倾斜摄影从多视角对目标物体进行像片获取,其对地物和目标的判读特别有利,对目标区域整体建模具有更高的质量保证。

低空无人机摄影测量系统主要有7部分构造:飞行平台、飞控系统、地面监测系统、任务提交装备、数据传输系统、起飞及降落系统、地面安全保障系统。

1. 无人机数据获取飞行平台

影像数据的获取平台主要有无人机机体、动力设备、执行装备、电路设备、起飞降落设备以及保证平台稳定工作的设备和部件。主要功能是搭载拍照传感器并对地面进行拍摄。

2. 飞行导航与控制系统

飞机上装载的控制设备包括飞行控制仪板、惯性导航系统、全球定位系统接收机、气压感应器、风速感应器、转动速度感应器等控件。主要功能是为飞机进行空中巡航、寻找位置和自动控制提供支撑。

3. 地面监控系统

地面监控系统主要包括无线电遥控器、RC接收机、监控计算机系统、地面供电系统以及监控软件。利用地面监控软件可以进行航线规划、航线间隔、旁向及航向重叠度设计,同时也能接收、存放、查看飞机的高度、风速、空速地速、方位角、航行方向、飞行轨迹与姿态等;地面监测与控制系统能够通过传送系统传送相关指令。

4. 任务设备

任务设备主要包括数码相机及控制系统和有关附属装备。

5. 数据传输系统

数据传输系统分为空中与地面两个部分。空中部分包含发送数据的电子装备、外挂天线、接收数据的端口;而地面部分则包含发送数据的电子设备、各种天线接口。这些都用于空中巡航控制设备与地面观测站间的数据传输。

6. 发射与回收系统

这部分系统包含使飞机能够起飞的辅助设备及降落设备。发射系统为无人机加速起飞提供保障,回收部分为无人机安全着陆提供保障。

7. 地面保障设备

地面对于空中飞行的保障装备包含运送阶段的保障装备及拍摄工作时的设备。前者的功能是使拍摄装备及任务设备不受损伤,而后者是指无人机进行外业安全作业的装备。

二、倾斜摄影测量数据处理过程与关键技术

(一) 数据处理过程

倾斜摄影的数据处理需要经历倾斜影像同名点匹配、多相机联合平差、点云生成、表面重建、纹理映射等过程;经过一系列数据处理之后,通过第三方平台形成可视化三维模型成果,可以对三维模型进行线划矢量采集。

① 倾斜影像同名点匹配:倾斜影像受倾斜角、变化尺度、遮挡等因素的影响,同名的匹配需结合每张倾斜影像的 POS 外方位元素与影像金字塔匹配策略,对各级影像进行同名点匹配,并进行光束法区域网平差。

② 多相机联合平差:倾斜影像多相机联合平差在传统光束法平差过程中加入了影像间位置关系的约束条件,为使平差模型更加稳定,要求航摄仪系统遵循同时曝光的原则。

③ 点云生成:倾斜影像通过密集匹配生成密集点云。

④ 表面重建:利用倾斜影像匹配得到密集点云,对密集点云进行物体表面重建,最终生成倾斜影像模型。

⑤ 纹理映射:倾斜影像模型物体表面重建后,需要对三维表面进行纹理映射,纹理映射过程中要选择最佳的影像和色彩过渡。

(二) 倾斜摄影测量的关键技术

无人机倾斜摄影测量的关键技术主要包括以下几个方面:

1. 控制点的布设

无人机作业时,需要在野外提前布设控制点,对其进行精密测量,精密测量后的成果能够保证摄影测量内业空中三角测量加密和 GIS 产品成果质量,满足精度要求。控制点布设应遵循以下原则:① 在测区周边布设平面控制点。在相同地方布设的控制点,对其进行平面点与高程点联测,实现平高点测量。② 像片控制点不限制在单个图幅布设,应在整个测区进行统一布设。③ 在布设条件困难的测区,外业航拍工作之前,在地面设置较为明显且容易在影像上识别的标记作为控制点。④ 像片边缘小于 1 cm 的位置不宜布设控制点,通常选择在航向三片重叠与旁向重叠的中间,且空旷、信号强、方便测量的位置。

2. 控制点的联测

像片控制点的联测是根据测区附近已知大地点或其他已知地方独立控制点来测定像片控制点高程和平面坐标的过程。野外像控点的布设和测量精度直接影响到最终成果的成图精度。在野外对像片控制点进行实测前,需要利用专业无人机摄影测量影像内业快速处理软件,制作测区全景图,以方便外业布设与测量像控点使用。进行像控点联测时,通过搜集测区已有的大地坐标及地形图资料等测量成果,按照最终成图坐标系统,首先利用常规测量手段进行基础控制测量,完成与最终成图坐标系相同的测区附近已知控制点的联测,以获得布设在测区的像控点坐标。

3. 特征点提取

特征点是描述两个或多个影像中相同信息的地理位置的像素,用于图像的几何变换、图像拼接、三维模型的生成。特征点的提取是倾斜摄影测量处理过程中的重要步骤。多视影像之间的关系是通过共轭点来构造的,目前而言,摄影测量界已经提出许多关于连接点

自动提取的方法。常用的连接点自动提取算法有尺度不变特征变换(SIFT)和快速鲁棒特征(SURF)、Harris、MSER、FAST 算法。实际的倾斜摄影测量外业作业中,影像不可避免地会受到不确定的外界因素的影响,如影像存在辐射畸变、几何畸变等。对于外部影响的因素,这些算子可以根据各自的特征适当采取措施准确提取特征点,并使特征点具有良好的抗旋转性、抗缩放性、抗光照变化性等。

4. 倾斜影像区域网平差

关于倾斜多视影像的平差问题,众多学者提出了不同的解决方案,引入一些额外的约束条件到光束法平差过程中。比如同一曝光点的五个影像之间的强制几何关系与相对位置,摄影传感器的垂线等,或者利用经过定向后的下视正摄影像的位置信息,结合下视与倾斜影像之间的关系解算出倾斜像片。对于倾斜相机系统进行光束法平差主要有无约束定向方式、附加约束条件的定向方式和直接定向方式三种。

三、无人机航测方案设计

煤矿区地表沉陷无人机倾斜摄影测量方案的设计依赖于项目的工作范围、地理位置、地形地貌等多种因素,但主要工作流程基本相同,一般为:收集项目区域已知点和矿区沉陷相关资料;像控点布设和施测;根据测区情况设计航飞方案;按照飞行设计方案采用无人机进行航空摄影;内业处理(包括空三解算、DEM 获取和点云分析等);通过不同期 DEM 或者提取不同期相同位置地面点云数据进行相减获得沉陷数据。

(一)收集资料

资料收集包括研究区控制点资料和地下开采资料的收集。其中,控制点资料包含但不限于四等及其以上等级三角点、D 级及以上等级 GPS 控制点(坐标系统和高程系统按国家规范及要求执行)等。地下开采资料主要有:研究区井上下对照图、采掘工程平面图、井上测量控制网图及能提供的其他图纸资料。

(二)控制点布设和施测

控制点布设原则和施测方法在上节已做介绍,需要说明的是为检核空中三角测量精度,除布设必要像控点外,另外布设适量检查点。检查点的布设可根据测区地形、交通等情况,选择容易到达位置均匀布设。控制点施测过程中宜对检查点进行高程和测量,以便于后期成果精度检查。

(三)飞行方案设计

1. 设计原则

① 所获取的数字影像为可进行立体测量的真彩色数字影像。

② 按 5~10 cm 的地面分辨率进行技术设计,数字影像数据满足 1∶500~1∶1 000 之间的点云、数字高程模型(DEM)和正射影像图(DOM)的成图精度要求。

③ 测区旁向覆盖一般不少于像幅的 60%,每条航线开关机点按超出摄区所在相应测图比例尺图幅边界外东西各一条基线。

2. 飞行参数设置

航线设计需要确定的基本参数有重叠度、航摄比例尺、测区平均基准面、摄影机的焦距、影像的像幅大小。由基本参数计算出航线设计的参数有:在基准面上的飞行高度、航线位置、航向角及航线数、曝光的时间间隔、每条航线的曝光数、总曝光数。

① 重叠度：重叠度包括航向重叠度和旁向重叠度，在同一条航线上，相邻两像片应有一定范围的影像重叠，称之为航向重叠，相邻航线也应有足够的重叠，称之为旁向重叠。考虑到无人机的特性，航向重叠取 80%～90%；旁向重叠取 60%～80%。航线设计是参照平均基准面进行的，地面起伏、影像倾斜角、飞行偏离航线、航高和风速变化等对重叠度均有影响。

② 航摄比例尺：航摄像片的比例尺是航空摄影的一个最基本要素，是指像片上的一个单位距离所代表的实际地面距离。实际摄影比例尺在像片上处处不相等，一般采用平均比例尺表示。项目作业拟在满足规范规定基础上，适当降低飞行的相对高度，以提高测量精度。

③ 测区基准面确定：根据测区的地形落差，通常选取测区平均高程面作为基准面。

④ 飞行高度的确定：根据成图比例尺的要求，选择合适的地面采样距离。根据所选择的地面采样距离，利用相机的焦距和像元尺寸，计算相对航高；相对高度与基准面之和，即为飞机飞行的高度。

⑤ 像移量的控制：通常情况下，由于无人机遥感平台载荷受限的原因，无法加装复杂的像移补偿装置，只能通过缩短曝光时间、限制飞行速度两种措施来达到限制像移的目的。像移量的大小及像移的速度与飞行速度、摄影比例尺等因素有关。按照《1∶500，1∶1 000，1∶2 000 地形图航空摄影测量外业规范》(GB/T 7931—2008)规定，曝光时间内最大像点位移不超过相片上 0.06 mm。

3. 航线规划及架次划分

根据风向设计试验航线方向，航线方向应垂直于风向。根据测区面积、计算飞行时间，根据无人机电池续航时间，合理划分飞行架次。

飞行方案具体实施前，宜将设计好的飞行参数输入飞控软件，并模拟飞行，确定设计飞行方案无误后，将文件导入到无人机手簿中，在天气晴朗的条件下进行无人机影像采集。

(四) 飞行方案实施

飞机操控人员在飞行区待命，只要有合适天气立即安排人员、设备进行试飞，并及时分析处理影像，为正式作业做好准备工作。一切准备就绪后，机组人员边在飞行区等待合适的航摄天气(摄影必须选择能见度大于 600 m 的碧空天气或少云天气)，边对航摄硬件进行检查和维护，确保设备处于最佳状态，待到遇到最佳天气后，根据外业操作流程操作，逐条航线进行航空摄影。

(五) 数据处理

将采集到的项目区影像信息进行空散加密，采用 UASMaster 软件进行处理。UASMaster 是 Trimble 公司针对无人机影像特点开发的数据处理软件，集成了空三加密、DSM/DEM 提取和编辑、正射校正和镶嵌匀色等航空摄影测量数据处理所需功能。各类控制点为提高加密成果的准确性和精度，不经人工转刺，直接在影像上判读。

数据处理后得到点云，可供 MapMatrix 生成线画图和 DEM 成果。通过不同期 DEM 或提取不同期相同位置地面点云数据进行相减，即可得到工作面开采过程中的地面沉陷信息。

相关研究结果表明,当前技术水平下,低空无人机倾斜摄影测量在开采沉陷监测中的精度能够达到分米甚至厘米级(陈鹏飞,2018)。

第五节　相关案例应用及分析

本节将前面所述三维激光扫描和 InSAR 技术应用于实际,分别介绍地面三维激光扫描在峰峰矿区羊渠河矿区、InSAR 技术在济宁矿区开采沉陷监测中的应用。

一、地面三维激光扫描观测站布设方法及应用实例

(一)观测站布设

观测站控制点的主要作用是使分站扫描观测的点云数据统一于同一坐标系统下,即控制测量。因此在控制点布设时,应充分考虑观测站的布设位置。

利用地面三维激光扫描建立短期观测站(以下简称"短期观测站")时的控制点的布设位置与传统的常规观测站(以下简称"传统观测站")的控制点的布设位置有所不同:传统观测站一般要严格布置在移动盆地主断面上,而地面三维激光扫描是以"面"方式获取点云数据的,因此扫描的点云数据覆盖一定范围的面域,只要是在移动盆地内的一片区域即可,该区域应覆盖移动盆地中央、工作面边界正上方及采空区边界区域。

利用地面三维激光扫描技术与 RTK 结合进行观测时主要包括控制测量和分站扫描测量。

① 控制测量:控制测量目前有全站仪和 RTK 两种方法,全站仪的测量精度为毫米级,可以满足矿山地表沉陷变形监测的要求。RTK 的测量精度为厘米级,但是通过对扫描仪标靶进行改进,使 RTK 固定在标靶上面,这样就防止了立杆时人为误差,提高了 RTK 精度。且地面三维激光扫描能获取大量的点云数据,其最大的优势就是建模精度高。

② 分站扫描测量:RTK 获得控制点坐标后,把该点作为地面三维激光扫描观测站坐标输入仪器,扫描完一站之后,把后视点转到下一测站点,同时卸下三维激光扫描仪,把流动站 GPS 接收机安装在改进的标靶(在原来标靶的上方加工一个螺丝)上,见图 3-13,实时获取该测站点及后视点的三维坐标。之后把三维激光扫描仪放在下一测站点的脚架上,应用 RTK 获取的三维坐标设置测站点及后视点,就绪后扫描采集点云数据。

(二)应用实例:峰峰矿区羊渠河矿里 8256 工作面观测

1. 工作面情况

峰峰矿区羊渠河矿里 8256 工作面地质采矿条件见表 3-10,该工作面走向和倾向均为充分采动。扫描地点为工作面上方部分区域。具体见图 3-21。

表 3-10　里 8256 工作面基本信息

工作面长 /m	工作面宽 /m	平均采深 /m	地面平均标高 /m	平均采厚 /m	平均开采速度 /(m/d)	煤层倾角 /(°)
800	139	540	147	5	1.3	12

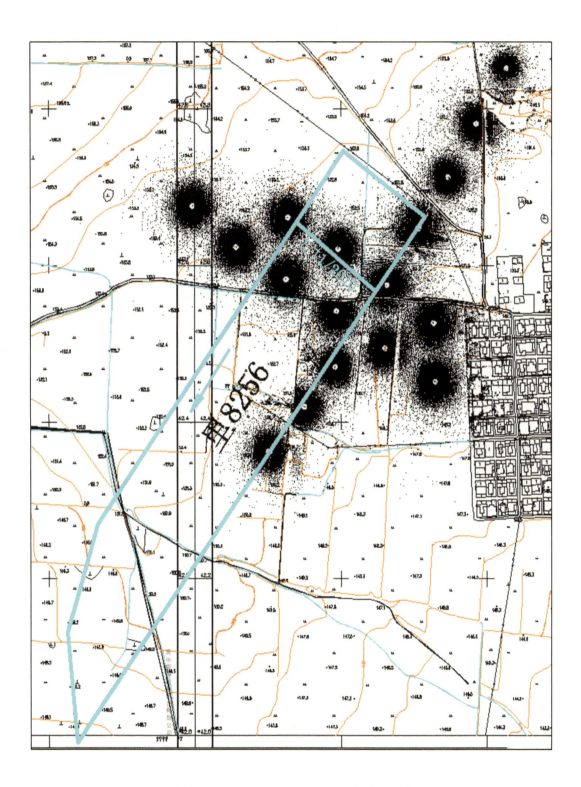

图 3-21 里 8256 工作面与观测站、点云对比图

2. 实地观测

该矿地表起伏变化不大,有低矮的农作物及少量植被。地面观测站沿走向和倾向布设两条观测线,形式上类似于传统的剖面线状观测站,但是获取的数据是两个具有一定宽度的条带形扫描区域,条带宽度为 80 m 左右。工作面与点云分布情况如图 3-21 所示(图中点云是第一次扫描的数据,此工作面共 18 站扫描数据,覆盖面积约为 14.2 万 m²)。此工作面条件较好,除了东边有一个村庄,其余都是开阔的农田,观测站的布设较为方便。对羊渠河矿里 8256 工作面进行了四次观测,获得了丰富的数据。

3. 数据处理

点云数据处理软件采用 Realworks Survey,数据处理方法从两个方面考虑,一种为噪声剔除,一种为特征提取等。噪声剔除是剔除数据中的噪声来获取需要的点云数据;特征提取是直接在点云数据中提取需要的数据。对于矿区数据,由于其数据覆盖面积大,数据多,地表植物高低不等,噪声复杂等,利用剔除噪声来获取代表地面变化的数据工作量很大,最好的方法是特征提取。

研究采煤对地表移动变形的影响,须从点云数据中提取能代表地面起伏的数据;在这些点云数据中高程最低的点一定是激光打在地表的点。鉴于此,对点云数据可以采用以下两种方法进行处理,第一种把点云数据划分成一定大小的矩形格网,提取每个格网中的最低点代表此处的地表;第二种以最低点为基准设置合理的高程阈值,提取一定范围内的点云。具体如图 3-22 所示(左边为提取最低点,右边为提出一定范围内的点云)。

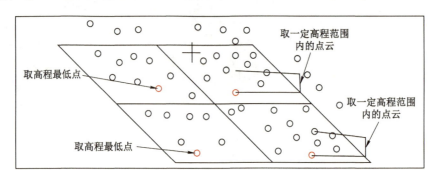

图 3-22 地表点提取模型图

利用上述方法构建扫描区域的 DEM,再把所构建前后两期的 DEM1 和 DEM2 相减,即可得到整个研究区域的地表下沉情况,如图 3-23 所示,该方法形变监测的精度已在第二节中分析。大量的点云数据经过上述处理后得到代表地表变化的下沉值;利用下沉值,根据矿区的地质采矿条件,采用概率积分模型和动态求参方法能得到矿区的沉陷参数。

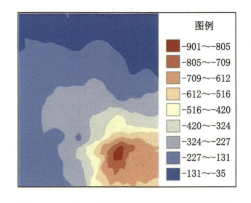

图例

■ -901～-805
■ -805～-709
■ -709～-612
■ -612～-516
■ -516～-420
■ -420～-324
■ -324～-227
■ -227～-131
■ -131～-35

图 3-23 首末两期数据获得的 DEM 相减

二、InSAR 矿区形变监测实例

（一）研究区概况

研究区域选择济宁城市规划区，面积约为 950 km²，包括任城区、兖州区，邹城市、曲阜市、嘉祥县的街道和部分乡镇。研究区内矿井众多，井田范围与城市规划区重叠面积约 559.36 km²。研究区的空间位置、范围和各矿井分布情况如图 3-24 所示。

（二）数据准备

研究区形变信息提取选用的 SAR 数据为 2018 年 9 月至 2019 年 3 月间的 14 期 Sentinel-1 影像，C 波段，地面分辨率为 5 m×20 m，相关参数如表 3-11 所示。Sentinel-1 影像的轨道参数需根据影像的成像时间下载，欧洲航天局提供了哨兵影像的 Precise Orbit Ephemerides（POD 精密定轨星历数据）。此外，为消除地形相位，外部 DEM 采用的是美国宇航局 SRTM3 数据。

（三）数据处理与形变解译过程

SAR 影像解译选用时序分析中的 SBAS 方法，主要处理流程第三节已经说明。本实例中 SBAS 地表形变解译采用的是 SARscape 软件。数据处理过程中参数设置如下：

① 连接图生成时，为充分利用影像数据，时间基线设置为 200 天，空间基线设置为临界基线的 10%；共连接成 91 个像对，其中时间基线最长为 180 天，空间基线最长为 178.49 m（平均 62.32 m）。

② 干涉处理过程中距离向与方位向的视数比设置为 4：1，影像配准利用精密轨道数据采用强度互相关算法，滤波方法选用自适应滤波法，解缠方法采用最小费用流法（相干性阈值设置为 0.3）。

③ 轨道精炼和重去平处理过程中，地面控制点选择相干性高、相位好的点，并且所选控制点位置的形变须为零。

④ 第一次解译反演选用较为稳定的线性模型。其余参数均选用 SARscape 处理 Sentinel-1 数据的推荐参数。最终解译的地表形变速率分布和各时间段内的地表垂直位移情况分别如图 3-25 和图 3-26 所示。

（四）精度评价

Sentinel-1 数据 SBAS 时序处理结果的精度是通过与相近时间段内的水准测量结果的比较进行评价的。项目组为评价 SBAS 解译结果的可靠性，在研究区内进行了水准测量工作。本次精度评定，以唐口煤矿和岱庄煤矿的 3 条观测线（TKL4 测线、TKL9 测线、DZL15 测线）的 95 个观测点的外业水准结果作为参考，以 10 m 范围内的高相干点的平均值作为 InSAR 形变监测结果。其中，唐口煤矿 TKL4 测线、TKL9 测线和岱庄煤矿 DZL15 测线水准实测时间段分别为 20190106-20190308、20181125-20190107、20181226-20190301；InSAR 监测时间段分别为 20190110-20190311、20181123-20190110、20181229-20190311。图 3-27 和表 3-12 为各测线的 InSAR 解译与水准测量的对比结果与统计情况。

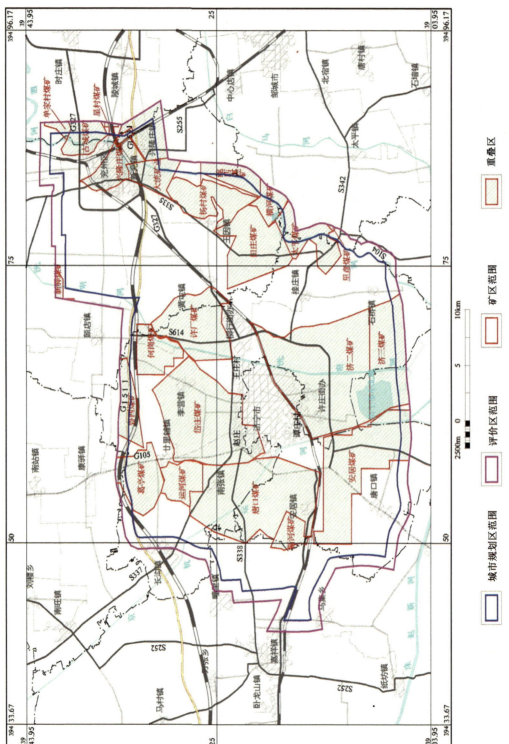

图3-24 济宁城市规划区空间位置、范围及矿井分布情况

表 3-11　济宁 Sentinel-1 影像数据相关参数

成像时间	数据类型	像元大小距离向×方位向
20180912、20180924、20181006、20181018 20181111、20181123、20181205、20181217 20181229、20190110、20190122、20190203 20190227、20190311	Sentinel-1(IW)	2.3 m×14.1 m

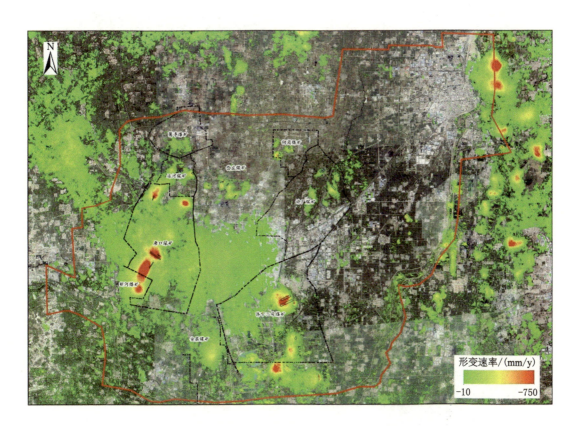

图 3-25　研究区地表形变速率分布图

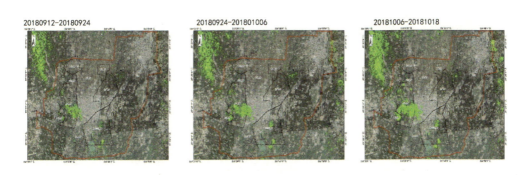

图 3-26　各时间段地表垂直沉降图

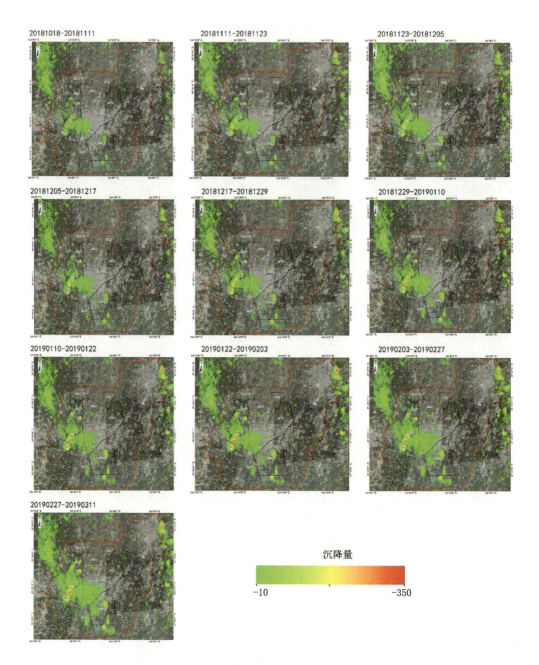

图 3-26 （续）

表 3-12 SBAS 地表形变解译精度统计表　　　　　　　　　　　　　单位:mm

测线名称	测点个数	最大差值	平均差值	中误差
TKL4	20	12.1	3.3	5.8
TKL9	30	3	1.0	1.4
DZL15	45	11.6	1.4	3.1

　　从图 3-27 中各测线 SBAS 解算结果与水准测量成果的对比情况可以看出：当地表形变在 InSAR 可探测的量级范围内时，两者在沉降的趋势上基本保持一致，具有较高的相关性。表 3-12 中的统计数据显示，TKL4、TKL9 和 DZL15 三条测线上两者最大差值分别为 12.1 mm、3 mm 和 11.6 mm，平均差值小于 3 mm；监测精度高，但所能监测的最大沉陷量有限。

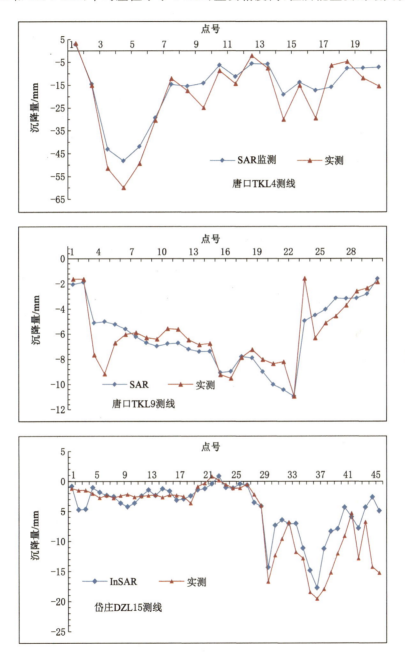

图 3-27　各时间段地表垂直沉降图

　　综合以上分析可以得到，SBAS 技术所监测的研究区沉陷盆地的状态、位置和沉陷量，均具有准确性和可靠性，监测结果有利于指导矿山地质环境调查工作高效、有针对性地开展。

第四章　矿区土地破坏监测

　　煤炭资源开发造成了土地资源的占用和破坏,使原土地的景观格局产生巨大的变化,引发一系列生态环境问题。遥感作为采集地表空间信息、探测其动态变化的现代对地观测技术,具有影像信息可回溯、信息量丰富、经济实时等特点,在矿区土地信息动态监测、质量评价与生态系统健康的诊断等方面发挥着重要作用,是矿区土地治理、矿产资源合理开发和矿山生态建设不可或缺的技术手段。本章在总结矿区土地破坏监测调查内容和总体技术路线的基础上,归纳构建矿区典型地物的遥感解译标志,利用遥感影像时空谱特征基于像元解混、变化矢量分析、卷积神经网络等方法检测矿区土地变化范围和变化类型信息,综合遥感影像判译结果和其他地理数据获取监测区内的变化图斑,通过人机交互提取土地破坏信息,为矿区可持续发展提供数据支持。

第一节　概　　述

一、矿区土地破坏监测调查内容

　　矿区土地破坏监测调查的主要内容,如图 4-1 所示,包括矿区开发利用信息、矿区地质环境信息和矿产资源规划执行情况三个方面(杨金中 等,2011)。矿区土地破坏监测是通过国土部门、地质部门、矿产资源监管部门和企业调研获取矿区调查数据,辅以遥感数据,利用机器学习等方法提取矿区土地利用/覆盖变化信息,为矿区复垦工程决策和复垦开发管理提供数据支持,以实现矿产资源开发、土地利用与环境保护的协调发展。

1. 矿区开发利用信息

　　矿区开发利用信息包括矿区开采状态和矿区开发秩序,其中,矿区开采状态包括"正在开采"、"临时关闭"、"关闭废弃"等三个阶段,矿区开发秩序是调查判定矿区是否存在无证开采、越界开采等情况。传统的矿区开发利用信息调查主要通过国土资源部门逐级统计上报和群众举报的形式,数据时效性差,工作效率低,尤其在矿产资源丰富、开采点多的地区,难以对矿产资源的开发利用实施有效监管。

　　随着遥感技术的快速发展,遥感技术在矿区开发利用调查领域中得到了广泛应用。如通过遥感技术监测矿区越界开采区域(图 4-2),能够准确、直观地掌握矿区矿产资源开发利用情况。2002 年美国政府成立专门小组来开发可用于探测旧矿山的遥感地球物理探测技术,以观测俄亥俄州煤矿附近的废弃矿山(Gochioco et al.,2008);夏乐(2008)通过对 Landsat ETM＋、TM 等遥感影像的处理与增强,对湖南郴州苏仙区的柿竹园矿区进行开采类型的信息提取,最终结合矿权资料掌握了该区域的矿山开采情况,确定了无证违法开采的面积和位置;岳建伟等(2008)采用 IHS 彩色变换并利用遥感数据提取矿区变化区域,将变化区域与土地利用现状矢量数据和采矿权登记矢量数据相叠加,结合地理信息系统(geo-

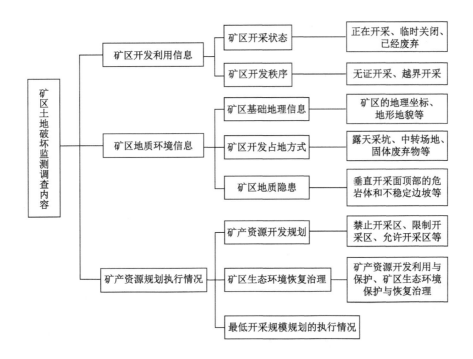

图 4-1　矿区土地破坏监测调查内容

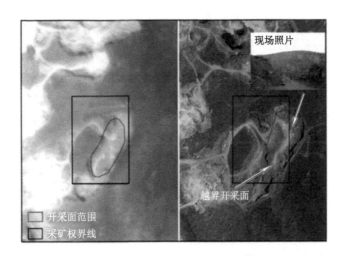

图 4-2　遥感影像矿区越界开采区域监测(汪燕 等,2017)

graphic information system,GIS)的叠加分析功能,实现了违法采矿信息的自动提取;康高峰等(2008)以我国中部煤炭开采密集区为试验区,选择不同分辨率的遥感数据,对矿山开采状况进行遥感解译,以 GIS 技术为支撑实现矿权数据、规划数据图层与遥感专题数据的叠加分析和相关分析,判断非法与越界矿山,评价矿产资源开发情况;王娟等(2014)利用 SPOT 和 IKONOS 数据在甘肃省重点矿区开展矿山开发遥感调查与监测工作,确定了矿产资源开发秩序不规范的区域、违规矿种和违规类型;赵家乐等(2019)采用高分二号影像对甘肃省多个煤矿区进行监测,通过人工交互解译结果,结合批准的采矿界限,发现矿区疑似越界开采痕迹。

2. 矿区地质环境信息

矿区地质环境信息除了调查因采矿引发的地表沉陷等地质灾害外,还包括矿区基础地理信息、矿区开发占地方式、矿区地质隐患等信息。矿区基础地理信息指矿区的地理坐标、地形地貌等,用于确定煤矿资源开采点的分布位置、矿区地质环境背景等。矿区开发占地类型有露天采坑、中转场地、固体废弃物等,压占土地的矿渣在雨水的冲刷下稳定性差,存在一些隐患。如图4-3所示,露天开采破坏了山体表面原有的植被,导致了大面积山体裸露,改变了原有的地形地貌及周围的地质环境,增加了山体滑坡等地质灾害隐患。图4-4为矿区地质隐患的遥感影像和实体拍摄对照图,矿山地质环境隐患主要表现为垂直开采面顶部的危岩体和不稳定边坡的威胁,对矿区开采安全、水利和交通有不同程度的影响。

图4-3　矿区地形地貌破坏的遥感影像　　　　　图4-4　矿区地质隐患的遥感影像
和实地拍摄对照图(康日斐,2017)　　　　　和实体拍摄对照图(康日斐,2017)

遥感技术已广泛应用于矿区地质环境信息提取。Cloutis(1996)利用高光谱遥感技术对德国 Ruhrgebirt 地区地下采煤造成的地质环境破坏进行了评估,获得了研究区发生土地破坏的地理位置;马小计等(2006)采用 Landsat 和 SPOT 遥感数据,查明了抚顺煤矿现有的地质灾害类型、数量及其表现形式;何芳等(2018)为揭示木里煤矿开采对生态环境的破坏程度,通过 2010 年和 2013 年两期高分辨遥感影像监测,提取了矿区地形地貌景观和土地资源占压与破坏严重等信息;李珊珊(2019)通过融合高分二号遥感卫星数据,实现了矿山开发占地信息的快速提取;郭栋(2019)对宁武煤矿进行持续调查,监测了 2011—2014 年间的矿山地质灾害状况,并提出了相应的防治措施。

3. 矿产资源规划执行情况

矿产资源规划执行情况主要包括矿产资源开发规划、矿区生态环境恢复治理和最低开采规模规划的执行情况。矿产资源开发利用规划分为禁止开采区、限制开采区、允许开采区等,对照矿产资源开发利用规划分区界限,利用遥感技术可调查矿产资源开发利用与保护。如 Gunn 等(2008)利用热红外影像的参数差异确定了几个潜在的废弃矿井位置,指导了旧矿区的规划建设;杨金中等(2015)通过对历年遥感调查与监测成果的综合研究,揭示了全国重点矿区的矿产资源开发状况、矿产资源规划执行情况等诸方面的规律。

　　利用遥感技术监测可指导矿区生态环境保护和恢复治理。刘美玲(2006)利用 Landsat 卫星数据和 GIS 技术对矿区生态环境状况进行监测和评价分析,了解矿区环境影响的现状,提高矿区环境治理的现代化水平;汪金花等(2007)通过选取唐山地区 2001 年 Landsat 卫星数据与 2006 年 CBERS 卫星数据对唐山市矿山环境进行监测,为矿山资源管理规划和决策提供依据;赵安文等(2020)通过对矿区地质环境问题的分析,结合已有矿区地质环境监测治理体系建设,根据恢复治理前后变化信息的监测识别结果,提供管理部门监管和决策支持。图 4-5 是矿区环境恢复治理的遥感影像图,表明土地复垦使山体植被覆盖率增加,山体的生态环境得到一定程度的修复(方彦奇,2018)。

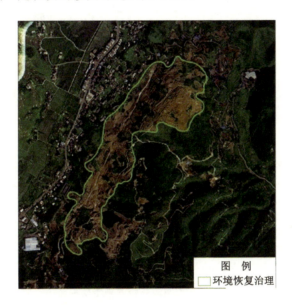

图 4-5　矿区环境恢复治理遥感影像图(方彦奇,2018)

二、矿区土地破坏监测总体技术路线

　　矿区土地破坏监测包括基础资料收集整理、影像数据预处理、信息提取、外业验证、成果图编制和成果数据入库等环节(杨金中 等,2011),将遥感影像与 GIS 等数据相结合,提取土地破坏信息,对结果进行精度评估和分析,并综合应用于实际工作中去,见图 4-6。其中,信息提取是矿区土地破坏监测中的关键内容。本章主要基于遥感影像对此部分做详细论述。

　　(一)基础资料收集整理

　　数据收集是开展整个矿区土地破坏监测的基础。数据收集的质量好坏与完整程度直接关系到后续工作能否顺利完成。基础资料主要包括遥感影像数据、地形数据、基础地理数据(道路、河流、居民地等)和矿业数据(矿权、矿山占地等)等(杨晓飞,2014)。

　　1. 遥感影像数据

　　卫星遥感是采集地球数据信息的重要技术手段,具有无国界限制、覆盖面积广、观测具

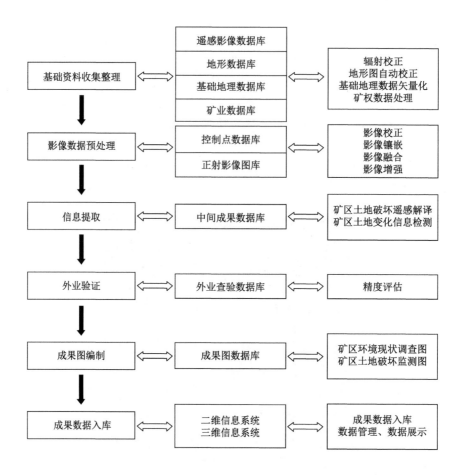

图 4-6　矿区土地破坏监测总体技术路线

有周期性、数据客观等诸多特点,其获取的遥感影像数据具备高空间分辨率、高时间分辨率、高光谱分辨率和高辐射分辨率"四高"的特征。目前常用的国外遥感数据有:美国的 Landsat、QuickBird、WorldView 及欧洲的 Sentinel、SPOT 等卫星遥感数据。近些年,我国影像传感器技术和航空航天技术迅猛发展,已经走到了世界先进行列,获取的遥感数据有:高分卫星数据、资源卫星数据、"北京二号"、"吉林一号"等(赵忠明 等,2019)。针对矿区土地破坏监测工作的需求及各种数据源的影像识别性能优势、价格优势、采集能力优势等,可选用多平台、多分辨率的遥感影像数据,遥感影像一般应无云覆盖、无云影,影像清晰、反差适中,符合数据质量要求。

2. 地形数据

地形指地表以上分布的固定性物体共同呈现出的高低起伏的各种状态。地形数据广泛应用于遥感影像的正射变换并且用来辅助地物的判断,主要包括地形图和数字高程模型(digital elevation model,DEM)数据。地形图是将地面上的地物和地貌按水平投影的方法(沿铅垂线方向投影到水平面上),按一定的比例尺缩绘到投影面上的地图。地形图有纸质图和电子地形图之分,考虑到纸质图清绘和线条宽度带来的误差,通常使用电子地形图。DEM 是描述地表起伏形态特征的空间数据模型,是由地面规则格网点的高程值构成矩阵而形成的栅格结构数据集,主要用以消除正射校正中地形起伏带给影像数据的畸变。实际工作中 DEM 的获取主要有两种途径:一是运用 GIS 软件(如 MapGIS、ArcGIS),对等高线矢量数据进行三维分析,通过内插高程点的方法生成 DEM,自动化程度高,但受到等高线资料测绘年份的限制;二是利用遥感影像立体像对进行立体量测提取 DEM,解决了现势性的问题,但还需要进行坐标系统的匹配。

3. 基础地理数据

基础地理数据包括道路、水体、居民地等各种形式的矢量数据,可通过数字地形图、数字线划地图或者通过遥感影像解译得到。基础地理数据的时效性很强,道路的修建、水体的季节性涨缩、居民地的拆迁重建等在不同时间分布差异不同,准确掌握前后两期影像的基础地理数据分布可以大大提高矿区土地变化信息检测的准确性。实际研究中应尽可能采用时效性良好的基础地理数据,必要时通过影像数据解译获得。

4. 矿业数据

矿业数据主要包括研究区两个时期的矿权、矿点分布、矿山占地情况等。矿权数据包括工作区矿山所有权、探矿权、采矿权以及不同矿点在不同时间的矿界分布等,在矿山土地变化检测以及判定是否违法过程中具有极其重要的作用。矿点、矿界以及矿山占地的分布随时间的变化很大,不同时期遥感影像上矿点的数量、矿界的范围等都有所不同。矿权数据应匹配当前工作的两个时期,圈定工作区内重点监测区,并从矿权数据中提取范围内矿山企业的主要活动方式和可能造成的矿山环境问题。

(二)影像数据预处理

遥感影像在成像过程中受到自身及外界各种因素的影响,很难精确记录地表地物波谱信息,获得的遥感影像会产生几何形变,像元灰度值与实际地物的光谱反射率或光谱辐射程度不一致,导致影像失真,降低了数据质量而影响信息提取。因此在矿区土地破坏遥感信息提取之前,须选择合理的影像处理方法进行影像预处理。

1. 影像校正

对于一幅遥感影像,在数字成像过程中,目标地物的实际坐标在遥感影像上产生位置变形,需要通过正射校正,在考虑位置、高程和传感器信息的前提下对影像进行拉伸,减小由于地形引起的几何误差,以使其符合地图的空间准确性。对于同一监测区的不同时相的遥感影像,通常先对其进行正射校正(张过 等,2010),以一个时相的遥感影像为基准,采用人工选择控制点方法,对另一时相的遥感影像进行配准,使其具有统一的空间参考系统。配准后的遥感影像一般地区中误差不大于 2~3 个像元,地形起伏较大区域不大于 4~6 个像元(李学渊,2015)。对于同一监测区两个时期的遥感影像,同一地物应表现为相近的色彩特征(像元亮度值),需要通过辐射匹配减小两景影像上相同地物之间的辐射差异,矿山土地破坏监测过程中主要采用相对辐射校正,可以通过线性拟合法、直方图匹配等方法来实现。

2. 影像镶嵌

当监测区范围较大,单景遥感影像难以覆盖整个区域,就需要按照监测区的实际范围,将多景数据镶嵌成一幅完整影像,通过匀色处理减弱不同景影像接缝线处的颜色差异。镶嵌数据色彩平衡提供了匀光、直方图和标准差三种方法(薛白,2019),匀光平衡法将参照目标颜色更改为当前影像的每个像元值,使影像均匀过渡到目标颜色;直方图平衡法基于镶嵌数据集自动计算目标直方图或者指定目标栅格,根据结果直方图更改镶嵌部分像元值;标准差平衡法通过计算镶嵌数据集或者目标栅格自动计算标准差值,以结果标准差值更改镶嵌部分像元值。多景影像色彩平衡符合工作需求时在影像重叠区域定义羽化值后生成接缝线,处理完成后导出结果影像。

3. 影像融合

影像融合是按照一定的规则和运算方法,把在空间或时间上冗余或互补的多源数据进行合成,生成具有新的空间特征、波谱特征和时间特征的综合影像。融合影像具有更丰富的信息,且更加强调信息的优化,消除抑制冗余信息,突出专题信息,极大改善影像的可读性,降低解译难度和模糊性,提高分类精度。常用的影像融合方法主要包括三类:彩色技术、影像变换和数学运算(郝利娜,2013)。融合的内容主要为多光谱影像与全色波段影像之间的融合,在相近时相有多景数据源时,也会进行不同传感器之间的融合。

4. 影像增强

遥感影像成像时由于光照条件、地物间辐射差异等各种原因,造成大部分像元的亮度集中于较窄区间,遥感影像反差较小,色调单一。为了更好地进行信息提取,需对其进行影像增强处理,主要包括色彩掩膜、直方图均衡、边界提取、空间滤波等多种方法,通过影像增强生成色调均匀、层次丰富、反差适中的遥感影像,从而达到遥感解译要求。

(三)信息提取

矿区土地破坏信息提取主要包括遥感解译和土地变化信息检测(康日斐,2017)。对于监测区的土地变化检测工作,往往缺乏监测区当年的矢量解译成果。因此,在进行变化检测之前首先应确定变化检测目标物,基于最新遥感影像数据建立相应的解译标志进行遥感解译,并通过野外验证解译图斑正确性,最大程度减小目视解译造成的信息误差。遥感影像解译是一项综合性极强的工作,解译过程应充分利用资料收集阶段获取的监测区矿产资源、矿点、矿权的分布情况以及前期相关工作成果,必要时可以借助三维地形显示进行目标物的判别。矿区地物的解译工作主要针对露天采场、中转场地、废渣堆、煤矸石等面状地物进行,做到"全区覆盖,重点排查矿区附近"的解译程度。矿区土地变化信息的检测主要集中在基于光谱特征、空间关系与知识的自动识别和提取等方面,特别是利用人类认知、计算机视觉等智能理论进行。在完成变化检测工作之后,结合得到的解译结果、基础地理数据以及矿业数据进行变化筛选工作,进而提取土地破坏信息。

(四)外业验证

外业验证是验证信息提取的可靠性,实地核查有疑问的信息、补充遗漏的信息、修改错提信息的重要环节,也是提高影像解译精度和质量的可靠途径。由于遥感解译建立在影像基础之上,虽然参考解译标志并结合多重资料可以保证解译精度,但影像特征与实际地物存在一定差异,且实际矿山地物复杂多变,难免出现解译误差或者地物类型难以确定的情况,对于难以确定的矿山地物,需要通过实地调查进行属性填补,最大程度地保证作业精度。在外业验证中,野外检查图斑须涵盖所有地物类型。按照《矿山遥感调查与监测技术标准》中相关规定,野外实地调查图斑量不小于解译图斑总量的10%;有疑问的图斑100%进行检查;所有界外开采图斑进行100%的野外检查工作。

(五)成果图编制

矿区土地破坏监测成果表达按照《矿山遥感调查与监测技术标准》生成监测成果图件,

主要包括矿区环境现状调查图、矿区土地破坏监测图两部分。矿区环境现状调查图编制将处理好的遥感影像图作为底图,叠加矿区采矿权界限、矿业活动情况、疑似变化违法图斑、行政界限及各类注记,在图廓外放置"矿区环境开发状况遥感调查统计表";矿区土地破坏监测图编制将处理好的遥感影像图作为底图,叠加矿区采矿权界限、矿业活动情况、变化图斑、行政界限及各类注记,在图廓外放置"矿区土地破坏遥感监测统计表"。此外,还应制作结合道路、居民地等各种 GIS 数据规划出的覆盖疑似图斑的野外验证路线图。

（六）成果数据入库

在成果提交前,组织专家对成果内容进行质量检查,检查合格后,对所有矢量成果及遥感影像图、成果图件、报表、成果报告进行入库,建立信息系统,形成一套完整的矿区土地破坏监测成果数据检查、数据入库、数据管理、数据展示的信息化工作流程。信息系统可实现海量调查与监测成果的快速查询浏览、可视化表达和应用分析,通过对监测成果的空间分析和数据挖掘,为矿山环境恢复治理、矿产资源规划管理、矿业秩序整顿等提供辅助决策工具。

三、矿区土地破坏信息提取

遥感影像的空间特征包括影像中目标的大小、形状、纹理结构、位置、空间排列以及阴影等,根据影像特征建立矿区地物的解译标志,基于解译标志进行遥感解译。利用光谱特征、空间关系自动识别和检测矿区的土地变化信息,结合得到的解译结果与其他地理数据进行变化筛选工作,获取监测区内与矿山活动相关的变化图斑,通过人机交互解译的方式进行图斑的识别与归类,进而提取土地破坏信息。

（一）矿区土地利用类型与特征

按照《土地利用现状调查技术规程》和《土地利用现状分类》(GB/T 21010—2017)规定,结合矿区地物影像特性及土地覆盖区域的特征,对矿区土地利用类型进行划分,遥感影像特征如表 4-1 所示。

表 4-1　矿区土地利用类型遥感影像特征(张芸,2016;安鑫 等,2016)

土地利用类型	特征描述	遥感影像
耕地	呈深绿色、灰绿色、灰黄色,规则块状分布,纹理细腻,主要分布在河流阶地、固定沙丘和覆沙黄土梁上	
林地	呈深绿色、灰绿色,不规则片状分布,斑块面积大,纹理较粗糙,多分布在半流动、半固定沙地上	

表 4-1(续)

土地利用类型	特征描述	
草地	呈灰绿色,纹理均匀平滑,颗粒状和斑点状在其间零星分布	
工业用地	总体上呈灰白色,具蓝色、白色色斑,可见形态规则及不规则的建筑物形状,片状分布	
采矿用地	总体上呈灰黑色,间杂蓝色、白色斑块,边界形态清晰,片状分布	
住宅用地	呈灰白色、灰黄色,有蓝色色斑,可见不规则分布的格状房屋,分布密集	
水体	呈绿色或深蓝色,边界清晰,纹理光滑	
未利用土地	呈黄褐色,空闲地表面较平整,地表植被较少,沙地可见链状沙丘	

（二）矿区开发占地类型解译标志

采矿用地中的矿区开发占地类型主要包括矿山开采场地、中转场地、固体废弃物。目前，矿区遥感监测工作主要使用中、高分辨率遥感数据，各类矿区地物识别标志如下（杨金中 等，2011）。

1. 矿山开采场地

（1）露天采场

露天开采方式主要应用于埋藏较浅的煤炭资源开采，全国有 5% 的煤矿采用露天开采方式进行开采。如图 4-7 所示，露天采场占地面积一般较大，多沿矿脉延伸方向展布，呈负地形，常为深色调；人为活动与地貌破坏明显，边部阶梯状剥离台阶发育；露天采场物质成分以煤炭采掘剥离的泥土为主、部分夹杂岩石，采场内无植被；开采面一般会与一条或多条简易道路连接，这些道路直通选矿厂或废弃物堆放处；采场周边常伴有其他矿业设施。

图 4-7　露天采场

（2）硐口

开采硐口指煤矿地下采场中从地面直达矿脉的巷道的出口。如图 4-8 所示，因在地下所以可以利用的地表色调、形态特征较少，且一般工作区植被发育导致硐口隐蔽，监测硐口位置有一定的难度。但因有开采活动，所以地貌有明显的人为搅动迹象，与周边原生地貌形成明显对比，即采矿用道路发育、附近沟壑有弃石与废渣堆积、不远处常有选矿厂或尾矿库等标志。较大型的矿山大多选择就地建选矿厂，选矿厂和硐口之间有小的运矿铁轨相连，因此可根据轨道、运矿车、选矿厂等确定采矿硐口的位置。小型矿山只有小工棚、矿山道路及手推车通过的道路可以作为标志。

图 4-8　硐口（高永志，2012）

（3）矿山开发状态判断

如图 4-9 所示，正在开采的矿山植被破坏较为严重，矿山道路完好，道路使用迹象明显，呈现深色调；已经关闭的煤矿常为浅灰色，矿坑内有积水，矿坑周边有植被覆盖。

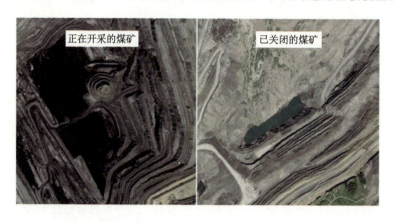

图 4-9　矿山开发状态对比

2．中转场地

（1）选煤厂

选煤厂是对煤炭进行分选，除去原煤中的矿物杂质，把它分成不同规格产品的煤炭加工厂。选煤厂多靠近采场修建，位于地势平坦处或沿山坡阶梯式排列。常呈现工矿企业的影像特征，如图 4-10 所示，选煤厂结构简单，周边多有建筑和设备，场地内堆放的煤堆在影像上呈斑块状。

（2）煤堆

选煤厂加工后将煤整体堆放在固定地点，以便于运输。如图 4-11 所示，在影像上煤堆为明显的深黑色调，通常堆放整齐，且与道路相通。

图 4-10　选煤厂

图 4-11　煤堆

3．固体废弃物

（1）排土场

排土场又称废石场,指矿山采矿中排弃物集中堆放的场所,一般分布于采场附近,规模较大;地下开采的固体废弃物一般位于硐口附近,规模相对较小。如图 4-12 所示,影像上色调通常较亮,堆积范围集中,与周围植被边界明显;面积大,具有明显的扇形或阶梯特征,边缘呈放射状。常与采场或采坑相伴而生,堆积物大小不等,有明显粗颗粒,上有盘旋的道路。

（2）煤矸石堆

煤矸石堆是指选煤厂集中堆放煤矸石等固体废物的场所,多位于丘陵或平原的煤矿区。煤矸石是采煤过程和洗煤过程中排放的固体废物,在成煤过程中与煤层伴生的一种含碳量较低、比煤坚硬的黑灰色岩石。如图 4-13 所示,影像上煤矸石堆色调呈黑灰色,形状特征为圆形斑块或不规则状斑块。

图 4-12　排土场

图 4-13　煤矸石堆

（三）矿区土地破坏监测

在建立矿区土地破坏遥感影像的解译标志后,需要对矿区土地变化信息进行检测,从而监测矿区土地的破坏程度和破坏类型。

1. 矿区土地变化检测方法

目前,针对遥感影像变化检测已经提出了大量方法,变化检测方法的演化史就是对地观测技术、信息技术、人工智能等的发展史,图 4-14 为变化检测方法发展的时间脉络图。

变化检测有多种分类方式。早期的学者将变化检测分为直接比较法和分类后比较法(Singh,1989),其后有学者根据变化检测分析粒度把变化检测分为像元级、对象级和场景级(眭海刚 等,2018),此外,变化检测还可分成基于机器学习的方法和基于深度学习的方法(季顺平 等,2020)。由于使用的数据源、应用领域、精度要求等不同,还没有一个统一的类型划分方案。本章结合遥感技术、IT 技术和人工智能的发展历程对土地变化检测方法进行分类并用于矿区土地破坏监测,如图 4-15 所示,主要包括基于像元解混、基于传统方法和基于深度学习的土地变化检测方法。早期的遥感影像分辨率较低,主要基于像元解混进行土地变化检测,通过提取矿区遥感影像中各类地物的真实组分信息,从而提高土地利用变化检测与分析的准确性。随着遥感影像分辨率的提高以及 IT 技术的发展,变化检测技术逐步成熟,相比基于像元解混的土地变化检测方法,在矿区土地变化检测中检测效率和检测

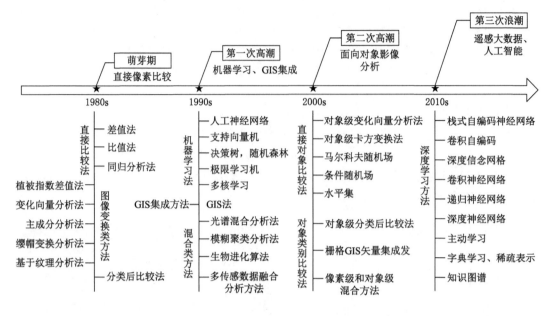

图 4-14 变化检测方法发展的时间脉络图(眭海刚 等,2018)

精度都得到了提高,但人工参与较多,检测出伪变化区域的可能性较大。2012 年,深度学习的方法在 ImageNet 挑战赛中夺得第一,此后,深度学习在变化检测领域得到广泛应用和发展。深度学习网络可以自动地学习矿区遥感影像中的深度变化特征,克服了传统变化检测方法中鲁棒性较差、特征提取能力有限等缺点。基于深度学习的方法需要大量的样本作为训练集,以训练卷积神经网络学习影像变化特征,从而使得卷积神经网络具有变化信息提取能力,当训练样本不充分时,就很难达到理想的检测效果。

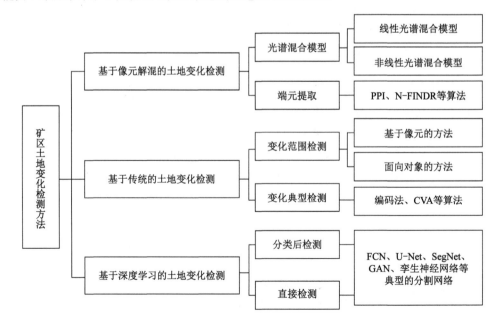

图 4-15 矿区土地变化检测方法

2. 矿区土地变化检测精度评定

为了评定遥感影像矿区土地变化检测结果的可靠性,下面对遥感影像变化检测中常用到的精度评价指标以及语义分割中常用的结果评定指标进行介绍。

将得到的变化检测结果和人工目视解译得到的变化参考影像进行比较,计算各类别的变化和未变化的数量,统计得到变化检测混淆矩阵,通过混淆矩阵进而计算其他精度评定指标,如表 4-2 所示。其中 TP(true positive)表示目视解译的变化参考影像中标签为 1(变化像元)、算法预测结果的标签也为 1 的像元个数,即变化像元被正确预测的个数;FP(false positive)表示参考影像中标签为 0(未变化像元)、算法预测结果的标签为 1 的像元个数,即把未变化像元误预测为变化像元的个数;FN(false negative)表示参考影像中标签为 1、算法预测结果的标签为 0 的个数,即变化像元误预测为未变化像元的个数;TN(true negative)表示参考影像中的标签为 0,算法预测结果的标签也为 0 的个数,即未变化像元被正确预测的个数。根据统计的混淆矩阵表可以计算变化检测的总体精度(overall accuracy,OA)、Kappa 系数、漏检率和误检率等精度指标。

表 4-2　混淆矩阵

预测类别	真实类别	
	1	0
1	TP	FP
0	FN	TN

根据统计得到的混淆矩阵中的数据,评定变化检测结果的精度指标的公式如下:
① 正确检测像元数(correct cell,CC):
$$CC = TP + TN \tag{4-1}$$
② 错误检测像元数(error cell,EC):
$$EC = FP + FN \tag{4-2}$$
③ 错检率(false positive rate,FPR):
$$FPR = \frac{FP}{TP + FP} \tag{4-3}$$
④ 漏检率(false negative rate,FNR):
$$FNR = \frac{FN}{TP + FN} \tag{4-4}$$
⑤ 分类精度(classification accuracy,CA):
$$CA = \frac{TP + TN}{TP + FP + FN + TN} \tag{4-5}$$
⑥ Kappa 系数(Kappa coefficient,KC):
$$KC = \frac{CA - PRE}{1 - PRE} \tag{4-6}$$
其中:
$$PRE = \frac{(TP + FP) \cdot (TP + FN)}{(TP + TN + FP + FN)^2} + \frac{(FN + TN) \cdot (FP + TN)}{(TP + TN + FP + FN)^2} \tag{4-7}$$

此外,ROC(receiver operating characteristic)曲线和 AUC(area under curve)值常被用来评价二值变化检测方法的检测性能。ROC 曲线是一种通过遍历不同大小的阈值,获取不同阈值下的误检率绘制出的曲线,不受阈值方法的影响,能够直观地评定检测结果的精度,曲线离左上角越近,检测能力越强。AUC 值被定义为 ROC 曲线下的面积,介于 0.5~1.0 之间,值越大表示检测效果越好,是变化检测能力的定量评价指标。

第二节　基于像元解混的矿区土地破坏监测

遥感影像是传感器对地面反射或发射光谱信号的记录,其基本单元为像元。由于卫星传感器分辨率的限制和细小地物的存在,多个不同类型的地物可能同时出现在一个像元内,即形成了混合像元,此时像元记录的是所对应不同地物光谱响应特征的综合,混合像元的形成过程如图 4-16 所示。组成混合像元的纯净地物被称为终端单元(端元),各端元占单个像元的面积比例称为丰度(赵英时,2003)。

早期的遥感影像分辨率较低,矿区遥感影像中存在着大量的混合像元,矿区内塌陷地、土地占用等的分布位置、分布范围不一,且土地破坏类型多样,一个像元内可能同时包含多种地物类别,若简单地将混合像元判别归属于某一地物类别进行土地利用变化信息检测,势必会影响检测精度,故有必要借助像元解混技术,根据应用需求选择合适的光谱混合模型和端元提取算法,通过特定的数学方法(如最小二乘法)进行丰度反演,提取矿区遥感影像中各类地物的真实组分信息,从而提高矿区土地破坏监测的准确性。

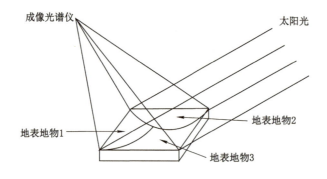

图 4-16　混合像元形成示意图(王奇琪,2015)

一、光谱混合模型

混合像元的存在对遥感应用的精度有较大影响,解决混合像元问题的根本途径是根据地物的辐射传输特性,确定光谱混合模型的数学表达形式。通常,模型建立的依据为:像元的反射率可以表示为端元组分的光谱特征与其丰度的函数;在某些情况下,表示为端元组分的光谱特征和其他地面参数的函数(吕长春 等,2003)。光谱混合模型主要分为线性光谱混合模型和非线性光谱混合模型两类(陈晋 等,2016)。

(一)线性光谱混合模型

线性光谱混合模型(linear spectral mixture model,LSMM)(Zhukov et al.,1999)忽略

地物间多次散射,假设太阳入射辐射只与一种地物表面发生作用,将像元在某一波段的光谱反射率表示为一系列端元反射率与其各自丰度的线性组合,原理如图 4-17 所示。

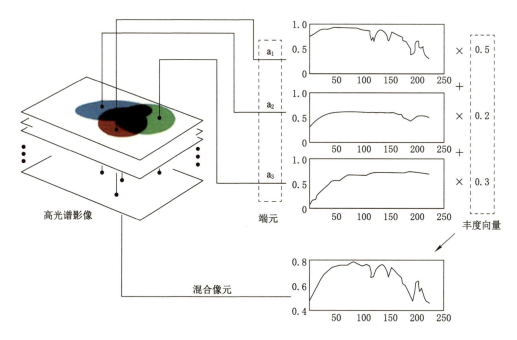

图 4-17 线性光谱混合模型(王奇琪,2015)

因此,遥感影像中第 i 个像元的反射率 X_i 可表示为:

$$X_i = \sum_{k=1}^{M} p_{ik} e_k + \varepsilon_i \tag{4-8}$$

式中 M——端元组分数,$M \leqslant$ 波段数 $N_{\text{Bands}} + 1$,$k = 1, 2, 3, \cdots, M$;

  p_{ik}——第 i 个像元中第 k 个端元组分的丰度;

  X_i——混合像元的光谱反射率向量表示;

  e_k——第 k 个端元的光谱反射率向量表示;

  ε_i——误差项。

为保证求解结果不失物理意义,通常要附加三个约束条件:一是非负约束,即每个端元的丰度一定大于 0;二是范围约束,即每个端元的丰度范围在 0~1 之间,0 代表没有端元分布,1 代表该像元完全由该组分覆盖(此时为纯净像元);三是完全约束,即各端元丰度值相加和为 1,即

$$\sum_{k=1}^{N} p_{ik} = 1, 0 \leqslant p_{ik} \leqslant 1 \tag{4-9}$$

一般情况下,利用最小二乘法来求解各组分在混合像元中的比例,并采用均方根误差(root mean square error,RMSE)指标来评价模型的拟合优度。

$$\text{RMSE} = \sqrt{\frac{\sum_{j=1}^{N_{\text{Bands}}} (\varepsilon_i)}{N_{\text{Bands}}}} \tag{4-10}$$

LSMM 模型计算结果表现为各端元的分量值（影像）和 RMSE 表示的残差图。由于 LSMM 模型具有一定的理论依据、实验验证基础和一定的精度保证，且操作运算较简单、便利，因而被广泛应用。

（二）非线性光谱混合模型

考虑到端元间的多次散射，学者们提出了多种非线性光谱混合模型，包括概率模型、几何光学模型、模糊模型、随机几何模型、神经网络模型。

1. 概率模型

概率模型（probabilistic model）通常用于描述遥感影像中的像元值或像元之间的关系（Horwitz et al. ,1971;Marsh et al. ,1980）。假设混合像元 A 的端元为 X、Y，那么端元 Y 在 A 中所占的面积比例：

$$p_Y = 0.5 + 0.5 \frac{d(A,X) - d(A,Y)}{d(X,Y)} \tag{4-11}$$

式中　$d(A,X),d(A,Y)$——混合像元 A 与端元 X、Y 之间的马氏距离；

　　　$d(X,Y)$——X、Y 之间的马氏距离。

$$d(A,X) = (A-X)^T \left(\sum X\right)^{-1} (A-X) \tag{4-12}$$

其中，$\sum X$ 为端元 X 的协方差矩阵。

若 $p_Y < 0$，则取 $p_Y = 0$；若 $p_Y > 1$，则取 $p_Y = 1$。该模型非常简单，且没有复杂的参数需要调整计算，但是该模型仅适用于两种地物混合的情况。在实际的遥感影像中，常常存在多种地物混合的情况，该概率模型则不适用，可以借助概率生成模型等方法计算求解各端元在像元中的面积比例。

2. 几何光学模型

几何光学模型（geometric optical model）适用于植被覆盖地区，其将地面看作是由树及其投影的阴影组成的（Strahler et al. ,1984）。把地面分成四种状态：光照植被面（C）、阴影植被面（T）、光照背景面（G）、阴影背景面（Z），像元的反射率则可以表示为：

$$R = (A_C R_C + A_T R_T + A_G R_G + A_Z R_Z)/A \tag{4-13}$$

式中　R_C,R_T,R_G,R_Z——四个基本组分的反射率；

　　　A_C,A_T,A_G,A_Z——不同类型四个基本组分在像元中所占面积；

　　　A——像元的面积。

在几何光学模型中计算像元反射率时需要计算每种状态所占的面积，主要取决于树冠的形状和尺寸、树的高度、树的密度、地面坡度、太阳入射方向以及观测方向。在实际应用中需对模型进行简化，树冠的形状常被假设为相近的固定几何形状，树在像元里和像元间的分布符合泊松分布；树的高度的分布函数是已知的。

3. 模糊模型

模糊模型建立在模糊集合理论的基础上（Kent et al. ,1988;Wang,1990），把一个像元同时和多个类别联系起来，用 0-1 的值来表示该像元和多个类别之间的相关程度，划分混合像元属于哪一类地物（王奇琪,2015）。其基本原理是将各种地物类别看成模糊集合，像元为模糊集合的元素，每一像元均与一组隶属度值相对应，隶属度也就代表了像元中所含此种地物类别的面积百分比。根据聚类像元或样本像元计算各地物类别的模糊均值向量和模糊协方差矩阵。令 N_{Bands} 为遥感影像的波段数，X_i 为第 i 个像元属性值的列向量表示，计算待判定像元 i 属于第 j 类地物的隶属度 p_{ik} 为：

$$p_{ik} = \frac{f_k^*(X_i)}{\sum\limits_{j=1}^{M} f_j^*(X_i)} \tag{4-14}$$

其中，$f_k^*(X_i)$ 的计算公式如下：

$$f_k^*(X_i) = \frac{1}{(2\pi)^{N_{Bands}/2} |\Sigma_k^*|^{1/2}} \exp\left[-\frac{1}{2}(X_i - \mu_k^*)^T \Sigma_k^{*-1}(X_i - \mu_k^*)\right] \tag{4-15}$$

则各地物类别的模糊均值向量 μ_k^* 为：

$$\mu_k^* = \frac{\sum\limits_{i=1}^{N} p_{ik} X_i}{\sum\limits_{i=1}^{N} p_{ik}} \tag{4-16}$$

模糊协方差矩阵计算公式 Σ_k^* 为：

$$\Sigma_k^* = \frac{\sum\limits_{i=1}^{N} p_{ik}(X_i - \mu_k^*)(X_i - \mu_k^*)^T}{\sum\limits_{i=1}^{N} p_{ik}} \tag{4-17}$$

4. 随机几何模型

随机几何模型（stochastic geometric model）与几何光学模型相类似，亦是将地面分成光照植被面（C）、阴影植被面（T）、光照背景面（G）、阴影背景面（Z）四种状态，像元反射率同样表示为四种状态的面积权重的线性组合（Jasinski et al.，1989），即：

$$R(\lambda, X) = \sum_i f_i(X) R_i(\lambda, X) \tag{4-18}$$

$$\sum_i f_i(X) = 1 \tag{4-19}$$

式中，λ 为波长，X 为像元中心位置的坐标；$R_i(\lambda, X)$ 为第 i 类地面状态的平均反射率，$f_i(x)$ 为第 i 类组分在 X 位置的面积百分比，$i=1,2,3,4$ 分别表示光照植被面（C）、阴影植被面（T）、光照背景面（G）、阴影背景面（Z）四种状态。

该方法把原来几何模型在实际应用中难以确定的参数中的土壤和植被等的影响当作随机变量进行处理，简化了模型计算公式，但还是需要考虑太阳方向、光线入射方向等复杂的难以确定的参数，适用范围有限。

5. 神经网络模型

神经网络模型（Foody et al.，1997）是由处理单元、训练规则和网络拓扑结构构成的，通过采用网络状的生物神经元互联结构来模拟生物神经系统对真实世界物体所做出的交互反应。神经网络模型中应用比较广泛的是反向传播（back propagation，BP）神经网络，如图4-18所示，BP 网络包括一个输入层、一个输出层及一个或多个隐藏层，将样本数据输入网络进行正向计算，求出每一个样本在网络中输出层的输出误差，然后通过反向传播对连接权值进行修正，完成一个样本的学习过程。神经网络模型具有自学习、自组织和自适应特点，在背景噪声统计未知的情况下，性能良好。

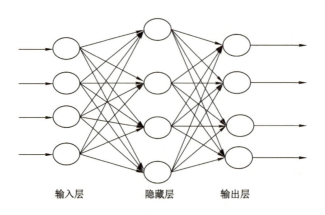

输入层　　　　隐藏层　　　　输出层

图 4-18　神经网络传播图

二、端元提取算法

当通过对比分析确定光谱混合模型之后,像元分解的端元组分又成为影响分解精度的关键因素,端元提取的合理与否直接影响着像元分解的精度。端元获取、端元光谱确定主要基于 2 种方法:一是使用光谱仪在地面或实验室测量得到"参考端元",由于获取的光谱容易受到当时环境的影响,可能会出现不匹配现象,有一定的误差;二是在遥感影像上提取端元,效率高且获得的端元纯度较高,实用性较强(邓书斌 等,2014)。

本节基于遥感影像提取端元,目前大量研究对于提出的多种端元提取算法并没有一个详细分类。端元提取算法可按照端元已知和未知分为监督光谱分解与非监督分解,也可按照端元与丰度值是否同时获得、解混前是否需要降维分为两类,还可以根据算法特点进行分类。表 4-3 列出了依据算法特点分类的端元提取算法(蓝金辉 等,2018)。

表 4-3　像元解混端元提取算法优缺点

分类依据	典型算法	优缺点
几何单形体法	最小体积变换(minimum-volume transforms, MVT)(Craig,1994)、内部最大体积分析(N-FINDR)、顶点成分分析(vertex component analysis, VCA)	优点:通过寻找单形体的外接最小体积或者内接最大体积寻找顶点从而得到所需端元,算法模型简单,易实施; 缺点:求解过程存在非线性规则,容易陷入局部极小点,不适用于高光谱影像中对应地面数据为高度混合的情况,精度较低
统计误差法	独立成分分析(independent component analysis, ICA)、非负矩阵分解(nonnegative matrix factorization, NMF)(Miao et al.,2007)、贝叶斯分析(bayesian approaches)(Dobigeon et al.,2009)	优点:处理高度混合的遥感数据效果较好; 缺点:计算复杂性较高,计算量大
空间投影法	纯净像元指数(pixel purity index, PPI)、逐次投影算法(successive projections algorithm, SPA)(Araújo et al.,2001)、子空间投影(orthogonal subspace projection, OSP)(Harsanyi et al.,1994)	优点:寻找高光谱数据代表子空间,能够大大减少计算时间与复杂度,提高信噪比; 缺点:通常需要先验知识,不能改善像元解混求逆病态问题,核函数和最优化参数组合选择困难

表 4-3（续）

分类依据	典型算法	优缺点
融合空间信息法	自动形态学端元提取（automated morphological end-member extraction，AMEE）、全变量-分离和增广拉格朗日的稀疏解混算法（sparse unmixing via variable splitting augmented Lagrangian and total variation，SU-VSAL-TV）（Rudin et al.，1992）、空间光谱端元提取法（spatial spectral endmember extraction，SSEE）（Rogge et al.，2007）	优点：能够合理展现地物含量变化，避免不同像元间丰度值差异变化大的问题，精度高； 缺点：算法的计算复杂度高，运行速度慢
稀疏回归法	基于稀疏策略的迭代约束端元提取算法（sparsity promoting iterated constrained endmember，SPICE）、约束性基追踪去噪法（constrained basis pursuit denoise，CB-PDN）（Bioucas-dias et al.，2010）、局部协同稀疏回归法（local collaborative sparse regression，LC-SR）（Zhang et al.，2016）	优点：无须假设纯像元存在，不仅能够估计出影像中包含的端元个数，还能够同时得到端元提取及丰度估计结果； 缺点：难以满足丰度和为 1 的约束条件，光谱库获取困难，需要花费大量时间，而且光谱间高相关性会降低结果精度
智能提取算法	蚁群优化端元提取（ant colony optimization endmember extraction，ACO-EE）、粒子群优化算法（particle swarm optimization，PSO）、自适应布谷鸟搜索算法（adaptive cuckoo search endmember extraction，ACS-EE）（Zhao et al.，2016）	优点：混合像元解混效果较好； 缺点：计算复杂，运行速度慢

下面主要介绍 N-FINDR、VCA、ICA、PPI、AMEE、SPICE 和 PSO 等常见的 7 种算法。

（一）N-FINDR 算法

N-FINDR 算法（Winter，1999）根据凸面几何学理论，通过寻找体积最大的单形体来自动获取影像中的所有端元，基本思想是端元分布在单形体的顶点，由端元构成的单形体体积的值是最大的，因此，在 N 维光谱空间中寻找一组能够具有最大体积单形体的像元即为端元。其原理图如图 4-19 所示。

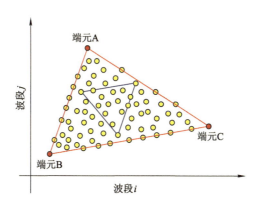

图 4-19　N-FINDR 算法示意图（王奇琪，2015）

单形体体积的计算公式为：

$$V(E) = \frac{1}{(M-1)!} \text{abs}(|E|)$$

(4-20)

$$E = \begin{bmatrix} 1 & 1 & \cdots & 1 \\ e_1 & e_2 & \cdots & e_M \end{bmatrix} \tag{4-21}$$

式中　e_i——端元光谱列向量；

　　　M——凸面单体体积计算的端元数量。

N-FINDR 算法基本步骤：

① 数据降维。通过正交子空间投影方式，首先确定端元个数，利用最小噪声分离变换（minimum noise fraction，MNF）或者主成分分析（principal component analysis，PCA）方法进行降维。

② 端元初始化并计算其构成的单形体体积。随机选择初始端元，并采用式（4-20）计算端元的单形体体积，并将其记为最优端元。

③ 用影像中的其他像元代替端元，采用式（4-20）计算其单形体体积，并和最优端元的单形体体积比较大小，如果替换导致体积增加，则该像元会替换端元。

④ 进行迭代计算比较，直到所有像元均被比较完毕，输出最后得到的最优端元向量。

（二）VCA 算法

VCA 算法（Nascimento et al.，2005）假定单形体的端点必为端元，该算法通过将数据投影到一个正交的子空间方向计算投影距离值最大的像元，确定为端元，并通过反复迭代，直到找到所有端元。如图 4-20 所示，椭圆部分是由端元 m_a 和端元 m_b 线性组合形成的全部混合像元 r 构成的一个凸集集合 C_p。

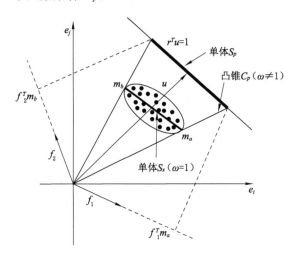

图 4-20　VCA 算法原理示意图（王奇琪，2015）

VCA 算法的流程为：

① 将原来凸集集合 C_p 转换成单形体 S_p，即对数据进行降维。对影像中的每一个像元做 $y = r/(r^T u)$ 变换，将所有像元投影到 $r^T u = 1$ 所在直线。

② 将所有像元向正交向量方向投影，找到投影值最大的作为端元。具体为：随机选择第一投影方向 f_1，将单形体 S_p 上的数据点全部投影在 f_1 方向上，将具有最大投影值的点（图 4-20 中的 $f_1^T m_a$）所对应的原始像元（图 4-20 中的 m_a）作为第一个端元，接着选取第二投影方向，且其正交于第一投影方向 f_1 的矢量，重复以上步骤，找到所有的端元。

（三）ICA 算法

ICA 算法（Bayliss et al.，1998）认为不同端元之间的光谱是相互独立的，而混合像元的光谱正是由这些独立成分线性混合而成的，将具体问题看作盲信号分离问题。假设观测变量 X_i 是由 M 个独立成分 $E=[e_1,e_2,\cdots,e_M]$ 线性组合而成的，则 N 个观测变量 $X=[X_1,X_2,\cdots,X_N]$ 可用矩阵形式表达为：

$$X = AE \qquad (4-22)$$

式中，A 是混合矩阵。

ICA 算法是为找到一个线性变换 W，使得变换后的信号 Y 尽可能独立，即：

$$Y = WX = WAE \qquad (4-23)$$

通过迭代算法计算每步迭代后 Y 的独立性，从而判断是否达到最优解，实现独立成分的提取。选择合适的目标函数对 Y 的独立性进行判断是 ICA 方法的关键部分，只有判断目标函数是否达到最大或最小值，才能判断出随机变量是否相互独立。目前基于不同目标函数的方法主要有非高斯最大化、互信息的最小化和最大似然估计。

（四）PPI 算法

PPI 算法（Boardmanj,1993）首先利用 MNF（或 PCA）变换对遥感影像进行数据降维，接着随机生成测试向量，然后将光谱点分别往各个测试向量上投影，记录影像中每个像元被投影到端点的次数，通过多次生成测试向量，重复上述步骤，进行端元选取。如图 4-21 所示，u_1，u_2 为两个测试向量，黑点代表分布在特征空间中的像元点，所有像元点向这两个测试向量投影，被投影到向量两端的点被

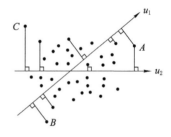

图 4-21　PPI 原理示意图

记录下来，即像元点 A、B 和 C，这三个像元点的像元纯度指数分别为 2、1 和 1，像元纯度指数越高，它被判断为端元的概率就越大（陈元鹏，2018）。

（五）AMEE 算法

AMEE 算法（Plaza et al.，2002）利用形态学（腐蚀和膨胀）方法进行端元提取，基于腐蚀算子能够找到结构元素里混合最严重的像元，膨胀算子则可以找到其中最纯像元这一思想。并利用形态学偏心指数（morphological eccentricity index,MEI）表示纯像元的纯度，此算法中定义两个基本参量，分别为最小和最大结构元素大小即 $S_{\min}$ 和 $S_{\max}$。将结构元素依次通过影像中的每个像元，可在结构元素定义的邻域中找出最纯净的像元及其 MEI 指数，不断增加结构元大小（直至 $S_{\max}$），重复计算像元的 MEI 值，将不同大小结构元的 MEI 取平均得到最终的 MEI 影像，然后利用自动阈值分割算法获得阈值，并利用分割结果提取端元集合，最后利用光谱匹配技术确定端元类型。其基本流程如图 4-22 所示。

（六）SPICE 算法

SPICE（Zare et al.，2007）是在迭代约束算法（iterated constrained endmember，ICE）（Berman et al.，2004）的基础上加入了稀疏策略。在端元数目未知情况下，对原始 ICE 算法使用远大于真实值的端元数目，得到的丰度矩阵必然是个稀疏矩阵，根据这个稀疏矩阵的先验知识，在 ICE 的目标函数中加入稀疏项可防止估计出的丰度矩阵过大。ICE 利用最小二乘方法使模型描述中的像元残差平方和最小化。像元残差平方和（residual sum of

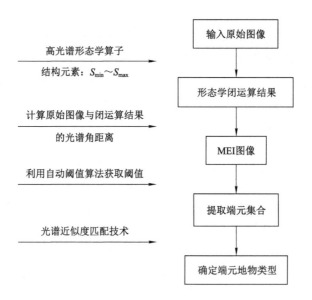

图 4-22　AMEE 算法流程图

squares,RSS)表示模型提取出的光谱与真实端元光谱的误差。

$$\text{RSS} = \sum_{i=1}^{N} \left(X_i - \sum_{k=1}^{M} p_{ik} e_k \right)^T \left(X_i - \sum_{k=1}^{M} p_{ik} e_k \right) \tag{4-24}$$

式中，X_i、p_{ik}、e_k、M、N 变量表示同式(4-8)。

　　像元的距离平方和(sum of squared distance term,SSD)与端元构成的单形体面积成正比,在目标函数中增加 SSD,目的是便于找到更合理的端元,ICE 算法的目标函数为:

$$\text{RSS}_{\text{reg}} = (1-\mu)\frac{\text{RSS}}{N} + \mu V \tag{4-25}$$

式中，μ 是用于平衡 RSS 和 SSD 的正则化参数,V 是估计端元的方差之和。

　　通过迭代计算实现目标函数最小化。在影像中随机选择像元作为初始端元,已知端元数量的情况下,用最小二乘法可估计丰度矩阵。再利用新的丰度矩阵来更新端元,如此往复直到 RSS$_{\text{reg}}$小于一定的阈值。加入稀疏项后的 ICE 目标函数(SPICE 的目标函数)表示为:

$$\text{RSS}_{\text{reg}}^* = (1-\mu)\frac{\text{RSS}}{N} + \mu V + \sum_{k=1}^{M} \frac{\Gamma}{\sum\limits_{i=1}^{N} p_{ik}} \sum_{i=1}^{N} p_{ik} \tag{4-26}$$

式中，Γ 是描述促使丰度值趋向零的程度的常数。

　　当给定端元数量时,目标函数第一项最小化的丰度值需要用二次规划的方法求解。

　　(七)PSO 算法

　　PSO 算法(Kennedy et al.,2002)属于一种启发式的优化算法,通过模拟鸟群寻找栖息地(或食物)行为达到寻找最优化问题全局最优解的目的。该算法用粒子在最优化问题的可行解空间进行搜索,并计算适应度函数值,在此过程中需要同时记忆"自身历史最优位置"和"全局历史最优位置"(赵银娣 等,2011)。PSO 算法流程如图 4-23 所示,具体步骤如下:

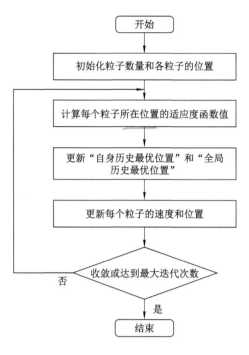

图 4-23 PSO 算法流程图

① 将多光谱遥感数据经 MNF 变换降至 $M-1$ 维（M 为端元数），并设置最大迭代次数 $d_{\max}$，令当前迭代次数 $d=0$。

② 初始化种群，记录各粒子在粒子群中的位置 i。初试粒子群表示为 $\{X_{d,i}\,|\,i=1,2,\cdots,K\}$，$K$ 为生成的粒子数，$X_{d,i}=[X_{d,i,1} \quad X_{d,i,2} \quad \cdots \quad X_{d,i,M}]$ 为粒子 i 的位置，计算每个 i 粒子的适应值 $U(X_{d,i})$。初始化粒子群中各粒子 i 自身历史最优位置为 L_i，最优适应值为 $U(L_i)$，令 $L_i=X_{d,i}$，令 $U(L_i)=U(X_{d,i})$，初始化全局最优粒子的位置 G 和适应值 $U(G)$，选择适应值最大的粒子作为全局最优粒子，即 $U(G)=\text{Max}\{U(L_i)\}$；初始化种群各粒子的速度 $\{V_{d,i}\,|\,i=1,2,\cdots,K\}$，利用均值为 0、方差为 1 的正态分布生成随机数赋值给向量 $V_{d,i}$ 中的各元素。

适应值 $U(X_{d,i})$ 计算公式为：

$$U(X_{d,i}) = \frac{1}{(M-1)!}\text{abs}(\,|\,X_{d,i}\,|\,) \tag{4-27}$$

③ 更新每个粒子的速度和位置，更新公式为：

$$V_{d+1,i} = \omega V_{d,i} + c_1 r_1(L_i - X_{d,i}) + c_2 r_2(L_g - X_{d,i}) \tag{4-28}$$

$$X_{d+1,i} = X_{d,i} + V_{d+1,i} \tag{4-29}$$

式中，ω 是惯性权重，c_1 和 c_2 是学习因子，r_1 和 r_2 是 $[0,1]$ 区间均匀分布的随机数。

④ 计算更新后的每个粒子 i 的适应值 $U(X_{d+1,i})$，若 $U(X_{d+1,i})>U(L_i)$，则令 $L_i=X_{d+1,i}$，$U(L_i)=U(X_{d+1,i})$，对于全局最优粒子的位置和适应值更新，若 $\max[U(L_i)]>U(G)$，则令 $U(G)=\max[U(L_i)]$。

⑤ 若 $d<d_{\max}$ 时，令 $d=d+1$，返回步骤④，否则退出循环，输出全局最优粒子 $G=[g_1 g_2 \cdots g_m]$。

三、案例分析

矿山开采在采空区范围内容易形成地裂缝,地裂缝逐渐发展在地表就会形成塌陷坑,加之常年积水,形成塌陷湖,在遥感影像上呈边界清晰、蓝黑色调、表面光滑的影像特征,如图 4-24 所示,通过检测矿区的水体面积变化进而可以监测矿区的土地破坏情况。

由于传感器空间分辨率限制及矿区生态环境的复杂性,遥感影像上存在大量混合像元,对监测精度会产生一定的影响,因此有必要进行像元解混,以期获取较高的监测精度,促使矿区土地破坏得到有效、及时的治理。下面以山东济宁十里营煤矿土地破坏监测为例加以说明(杜会建,2012)。

图 4-24　采煤塌陷遥感影像
(贾利萍 等,2016)

(一)数据预处理

1. 数据介绍

选用十里营煤矿 3 个时相的 Landsat ETM+遥感影像。数据获取时间分别是 2002 年 4 月 13 日、2005 年 4 月 5 日和 2008 年 5 月 15 日,其中 2002 年和 2008 年影像的条带号和行编号分别为 122、35,2005 年影像的条带号和行编号分别为 122、36,选用 6 个波段,分别为波段 1～5 和波段 7,分辨率为 30 m。

2. 遥感影像处理

为了获得较好的研究结果,对 3 个时相的遥感数据进行预处理操作,主要包括辐射定标、大气校正、地理配准和影像裁剪等,分别采用 ENVI 软件的 Band Math 模块、FLAASH 模块、几何校正和影像裁剪功能处理数据。其中,配准过程中以 2005 年为基准,对其他年份进行校正,对配准后的影像通过手动绘制矩形类型的感兴趣区域(region of interest,ROI)进行裁剪,影像裁剪为 500 像素×300 像素。最终获取研究区内 3 个时相的遥感影像结果,如图 4-25 所示。

(a) 2002年4月13日　　　　(b) 2005年4月15日　　　　(c) 2008年5月15日

图 4-25　研究区 3 个时相的 Landsat ETM+假彩色影像(RGB=4/3/2)

（二）技术方法

将研究区域内的端元地物类型设为 4 类，分别为水体、农田、建筑用地和裸地，然后从原始影像中选出 4 种端元的匹配光谱，通过端元匹配光谱可以从实验结果中提取得到预先设定的端元类型的光谱信息。分别采用 VCA 算法、AMEE 算法和 PSO 算法进行端元提取，然后基于线性混合模型的完全约束最小二乘法（fully constrained least squares，FCLS）进行像元解混，采用 RMSE 对端元提取和像元解混结果进行精度评价，利用得到的地物丰度图对研究区内的土地变化信息进行检测。

（三）结果分析

利用 VCA 算法、AMEE 算法和 PSO 算法提取的端元数据进行像元解混，计算得到的各个时相的 RMSE 如表 4-4 所示。由表中数据可以看出，利用 PSO 算法的端元进行像元解混的 RMSE 均低于其他两种端元提取算法，所以，利用 PSO 算法得到的各个时相 4 种地物类型的丰度图进行研究区域的土地变化信息检测，其中，水体的丰度图如图 4-26 所示。

表 4-4　像元解混的 RMSE 结果

	2002 年	2005 年	2008 年	平均值
VCA 算法	0.041 4	0.015 6	0.012 9	0.023 3
AMEE 算法	0.017 5	0.018 3	0.016 2	0.017 3
PSO 算法	0.011 1	0.012 3	0.012 6	0.012 0

　　　（a）2002年　　　　　　（b）2005年　　　　　　（c）2008年

图 4-26　水体丰度图

利用得到的 3 个时相中每种地物类型的丰度图进行统计分析。丰度图中的属性值表示该地物类型在混合像元中所占的百分比，将每一种地物丰度图的属性值求和，然后乘以空间分辨率的平方，便可以得到面积统计结果。各地物面积及其变化情况如表 4-5 所示（表中 ↑表示增加，↓表示减少）。

表 4-5　研究区域内各类地物面积及其变化统计

	面积/km²			百分比/%			变化情况	
	2002 年	2005 年	2008 年	2002 年	2005 年	2008 年	2002—2005 年	2005—2008 年
水体	29.47	31.52	32.71	21.83	23.35	24.23	↑1.52	↑0.88
农田	72.11	71.08	70.90	53.41	52.65	52.52	↓0.76	↓0.13
建筑用地	15.93	14.30	12.86	11.80	10.59	9.53	↓1.21	↓1.06
裸地	17.49	18.10	18.53	12.96	13.41	13.72	↑0.45	↑0.31

由表 4-5 可知,从 2002 年到 2008 年,研究区域内水体面积由 29.74 km² 增加到 32.71 km²,这在很大程度上反映了研究区域煤矿塌陷地的扩张规模,与此同时,农田面积、建筑用地面积呈减少趋势,裸地面积也出现小幅度增加,显示了矿区开采对矿区周边土地利用的影响。以 2008 年遥感影像为基准,将研究区域内塌陷地面积进行分块统计,如图 4-27 所示,分为 4 个不同区域(A、B、C、D),然后由 3 个时相的水体丰度图进行统计,统计结果如表 4-6 所示,可以看出,每个分块中的塌陷地面积均逐年增加,其中以分块 C 的面积最大,扩展总体方向为自北向南。

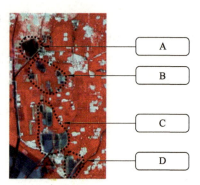

图 4-27　煤矿塌陷地分块示意图

表 4-6　塌陷地面积分块统计结果　　单位:km²

	A 区域	B 区域	C 区域	D 区域	合计
2002 年	0.17	0.75	1.75	0.30	2.97
2005 年	1.40	1.00	4.24	0.41	7.05
2008 年	1.75	1.89	4.54	1.52	9.70

第三节　基于机器学习的矿区土地破坏监测

随着传感器性能的提升和数据通信技术的迅速发展,遥感影像的空间分辨率得到了显著提高,由于高分辨率遥感影像成像更为清晰,定位精准,且具有丰富的空间信息,地物具有更为明显的几何形状和纹理特征,使得高分辨率遥感影像在矿区信息提取、土地破坏监测的应用逐渐增多。遥感变化检测主要包括变化范围检测和变化类型检测,可对矿区土地的破坏程度和破坏类型进行监测。变化范围检测从影像处理单元上可以分为基于像元和面向对象的方法。变化类型检测常用的方法有编码法、极坐标变化矢量分析法等方法。

一、经典变化检测方法

在遥感技术不断发展,数据资源丰富又更新及时、新算法不断出现的今天,遥感影像变化检测方法有很多,本节对变化范围检测的一些经典算法进行简单的阐述与比较。

（一）影像代数法

基于影像代数法的变化检测方法通过影像间的代数特征来描述变化，主要包括影像差值法（Singh，1986）、影像比值法、回归分析法、专题指数法、光谱角法、变化矢量分析法（change vector analysis，CVA）、相关系数法（correlation coefficient）等。令 $f_t(i,j)=[f_t(i,j,1),\cdots,f_t(i,j,k),\cdots,f_t(i,j,N_{Bands})]$ 表示 t 时相影像中地理坐标位置 (i,j) 处的像元灰度值向量，N_{Bands} 为遥感影像的波段数，$D(i,j)$ 表示不同方法计算的像元变化强度。

1. 影像差值法

$$D(i,j)=f_{t_1}(i,j)-f_{t_2}(i,j)+c \tag{4-30}$$

式中，c 为常数，第 k 波段的差值图像为 $D(i,j,k)=f_{t_1}(i,j,k)-f_{t_2}(i,j,k)+c$。

2. 回归分析法

$$D(i,j,k)=a_k f_{t_1}(i,j,k)+b_k-f_{t_2}(i,j,k) \tag{4-31}$$

式中，a_k 和 b_k 为第 k 波段的回归系数。

3. 专题指数法

通过计算归一化植被指数（normalized difference vegetation index，NDVI）、归一化水体指数（normalized difference water index，NDWI）等专题指数作为特征进行对比分析。

4. 光谱角法

$$D(i,j)=\cos^{-1}\frac{f_{t_1}(i,j)^T \cdot f_{t_2}(i,j)}{\sqrt{f_{t_1}(i,j)^T \cdot f_{t_1}(i,j)}\sqrt{f_{t_2}(i,j)^T \cdot f_{t_2}(i,j)}} \tag{4-32}$$

5. CVA

CVA 是影像差值法的扩展，根据影像各波段差值构造变化矢量，利用变化矢量的长度表征变化的大小，利用角度表征变化的类型，二维特征空间下两时相影像的 CVA 基本原理如图 4-28 所示。

在 CVA 变化强度计算中，度量准则可分为距离测度和相似性测度，常用的变化强度测度如表 4-7 所示。距离测度包括欧氏距离（euclidean distance，ED）和马氏距离（Mahalanobis distance，MD），相似性测度包括光谱角匹配（spectral angle mapper，SAM）和光谱相关性（spectral correlation mapper，SCM）等。

在获取变化强度信息之后，大多数变化检测算法可以使用阈值方法来区分变化和未变化的像

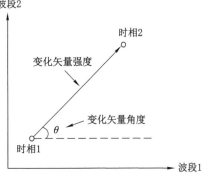

图 4-28　变化矢量分析法基本原理

元，常用的阈值算法包括大津阈值法（Otsu）、最大期望（expectation-maximization，EM）算法及聚类算法等。这些方法都有误检测和过检测的问题，而且还需要人工选择合适的阈值来区分变化与未变化像元，并且阈值的选择是十分困难的问题，阈值太低会排除变化区域，阈值太高又会多包含未变化区域。单一的阈值难以对变化和未变化信息实现准确的判定，因此使用算法融合技术，选择合适的阈值决策函数，通过综合决策个体的意见得出一致的决策，从而提高决策的整体性能。这种方法可以用于提高分类结果以及二分类的变化检测

问题,融合不同的阈值算法以实现具有鲁棒性的变化检测。

表 4-7 变化强度测度

	测度	公式	说明
距离测度	欧氏距离	$D(i,j)=\sqrt{[f_{t_1}(i,j)-f_{t_2}(i,j)]^T \cdot [f_{t_1}(i,j)-f_{t_2}(i,j)]}$	计算简便,计算量小,但缺乏对各特征间相关性的考虑
	马氏距离	$D(i,j)=\sqrt{[f_{t_1}(i,j)-f_{t_2}(i,j)]^T \Sigma^{-1} [f_{t_1}(i,j)-f_{t_2}(i,j)]}$	考虑了各特征间的相关性,但可能增大微小变化的变化程度
相似性测度	光谱角匹配	$D(i,j)=\cos^{-1}\dfrac{f_{t_1}(i,j)^T \cdot f_{t_2}(i,j)}{\sqrt{f_{t_1}(i,j)^T \cdot f_{t_1}(i,j)}\sqrt{f_{t_2}(i,j)^T \cdot f_{t_2}(i,j)}}$	对光照条件和阴影的影响不敏感
	光谱相关性	$D(i,j)=\dfrac{[f_{t_1}(i,j)-\overline{f_{t_1}}(i,j)]^T \cdot [f_{t_2}(i,j)-\overline{f_{t_2}}(i,j)]}{\sqrt{\sum_k (f_{t_1}(i,j,k)-\overline{f_{t_1}}(i,j,k))^2}\sqrt{\sum_k (f_{t_2}(i,j,k)-\overline{f_{t_2}}(i,j,k))^2}}$	能够对负相关性进行检测,计算变化强度时需做取反处理

(二)支持向量机二分类法

支持向量机(support vector machine,SVM)旨在解决复杂数据存在线性不可分和小样本训练集学习的问题,如图 4-29 所示,其基本思想是利用非线性函数把样本投影到高维空间,使经验风险和结构风险同时达到最小,通过使训练样本的分类损失最小实现经验风险最小,通过使样本分类超平面的分类间隔达到最大实现结构风险最小。

SVM 分类过程就是确定最优分类超平面,使其既能满足分类间隔最大,又能满足训练样本的分类正确的过程。

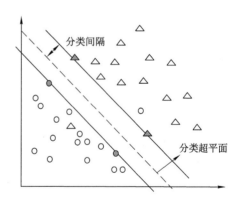

图 4-29 SVM 分类思想

SVM 的决策函数定义为:

$$f(x)=\bar{\omega}^T \Phi(x)+b \tag{4-33}$$

式中,ω 是权系数向量;b 是偏斜量;$\Phi(x)$ 是映射函数,可将线性不可分的低维空间数据映射到线性可分的高维空间。

对应的最优分类超平面方程表示为:

$$\bar{\omega}^T \Phi(x)+b=0 \tag{4-34}$$

对于二类分类问题,设训练样本为 $x_i(i=1,2,\cdots,n)$,样本类别标签为 $y_i\in\{+1,-1\}$,则分类面求解问题相当于求解约束优化问题:

$$\begin{cases} \min & \dfrac{1}{2}\|\bar{\omega}\|_2^2 + C\sum_{i=1}^{n}\xi_i \\ \text{s. t.} & y_i(\langle\bar{\omega},\Phi(x_i)\rangle + b)\geqslant 1-\xi_i \end{cases} \tag{4-35}$$

式中,ξ 是松弛变量;C 是惩罚因子,用以调节对松弛变量 ξ 的惩罚大小。

对上式利用拉格朗日乘子求解,得:

$$\bar{\omega} = \sum_{i=1}^{n}\partial_i y_i\Phi(x_i) \tag{4-36}$$

式中,∂_i 是拉格朗日乘子,$\partial_i\neq0$ 的样本为支持向量。

假设支持向量的数量为 m,将式(4-36)代入式(4-33)中,则决策函数:

$$f(x) = \bar{\omega}\Phi(x) + b = \sum_{i=1}^{n}\partial_i y_i\Phi(x_i)^{\mathrm{T}}\Phi(x) + b \tag{4-37}$$

式中,$\Phi(x_i)^{\mathrm{T}}\Phi(x)$ 的求解通过核函数 $\kappa(x_i,x)=\Phi(x_i)^{\mathrm{T}}\Phi(x)$ 得到。常见的典型核函数包括线性核函数、多项式核函数、S 形核函数和高斯径向核函数等。

将待分类样本 x 代入 SVM 分类器,即可计算得到样本的类别标签 y:

$$y = \mathrm{sgn}\{f(x)\} \tag{4-38}$$

利用 SVM 进行遥感影像变化范围检测,具体的实现步骤如下(杜培军 等,2012):

① 将两个不同时相的影像数据匹配后进行差值计算,得到差值影像。

② 在差值影像中选取不变与变化的两类地物样本,训练 SVM 二值检测器,得到二值变化检测结果图。

③ 在二值检测结果的不变化区域中,对应前后两个时相影像选取一组代表不同地物类型的训练样本,用该训练样本同时对前后两个时相影像的变化区域进行 SVM 分类,获得前后时相影像的分类结果。

④ 针对二值检测结果的变化区域部分,对应前后两个时相的土地覆盖类别信息,构建变化转移矩阵,获得变化类别和方向信息。

基于 SVM 二分类的变化范围检测方法对于矿区塌陷地、植被、建筑等不同类型的地物变化检测都非常有效,相比于 Otsu 阈值法具有更好的性能。

(三)其他方法

遗传算法、人工神经网络(artificial neural network,ANN)等先进的人工智能方法也可应用于遥感图像变化检测,进而实现矿区的土地破坏监测。遗传算法是通过适应度函数对个体进行评价,利用选择、交叉、变异算子获取变化范围,具有全局最优性能,但是算法复杂、耗时久。ANN 是由多个神经元按照一定的拓扑结构组织起来的一种网络系统。单隐层神经网络由输入层、输出层和一个隐藏层组成,但只能解决线性可分问题。为了克服这一局限性,神经网络进化为含有多个隐藏层的结构,含有两个以上隐含层的神经网络,称为多层神经网络,但存在梯度消失、容易过拟合、泛化能力差等问题。近年来兴起的深度学习技术可以应对上述问题,但需确定整个网络的结构和合适的训练样本,否则会影响整个算法的性能。基于深度学习的矿区土地破坏监测将在本章第四节进行介绍。

二、影像基本处理单元

（一）以像元为基本处理单元

自从早期使用遥感数据以来，像元一直都是影像分析和变化检测技术的基本分析处理单元，像元的光谱特征被用来检测和度量变化信息，而不考虑任何空间信息，直接利用统计方法进行逐像元的变化信息统计。基于像元的变化检测方法主要针对中低分辨率的遥感影像，以像元为基本分析单元，提取影像特征进而生成差值影像，对差异影像进行分析以区分像元是否发生变化（陈强 等，2015，王文杰 等，2009）。传统的基于像元的变化检测方法主要有影像代数法、影像分类法等其他方法。影像分类法是采用一定的分类方法，通过对前后两时期遥感影像进行地物类别分类进而得到各自的地物分类结果，然后通过对比分析同一位置的地物类别进而得到变化结果。影像分类法的检测精度是建立在影像分类准确率的基础上的，对于监督分类而言，样本点的质量对分类结果至关重要，而实际中高质量的训练样本选择通常是很困难的（杜培军 等，2016；居红云 等，2007；王雪君，2015）。因此，影像在分类过程中分类误差的积累导致得到的变化检测结果精度受到影响。影像代数法包括影像像元插值法、影像比值法、影像回归分析等方法，通过直接对提取的影像特征进行研究分析进而判别得到变化结果。

为了弥补影像光谱特征的不足，需要有效融合影像的纹理特征、形状特征等空间信息，以改善变化检测结果，提高检测的准确度。具体特征信息如表 4-8 所示。

表 4-8　特征信息

特征	描　　述	应用现状
光谱特征	最直接、直观地表达影像信息	在变化检测研究中应用最为广泛，但对于高分辨率影像，地物类间可分性下降，类内可分性增大，具有局限性
纹理特征	描述了影像区域特征，反映影像亮度在间隔、方向、变化幅度与速度等方面的特性，是应用广泛、效果好且最常见的纹理特征提取方法	在影像分割研究中得到广泛应用，在影像分类和变化检测中具有重要作用，有助于变化检测精度的提高
形状特征	描述了影像的几何特性，形状和灰度具有相似分布的对象具有相似的不变矩特征，与其位置、方向及大小无关	源于力学中矩的概念，应用于遥感影像分类和影像识别中，能够有效提高精度，为识别地物类型提供基础

（二）以对象为基本处理单元

传统的变化检测方法在遥感研究和应用中已得到深入发展，针对高分辨率影像的面向对象的变化检测方法均是建立在传统方法的基础之上，引入新思想实现的。面向对象的思想是将具有相同或者相似光谱、空间特征的像元簇——影像对象作为基本分析单元。影像对象不仅考虑了影像的光谱信息，还包含纹理、形状和上下文信息，因此面向对象的方法在高分辨率遥感影像处理中广泛使用，并且随着面向对象算法的成熟，也促进了遥感处理软件的发展，如 eCognition、PIE-SIAS 等软件提供了遥感影像多尺度影像分割和面向对象分类的功能模块。

面向对象的矿区土地破坏范围检测的一般步骤为(许竞轩,2018):

① 影像预处理。对前后时期的遥感影像进行几何校正和相对辐射校正等预处理。

② 影像分割。通过软件或者算法对遥感影像进行分割,获取影像对象。

③ 特征提取。对分割后的影像对象提取合适的影像特征。

④ 获取差异影像。根据提取的影像特征计算差异影像或者变化强度影像。

⑤ 变化信息提取。通过确定变化阈值或者利用训练分类器,确定变化和未变化的像元,获得变化结果图。

⑥ 精度评定。对获取的变化结果进行精度评定,验证结果的准确性和可靠性。

影像分割是面向对象矿区土地破坏检测的核心,现有研究中影像分割方法的策略分为两类:自顶向下和自底向上。自顶向下的策略利用分割算法将大区域分割得到小区域,如棋盘分割法等;自底向上的策略是通过将小区域合并得到大区域。常用的影像分割方法包括:基于边缘的分割方法、阈值分割方法、区域生长法等。

① 基于边缘的分割方法。基于边缘的分割方法主要步骤分为边缘检测和边缘连接。首先,根据梯度算子、Canny算子或拉普拉斯算子等边缘检测算子获取对象的轮廓,然后通过边缘连接将各对象的轮廓线进行连接,获得最终完整的对象边界。

② 阈值分割方法。阈值分割方法的基本思想是根据影像灰度直方图确定分割的阈值,是一种简便的分割算法,包括全局阈值和局部阈值方法。其中,全局阈值法根据影像整体的灰度信息判断分割阈值,局部阈值法则需对不同影像子区域的阈值分别进行计算。该方法由于只考虑影像灰度信息,仅适合对于灰度差别明显的影像的分割。

③ 区域生长法。区域生长法属于多尺度分割,采用了自底向上的分割策略。区域生长法通过度量影像区域特征的相似程度,将影像分割为若干区域。该方法首先在影像上确定一定数量作为生长起点的种子像元,将种子像元与满足相似性特征的邻域像元进行合并,得到影像对象,并将对象内像元作为新的种子像元进行迭代计算,直到所有满足合并条件的像元都完成合并为止。该方法较简单,能够高效直观地进行影像多尺度分割,对大多数影像具有适应性。

分割尺度是影像分割中一个重要的超参数,如果分割尺度参数设置得过大,则会导致检测结果的漏检率增大,分割尺度参数设置得过小会造成检测结果的误检率增加(施佩荣等,2018;贾永红 等,2015)。高分辨率遥感影像分辨率高,不同地物的形状明显、大小也不一致,单一分割尺度往往不能体现不同形状大小的地物特征,为了充分考虑遥感影像中不同大小的地物特征、获取地物的多尺度信息,需要对遥感影像进行多尺度分割。多尺度分割就是将同一幅遥感影像使用不同大小的尺度进行分割,最后获取分割影像的合集。目前,多尺度分割方法在面向对象的遥感影像信息提取中被广泛使用(Drăgutl et al.,2014)。

三、矿区土地破坏类型监测

矿区土地类型是土地构成要素的空间分类,各要素之间相互作用,相互影响,使得在不同地域空间内具有不同的景观形态特征和土地性质。土地类型分类是以土地的自然属性差异为依据,根据土地的自然综合属性进行分类,用以研究土地类型的空间分布规律。

在确定变化范围的基础上,需要对变化范围内的像元或者对象进行变化类型的分析检测。目前针对变化类型检测的研究方法较少,常用的方法有影像分类后检测法、编码法。

影像分类后检测的方法虽然能在获取变化范围的同时,得到变化类型的检测结果,但其误差积累不可逆,且存在大量的信息损失,有明显的局限性。编码法是最常用的变化类型检测方法之一,在传统变化类型检测中发挥着重要的作用,但由于影像噪声的存在,以及高分辨率遥感影像"同物异谱"的现象,该方法对于高分辨率影像的适应性较差,而极化 CVA 等极坐标系下的变化类型检测方法可以更直观、清晰地分析变化方向的分布,能够得到更准确的检测结果。

（一）编码法

针对二维光谱特征的 CVA 变化检测,变化方向 α 可表示为：

$$\alpha = \tan^{-1}\left[\frac{f_{t_1}(i,j,1) - f_{t_2}(i,j,1)}{f_{t_1}(i,j,2) - f_{t_2}(i,j,2)}\right] \tag{4-39}$$

尽管 CVA 能够描述变化方向信息,但利用这种变化方向的描述方法仅能够利用个别光谱特征,且阈值的确定困难,无法判断复杂的变化类型,变化类型检测的精度较低,难以用于实际应用。在传统的 CVA 变化检测中,变化类型主要是通过编码法确定的,对各波段的光谱特征变化矢量按照正负值进行编码。但利用多个波段进行编码时,不同的编码值只能表示不同的变化类型,缺乏语义信息,难以对变化类型实现解译,不同的编码值不具有语义信息,变化类型的解译需要结合先验知识进行人工判别。而且多波段间可能存在冗余信息,影响检测精度。为解决这些问题,通常利用遥感地物专题指数进行编码,首先根据影像波段信息提取 NDVI、NDWI、归一化建筑指数（normalized difference build-up index, NDBI）等多种专题指数并构造差值矢量,通过专题指数的增减表示不同的变化方向,进而确定地物的变化类型。编码法的原理即通过编码的方式表示变化矢量的各个方向,变化方向与编码值一一对应,构建变化矢量方向和变化类型之间的映射关系,并由此计算得到各像元的编码值。图 4-30 为波段数为 3 的情况下的编码法原理图,其中,Δx_1、Δx_2 和 Δx_3 分别表示 3 个不同波段的变化矢量。通过编码的正负值,可判断出 8 种变化类型,再凭借先验知识将得到的变化类型与实际变化类型相对应。但通过地物专题指数编码法只能对特定的变化类型进行判断,且由于影像噪声的存在,精度较低,检测出的变化类型零碎,与实际的变化类型难以一一对应,可能出现较大的偏差。

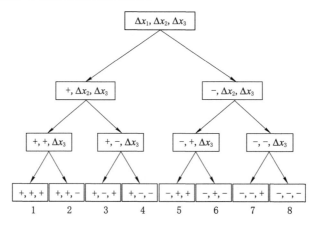

图 4-30 编码法原理

（二）极坐标系下的 CVA 变化方向检测

由于遥感影像存在噪声且各波段特性复杂，一般的变化角度计算方法难以对变化方向进行有效判断。而将变化强度和角度表达在极坐标系下，能够直观分析变化类型的分布情况，通过样本点的分布特点确定各变化类型的阈值，以获取变化类型检测结果，能够一定程度上缓解配准误差带来的误检测。极坐标系下的 CVA 变化方向检测方法主要有极化 CVA、C²VA（compressed change vector analysis）和 S²CVA（sequential spectral change vector analysis）等。

1. 极化 CVA

假设两时相影像的特征矢量表示为 f_{t_1}、f_{t_2}，根据 CVA 变化检测原理，则变化矢量表示为：

$$f_D = f_{t_1} - f_{t_2} \tag{4-40}$$

若选择波段 i 和波段 j 构建极坐标，f_D^i、f_D^j 为选择的两个波段的差值，则可根据欧氏距离计算变化强度 ρ，根据极化 CVA（Bovolo et al.，2007）方法计算变化角度 α，计算公式如下：

$$\begin{cases} \rho = \sqrt{(f_D^i)^2 + (f_D^j)^2} \\ \alpha = \tan^{-1}\left[\dfrac{f_D^i}{f_D^j}\right] \end{cases} \tag{4-41}$$

若选择的波段数为 3 个以上，则变化信息需表达在一个超球面坐标系中，难以对变化信息进行分析和解译，因此该方法通常仅适用于考虑两个波段的情况。然而，仅通过两个波段的信息来描述变化强度和角度，尽管分析过程简单，但波段的选择需要依靠经验以及对多时相影像特征的分析，且存在严重的信息损失，只能针对个别的变化类型进行检测，难以提高变化类型检测精度。

2. C²VA

C²VA（Bovolo，et al.，2012）方法是在极化 CVA 的基础上，尽可能考虑多波段信息，将其压缩至极坐标系下，变化强度仍然用欧氏距离计算，利用光谱角距离（spectral angle distance，SAD）度量变化角度。变化强度 ρ 和变化角度 α 的计算公式为：

$$\begin{cases} \rho = \sqrt{\sum_{k=1}^{N_{Bands}} (f_D^k)^2} \\ \alpha = \cos^{-1}\left[\sum_{k=1}^{N_{Bands}} (f_D^k R^k) \Big/ \sqrt{\sum_{k=1}^{N_{Bands}} (f_D^k)^2}\right] \end{cases} \tag{4-42}$$

式中，N_{Bands} 是总的波段数，$R = \left[1/\sqrt{N_{Bands}}, \cdots, 1/\sqrt{N_{Bands}}\right]$ 为参考光谱。

C²VA 方法不再局限于波段数量，能够利用全部波段检测变化类型。但压缩过程存在一定的信息丢失，不同变化类型的分布之间可能存在重叠和混淆。在实际应用中，C²VA 方法也存在一定的局限性。

3. S²CVA

S²CVA（Liu et al.，2015）与 C²VA 方法类似，同样将特征空间转换到二维极坐标系下，直观地分析变化的类型和数量。S²CVA 不仅能够对光谱差异显著的主要变化类型进行判别，还能区分出部分波段存在光谱差异的细微变化类型，通过逐层次的分析实现变化类型检测：针对主要变化类型，首先对光谱差异显著的变化类型进行判别；针对细微变化类型，在下一层次对部分波段具有明显差异性的变化类型进行分析。

S²CVA 变化类型检测原理如图 4-31 所示，根据初始变化矢量计算变化强度并获取变化范围后,在 S^2CVA 第一层分析中,对于变化像元 Ω_c 进行 S^2CVA 变化角度分析,根据极坐标系下的分布确定主要变化类型;在第二层次,分别针对各个主要变化类型所包含的像元计算变化角度,根据其分布判断该变化类型是否可分为细微变化类型,以及确定进一步划分的变化类型;同理,进行下一层次的分析,直到所得到的各变化类型均不需再划分。

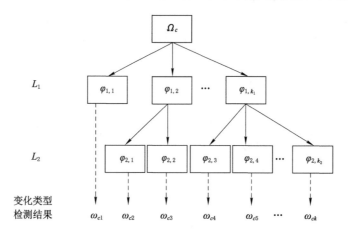

图 4-31 S^2CVA 变化类型检测层次示意图

S^2CVA 变化角度的计算在 C^2VA 的基础上,替换了固定的参考矢量 $R=[1/\sqrt{N_{Bands}}, \cdots, 1/\sqrt{N_{Bands}}]$,通过定义一个自适应的参考矢量 R,优化了变化类型的区分性能。首先通过设定强度阈值,确定未变化像元 ω_u 和变化像元 Ω_c 后,分 L 层次进行 S^2CVA 变化类型检测。

如图 4-31 所示,设第 $l(l=1,2,\cdots,L)$ 层包括 N_l 种变化类型,则对于第 l 层次中第 n $(n=1,2,\cdots,N_l)$ 类变化类型的像元,进行 S^2CVA 变化类型检测,其变化矢量 $X_{l,n}=[X_{l,n}^k|k=1,2,\cdots,N_{Bands}]$ 的协方差矩阵 $A_{l,n}$ 数学表达式为:

$$A_{l,n} = \mathrm{cov}(X_{l,n}) = E\{[X_{l,n}-E(X_{l,n})][X_{l,n}-E(X_{l,n})]^T\} \quad (4\text{-}43)$$

其中,$E(X_{l,n})$ 是 $X_{l,n}$ 的期望值,$A_{l,n}$ 是 $N_{Bands} \times N_{Bands}$ 大小的矩阵。

$A_{l,n}$ 通过特征矢量和特征值定量描述了 $X_{l,n}$:

$$A_{l,n} \cdot V_{l,n} = V_{l,n} \cdot W_{l,n} \quad (4\text{-}44)$$

其中,$W_{l,n}$ 是特征值 $\lambda_{l,n}^1$、$\lambda_{l,n}^2$、$\cdots$、$\lambda_{l,n}^{N_{Bands}}$ 组成的对角阵,特征值按从大到小的顺序排列,即 $\lambda_{l,n}^1 > \lambda_{l,n}^2 > \cdots > \lambda_{l,n}^{N_{Bands}}$。特征值的大小反映了数据在对应的特征向量上的方差的大小,特征值越大,方差越大;$V_{l,n}$ 是由特征值 $\lambda_{l,n}^1$、$\lambda_{l,n}^2$、$\cdots$、$\lambda_{l,n}^{N_{Bands}}$ 对应的特征矢量 $V_{l,n}^1$、$V_{l,n}^2$、$\cdots$、$V_{l,n}^{N_{Bands}}$ 构成的矩阵,选择最大特征值 $\lambda_{l,n}^1$ 的特征向量 $V_{l,n}^1$ 作为参考矢量 $R_{l,n}=[R_{l,n}^k]$。

S^2CVA 的变化强度 $\rho_{l,n}$ 和变化角度 $\alpha_{l,n}$ 定义为:

$$\begin{cases} \rho_{l,n} = \sqrt{\sum_{k=1}^{N_{Bands}}(X_{l,n}^k)^2} \\ \alpha_{l,n} = \cos^{-1}\left[\sum_{k=1}^{N_{Bands}}(X_{l,n}^k R_{l,n}^k) / \sqrt{\sum_{k=1}^{N_{Bands}}(X_{l,n}^k)^2 \sum_{k=1}^{N_{Bands}}(R_{l,n}^k)^2}\right] \end{cases} \quad (4\text{-}45)$$

根据式(4-45),变化矢量 f_D 可表示为一个二维的半圆形散点分布:

$$D_{l,n} = \{\rho_{l,n} \in [0, \max(\rho_{l,n})], \text{且} \alpha_{l,n} \in [0, \pi]\} \quad (4\text{-}46)$$

图 4-32 为变化类型在二维极坐标系下的分布图,未变化像元集为 $\omega_u = \{\rho, \alpha \mid 0 \leqslant \rho \leqslant T_\rho, 0 \leqslant \alpha \leqslant \pi\}$,变化像元集 $\Omega_c = \{\rho, \alpha \mid T_\rho < \rho \leqslant \rho_{\max}, 0 \leqslant \alpha \leqslant \pi\}$。根据每一个分析层次中像元的散点分布情况,对变化类型内像元是否满足一定同质性进行判断,以确定是否需要对该类型进行下一步细分,如果需要,则根据其分布确定变化类型 $\varphi_{l,k} = \{\rho, \alpha \mid T_\rho < \rho \leqslant \rho_{\max}, T_{a_{k1}} \leqslant \alpha \leqslant T_{a_{k2}}\}$,其中,$T_{a_{k1}}$ 和 $T_{a_{k2}}$ 分别为变化类型 $\varphi_{l,k}$ 的两个变化角度阈值。

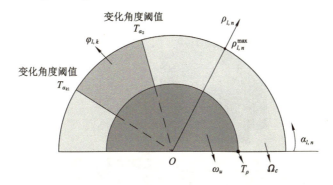

图 4-32 二维极坐标系下 S^2CVA 多种变化类型分布图(Liu et al.,2015)

与 C^2VA 相比,S^2CVA 增大了各变化类型间的区分性。C^2VA 方法对信息的压缩程度大,类别间容易发生重叠,而 S^2CVA 通过选择最大特征向量和自适应参考矢量,增大了不同的变化类型的类间距离,使得不同变化类型更容易区分,对潜在的变化类型能够逐层次地有效识别。

综上所述,极坐标系下针对变化类型检测方法各有优缺点,归纳见表 4-9。

表 4-9 极坐标系下的 CVA 变化方向测度

测度	方 法	优缺点
极化 CVA	一般选择两个波段构造极坐标系下的 CVA 变化角度	便于可视化分析,但波段的选择需要凭借经验,损失大量影像信息,多种变化类型无法根据两波段信息区分
C^2VA	将多波段变化信息压缩表达在二维极坐标系下,通过光谱角距离度量变化角度	能够区分多种变化类型,信息损失少,但变化类型较多时容易出现混淆,难以准确区分
S^2CVA	利用多波段信息自顶向下分层次地对多种变化类型进行区分,利用自适应的参考矢量优化变化类型的区分能力	不仅能够区分光谱差异显著的主要变化,还能够区分出部分波段光谱存在差异的细微变化

四、案例分析

露天煤矿开采会导致地表挖损,煤矸石、选煤场洗选矸石等固体废弃物压占土地,在遥感影像上表现为黄褐色的裸土,绿色的植被覆盖地变为灰黑色的采煤区。通过土地复垦工程可将矿区损毁土地、废弃土地复垦为林地、耕地等,矿区地表覆盖类型较复垦前具有显著变化,因此可利用遥感技术监测矿区土地的变化范围和变化类型,分析土地复垦与环境治理效果。下面以宝日希勒露天矿土地破坏监测为例加以说明（赵敏，2018）。

（一）数据预处理

选取内蒙古自治区呼伦贝尔市宝日希勒露天矿的高分辨率遥感影像进行变化检测实验，如图4-33所示，数据分别裁剪于资源三号（ZY-3）2012年4月22日、高分一号（GF-1）2016年7月21日获取的影像，对两组高分辨率遥感影像进行相对配准、影像融合和相对辐射校正。

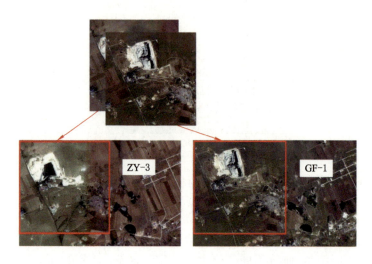

图 4-33　实验数据

为方便对实验结果进行定量精度评价，通过对两时相影像进行目视判读，利用 ArcMap 人工绘制了参考变化图，如图4-34所示。

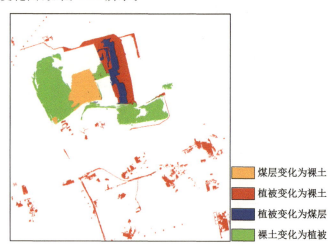

图 4-34　参考变化图

（二）技术方法与结果分析

1. 基于主动学习的 SVM 矿区土地变化范围检测

采用基于主动学习的 SVM 变化范围检测方法。影像各波段的标准差表示信息的离散度,可以用于衡量信息量的大小,标准差越大表示波段信息量越大。利用标准差较大的三个波段(Green,Red,NIR)的假彩色影像进行基于区域邻接图(Region Adjacency Graph,RAG)的多尺度影像分割,分割尺度设置为 10、20、30,得到 Level 0、Level 1、Level 2 和 Level 3 共 4 个层次的分割结果,其中 Level 0 为像元层,分割结果如图 4-35 所示。

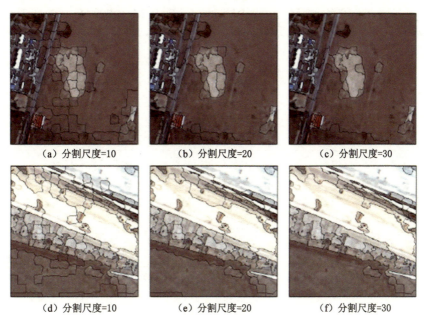

(a) 分割尺度=10	(b) 分割尺度=20	(c) 分割尺度=30
(d) 分割尺度=10	(e) 分割尺度=20	(f) 分割尺度=30

图 4-35 矿区数据多尺度影像分割效果图

利用标准差最大的 Green 波段,设置纹理特征距离差分值为(1,1),以 9×9 像素大小的窗口提取均值、熵、差异性、对比度和同质性共 5 种纹理特征,以及 $p+q(p,q \in [0,3])$ 阶中心距,共 16 个几何矩形状特征。在各层次的特征提取方面,根据特征的重要性和实验分析,最终分别选择出了 9 个影像特征,构建了 4 个尺度下共 36 维的特征矢量。接下来利用 Level 0 的特征矢量计算 CVA 欧氏距离变化强度,图 4-36 为其直方图分布。

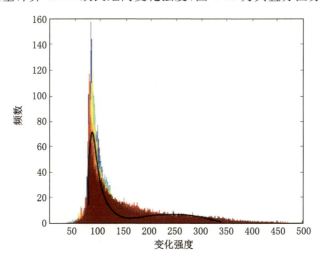

图 4-36 矿区影像 CVA 变化强度直方图

　　根据分布情况,选择灰度值小于 100 的样本作为未变化样本,大于 180 的样本作为变化样本,自动标记,并从中选取 400 个样本作为初始训练样本训练 SVM 分类器。由于数据量较大,在 SVM 分类器训练过程中,将矿区数据分为两块,分别训练。采用了基于边缘采样(margin sampling,MS)的 SVM 主动学习方法(MS-SVM)和基于熵值装袋查询(entropy query-by-bagging,EQB)的 SVM 主动学习方法(EQB-SVM),得到图 4-37 所示的 SVM 主动学习的精度变化曲线。

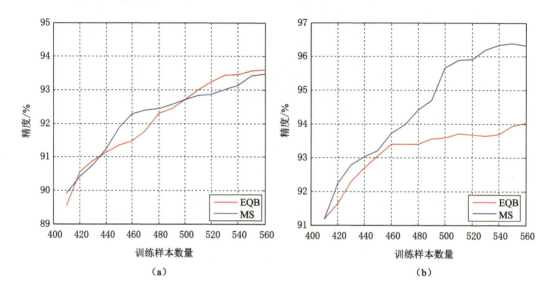

（a）　　　　　　　　　　　　　　　（b）

图 4-37　矿区影像基于 SVM 主动学习的精度变化曲线

　　利用总体精度、Kappa 系数、误检率、漏检率对变化范围检测结果进行精度分析,如表4-10所示。

表 4-10　变化检测精度

方法	总体精度	Kappa 系数	误检率	漏检率
MS-SVM	0.949 0	0.776 3	0.175 3	0.212 5
EQB-SVM	0.938 1	0.745 4	0.256 1	0.177 3

　　由上表可以看出,MS-SVM 和 EQB-SVM 主动学习方法对变化范围检测总体精度和Kappa 系数都有较明显的提高,且误检率和漏检率较低。其中,基于 MS-SVM 主动学习方法的检测精度最优。两种方法得到的矿区土地变化范围检测结果如图 4-38 所示。

　　2. 结合 S²CVA 和 SVM 的矿区土地变化类型检测

　　以 MS-SVM 方法检测得到的结果为例,对矿区影像计算变化像元的 S²CVA 光谱特征变化强度和变化角度,分析其在极坐标系下的散点分布。图 4-39(a)所示为第一层次的变化方向极坐标分布图,该层次可以明显区分出两类变化类型。接下来根据极坐标系下的聚类分布,又在变化角度弧度值[0.3,0.5]、[2.5,2.8]分别选取 100 个样本点作为两类变化类型的样本,利用 SVM 分类器进行划分。结果如图 4-39(b)、(c)所示,根据其聚类特点,我们

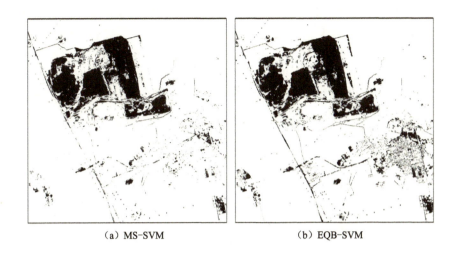

（a）MS-SVM　　　　　　（b）EQB-SVM

图 4-38　基于 MS-SVM 和 EQB-SVM 主动学习方法得到的矿区土地变化范围检测结果

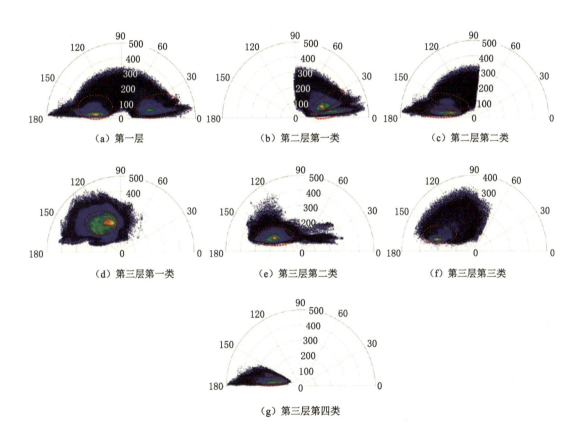

（a）第一层　　　　　　（b）第二层第一类　　　　　　（c）第二层第二类

（d）第三层第一类　　　　　　（e）第三层第二类　　　　　　（f）第三层第三类

（g）第三层第四类

图 4-39　矿区影像 S^2CVA 变化方向在极坐标系下的分布图

还可以进一步将其划分为两类细小变化类型。第一类选取弧度值[0.1,0.25]、[0.45,0.55]的样本,第二类选取弧度值[2.6,2.7]、[2.9,3.0]的样本,各区间随机取 100 个样本,分别训练 SVM 分类器,结果为图 4-39(d)、(e)、(f)和(g)。

根据这三个层次的分析,最终得到四种变化类型,矿区土地变化类型检测结果如图4-40所示。其中,黄色表示第一类变化类型——煤层变化为裸土,红色表示第二类变化类型——植被变化为裸土,蓝色表示第三类变化类型——植被变化为煤层,绿色表示第四类变化类型——裸土变化为植被的变化类型。由图 4-40 可知,S^2CVA 能够较好地区分第一类和第二类变化类型,能够有效区分出矿区煤层、裸土和植被间的变化。S^2CVA 的总体精度和 Kappa 系数分别为 0.933 8 和 0.722 5,精度较高。

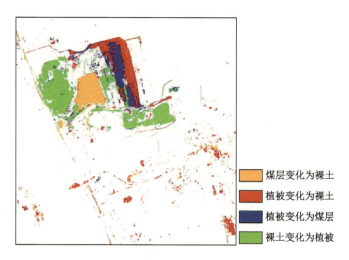

图 4-40　S^2CVA 矿区土地变化类型检测结果

第四节　基于深度学习的矿区土地破坏监测

传统的遥感影像变化检测算法需要大量的人工干预,限制了变化检测的计算效率和自动化程度。深度学习是一种多层表示学习方法,用简单的非线性模块构建而成,这些模块将上一层表示(从原始数据开始)转换为更高层、更抽象的表示。由图像卷积运算和深度神经网络相结合发展出来的深度卷积神经网络(deep convolutional neural networks,DCNN)是当前深度学习的代表算法之一,通过多层的卷积层、非线性激活单元以及池化层对影像进行抽象表达,自动提取影像中的浅层特征(如纹理特征、形状特征)和深层特征(如地物的大小、方向及位置信息等),能够自动、多层次地提取复杂地物的抽象特征,并对噪声有很强的鲁棒性,已被成功应用于遥感影像目标检测和语义分割。

应用深度学习方法,将遥感影像变化检测问题转化为影像二值化(变化范围检测)或多类别语义分割(变化类型检测)问题。现有的 DCNN 语义分割网络可通过模型迁移方式引入矿区土地破坏信息的变化检测中,利用反向传播算法对 DCNN 参数进行更新学习,采用端到端的模型训练方法,降低变化检测过程的人工干预,提高变化检测流程的自动化程度。此外,根据前后两时期遥感影像标签制作方式的不同,深度学习变化检测方法可分为分类后检测和直接检测两大类。分类后检测即对两个时相影像分别进行分类后逐像元对比,从而确定矿区土地破坏的范围,根据标签的类别还可以检测土地破坏的类型。直接检测是对前后两时期的矿区影像经过目视解译,将绘制的矿区土地变化参考影像作为标签,通过模型训练,直接提取出矿区土地破坏的变化信息。

一、典型的语义分割网络

(一)全卷积网络

全卷积网络(fully convolutional networks,FCN)(Shelhamer et al.,2016)用 VGG 等预训练网络模型提取影像的特征,将神经网络的全连接层换为卷积层,从而获得一张二维的特征图,网络中使用 Softmax 激活函数层可以得到每个像元点的类别信息,从而解决了端到端的影像分割问题。Shelhamer 等(Shelhamer et al.,2016)给出了 FCN 网络的三种结构,如图 4-41 所示,FCN-32s 直接对得到的最后一层(pool5 layer)的特征图进行 32 倍上采样,然后逐点预测结果;FCN-16s 是先将 pool5 层的特征图进行 2 倍上采样,然后把 pool4 层的特征影像和 2 倍上采样后的特征影像逐点地进行相加,最后直接对相加的结果进行 16 倍上采样,得到最终的预测结果。FCN-8s 则是将 pool4 层的特征影像进行 2 倍上采样,pool5 层的特征影像进行 4 倍上采样,然后将上采样后的特征影像和 pool3 层的特征影像进行相加并进行 8 倍上采样。所有网络结构在进行上采样时,采用直接对特征影像进行影像缩放的双线性差值方法。不同网络上采样方式证明了使用多层特征图融合的方法有利于提高分割结果的准确性和恢复影像的边缘信息。FCN 网络的出现实现了将端到端的 CNN 推广到了语义分割中,并使用预训练好的 ImageNet 网络权重提取影像特征,提出了使用跳跃连接的方式改善上采样导致的影像粗糙的问题。

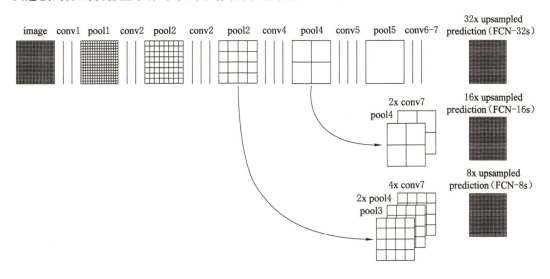

图 4-41　FCN 网络结构

虽然 FCN 网络中使用了短连接的多特征融合,但是最后的预测结果边缘部分仍旧模糊,影像中的细节部分不够精细,此外对各个像元进行类别判断时,没有充分考虑像元与像元之间的空间一致性,忽略了影像的全局上下文信息。

(二)U-Net 网络

U-Net(Ronneberger et al.,2015)网络的特点是,它是 U 形对称结构,网络结构如图 4-42 所示。网络的左侧包含由 4 个卷积层组成的编码端,每个卷积层由 2 个卷积核堆叠形成,在获取更大感受的同时,减少网络中的参数量。卷积过程中影像没有在四周填充,相邻卷积层每次降采样后的特征图数量个数乘 2。右侧是 4 个上采样层组成的解码结构,上采样过程采用转置卷积的方式进行,可以避免在传递过程中产生的特征丢失问题,此时相邻上采样层的特征图尺寸大小乘 2,特征图的数量减半。跳跃连接(skip connection)将编码端提取的特征和对应的上采样层的特征图进行维度方向的融合,充分利用底层信息,改善影像边缘细节从而恢复出更好的干净的目标影像,同时跳跃连接加入底层信息可以解决网络层数较深的时候梯度消失的问题,有助于梯度的反向传播,加快模型训练过程。相较于FCN 中使用的短连接,U-Net 采用的是长跳跃连接方式将网络中提取的深层和浅层影像特征进行融合,且在融合方法上,FCN 是通过对应像元相加的方式进行融合,而 U-Net 网络结构中则是对特征在波段维度进行拼接,保留了更多的维度位置信息。

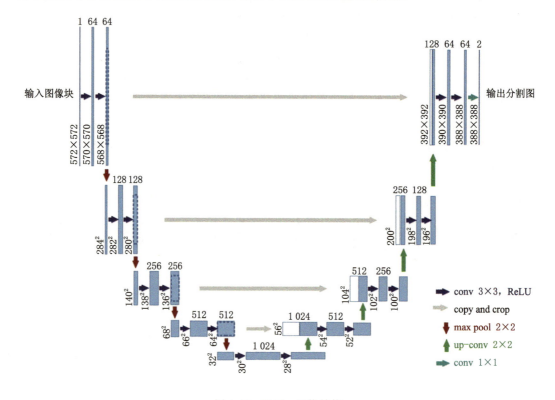

图 4-42 U-Net 网络结构

U-Net 网络被提出后,在医学影像分割中广泛使用。并且随着神经网络应用在遥感卫星影像智能处理中的逐步兴起,利用 U-Net 网络提取遥感卫星影像中的建筑物、城市道路、耕地等任务也拓展了 U-Net 网络结构及其衍生出来的相似结构的应用领域。

（三）SegNet 网络

SegNet(Badrinarayanan et al.,2017)网络结构和 U-Net 相似,均由编码端和解码端组成,网络结构如图 4-43 所示,SegNet 的新颖之处在于解码端的上采样(upsample)方式,在解码端没有利用跳跃连接的方式直接融合底层信息。编码端通过由 13 层卷积层组成的网络(预训练的 VGG16 网络前 13 层)提取特征。池化过程在保持特征不变性、对特征图进行降维的同时,还要记录每个池化结果在原特征图上的空间位置即最大池化索引值(max pooling indics),在解码端对低分辨率的特征图进行上采样逐层恢复影像大小时,使用编码端每一层池化过程中记录的池化索引值进行非线性上池化(unpooling),上池化的采样方式增加了特征图稀疏性,使用上池化可以改善分割影像的边界划分,减少网络结构中端到端训练的参数量。

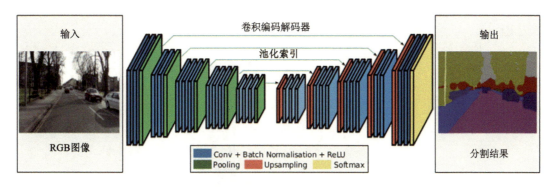

图 4-43 SegNet 网络结构

(四)生成对抗网络

生成对抗网络(generative adversarial network,GAN)主要由生成网络和判别网络组成(Goodfellow et al.,2014)。生成网络(generative network)和判别网络(discriminator network)通常是由包含卷积在内的多层网络构成。生成网络的主要作用是不断地根据输入数据生成新的数据分布,判别网络的主要作用则是判断生成网络生成的数据是真实数据还是虚假数据;两者在 GAN 网络模型的训练过程中相互对抗,最终生成网络和判别网络共同学习到最优状态。

对于 GAN 网络模型,我们需要同时训练两个网络模型,即获取数据分布的生成网络模型和估计数据是否源于真实样本概率的判别网络模型。生成网络在模型训练过程的目标是最大化判别网络犯错误的概率,让生成的虚假数据骗过判别器;而判别网络在模型训练过程的目标是最小化判别网络犯错误的概率,能准确分辨出哪些数据是真实数据哪些数据是生成的虚假数据。因此,这一过程对应两个训练网络的极大极小博弈。在 GAN 网络模型经过大量的迭代训练后,生成的数据分布和真实的数据分布基本吻合,判别模型处于纳什均衡,无法做出判断。

应用 GAN 网络模型进行遥感影像变化检测,其网络结构见图 4-44。GAN 的生成网络通常由一个编码解码结构的网络组成,通过对输入影像进行特征提取和影像大小恢复,得到一张二维影像,GAN 网络的判别网络可以是一个具有全连接结构的分类网络,也可以是一个编码解码结构的全卷积网络。若判别网络是一个全连接的分类网络,则直接对最后生成的整个图像块判别真假;若判别网络是一个全卷积网络,则分别对每个像元进行真假判别。

(五)孪生神经网络

孪生神经网络(siamese neural network)是一种用来衡量输入数据的相似度的网络(Koch G et al.,2015)。对于变化检测问题,可以为遥感影像上每个像元标记变化与未变化

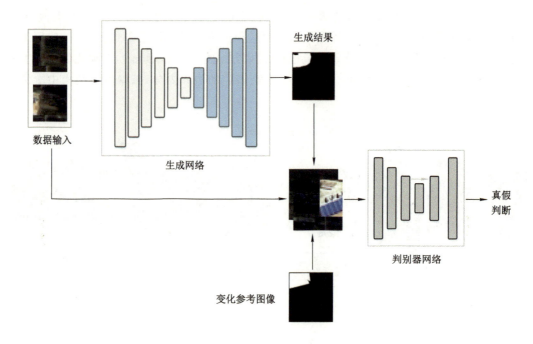

图 4-44　GAN 变化检测的网络结构

的标签,进而能够实现影像变化检测。孪生神经网络从输入的数据中学习一个相似性的度量,然后使用这个度量标准去比较和匹配新的样本。如图 4-45 所示,孪生神经网络拥有两个结构相同且共享权重的子网络。它们分别获取输入 X_1 与 X_2,然后将其转换为向量 $G_w(X_1)$ 与 $G_w(X_2)$,再通过一种距离度量方式计算输出值间的距离,如欧氏距离。网络的训练样本为 (X_1,X_2,y),根据不同的需要将 y 设置成 0 或 1 的标签来表示不变化或变化。

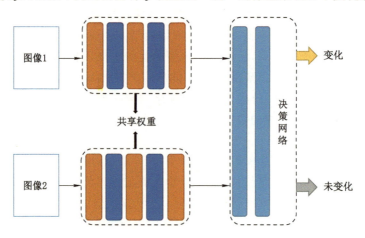

图 4-45　基于孪生神经网络的变化检测

　　孪生神经网络与一般的神经网络的不同之处在于它是一个双通道的输入,即两张影像分别进入两个相同的子网络,然后进行独立的卷积、池化等操作,两个子网络是共享权重的,这两张影像的卷积结果会通过一个相似度的度量才会开始有联系。

二、分类后检测

分类后检测以影像分类结果为基础,对分类图进行对比。由于各时相影像分类过程是独立的,分类后检测能够克服由于不同数据源造成的成像条件、传感器等差异,减少由于影像配准误差造成的变化检测精度下降的问题,而且能够同时获取变化类型信息。但在影像分类过程中存在误差积累,加之变化检测过程中利用分类图进行检测,造成了信息损失,限制了变化检测的效果。

（一）数据预处理

变化检测需要对同一地理位置的多源遥感数据进行综合分析,对数据预处理有特殊要求。遥感影像预处理包括几何校正、辐射校正、影像增强、影像融合、影像镶嵌和裁剪等,其中,对于变化检测最为关键的是几何校正和辐射校正,对检测的精度有较大影响。由于遥感平台位置、传感器观测角度和成像的几何特性、大气条件、地形等条件的差异性,影像的几何畸变各不相同,因此,对于不同时相获取的遥感影像,同一地物的坐标、形状、尺寸等不一致,无法重叠,需要对影像进行几何校正。根据不同的应用目的和情况,几何校正的方式有两种,即影像间的相对配准和绝对配准,两者原理相同,均是根据影像控制点的对应关系,模拟影像之间的畸变实现配准。几何校正对于变化检测精度的影响很大,如果几何校正的精度不足,会使得变化检测结果中出现大量伪变化信息。

基于深度学习方法的数据相比于传统的遥感影像数据需要更多的预处理步骤,包括为前后时相影像的每个像元标记地物类型的标签,以固定的格式储存起来方便程序的读取。标签的格式可以是自定的,也可以是主流的多标签数据格式如 MS COCO(Lin et al.,2014)、Pascal VOC(Everingham et al.,2015)、ImageNet(Russakovsky et al.,2014)等。最后将标注好的影像与标签文件制作成遥感影像分类数据集,并将数据集分为训练集、验证集与测试集。训练集用来训练神经网络模型,验证集用来监控模型是否发生过拟合,测试集用来评估最终模型的泛化能力。

（二）基于深度学习的遥感影像分类

利用神经网络对两时相影像进行分类,只需要读取影像,读取标签,调整参数,就可以获得含有分类信息的影像。图 4-46 是前后时序影像的分类结果示例(高峰 等,2019)。

（a）前时序影像

（b）后时序影像

图 4-46　前后时序影像分类结果

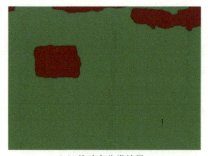

（c）前时序分类结果   （d）后时序分类结果

图 4-46 （续）

（三）变化检测

由于分类结果为二值图形式，可以直接对图 4-46 中的(c)和(d)两幅分类结果图进行影像分析，得到变化初始结果[图 4-47(a)]，通过对其进行形态变换后处理得到最终变化检测结果[图 4-47(b)]，可以看出后处理能有效地减少神经网络带来的像元级斑点误差。

（a）差值计算结果   （b）后处理结果

图 4-47 差值计算结果与后处理结果

三、直接检测

直接检测的标签影像不再是基于每张遥感影像的类别制作，其标签影像是目视解译得到的变化检测结果图，是前后时相变化范围的像元级标注，以此组成的数据集通常为前后时相的遥感影像[图 4-48(a)和(b)]与参考影像[图 4-48(c)]，参考影像是含有变化和未变化标签的二值影像。由此可以通过训练网络直接获得变化检测结果图。

不同于输入单幅影像的语义分割问题，利用直接检测方法对矿区土地破坏进行变化检测的网络需要同时输入前后两时期的遥感影像。如何对前后两时期遥感影像进行合适的处理，然后将处理后的数据输入到变化检测网络是一个重要的问题。目前针对前后两时期遥感影像不同的网络输入方式，常用的预处理输入方法有以下三种。

（一）影像叠加

对前后两时期遥感影像在经过数据预处理输入到编码端网络之前，对遥感影像采用在

(a)   (b)   (c)

图 4-48　数据集示例(https://ieee-dataport.org/open-access/oscd-onera-satellite-change-detection)

波段方向进行叠加融合的方法,即将前后两时期的遥感影像合并在一起,如输入的前后两时期影像均为三波段影像,影像在波段方向叠加融合后,变为 6 个波段的影像。然后将合并后新的遥感影像输入到网络编码端中,利用深度卷积神经网络优秀的特征提取性能,从多波段影像中提取出变化信息的浅层和深层影像特征。前后两时期遥感影像波段叠加的输入方式如图 4-49 所示。

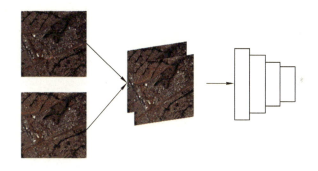

图 4-49　影像叠加输入

（二）变化强度影像

变化强度影像上像元值大小可以表示前后两时期遥感影像上的地物是否发生了变化。若地物发生了变化,则前后两时相遥感影像的像元光谱值出现较大变化,变化强度影像值较大,影像较为明亮。若地物没有发生变化,则前后两时期遥感影像的光谱差异较小,对应位置的变化强度影像上的像元值较小,影像较暗。变化强度影像通常可以通过对前后两时期遥感影像进行逐像元计算,然后得到像元的变化强度。常用的计算前后两时期遥感影像变化强度影像的方法有影像相减和计算两幅影像的距离测度,详见表 4-7。利用影像相减和欧氏距离等方法计算得到的变化强度影像,输入编码结构网络中,如图 4-50 所示。

（三）孪生网络方式

孪生网络有两个相同结构的子网络。分别输入变量 f_{t_1}、f_{t_2},通过神经网络特征提取,得到最后的特征向量 F_{t_1}、F_{t_2},最后利用距离度量的方式,如使用欧氏距离,计算输出特征向量之间的距离,若距离结果标签值为 0,则表示输入变量 f_{t_1}、f_{t_2} 不相似;若得到的结果标签

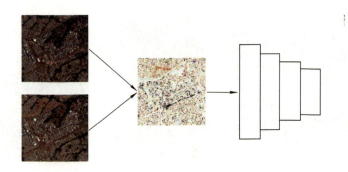

图 4-50　输入变化强度影像

值为 1，则输入变量 f_{t_1}、f_{t_2} 的相似度为 100％。

　　孪生网络与一般的 CNN 的不同之处在于它的网络输入部分是一个双通道的影像输入，也就是同时将两幅不同的影像分别输入到子网络中，然后利用子网络分别提取这两幅影像的特征，子网络之间的参数值通过权值共享的方式实现。对于遥感影像变化检测问题而言，孪生网络结构可以同时将前后两时期的影像输入到网络结构中，通过权值共享方式提取前后两时期遥感影像中的差异特征，编码端网络将每层提取的特征进行特征融合，如图 4-51 所示，其中 C 既可以表示特征影像相减、计算距离测度，也可以表示特征影像在波段维度方向的叠加。

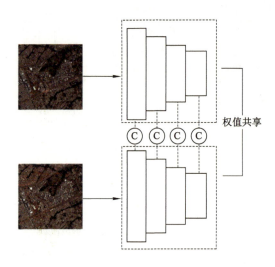

图 4-51　孪生网络结构

四、案例分析

　　高分辨率遥感影像的矿区地物特征丰富，传统方法难以满足矿区变化检测速度和自动化程度的需求，而 DCNN 语义分割模型可以有效提取遥感影像特征，作为遥感影像解译的技术支撑，通过对同一区域不同时期遥感影像进行数据处理和影像对比分析，检测出矿区的地表覆盖变化信息，以辅助矿区环境的保护和恢复。下面介绍 U-Net 孪生网络直接变化检测方法的应用案例(向阳 等,2019)。

（一）数据预处理

1. 数据介绍

以内蒙古自治区呼伦贝尔市宝日希勒露天矿区为例,利用 2012 年 4 月资源三号 (ZY-3)卫星影像和 2016 年 7 月高分一号(GF-1)卫星影像,监测分析研究区的土地破坏和修复变化情况。两期影像均包含蓝、绿、红和近红外 4 个波段,经几何校正、正射校正和辐射校正预处理后,通过目视解译制作得到土地覆盖变化参考图,如图 4-52(c)所示,其中白色表示变化区域,黑色表示未变化区域。

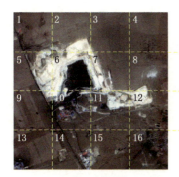 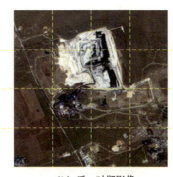 

（a）前一时期影像　　　　　　　（b）后一时期影像　　　　　　　（c）变化参考影像

图 4-52　实验数据

2. 数据准备

对于 ZY-3 和 GF-1 多光谱遥感影像,任意三个波段组合可以得到不同显示效果的彩色影像,其中真彩色影像中的地物颜色与实际地物颜色接近或者一致,反映了地物的实际状况,便于直接通过视觉判读得到矿区内的地表覆盖变化情况。因此,将多光谱影像的红、绿、蓝三个波段分别加载到红、绿、蓝三通道进行波段组合,得到真彩色影像后进行后续的模型训练和测试。选取编号为 2、3、9、12、15、16 的前后两期影像块以及对应的变化参考影像块作为训练集,其余影像块为测试集。对训练集影像对和参考影像按照 100 个像元的重叠度裁剪成大小为 200 像元×200 像元的影像,共得到 726 幅影像。将裁剪得到的影像按照 8∶2 的比例随机进行划分训练集和验证集,得到训练集影像数量为 581 幅,验证集影像数量为 145 幅。为了增加训练样本的数量、提高数据特征多样性、增强模型的鲁棒性和泛化能力,后又对训练集数据进行随机数据增强,主要包括:90°、180°和 270°旋转,以及水平、垂直翻转。

（二）技术方法

对 U-Net 孪生网络进行改进并应用至遥感影像变化检测中。首先,用步长为 2 的卷积层替换原 U-Net 结构编码端中的池化层以避免信息丢失,确保像元级变化检测效果,如图 4-53(a)所示,其中 m 为特征影像在特征维度方向上的融合;然后在编码端中增加影像中心环绕处理环节,如图 4-53(b)所示,将同一卷积层的中心区和环绕区在维度上进行特征融合,融合后的特征影像通过跳跃连接(skip connection)输入至解码端;接着增设特征金字塔结构,

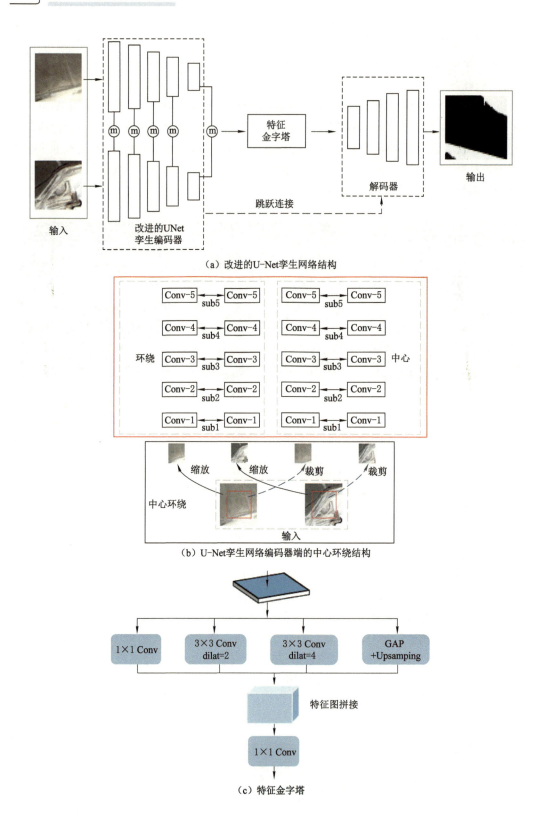

（a）改进的U-Net孪生网络结构

（b）U-Net孪生网络编码器端的中心环绕结构

（c）特征金字塔

图 4-53 基于 U-Net 孪生网络的直接变化检测方法

该结构由 3 个膨胀系数为 1、2、4 的空洞卷积核和一个带有上采样的全局平均池化(global average pooling,GAP)模块组成,如图 4-53(c)所示,不同膨胀率的空洞卷积用于获取多尺度语义信息,GAP 用于获取图像的全局信息;由特征金字塔生成的多尺度特征张量直接输入到网络的解码端,进行特征跳跃连接和图像大小恢复,最后预测得到变化二值图像。

（三）结果分析

为了验证改进方法的有效性,设计了四种对比方法。对比方法 1 为考虑光谱特征和纹理特征的像元级 SVM 变化检测方法;对比方法 2 为考虑光谱特征和纹理特征的面向对象 SVM 变化检测方法;对比方法 3 为未加特征金字塔模块的改进 U-Net 孪生网络变化检测方法;对比方法 4 为未加中心环绕和特征金字塔模块的 U-Net 孪生网络变化检测方法。前两组对比实验是深度学习与传统机器学习的方法比较,后两组对比实验是改进方法的消融实验。

选取图 4-52 中编号为 5 和 6 的影像块检测结果进行可视化展示,如图 4-54 所示。与对

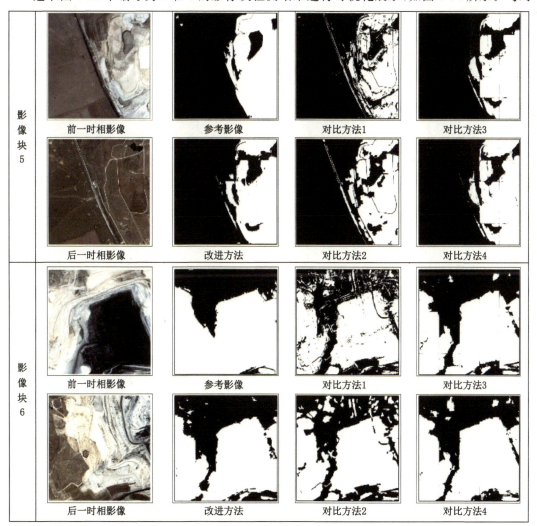

图 4-54　基于改进 U-Net 孪生网络的变化检测结果

比方法 1 和 2 得到的变化检测结果相比较,U-Net 孪生网络能够自动提取遥感影像的底层特征和高层语义特征,其变化检测的自动化程度和整体效果均优于 SVM 等传统机器学习的变化检测。测试集的变化检测结果精度对比见表 4-11。消融实验结果表明,影像块中心环绕和特征金字塔模块增加了模型的多尺度信息和特征提取时的感受野,提高了边缘检测精度,地物完整性较好。

表 4-11　基于改进 U-Net 孪生网络的变化检测结果精度对比

评价指标	Kappa 系数	总体精度	误检率	漏检率
改进方法	0.812 9	0.957 2	0.008 8	0.226 1
比较方法 1	0.690 1	0.932 7	0.163 3	0.355 9
比较方法 2	0.736 6	0.941 1	0.150 1	0.296 0
比较方法 3	0.797 3	0.954 3	0.083 0	0.253 3
比较方法 4	0.804 6	0.951 2	0.170 1	0.204 9

第五章　矿区植被退化监测

　　植被具有物质生产、水土保持、美化环境等诸多功能，因而是矿区生态环境监测的重要对象，绿色矿山建设、矿山地质环境保护与土地复垦都将植被作为重要的指标。但由于矿区植被类型多样、空间异质性强、变化性强、受扰因素多，植被退化是矿区生态环境监测的难点。本章首先分析矿区植被退化的形式与特征，然后讨论矿区植被退化的监测内容，在此基础上介绍矿区植被退化监测的样方调查、光谱遥感监测、激光雷达监测、自动化定位监测等技术，最后阐述了植被退化监测的应用领域，给出了四个矿区植被退化监测的实例。

第一节　矿区植被及其退化形式与特征

一、矿区的植被特征

（一）矿区生态特征

1. 矿区的分布

　　采矿活动广泛分布在地球上的各个生物气候区，但主要是沿成矿带分布，如富含有色金属的安第斯山脉跨越南美洲 7 个国家。美国地质调查局的世界矿床数据库（Major mineral deposits of the world database，United States Geological Survey）记录了世界上的 1.2 万余个大型矿床，2014 年国土资源部统计我国有 10 万多个矿山。尚没有确切的数字表明全球采矿业扰动了多少土地，有学者估算全球有 1‰ 的陆地被采矿扰动，有研究表明，至 2011 年全球金属采矿扰动了 1.20 万 km^2 土地（Murguía et al.，2016），中国煤炭和金属矿山 1987—2020 年累计损毁 2.6 万 km^2 土地（周妍 等，2013），美国有 0.92 万 km^2 露天采矿迹地（Soulard et al.，2016）。

2. 矿区的环境

　　矿区是一个特定的生态空间，物理边界常用矿业权界线来确定。相比城市、农田、森林或草原，矿区生态空间所遭受的扰动更为剧烈。例如，露天采矿彻底清除地表岩层、土壤和植被；井工采矿挖损数米到千米深的地球基岩，所引起的地面沉陷直接改变区域地形和水文系统；在采矿之后，企业、政府或利益相关者常常不得不投入巨资重建生态系统。矿区为植被提供的环境条件较差，主要体现在土壤缺乏、环境污染、干扰因素多等方面。由于矿区不仅提供矿产资源，还需要提供环境安全、生存空间、生态产品等人类福祉，在这个过程中，植被具有关键的作用。

（二）矿区植被特征

1. 植被及其分类

　　植被是覆盖地面的植物及其群落的总称。按照种类组成、外貌与结构、生态地理和动态特征,植被可以分为多个类型。地球上,根据群系或植被型植被可分为热带雨林、热带季雨林、热带稀疏草原、亚热带常绿阔叶林、常绿硬叶林、亚热带荒漠、温带夏绿阔叶林、温带草原、温带荒漠、北方针叶林、极地冻原 11 个植被带。

我国地域辽阔,植被类型复杂多样。1980 年出版的《中国植被》建立了中国植被的分类体系,主要以植物群落特征及其与环境的关系作为分类依据,包含三级主要分类单位,即植被型(高级单位)、群系(中级单位)和群丛(低级单位),在三个主要分类单位之上分别增加辅助单位,即植被型组、群系组和群丛组,在植被型和群系之下主要根据群落的生态差异和实际需要可再增加植被亚型或亚群系(宋永昌,2017)。中国植被分类系统如表 5-1 所示。

表 5-1 《中国植被》中植被的分类系统

等级		划分依据
高级单位(生态外貌)	1) 植被型组(Group of vegetation-type)	植被型组是建群种生活型相近、群落外貌基本相似的植被型的联合,如针叶林、阔叶林、荒漠、沼泽等
	2) 植被型(Vegetation-type)	植被型是建群种Ⅰ级或Ⅱ级生活型相同或近似、对水热条件生态关系一致的"群系"联合,是一定的气候区域的产物,如寒温性针叶林、落叶阔叶林、常绿阔叶林、草原等;就隐域植被而言,它是一定的特殊生境的产物
	3) 植被亚型(Vegetation-sub-type)	主要是根据优势层面的结构差异,一般是由气候压带的差异或一定的地貌、基质条件的差异引起的,如落叶阔叶林分出 3 个亚型:① 典型落叶阔叶林;② 山地杨桦林;③ 河岸湿生落叶阔叶林
中级单位(区系特征)	4) 群系组(Formation group)	是建群种亲缘关系近似(同属或相近属)、生活型近似、生态特点相似的群系联合而成的,如常绿阔叶林中的栲林类、青冈林、石栎林、润楠林、木荷林等群系组
	5) 群系(Formation)	群系是建群种或共建种相同(在热带或亚热带有时是标志种相同)的植物群丛联合,如辽东栎林、马尾松林、大针茅草原、荩芨草草甸
低级单位(区系特征,着重标志种组)	6) 群丛组(Association group)	群丛组是层片结构相似,而且优势层片与次优势层片与次优势层片的优势种或共优种相同的植物群丛联合。
	7) 群丛(Association)	群丛是层片结构相同,各层片的优势种或共优种(南方某些类型中则为标志种)相同的植物群落联合。这里所称的标志种是指生态幅狭窄,对该类型有指示作用或标志作用的种

根据上述分类系统和分类,中国植被中的自然、半自然植被分为 6 个植被型纲,13 个植被型亚纲和 31 个植被型组,如表 5-2 所示。

表 5-2 中国植被分类的高级单位

植被型纲(1 级)	植被型亚纲(2 级)	植被型组(3 级)
一、森林(Forest)	Ⅰ. 针叶林(Needle-leaved forest)	1. 落叶针叶林(Deciduous needle-leaved forest)
		2. 常绿针叶林(Evergreen needle-leaved forest)
	Ⅱ. 针阔叶混交林(Mixed needle broad-leaved forest)	3. 针阔叶混交林(Mixed needle broad-leaved forest)

表 5-2(续)

植被型纲(1级)	植被型亚纲(2级)	植被型组(3级)
一、森林 (Forest)	Ⅲ. 阔叶林(Broad-leaved forest)	4. 落叶阔叶林(Deciduous broad-leaved forest) 5. 常绿阔叶落叶混交林(Mixed evergreen deciduous broad-leaved forest) 6. 常绿苔藓林(Evergreen mossy forest) 7. 常绿硬叶林(Evergreen sclerophyllous forest) 8. 常绿阔叶林(Evergreen broad-leaved forest) 9. 热带雨林(Tropical rain forest) 10. 热带季风雨林(Tropical monsoon rain forest) 11. 热带雨岸林(Tropical coastal forest)
	Ⅳ. 竹林与竹丛(Bamboo forest & Bamboo thicket)	12. 竹林(Bamboo forest) 13. 竹丛(Bamboo thicket)
二、灌丛 (Thicket)	Ⅴ. 针叶灌丛(Needle-leaved thicket)	14. 常绿针叶灌丛(Evergreen needle-leaved thicket)
	Ⅵ. 阔叶灌丛(Broad-leaved thicket)	15. 常绿革叶灌丛(Sclerophyllous thicket) 16. 落叶阔叶灌丛(Deciduous broad-leaved thicket) 17. 常绿阔叶灌丛(Evergreen broad-leaved thicket)
	Ⅶ. 肉刺灌丛(Thorn-succulent thicket)	18. 肉刺灌丛(Thorn-succulent thicket)
三、草本植被 (Herbaceous vegetation)	Ⅷ. 旱生草本植被(Xeric herbaceous vegetation)	19. 温带草原(Temperate steppe) 20. 高山草原(Alpine steppe) 21. 稀疏草原(Savanna)
	Ⅸ. 中生草本植被(Mesophytic herbaceous vegetation)	22. 草甸(Meadow) 23. 疏灌草丛(Sparse shrub grass-land)
四、极端干旱植被 (Extreme xeromorphic vegetation)	Ⅹ. 荒漠(Desert)	24. 温带荒漠(Temperate desert) 25. 高山荒漠(Alpine desert)
五、极端寒冷植被 (Extreme frigid vegetation)	Ⅺ. 高山高寒植被(Alpine cold vegetation)	26. 高山冻原(Alpine tundra) 27. 高山垫状植被(Alpine cushion vegetation) 28. 高山流石滩植被(Alpine scree vegetation)
六、极端多水植被 (Extremely watery vegetation)	Ⅻ. 沼泽(Swamp)	29. 沼泽(Swamp)
	ⅩⅢ. 水生植被(Aquatica vegetation)	30. 淡水水生植被(Fresh water vegetation) 31. 咸水水生植被(Salz water vegetation)

随着对植被分类的深入研究,学者提出对中国植被分类系统进行修订,增加农业植被、城市植被和无植被地段等植被型组(郭柯 等,2020)。其中农业植被和城市植被都是栽培植被,是根据人类的意愿而人为构建的植物群落,种类组成、群落结构、生态外貌和群落动态等都受人类的控制。

农业植被型组是以获取农产品为目标,由人工栽培和持续管理的植被类型组成。农业植被型组包括粮食作物、油料作物、纤维作物、糖料作物、药用作物、饮料作物、饲料作物、烟草作物、菜园、果园、花卉园、其他经济作物共 12 个植被型，即按农业植被用途或功能型划分。城市植被型组是以绿化、美化和环境保护为目标，由人工栽培或自然存留在城市环境中的植被类型组成。城市植被型组包括城市森林、城市草地、城市湿地、城市行道树及城市公园植被（复合类型）等 5 个植被型。无植被地段完全缺少高等植被覆盖，或以微型地衣、藻类等低等植物为主，偶然有极个别高等植物生长的地段，包括冰川、多年积雪、盐壳、裸山、熔岩、戈壁、流动沙漠、风蚀裸地，以及高等植物稀少的河流、湖泊、海洋等水域（郭柯 等，2020）。

2. 矿区植被特点

（1）类型复杂

由于矿区分布在各个自然地理区，几乎地球上所有植被类型区域都有采矿活动，因而矿区之间具有较强的植被类型差异。早期采矿活动主要发生在人类聚集较多的温带和亚热带地区，近年来，采矿活动扩展到亚马逊热带雨林、北半球极地冻原、干旱半干旱草原等生态脆弱区，这些地区植被结构简单，生态恢复难度大，引起了广泛的担忧。

在矿区内部，由于矿区面积一般在几平方千米到数千平方千米，空间异质性较大。一些矿区具有多个植被型组。如，我国的神东矿区位于晋陕蒙生态过渡带，这一地区植被型组从落叶阔叶林过渡到落叶阔灌丛、疏灌草丛和温带草原。另外，矿区内部因为人工修复和自然演替，还存在一些非地带性的植被型组。一般而言，经过人工修复的，形成了栽培植被，这些栽培植被主要是以防风固沙和水土保持为目的。还有一些矿区在采矿后没有经过生态修复，由于坡陡、土壤缺乏、压实、干旱、污染、种子库缺乏等，演替速度慢，缺少高等植被覆盖，形成了无植被状态的裸地。

（2）遭受胁迫

由于采矿活动造成污染、挖损、修复等生态扰动，这使得矿区植被处于胁迫状态中。如，采矿塌陷使得地面积水，植被处于水淹胁迫状态；金属矿山析出重金属污染物，使得植被受到污染胁迫。矿区植被受到采矿活动的胁迫后，植物光合作用、呼吸、营养物质运输等生理过程受到影响。这会使植物个体损伤或者死亡，植物群落结构改变，生产能力和生态功能降低。

（3）结构简单

由于矿区植被大多是经过采矿扰动后残留的，或者是人工建设的，植被结构相对于周边对照区较为简单。特别是矿区人工建设的植被，按照人为设计的密度和配置进行大规模植被建设，缺乏长期管护，在演替后，一些物种退化消失，植物群落由于缺乏种子库和土壤肥力，难以实现更新。调查发现，澳大利亚博文盆地采矿复垦土地上主要是侵略性较强的水牛草和相思树，缺少本土的桉树，复垦土地物种数量比原地貌少，而且随着年限的增加，物种数还在减少（Erskine et al.，2013）。

（三）矿区植被意义

自然植被作为一种资源，其作用主要体现在：植被是人类生存环境的重要组成部分，是显示自然环境特征最重要的指标，是进行自然区划与农业区划不可缺少的重要指标之一。植被由植物群落组成，植物能进行光合作用，能为人类提供第一性生产物质，如木材、粮食、蔬菜、果品、工业原料与药材等。自然植被中保存有多种多样的生物物种或遗传基因，如果要发掘与利用，必须对它们进行有效的保护与深入研究。植被对周围环境有巨大的改造调节作用。造林绿化可改善大气污染、净化水体，还能保持水土、涵养水源、调节气候等。植被是自然景观中最好的可见要素。它能指示土壤类型、结构组成、肥力和盐碱化程度,并能指示地下水位和矿化程度。因植被具有指示与改造环境的功能,在地质勘测与矿物勘探方面有较大辅助作用。

对于矿区而言,植被的作用主要体现在指示矿产、改善环境、生态产业三个方面。

1. 指示矿产

植物体形态的变异和体内元素含量的异常可以用来指示找矿或者采矿。例如,长江中下游地区铜矿化带上的花竹常由于叶片中毒而退绿;山西中条山铜矿区的石竹下部的茎和叶多呈紫红色,在亚热带地区的檵木嫩枝中的铀含量异常可以指示铀矿存在。新疆准格尔盆地油气藏区内的红砂(枇杷柴)和博乐蒿的氨基酸含量均较无油区高,油气区植物的灰分含量也显著高于无油区,油气区中的植物群落的覆盖度大于无油区。一年生草本植物生长也较好,生活期较长,有些植物生长异常,如囊果碱蓬和枇杷柴当年生枝的上部产生枯枝,并出现成片枯枝,在遥感影像图上产油区会显示出异常色调(王荷生 等,1994)。

一些植物对某些化学元素有富集作用,利用这一特性,发展了农业采矿,其实质是利用农业措施和富集植物在金属矿区提取贵重金属,如提取镍(Ni)。植物还可以指示与采矿相关的地质环境,如我国西部干旱地区利用蓑草属和梭梭属等植物群落判断地下水的分布。在植被茂密区,可以用植被类型来判别岩石的类型(宋永昌,2017)。我国发现的金属矿指示植物见表 5-3。

表 5-3 我国发现的金属矿指示植物

植物名称	群落学特征	指示矿种	地点
海州香薷	纯群落或优势种	Cu	安徽、湖北、山东
宽叶香薷	优势种	Cu	山东
铜钱叶白珠树	优势种	Cu	四川
头花蓼	优势种	Cu	四川
细柄蓼	优势种	Cu	云南
酸模	优势种	Cu	湖南、安徽
瞿麦	优势种	Cu,Mo	长江中下游
海州香薷 蝇子草 石竹 女娄菜 酸模	共优势种	Co,Mo	长江中下游
海州香薷 女娄菜 酸模	共优势种	Co,Fe	长江中下游
老牛筋(毛轴蚤缀)	优势种,生长密,分枝多	Pb,Zn	内蒙古东部
戟叶堇菜(箭叶堇草)	优势种	U	江西

2. 改善环境

由于植被具有降尘、保持水土、生产氧气、调节气候、美化景观的作用,矿区植被通常被用来开展景观建设和水土保持。在矿区内部的生产和生活场所,通常使用侧柏、洋槐、八爪槐、丁香等物种来美化环境,我国一些矿区还建设了花园式矿山。在矿区的沉陷区、排土场、生产道路等区域,一些植物被用来防风固沙、保持水土、土壤培肥、净化水质。常见的植物有沙棘、苜蓿、刺槐、油松等。表5-4列出了《水土保持工程设计规范》(GB 51018—2014)中规定的常见水土保持植物。

表5-4 常见的矿区水土保持植物

区域或植被类型区	耐旱	耐水湿	耐盐碱	沙化(北方及沿海)、石漠化(西南)
东北	辽东桤木、蒙古栎、黑桦、白榆、山杨;胡枝子、山杏、文冠果、锦鸡儿、枸杞;狗牙根、紫花苜蓿、爬山虎	兴安落叶松、偃松、红皮云杉、柳、白桦、榆树	青杨、樟子松、榆树、红皮云杉、红端木、火炬树、丁香、旱柳;紫穗槐、枸杞;芨芨草、羊草、冰草、沙打旺、紫花苜蓿、碱茅、鹅冠草、野豌豆	樟子松、大叶速生槐、花棒、杨柴、柠条锦鸡儿、小叶锦鸡儿;沙打旺、草木樨、芨芨草
三北	侧柏、枸杞、柠条、沙棘、梭梭、怪柳、胡杨、花棒、杨柴、胡枝子、沙柳、沙拐枣、黄柳、樟子松、文冠果、沙蒿;高羊茅、野牛草、紫苜蓿、紫羊茅、黄花菜、无芒雀麦、沙米、爬山虎	柳树、怪柳、沙棘、胡杨、香椿、臭椿旱柳	怪柳、旱柳、沙拐枣、银水牛果、胡杨、梭梭、柠条、紫穗槐、枸杞、白刺、沙枣、盐爪爪、四翅滨藜;芨芨草、盐蒿、芦苇、碱茅、苏丹草	樟子松、柠条、沙棘、沙木蓼、花棒、踏郎、梭梭霸王;沙打旺、草木樨、芨芨草
黄河流域	侧柏、柠条、沙棘、旱柳、怪柳、爬山虎	柳树、怪柳、沙棘、旱柳、刺柏	怪柳、四翅滨藜、柠条、沙棘、沙枣、盐爪爪	侧柏、刺槐、杨树、沙棘、怪柳、杞柳;沙打旺、草木樨
北方	侧柏、油松、刺槐、青杨;伏地肤、沙棘、柠条、枸杞、爬山虎	柳树、怪柳、沙棘、旱柳、构树、杜梨、垂柳、钻天杨、红皮云杉	怪柳、四翅滨藜、银水牛果;伏地肤、紫穗槐	樟子松、旱柳、荆条、紫穗槐;草木樨
长江流域	侧柏、马尾松、野鸭椿、白皮松、木荷、沙地柏多变小冠花、小冠花、金银花、爬山虎	柳树、水杉、池杉、落羽杉、冷杉、红豆杉、芒草	南林895杨、乌桕、落羽杉、墨西哥落羽杉、中山杉;双穗雀稗、香根草、芦竹、杂三叶草	南林895杨、马尾松、云南松、干香柏、苦刺花、蔓荆;印尼豇豆
南方	侧柏、马尾松、黄荆、油茶、青檀、香花槐、藜蒴、桑树、杨梅;黄栀子、山毛豆、桃金娘、假俭草、百喜草、狗牙根、糖蜜草、铁线莲、爬山虎、五叶地锦、鸡血藤	水杉、池杉、落羽杉、樟树、木麻黄、水翁、湿地松、榕树、大叶桉;铺地藜、芒草	木麻黄、南洋杉、怪柳、红树、椰子树、棕榈;苇状羊茅、苏丹草	球花石楠、干香柏、旱冬瓜、云南松、木荷、黄连木、清香木、火棘、化香常绿假丁香、苦刺花、降香黄檀、任豆;象草、香根草、五叶地锦、常春油麻藤

表 5-4(续)

区域或植被类型区	耐旱	耐水湿	耐盐碱	沙化(北方及沿海)、石漠化(西南)
热带	榆绿木、大叶相思、多花木兰、木豆、山楂、澜沧枥;假检草、百喜草、狗牙根、糖蜜草、爬山虎、五叶地锦	青梅、枫杨、水杉、喜树、长叶竹柏、长蕊木兰、长柄双花木	木麻黄、柽柳、红树、椰子树、棕榈	砂糖椰、紫花泡桐、直干桉、任豆、顶果木、枫香、柚木

3. 生态产业

植被具有物质生产功能,矿区通常利用植被发展生态产业,主要有经济林果、农作物、畜牧业、生态旅游四种形式。其中,经济林果是指在矿区栽种沙棘、文冠果、山杏等经济树种,发展延伸的生态产业。如,我国神东矿区在沉陷区发展沙棘产业,年产果实 2 万 t,产品包括沙棘果汁、沙棘种子、沙棘茶叶等。农作物产业是指在矿区栽种小麦、水稻农作物,发展农业。畜牧业是指利用矿区土地种植牧草,例如,新奥克兰矿在复垦土地上开展科学放牧实验、在沿河流缓冲区种植植被来保护考拉和野生动物生境、循环利用水资源。生态旅游是指在矿区营造丰富的植物群落,提高景观观赏价值,发展旅游产业。例如,我国徐州徐矿集团权台矿和旗山矿的采煤塌陷区域,经过生态修复,植物达到 97 科 227 属 353 种,大大提升了景观价值。

二、矿区的生态扰动

扰动,也被称为干扰。生态学观点下,扰动一般被认为是一种暂时变化,这种暂时变化可能是生物或非生物条件的变化,这种暂时变化可以使得生态系统发生显著变化(Clewell et al.,2013)。常见扰动如火灾、放牧、森林采伐、道路建设等。扰动是自然界中无时无处不在的一种现象,直接影响着植被的结构和功能,扰动对植被的影响有利有弊(陈利顶 等,2000)。在矿山领域,采矿扰动受到广泛关注,是因采矿活动而产生的,对矿山生物和非生物环境造成影响。此外,土地复垦与生态修复其实也是一种扰动,主要是对矿区挖损、压占、塌陷和污染土地采取的地形重塑、表土覆盖、充填等工程措施。

(一)采矿活动

矿山植被所遭受的扰动主要是因采矿活动产生的。世界上主要的采矿方法为露天和井工开采两种形式。露天开采剥离移除浅埋矿产资源的上覆岩层、土壤和植被,采矿扰动与恢复形式较为单一。相比之下,井工开采的扰动则较为复杂,由于矿产资源赋存条件和本底生态条件不一样,采矿扰动形式具有较大的地域分异性,例如潜水位的差异使得采矿沉陷后积水状况不同。

1. 开采沉陷

开采沉陷及其对植被的扰动如图 5-1 所示(杨永均,2020)。地表大面积塌陷,影响植物的生长发育,甚至造成绿色植物的大幅度减少。土地塌陷对植物的影响情况与矿区的地形、地貌、地质、区域气候、地下潜水位高低等自然要素和采矿条件有关,可按地形、地貌和潜水位高低大致划分为 4 类影响区。

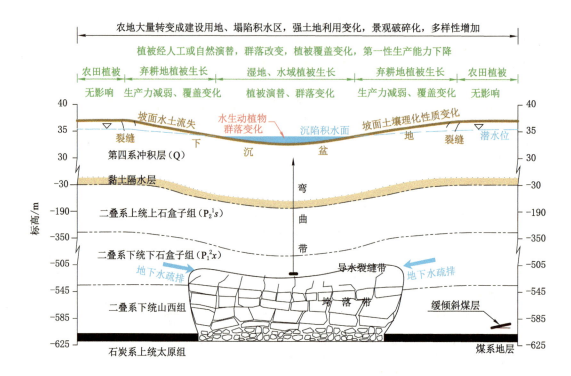

图 5-1　开采沉陷及其对植被的扰动

　　① 高潜水位的平原矿区。通常高潜水位平原矿区地面沉陷后,地表会出现积水。位于常年积水区的土地不能耕种,绿色植物大幅度减少;位于季节性积水的土地会减少种植茬数或严重减产。

　　② 低潜水位的平原矿区。在潜水位较低的平原矿区,由于开采沉陷,地势变低,潜水位抬高,一方面在雨季很容易出现洪涝,使土地沼泽化;另一方面,在旱季潜水蒸发变得强烈,地下水易于携带盐分上升到地表,使土地盐碱化。土地出现沼泽化和盐碱化,使作物生长明显受到抑制,在一些重盐碱土上甚至寸草不生。在草原地带,由于潜水位上升影响牧草的生长发育,积水区会变成沼泽地,使牧草绝产。

　　③ 丘陵矿区。在丘陵地区,当地下开采使地表上凸部分下沉时,将减小地面凸凹不平的程度,有利于植物生长;当地下开采使地表下凹部分下沉时,将增大地面的凸凹不平的程度,不利于植物生长;另外,在干旱的丘陵地区,如果地下开采引起地表裂缝发育,将使地表水易于流失,土壤变得更为干燥,亦会影响植物的生长,裂缝还使得植株倒伏、植物根断裂或损伤。

　　④ 山区矿区。在山区,开采沉陷对植物的影响情况主要与区域气候和地质条件有关。一般情况下,山区开采沉陷对植物影响不大。但在某些干旱的山区,由于开采沉陷引起的地表裂缝[图 5-2(a)]、台阶、塌陷坑、滑坡,地表水流失严重,土壤微气候变得更为干燥,土地更容易被风、水等侵蚀,也严重影响植物生长,造成农作物减产。山区地下开采常疏干地下水,当导水裂缝带贯穿地表潜水,常使得泉水断流、潜水疏干,依赖于潜水生长的湿生、中生植被死亡消失,演替成旱生植物群落。

| (a) | (b) |

图 5-2　开采沉陷引起的裂缝和积水扰动

2. 采掘排土

露天采矿一般包括剥离、采矿、排弃、堆置、造地。采掘区直接剥离上覆的岩土层和排土场，排土压占对植被造成直接摧毁的影响，露天矿采矿过程如图 5-3 所示。整体来看，露天采矿带来的生态效应是突然的、强烈的，原有的植物群落被整体清除。美国阿巴拉契亚山脉总计有 639 处被露天采矿削平（平均削低 34 m），有 284 处被充填（平均填高 53 m）（Wickham et al.，2013）。我国平朔露天煤矿每年黄土剥离量达到 3 500～4 000 万 m³（杨博宇 等，2017），近 30 年间有 127.57 km² 林地和耕地植被被直接移除（张笑然 等，2016）。此外，排土压占也是一种剧烈的扰动，例如平朔矿区排土形成了相对高度达 190 m 的山丘，这些人工岩土体又间接带来失稳变形、滑移等扰动，还存在矸石堆积、自燃、污染扰动，进而干扰植被（樊文华 等，2010；郭麒麟 等，2012）。

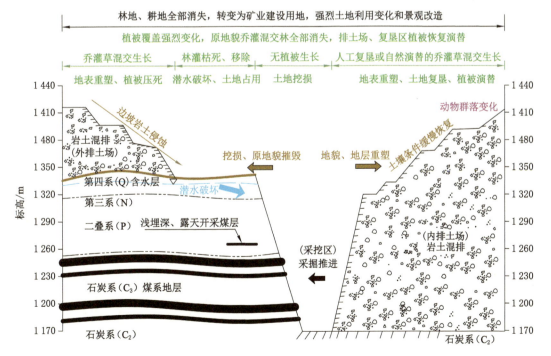

图 5-3　露天采矿及其对植被的扰动

3. 环境污染

煤炭开采过程中会产生大量的有害气体,主要有煤炭开采过程中释放出的瓦斯(主要成分是 CH_4),煤炭自燃生成的 CO_2、CO、SO_2 等。这些有害气体排放到空气中对臭氧层会产生较大破坏,还会加重温室效应,导致酸雨发生。此外,矿山排放的高盐、酸性废水进入土壤和水体中,抑制植物生长。采矿还伴生 Zn、Pb、Cu、Cd 等重金属污染物。

煤炭开采对大气、水和土的污染,最终会影响植物生长,主要是降低种子的发芽率和脂肪含量,降低植物体系一些酶的活动和叶绿素含量,抑制植物光合作用和生长发育。研究表明,当 Cu^{2+} 浓度为 $20\sim50$ mg/L 时,能够促进喜树种子萌发,并提高其发芽势;但当 Cu^{2+} 浓度达到 $50\sim100$ mg/L 时,则会抑制喜树种子胚根和胚芽的生长(孟格蕾 等,2018)。露天矿区煤粉沉降会在一定程度上影响白榆、梭梭、柽柳及猪毛菜的光合生理特性,会对其生长发育产生一定的限制作用,随时间推移煤粉沉降可能会导致当地的植被覆盖度降低(李玉洁,2019)。受污染胁迫的矿区植被群落如图 5-4 所示。

图 5-4　受污染胁迫的矿区植被群落

(二)修复工程

除采矿活动扰动外,还有一些人工生态恢复工程也是矿区植被的干扰因素。表 5-5 总结了主要的矿区土地生态恢复工程类型及生态效应。这些工程主要包括预防控制、表土剥覆、充填复垦、挖深垫浅、坡面治理、水利兴修、交通建设、生物修复、农田防护、土地调控、景观建设等(杨永均,2020)。

表 5-5　主要矿区土地生态恢复工程类型及生态效应

类型	工程内容
预防控制	保护矿柱、采空区充填、离层注浆、协调开采等
表土剥覆	表土剥离存放、表土(客土、原生土)覆盖等
充填复垦	裂缝充填、沉陷充填等
挖深垫浅	挖掘、蓄水、覆土、平整等
边坡治理	降坡、护坡、梯田等
水利兴修	兴建地表、地下水库,引水设施,灌排沟渠等
交通建设	生产、生活道路等

表 5-5(续)

类型	工程内容
生物修复	动植物、微生物恢复等
农田防护	防风林、固沙林等
土地利用	土地利用结构、方式、权属、管理制度调整
景观建设	遗迹、观赏性湖泊等景观设施

一般情况下,人为的生态恢复工程如果被成功实施,可以对矿区植被产生正面作用,从而产生人们期待的正面效应。如,对沉陷区进行充填复垦,可以重塑土壤结构,增加耕地,使得沉陷区粮食生产的生态系统服务能力被恢复,这些工程的实施会带来社会经济成本;反之有可能带来负面效应。如充填复垦过程中,引入的充填物料可能会析出污染物,对植被生理生态产生负面影响。因而,这些生态修复工程也可以被看作是施加给矿区植被的扰动。这种扰动有正面效应,也有负面效应。

(三)其他扰动

矿区植被不仅遭受采矿活动和修复工程的扰动,还遭受着自然和其他人为扰动。如,土体在重力作用下产生滑坡;排土压占区或剥离区的重组的松散岩石和土壤在重力作用下板结;裂缝在自然营力(水、风等)作用下被自动充填;污染物在生物和非生物的作用下逐渐分解;生物随着风、水流等发生自然迁移;覆盖土地的农作物随土地非农化而被清除。根据现场调研和资料分析,表 5-6 总结了主要矿山生态恢复期扰动类型及效应。这些自然和人为扰动包括生物入侵、气候变化、土地遗弃、野火、砍伐、放牧、干旱、洪涝、虫灾、风灾、土地利用变化、社会经济变化等(杨永均,2020)。

表 5-6 其他自然或人为扰动类型及效应

类 型	效 应
生物入侵	植物群落组分变化,导致多样性丧失、同质化程度增加
气候变化	气候要素变化,如温度升高、大气 CO_2 浓度升高等,影响植物生长
野火	部分植物死亡后更新演替
砍伐	改变林分结构,减少生物量
放牧	生物和土壤组分变化,如多样性改变、土壤压实破坏
干旱	气候和水文组分变化,降雨少、可利用水量少等,植物生长受到影响
洪涝	气候和水文组分变化,降雨多、水分过量等,植物生长受到影响
虫灾	植被组分变化,如多样性损失、立地生物量损失
风灾	土壤和水分变化,立地生物量损失
土地利用变化	改变人文组分,如土地用途、土地权属、管理制度、产业结构、人口承载量、经营模
社会经济变化	式,进而影响植被类型和分布

三、矿区的植被退化

植被的研究包括个体、种群、群落和生态系统四个尺度。实际上矿区植被退化也体现在这四个尺度上。

（一）植物个体退化

植物是生命的主要形态之一，包含了如树木、灌木、藤类、青草、蕨类、绿藻、地衣等生物。植物在自然界中具有不可替代的地位，植物可以固定太阳能，为生命活动提供能量，为其他生物提供了赖以生存的栖息和繁衍后代的场所，具有净化大气、水体、土壤和改善环境的作用，还是天然的基因宝库。植物是由六大器官（根、茎、叶、花、果实、种子）构成的。

矿区植被退化在个体水平上表现为植株个体物理形态和生理生态的退化。在物理形态方面，由于受矿区沉陷、裂缝、挖损、压占、积水、干旱等的干扰，植株可能会发生倒伏、折断、破损现象，这导致植株受损，生物量减少。植株各器官的性状（如叶面积、根长、冠幅等）可能也会受到影响，例如，当地下水疏漏时，杨树发生枯梢，形成"小老头"树。在生理生态方面，采矿和其他干扰发生后，植物受到水分丰缺、污染物、营养元素丰缺的胁迫，植物光合作用、呼吸作用、蒸腾作用、植物酶活性、植物内源激素等的水平下降，导致植株生长受限，严重时植株会死亡。

（二）植物种群退化

种群的一般定义是"同物种个体的集合"，指某一特定时间内某一特定区域中由同一物种构成的生物群体。植物种群具有的特性是：固着生长，个体不能移动；自养性营养；具有无限的分生生长和多样的繁殖系统。种群的数量特征主要包括数量、密度、年龄、分布范围等。

矿区植被退化在种群水平上表现为种群中个体数量、密度、年龄结构和分布范围的变化。在数量方面，沉陷积水使得农作物渍水死亡，群体数量减少，干旱、裂缝、污染同样也会使得种群中个体数量减少。在密度方面，由于干旱、营养亏缺等原因，土壤水分和肥力异质性程度增大，植物种群发生自疏现象，密度减小。在年龄结构方面，裂缝、污染常使得对环境适应能力较弱的老（幼）龄植株死亡，从而改变年龄结构。在分布范围方面，地下水减少，植物种群生态位的宽度减小，种群退化。植物种群退化监测对于矿区农作物和保护植物有较强的生态学意义。

（三）植物群落退化

植物群落是某一地段上全部植物的综合，它具有一定的种类组成和种间的数量比例，一定的结构和外貌，一定的生境条件和功能。植物群落的数量特征包括多度、密度、盖度、频度、体积、优势度、多样性，植物群落具有垂直结构和水平结构，还具有一定的外貌和季相。植物群落是不断演替变化的。

通常情况下，矿区植被退化研究的尺度是在群落水平上完成的。群落水平是矿区植被退化集中体现的尺度。一方面，植物个体和种群的退化最终可以反映到植物群落水平上，例如，成片的植株发生营养元素亏缺，植株叶绿素降低，最终反映到群落整体叶绿素水平降低；地下水位下降使得湿生植物的种群中个体数量减少，最终反映为群落的演替变化。另一方面，植物群落在中观尺度上能够直接用肉眼或现代遥感手段观测，群落尺度的植被指标有利于从整体上评价和监管矿区植被退化。

在群落水平上，矿区植被退化主要发生在类型、面积、结构、功能等方面。在类型方面，由于露天采矿植被清除、植物群落演替等原因，矿区植物群落可能发生类型和面积的改变，最为显著的就是采矿沉陷后,农业植被转变为水生植物群落。在结构和功能方面,矿区植被退化主要表现为群落内种的数量变化、水平和垂直结构的变化、植被净初级生产力的变化。

(四)生态系统退化

生态系统是指在自然界的一定空间内,生物与环境构成的统一整体,在这个统一整体中,生物与环境之间相互影响、相互制约,并在一定时期内处于相对稳定的动态平衡状态。生态系统具有形态和营养两个方面的结构。生态系统的基本功能是物质循环、能量转换以及信息传递。生态系统能够为人类提供供给、支持、调节和文化服务。植被是生态系统中的初级生产者,具有重要的作用。植被的退化最终导致整个生态系统的退化。

矿区生态系统是由岩石、水文、土壤、植物、动物等组成的整体,与其他生态系统不同的是,矿区生态系统还有人的参与,且受到采矿活动的干扰。矿区生态系统退化的具体表现包括生态系统组分缺失,生态系统结构简单化,生态系统服务能力下降。

第二节　矿区植被退化的监测内容和方法

一、矿区植被退化的监测内容

尽管矿区植被退化体现在个体、种群、群落和生态系统这四个尺度上,但对矿区植被退化的监测主要是在群落尺度上完成的。通常,生物入侵和农作物研究仅关注一种或几种特定的植物。矿区植被退化聚焦的是群落整体,这是因为矿区是一个特定的空间范围,内部植被是以群落形式聚集和体现的,而不是单一植株或单一物种。同时,以群落形式开展矿区植被退化的调查和监测,比较容易实施。在群落尺度开展植被退化监测时,可以关注群落内部的个体和种群状况,还可以关注群落单元的生态系统功能状况。矿区植被退化的监测内容主要包括类型与面积、植被结构状况、生态功能状况、环境因子状况四个方面。

(一)类型与面积

1. 类型

对植物的分类主要是依据植物的起源和亲属关系,将植物分为不同的种类。按照国际植物命名法规,植物的分类阶元包括门、纲、目、科、族、属、组、系、种、亚种、变种、变型12个等级。根据植物整体特征的不同,还可以划分为生态类型(旱生植物、中生植物、盐生植物、肉质植物、沼生植物)、生活型(乔木、灌木、木质藤本、草质藤本、多年生草本、一年生草本、垫状植物、肉质植物)等。

一般而言,植被分类是指植物群落分类,植被分类的主要依据有外貌结构特征、植物种类特征、植被动态特征、生态环境特征。我国植被分类系统包括植被型组、植被型、植被亚型、群系组、群系、群丛组、群丛。其中,群丛是群落分类的基本单位,要求优势层片优势种组相同,必须具有一致的标志种(indicative species or symbolic species)。列出各层优势种的学名,中间用连接号联结,作为群丛的名称,例如,马尾松-杜鹃-盲其草群丛。

矿区植被的来源主要是原地貌、人为修复、完全重构植被。原地貌植被随矿区的生态地理区位不同,植被具有诸多类型,几乎包括了世界上所有植被类型。人为修复的植被主要是指在采矿扰动后,人工补栽、扶正、抚育形成的植被群落,是一种半人工植被。完全重构的植被是在采矿活动后依据水土保持、农业生产等目的人为设计栽种的植被,是一种栽培植被。我国目前的植被分类系统中,尽管有栽培植被类型,但尚没有矿山人工植被这一分类。

矿区植被退化监测时,对植物类型的监测,主要是通过现场调查和遥感方法对矿区植被进行分类,根据监测目的的不同,可以选取不同的分类等级和标准。首先,判定植被的有无,可以将矿区植被划分为有植被和无植被地段两个类型。其次,对有植被地段,可以依据生活型划分为森林、灌丛、草本、栽培植被等植被型组。再次,在植被型组之下,可以进一步划分植被型、植被亚型、群系组、群系、群丛组、群丛。此外,对矿区植被类型的监测,也可以直接识别植物的种,将其划分为生态类型和生活型。

2. 面积

面积是指不同植被类型所占的空间大小,面积可以分为表面积和投影面积。矿区植被面积通常是矿山地质环境保护与土地复垦的重要考核指标。

(二) 植被结构状况

结构是指组成整体的各部分的搭配和排列,生态学中,结构和功能两个概念相对应。对植被结构的研究应包括某个地段上植物个体、种群、群落水平上的结构特征。这些特征一般包括植物形态、生理生态、群落组分、群落结构、群落动态五个方面。

1. 植物形态

植物形态是植物的物理特征,包括植物的分子、细胞、组织、器官、个体等水平上的特征。具体指标包括:细胞壁厚度、种子干粒重、根系长度、根深、开花时间、叶长、叶宽、比叶面积、叶倾角、枝下高、高度、胸径、冠幅、三维体积等。需要指出的是,也可以通过统计学方法,表达种群、群落水平上的植物形态特征,如植物群落中植物个体的平均高度和胸径。

2. 生理生态

生理生态包括生理活动过程的各种生化参数,这些生理活动过程主要包括植物光合作用、呼吸作用、蒸腾作用、植物酶活性、植物内源激素等。植物生化参数常用指标包括叶片碳、叶片氮、叶片磷、叶绿素、叶黄素、水分、氮、木质素、纤维素、酶、可溶性糖、可溶性蛋白、光能利用率、荧光、光合速率、波文比、水分利用效率、实际蒸散发量、光和有效辐射吸收系数、碳储量、生物量、污染物的含量等。也可以通过统计学方法,表达种群、群落水平上的生理生态特征,如植物群落中植物个体的叶片碳和叶绿素含量。

3. 群落组分

任何一个植物群落总是由一定的植物种类组成的。对群落的观测,首先是要确定群落的植物种类组成。组成群落种的数量特征包括多度、密度、盖度、优势度、频度、重要值、高度、深度、质量、体积、同化面积、吸收面积。在此基础上,还可以调查种类组成的区系特征,即对植物分类学单位(属、科、生活型、地理成分、起源地、出现时间、谱系结构)进行统计。衡量群落组分丰富程度的指标有物种丰富度、物种多样性。其中,物种丰富度是指某一植物群落中单位面积内拥有的物种数,物种多样性是指一个群落中物种数目以及各物种个体树木的分配。物种的多样性包括三种:α 多样性、β 多样性和 γ 多样性。

4. 群落结构

植物群落的结构一般是指形态结构,包括垂直和水平结构。其中,垂直结构是指植物群落在空间上的垂直变化,通常称为成层现象,包括地上成层、地下成层和水中成层。地上成层最为明显,通常分为乔木层、灌木层、草本层和地被层。植被监测中,垂直结构主要考察植株高度、种树、生物量、覆盖度、间隙率、冠幅、叶面积指数、叶绿素等指标随群落高度的变化。水平结构是指群落在水平空间上的分化,种群水平分布的格局包括随机、集群、均匀和嵌式分布。

此外,群落中植物种的结合特征也是群落结构监测的重要内容,主要包括层片、小群落和植物功能群等。其中层片由同一生活型或相近生活型的植物所构成,在群落内占有相同的空间,在时间上也有独特性,并在群落内形成一定的植物环境,是群落形态学上的结构单位。小群落是群落的一部分,不能脱离群落,森林林冠下的地被植物聚成的小斑块。植物功能群(plant functional type)是指在一个群落中一组种以及一系列具共同的生物学特征,执行相似功能,具有相同机制、相似反映的有机体组合。

5. 群落动态

群落动态是指植物群落在时间上的变化,主要有物候、波动、演替三种类型。群落季相变化是由植物的物候现象决定的,主要观测指标包括不同植被现象年复一年重现的时序节点(如发芽、展叶、开花、结果、衰老、休眠),常见的指标如生长季起始时间点、结束时间点、生长季长度。群落波动是一个群落内部组成种类个体数量的变动,主要有隐匿、振荡、周期、偏离波动四种类型。演替是某一地段上一个群落被另一个群落代替的过程。演替过程中群落特征的考察指标主要有种群结构、物种多样性、优势种替代、分层性、种间关系、生活史、繁殖体寿命、总生物量、生产量与生物量之比、净生产量、矿物质循环、营养物质的贮存库、生境状况、群落环境的重要性、土壤剖面、地形部位、稳定性、抗干扰能力。

(三)生态功能状况

植物的主要生态功能是物质生产与物质循环,此外,还有调节气候、净化环境、保持水土及提供生境、景观、文化功能。生态功能状况的监测指标主要包括总初级生产力、净初级生产力、作物产量、碳固定量、氮固定量、温度、SO_2 吸收量、水土保持量(冠层截留量、枯落物水分含量、产沙量、产流量)、生物生境面积、观赏植物面积、文化价值等。

(四)环境因子状况

在监测矿区植被状况的同时,应对环境因子状况进行监测,用于分析和评估矿区植被退化的原因和程度。这些环境因子包括地形、土壤、水文、光照、生物、空气。地形因子的主要指标包括坡度、坡向、高程、地面粗糙度等,土壤因子包括土壤的物理、化学和生物指标,如有机质、容重、粒径等,水文因子包括降雨量、径流、树干液流、地下水位埋深、矿化度、土壤含水量、蒸散发量、空气湿度等,光照因子包括群落不同位置的光照强度、光合有效辐射、空气温度,生物包括群落内的动物、微生物等。空气因子包括 CO_2、O_2、O_3、负氧离子、SO_2 等。

二、矿区植被退化的监测技术

(一)样方调查技术

在进行植被的野外调查时,不可能对植被的全体逐一进行清点,只能抽取一部分进行研究,即取样调查(sampling)。

1. 取样方法

① 代表性样地法。根据主观判断有意识地选取某些典型的、有代表性的样地进行调查,因此是主观选择取样。

② 随机取样法。把整个群落地段作为一个整体,以固定面积的样方作为取样单位。

③ 分层随机取样法。在植被不均匀的情况下,把植被划分为不同的小类型,各层次之间应当尽量均匀一致,不同层次间的差别越大越好。

④ 系统取样法。先随机地决定一个样本单位的位置,然后每隔一定间距取一个样本。

矿区内部自然环境条件异质性强,受到干扰因素、植被恢复因素、原地貌植被格局的影响,宜优先采用分层随机取样法,注重在不同干扰、恢复、原地貌区域设置样方,开展植被退化调查。植物群落的所有类型样方大小要根据不同的植被类型来确定。森林群落样方规格通常为:10 m×10 m,20 m×20 m,或者 20 m×50 m,灌木群落样方通常为 5 m×5 m 或 2 m×5 m,草木群落样方通常为 2 m×2 m 或 1 m×1 m,实际工作中要根据群落的特点和研究目的来确定样方大小。

2. 调查方法

(1)调查准备

根据研究目的准备植被调查所需要的各种仪器设备和图件资料。仪器设备包括皮尺、游标卡尺、测高仪、土壤水分速测仪、土钻、记录本、记号笔、调查表、卫星定位仪、全站仪、生长锥等。图件资料包括调查区域的遥感影像图、交通地理图、植被类型图、井上下对照图、采矿开拓布置图、生态修复或土地复垦工程平面图等。

(2)样地的选择

所选择样地的植物群落类型要有代表性,最好不要选在两种群落类型的交错地带上或者特殊的小地形、小环境处。用卫星定位仪测量并记录样地经纬度和海拔高度。

(3)样方的圈定

样方在样地上应随机分布。选择一个随机点,将铁签或木桩垂直钉在地面上,将样方绳固定在此点上,按预先确定的样方大小用卷尺量出这两条边的边长,围成样方,并用铁签或木桩固定样方另外 3 个点。

(4)调查和记录

在所圈定的样方范围内,调查植物形态、生理生态、群落组分、群落结构、群落动态五个方面。并将各类指标记录在调查表或基于移动 GIS 的数据库上。

(5)资料整理

整理记录表,检查各个样方的编号,按照编号顺序整理资料。对不认识的植物采集标本并立即编号,以便带回室内进行鉴定。

(二)光谱遥感监测技术

1. 技术原理

遥感技术是近年来新型的植被调查技术,被广泛用于森林、灌丛和草原的调查和监测。其技术优势在于可以节省大量野外工作、获取大范围的数字化植被信息。矿区植被退化遥感监测的基本技术原理是利用卫星、航空飞机、无人机等平台获取多光谱或者高光谱遥感影像,基于遥感影像的光谱、纹理和变化特征来提取各类植被参数(张佳华 等,2010;林亲录,2014)。

植被在不同的波段,具有不同的吸收和反射光谱特征。在可见光波段内,在中心波长分别为 450 nm(蓝色)和 650 nm(红色)的两个谱带内为叶绿素吸收峰,在 540 nm(绿色)附近有一个反射峰。在光谱的中红外阶段,绿色植物的光谱响应主要被 1 400 nm、1 900 nm 和 2 700 nm 附近的水的强烈吸收带所支配,如图 5-5 所示(张佳华 等,2010;林亲录,2014)。

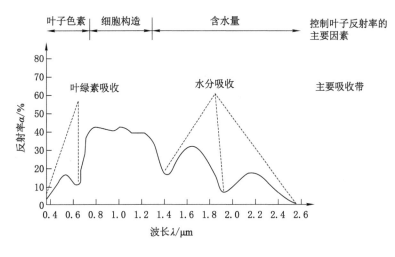

图 5-5　植被的光谱特征

　　影响植被叶片光谱特征的因素有叶绿素、叶子的组织构造、叶子的含水量、植被覆盖度。植被受地球化学元素异常影响(如金属毒害作用),会出现中毒性病变,其光谱则发生"蓝移"(向短波方向偏移)。当叶绿素减少、叶黄素增加时,植物光谱发生"红移"现象,一些胁迫(如氮素或水分不足)也会使得植物产生一定程度的"红移",一般可以利用"红移"大小来诊断植物的健康状态。

　　2. 监测方法

　　(1)植被分类

　　矿区植被退化监测需要将矿区内的植被进行分类,如将其划分为无植被地段、有植被地段(原地貌植被、半人工植被、人工植被)等类型,或划分为受污染胁迫、不受污染胁迫的植被,或划分为森林、灌丛、草本等植被型组。基于遥感的矿区植被分类主要有人工判读、基于先验知识的分类、基于机器学习的分类等等方法。

　　① 人工判读。人工判读是根据图像纹理结构、色调,结合当地植被群落组成和植被分类图,经过现场调查和验证资料,对植被及其类型进行判读,并在图像上确定各个植被类型的空间边界。矿区植被的判读需要结合采矿工程和生态修复工程的平面布置图、地形地质图、正射影像图等资料。

　　② 基于先验知识的分类方法。根据是否具有先验知识分为监督与非监督分类。监督分类通常预先从遥感影像中选取相应已知植被类型的感兴趣区,利用样本区影像特征训练分类算法,然后对整个区域的植被进行分类。该类算法主要有最小距离法、最大似然法、平行六面体、二进制编码、光谱角及马氏距离法等。非监督分类又称聚类分析法,计算机通过统计原理对植被进行判读,将具有相似光谱信息的像元划分为特定植被类别,然后经过分类后处理形成最终分类,该类算法主要有 IsoData、K-Means 等算法(杨超 等,2018)。

　　③ 基于机器学习的分类方法。主要包括人工神经网络、支持向量机、决策树、随机森林

方法。人工神经网络是通过模拟大脑神经元的活动处理信息的方法,主要算法包括 BP 神经网络、模糊神经网络、Kohonen 自组织特征分类等。决策树分类是按照特定预设规则将遥感数据逐级向下分,最终得到具有单一或不同属性的子类别,主要算法包括 ID3、C4.5、See5.0/C5.0 及 CART 算法(杨超 等,2018)。

此外,还可以结合多时相影像和地形等辅助信息进行分类,还可以采用面向对象分类、混合像元分解等算法。

(2)参数提取

植被参数的遥感提取主要有统计方法、物理模型方法、混合方法及半经验方法、机器学习方法。

统计方法的基本原理是利用光谱和空间特征信号,建立植被参数的统计相关模型。物理模型方法利用植被光谱辐射传输模型,输入反射率光谱,得到全部植被生理生化参数。混合方法及半经验方法利用模拟数据,建立模型,代入实测遥感数据,得到遥感反演产品。机器学习方法通过输入训练数据(包括自变量和待反演的因变量参数),利用计算机自动学习建立模型,得到反演结果。

各类植被参数遥感反演都需要输入遥感图像的基本参量,主要是光谱和纹理特征。光谱特征包括各个波段的反射率,还包括一些基于波段反射率的植被指数,如表 5-7 所示。纹理参数是在灰度共生矩阵的基础上通过演算得到的一些统计量。常见的纹理特征参数包括均值、方差、均匀性等,如表 5-8 所示。

表 5-7　常见的植被指数

名称	缩写	表达式
归一化植被指数	NDVI	$NDVI=\dfrac{NIR-RED}{NIR+RED}$
差值植被指数	RVI	$RVI=\dfrac{NIR}{RED}$
比值植被指数	DVI	$DVI=NIR-RED$
增强型植被指数	EVI	$EVI=G\dfrac{NIR-RED}{NIR+C_1\times NIR-C_2\times BLUE+C_3}$
土壤调节植被指数	SAVI	$SAVI=(1+L)\dfrac{NIR-RED}{NIR+RED+L}$
修正的土壤调节植被指数	MSAVI	$MSAVI=\dfrac{1}{2}\left[(2NIR+1)-\sqrt{(2NIR+1)^2-8(NIR-RED)}\right]$

注:NIR、RED、BLUE 分别为近红外、红波段和蓝波段反射率。

表 5-8　常见的纹理特征参数

名称	表达式	含　义
均值	$f_1=\sum\limits_{i=0}^{L-1}\sum\limits_{j=0}^{L-1}iP(i,j)$	均值表征纹理的规则程度,均值越大,说明纹理越规则

表 5-8(续)

名称	表达式	含　义
方差	$f_2 = \sum_{i=0}^{L-1} \sum_{j=0}^{L-1} (i-u)^2 P(i,j)$	方差是灰度变化的强烈程度的指示器,方差越大,灰度变化越强烈,影像表现出明亮特征。对于均质图像,方差较小,影像呈灰暗特征。图像上的亮条区一般为图像的边
均匀性	$f_3 = \sum_{i=0}^{L-1} \sum_{j=0}^{L-1} \dfrac{P(i,j)}{1+(i-j)^2}$	均匀性用于度量灰度图像的均匀性和平滑性特征,对于灰度较为均匀的图像,其均匀性取值越大,且灰度共生矩阵元素向对角线靠拢,特征图像显示为亮区域;对于非匀质区域,灰度共生矩阵元素则会远离对角线分布,特征图像显示为暗区域
对比度	$f_4 = \sum_{i=0}^{L-1} \sum_{j=0}^{L-1} (i-j)^2 P(i,j)$	对比度又称非相似性,是纹理粗细程度的指示器。若灰度值差较大的像素对越多,则对比度大。一般情况下粗纹理所对应的像素对灰度值差较大且像素对数量多
相异性	$f_5 = \sum_{i=0}^{L-1} \sum_{j=0}^{L-1} iP(i,j) \mid i-j \mid$	相异性用于度量图像的非均质特性,若图像处于均质区域,其灰度共生矩阵的元素聚集于对角线附近,此时$\mid i-j \mid$较小,则相异性指数较小;对于非均质图像区域,由于共生矩阵元素远离对角线分布,此时$\mid i-j \mid$较大,则相异性值同步增大
熵值	$f_6 = \sum_{i=0}^{L-1} \sum_{j=0}^{L-1} P(i,j) \log P(i,j)$	熵值是信息量大小的度量,代表了图像中纹理的复杂程度。对于图像纹理程度复杂的情况,说明其有较大信息量,熵值高。反之,图像灰度值均匀分布,则熵值低。对于无任何纹理特征的图像,其熵值接近于 0
角二阶矩	$f_7 = \sum_{i=0}^{L-1} \sum_{j=0}^{L-1} P^2(i,j)$	角二阶矩又称能量(energy),用于指示图像均匀性特征。一般情况下,均匀区域灰度值变化较小,大部分像素对值相近;非均匀区域灰度值差较大,在整个灰度共生矩阵上依概率分布,并且元素值偏小。故非均匀区的角二阶矩相比均匀区域要小。角二阶矩对灰度变化较敏感,但是对变化值大小响应度较低
相关性	$f_8 = \left\{ \sum_{i=0}^{L-1} \sum_{j=0}^{L-1} (i \times j) P(i,j) - u_x u_y \right\} / \delta_x \delta_y$	相关性是灰度共生矩阵中行或列元素之间相似程度的度量,是灰度值特定方向的延长值的反映,延长值与相关性成正比

（3）变化检测

变化检测是通过对植被进行多次观测从而识别其状态变化的过程,变化检测的基本流程包括:① 预处理,通过预处理步骤进行数据的配准和辐射校正,减弱外界成像环境的影响从而简化变化检测问题;② 变化检测,分析多时相数据中地物的光谱、空间、纹理等特征差异,提取变化强度或"from-to"变化类型等信息;③ 阈值分割,将连续的变化强度利用阈值分割的方式转化为离散的变化信息,生成变化/未变化等语义结果;④ 精度评价,全面、准确地评价变化监测结果的精度(张良培 等,2017)。

中低分辨率遥感影像变化检测主要有影像代数法、影像变化法、分类检测法、光谱混合分析等。高光谱影像变化检测的方法主要有异常变化检测、精细变化检测。高分辨率影像变化检测主要有面向对象的变化检测、融合空间信息的变化检测两类。国际上专门用于植被变化检测的算法有 LandTrendr、BFAST、植被变化追踪算法 VCT,这些算法的基本思想是利用植被指数的长时序变化特征来实现植被变化检测。

露天矿区和高潜水位井工矿山植被变化具有突变性、大幅度的特征,利用变化检测算法可以很好地识别出植被退化的面积和类型信息。低潜水位井工矿山地表植被变化具有隐蔽性,主要体现在沉陷裂缝区域植物生活型的演替变化、植株个体的损伤和死亡,低分辨率遥感很难识别出面积和类型的变化信息,必须使用高分辨率或高光谱遥感技术进行检测。

(三)激光雷达监测技术

1. 技术原理

近年来,激光雷达技术被广泛应用到测绘领域,用于地形图测绘、三维场景建模、电力巡线等。激光雷达的基本原理是激光测距,通过记录激光从发射到接触目标再返回到接受系统的时间差,结合光的传播速度,计算传感器和被测物体之间的距离。目前,激光测距主要的实现方式有脉冲式测距和相位式测距(郭庆华 等,2018)。

根据搭载平台的不一样,激光雷达分为地基激光雷达和机载激光雷达。机载激光雷达主要搭载在无人机、汽艇、有人机等飞行平台上,可以获得大范围的三维信息,包括激光测距系统、定位系统、惯性导航系统等组成部分,如图 5-6 所示。

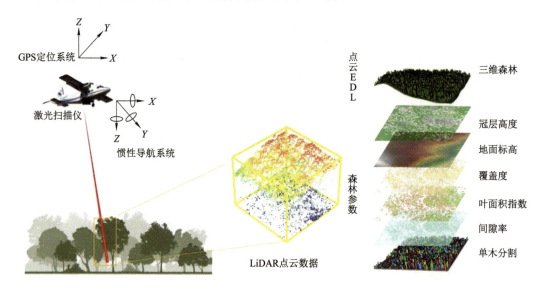

图 5-6 激光雷达技术监测植被状况

激光雷达扫描仪获取的原始数据为目标地物表面海量三维点集合,其中包含每个点的空间坐标(X、Y、Z)和反射强度等信息,通常称之为"点云"(point cloud)。基于点云数据,通过点云去噪、分类、滤波、插值等处理,可以生产数字表面模型(digital surface model,DSM)、数字高程模型(digital elevation model,DEM)和冠层高度模型(canopy height model,CHM)。

2. 监测方法

基于激光雷达技术监测植被状况,主要技术流程包括获取 LiDAR 点云数据,区分地面点和植被点,建立数字表面模型(DSM)、数字高程模型(DEM)、冠层高度模型(CHM),结合地面实测数据,建立统计模型、物理模型,提取森林参数,技术路线如图 5-7 所示。

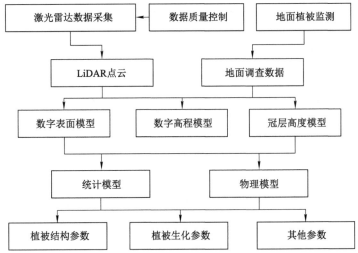

图 5-7　激光雷达监测植被状况的技术流程

（1）表面模型的生成

表面模型包括数字表面模型（DSM）、数字高程模型（DEM）和冠层高度模型（CHM）。在获取点云数据后,首先剔除噪声点,去除噪声点的算法一般包括高度阈值法、孤立点搜索法和过低点搜索算法。

在剔除异常点后,对点云进行分类,首先分离地面点。地面点是位于植被或建筑物等其他地物之下的回波点,提取地面点的分类算法主要有基于不规则三角网的地面点提取算法、基于拟合平面的地面点提取算法。植被点位于地面之上,按照植被点与地面点之间的距离,可以提取低矮植被点、中等高度植被点和高植被点。

点云数据呈离散点分布在三维空间中,为了以规则表面的形式对地形和植被进行表达,需要对点云数据进行栅格化,由全部回波点可以生成数字表面模型,由地面点可以生成数字高程模型。由于地面点受到密集树冠的影响,地面点是不均匀的三维离散点,在生成数字高程模型时,需要进行内插和空洞填充,主要算法有反距离加权、不规则三角网法、克里金法等。

利用数字表面模型（DSM）和数字高程模型（DEM）作差,可以得到冠层高度模型（CHM）,但 CHM 经常存在一些不自然的黑色或者灰色空间,即无效值和冠层间隙,需要对冠层高度模型进行空洞充填和表面平滑处理（李增元 等,2015）。

（2）植被参数的提取

基于激光雷达点云数据,可以开展单木分割、结构参数提取,如树高、冠幅、郁闭度、蓄积量和生物量等,提取方法如表 5-9 所示。

（3）三维模型的建立

利用激光雷达实现植被三维重建的基本步骤包括原始点云数据处理、DEM 数据创建、树木模型创建、三维展示。其中,树木模型创建的技术步骤包括枝干点分离、骨架线提取、细枝的添加、主干和枝条的表面添加、叶片的添加（郭庆华 等,2018）。

表 5-9　基于激光雷达的植被参数提取方法

类型	指标	描述或算法
垂直结构	95%百分位高度	近似于冠层顶部高度,与组合回波、首次回波平均高度相关
	平均植被高度	所有植被冠层激光点离地高度的平均值
	标准差(首次回波)	首次回波的离散程度,反映单木树高的离散程度
	林层指数	乔木层参照木的 n 株邻近木所占的比例与空间结构单元内林层结构多样性的乘积
	枝下高	林冠最下方到树干基部的高度,提取方法为回归预测法、曲线拟合法和分层切片法
	结构复杂性	所有不规则三角网表面积与投影面积的比例
水平结构	单木冠幅	基于 CHM 模型,利用单木分离算法直接提取
	冠层盖度	首次回波中高度大于 1.8 m 所占的点云总数的比例
	叶面积指数	单位面积叶片向下的投影面积,可基于间隙率测算
	胸径	利用 DBSCAN 算法对树干点进行分类,然后提取胸径
	林分密度	林木数量与样方面积的比值
	混角度	参照树周边不同种相邻木所占的比例
	林木竞争指数	林木所受竞争压力强度的指标,其值为竞争木与对象木胸径之比
	植被指数	利用光谱间的比值、差值指数反映植被健康和覆盖程度
	植被类型	利用激光点云特征进行植被分类,识别不同植物类型、植物生活型、植物功能群
内部结构	植被穿透率	植被首次回波的比例
	叶高度多样性	描述植被冠层结构的内部复杂性,为所有叶离地高度取值的香浓多样性
	偏度(首次回波)	与峰态(首次回波)高度相关

(四) 自动化定位监测技术

植被状况的监测已经逐步走向自动化和智能化。特别是针对农业植被,利用无人机、传感网、视频技术可以实现农作物生长环境、生长状态的实时监测和管理。针对大型的自然植被群落,通量观测技术已经被用于长期生态学研究,通量观测技术以 CO_2、H_2O 和 CH_4 等温室气体的涡度相关为标志。

一些矿区为了提升生态环境监测能力和水平,引入了自动化监测技术。如图 5-8 所示,我国神东矿区针对采煤沉陷影响地表土体结构,改变土壤水分、温度、光强这一问题,

图 5-8　神东矿区植被生态自动化监测站

建设自动化监测站,实时监测风沙重量、雨量、风速、风向、土壤水分、土壤温度、空气湿度、

空气温度、土壤热通量、太阳总辐射、光合有效辐射、土壤盐分、水位等,对环境因子苗木成活与生长规律进行了研究,寻找限制植物生长与成活的关键因子,研究提高苗木成活率与生长量的关键技术方法。

三、矿区植被退化的评估方法

(一) 空间比照方法

1. 对照区的选取

为评估矿区植被退化或者恢复的程度,需要选取一定的参照。国际恢复生态学会定义了参照生态系统(reference ecosystem)。参照生态系统是指作为生态恢复目标的本土生态系统的一个代表(Gann et al.,2019)。参照生态系统可为生态恢复项目的规划提供范例,并为项目实施后的评价提供依据。矿区植被退化选取的参照可以选取与退化前原地貌条件一致的植被群落作为参照,也可以选取与恢复目标一致的植被群落作为参照。

2. 差异分析方法

参照确定后,在参照区域和评估区域开展同样的植被监测,确定各个指标的值,然后比较参照区和评估区的差异,计算差异程度。其中差异的显著性判断可以采用方差分析方法。参照区和评估区之间的差异程度可以采用差值或者比值方法。

$$D_r = x_e - x_r$$
$$D_d = x_e / x_r \times 100\%$$

(5-1)

式中　D_r——差值差异程度;

　　　D_d——比值差异程度;

　　　x_e——评估区植被指标的值;

　　　x_r——参照区植被指标的值。

(二) 时间序列分析方法

1. 时相对比方法

时相对比和空间比照方法类似,不同的是,时相对比是将矿区植被退化前的状态作为参照状况。同样可以利用方差分析来判断参照区和评估区植被差异的显著性,可以利用差值或者比值方法来评估参照区和评估区之间的差异程度。

2. 时间序列模型

矿区植被退化监测数据的时间间隔一般为年度、季度、月度、周、日,也有一些特定数据的时间间隔可能是数分钟到数年,如基于 MODIS 的植被总初级生产力、叶面积指数数据就是以 8 天为时间间隔的,基于自动化监测的植被数据一般是以 30 min 为时间间隔的。

（1）非周期函数模型

对于没有周期特性的时间序列数据,通常利用线性和非线性函数来拟合,从而判断趋势、拐点和变化程度。例如,每年的农作物产量、植被覆盖度面积,不同采矿时期植被群落结构特征。

（2）周期函数模型

对于有周期特性的时间序列数据,如关于物候、生产力、生物量、叶绿素、光合作用等周期观测数据,一般采用周期函数来拟合,通过拟合函数来提取周期内的变点、周期间的变化趋势和幅度。

$$y = a + b_1 \cos\left(\frac{2\pi}{T}x\right) + b_2 \sin\left(\frac{2\pi}{T}x\right) \tag{5-2}$$

式中　y——植被观测指标；

　　　T——函数的周期，一般根据植被的生长周期将其设置为 365 天；

　　　x——第 i 期植被数据的数据点年纪日；

　　　a、b_1、b_2——待确定的拟合方程常数项。

（三）等级评价

等级评价包括相对评价和绝对评价两种方法，相对评价法是根据所要评价对象的整体状态确定评价标准，以被评价对象中的某一个或若干个为基准，通过把各个评价对象与基准进行对照比较，判定出每个被评价对象在这一集体中所处位置的一种评价方法。绝对评价法是在被评价对象的整体之外，确定一个客观标准，将被评价对象与这个客观标准进行比较，以判断其达到标准程度的一种评价方法。

矿区植被退化的等级评价主要用途是将矿区内的植被退化程度根据观测指标划分不同程度，为矿区植被恢复和评价提供定量依据。相对评价时，可以利用自然断点法、比例划分法、聚类法将观测指标划分为不同的等级，如，依据矿区内植被覆盖的面积，将矿区植被退化程度分为严重、较严重、一般、未退化等级别。绝对评价时，可以利用人为阈值法设定分级标准将观测指标划分为不同的等级，如，在评价植被覆盖度时，设定植被覆盖度的绝对标准，裸地：＜10％、低覆盖：10％～30％、中低覆盖：30％～45％、中覆盖：45％～60％、高覆盖：＞60％。

（四）多指标综合评价

由于植被退化涉及生理生态、群落结构、群落动态、生态功能等诸多方面，在对矿区植被退化程度进行评价时，多采用多指标综合评价法。多指标综合评价法的步骤包括建立指标体系、确定指标的评分标准、确定每个指标的权重、计算综合指数、对综合指数划分等级。其中指标的确定可以采用专家咨询法、系统分析法、主成分分析法，指标权重的确定可以采用熵值法、专家打分法。综合指数的计算如下。

$$E = \sum_{i=1}^{n} w_i x_i \tag{5-3}$$

式中　E——综合指数；

　　　w_i——第 i 个指标的权重；

　　　x_i——第 i 个指标的得分值。

第三节　矿区植被退化监测的应用

一、植被退化监测的应用领域

对植被实施监测，获取植被信息，可以为采矿环境影响评价、生态工程设计、生态恢复评价提供关键的基础数据。

（一）环境影响评价

在法律层面，我国《中华人民共和国矿产资源法》（2009 年修订）规定"设立矿山企业，必须符合国家规定的资质条件，并依照法律和国家有关规定，由审批机关对其矿区范围、矿山设计或者开采方案、生产技术条件、安全措施和环境保护措施等进行审查；审查合格的，方予批准"，《中华人民共和国环境影响评价方法》（2018 年修订）规定了建设项目环境影响评价的内容。

在技术规范层面，《环境影响评价技术导则 煤炭采选工程》（HJ 619—2011）规定了开展生态环境影响评价必须调查植被类型分布现状、植被覆盖度、植被生物量、地表植被破坏情况，开展对植被覆盖度与植被类型的影响评价，分析潜水水位变化对地表植被的影响。《环境损害鉴定评估推荐方法（第Ⅱ版）》（2014 年）将植被密度、覆盖或生物量量度，某种植物优良种、优势种或主要种的分布比例，栖息地质量指标，生物生产率（如初级和次级生产率），物种丰度、生物量、多样性或群落构成作为环境损害程度的度量指标。

（二）生态工程设计

我国矿山生态工程，主要包括矿山地质环境恢复、水土保持、土地复垦工程三类规程。矿区植被退化监测可以为这三类生态工程设计提供科学依据，主要包括待恢复区、参考区、采矿扰动前植被现状信息和适宜的植被。

《矿山土地复垦基础信息调查规程》（TD/T 1049—2016）规定了自然调查包括对生物的调查，即调查天然植被和人工植被，天然植被包括植物群落类型、组成、结构、分布、覆盖度（郁闭度）和高度；人工植被包括栽植的乔木林、灌木林、人工草地及农作物类型。调查土地损毁区的植被生长情况，利用遥感调查植被类型、分布、覆盖度指数情况。

《矿山生态环境保护与恢复治理技术规范（试行）》（HJ 651—2013）规定了排土场植被恢复宜林则林、宜草则草、草灌优先，恢复后的植被覆盖度不应低于当地同类土地植被覆盖度，植被类型要与原有类型相似、与周边自然景观协调。不得使用外来植物种进行排土场植被恢复。已采用外来物种进行植被恢复造成危害的，应采取人工铲除、生物防治、化学防治等措施及时清理。露天采场植被恢复应在位于交通干线两侧、城镇居民区周边、景区景点等可视范围的采石宕口及裸露岩石处，采取挂网喷播、种植藤本植物等工程与生物措施进行恢复，并使恢复后的宕口与周围景观相协调。尾矿库应因地制宜进行植被恢复。

《土地复垦方案编制规程 第 1 部分：通则》（TD/T 1031.1—2011）规定复垦措施必须说明不同土地复垦单元拟采用的恢复植被、改良土壤等生物或化学措施。

可见，开展生态工程设计之前，需要对矿区植被实施全面调查，调查结果可以为采取正确的植被恢复措施提供依据。如，调查发现采煤沉陷区留存植被结构单一，则宜采用补栽引种的方法，但不宜采用全面重建的方法；调查发现待恢复区的适宜植被类型是草本或灌丛，则不宜将待恢复区建设成以乔木为优势种的森林。

（三）生态恢复评价

目前生态恢复成功性评价是矿区生态环境监测的研究热点，主要研究内容包括评价的准则、指标、标准。目前，矿区生态恢复对植被的要求主要体现在面积和数量上，对植被结构和功能的关注还较少。矿区生态恢复项目验收和评价的技术规范还不多，主要采用绿色矿山和土地复垦相关的技术规范。

自然资源部矿产资源保护监督司 2020 年印发的《绿色矿山评价指标》中,纳入矿区绿化、矿区环境恢复治理与土地复垦、环境管理与监测三个二级指标。其中,矿区绿化包括矿区绿化覆盖、专用主干道绿化美化要求、绿化保障机制、绿化保障效果、矿区美化五项三级指标。

《土地复垦质量控制标准》(TD/T 1036—2013)对林地、草地提出了具体的质量控制指标。其中林地建设满足《生态公益林建设 规划设计通则》(GB/T 18337.2—2001)和《生态公益林建设 检查验收规程》(GB/T 18337.4—2008)的要求。3～5 年后,有林地、灌木林地和其他林地郁闭度应分别高于 0.3、0.3 和 0.2,西部干旱区等生态脆弱区可适当降低标准,定植密度满足《造林作业设计规程》(办生字〔2023〕117 号)要求。草地复垦应满足《人工草地建设技术规程》(NY/T 1342—2007)要求,3～5 年后草地复垦区单位面积产量达到周边同土地利用类型中等产量水平,牧草有害成分含量符合《食品安全国家标准 粮食》(GB 2715—2016)。

《生态公益林建设 检查验收规程》(GB/T 18337.4—2008)中规定的林分生态质量评价主要包括物种多样性、林分郁闭度、群落层次、植被盖度、枯枝落叶层。

二、植被退化监测的应用实例

(一) 实例一:基于地面调查的井工矿植被退化监测

1. 研究区

本实例的详细情况参见文献(Yang et al.,2018)。本实例的研究区位于我国内蒙古自治区伊金霍洛旗的补连塔煤矿。该煤矿煤炭可采储量约 14 亿 t,目前年产量约 2 500 万 t,是世界第一大单井井工矿井,主采 1^{-2}、2^{-2}、3^{-1} 煤层,由神东煤炭集团开发建设。目前煤矿生产仍在进行中。该煤矿所在的西北干旱半干旱地区是我国目前重要的能源开发基地。

该煤矿位于毛乌素沙地和黄土高原接壤处,属半干旱大陆性季风气候,年降雨量为345 mm,蒸发量为 2 163 mm,年均温度为 6.7 ℃。沟谷内有常年性河流。萨拉乌苏组风积沙含水层,潜水在较低的沟谷地区出露。地形为沟谷-沙坡-沙丘组合形态,高程在 1 147～1 352 m 之间。基岩为侏罗系地层砂岩,松散层为风积沙,平均厚 46 m,零星区域夹冲积沙层,土壤类型为沙土。当地植被为半干旱稀疏灌草,以油蒿、柠条、沙柳为主要优势物种,有水生、湿生、旱生、沙生植被类型共 38 种、13 属。

补连沟流域地区采矿活动始于 2006 年。采用长壁开采方法,工作面平均长度为 2 000 m,宽300 m,煤层平均埋深 200 m,采厚 4.4 m。采煤底板高程为 990～1 010 m。采煤工作面平均每天推进 12 m。平均沉降量为 2.5 m,在采煤工作面边缘地区造成 0～0.5 m 宽的裂缝。根据经验参数计算,导水裂隙带高度为 48.4 m,这使得煤层上方一定厚度的地下水被疏导到采空区内。

图 5-9　矿区植被退化的地面调查

2. 监测方法

利用地面调查方法(图 5-9)对矿区植被退化情况实施了监测,监测内容包括土壤(理化性质)、气候(温度和降雨)、水文(区域水文地质、潜水水位)、植被(植被指数、群落、分布等)、地形(高程、地貌)等。

在样方尺度上,利用生态样线-样方调查数据,采用时空等效方法比较样方尺度上采矿沉陷对植被群落的扰动。在不同采煤年限地区设置 T1、T2、T3、T4、T5 共五条样线,在样线上等间距设置 P1—P7 共 7 个样地,在样地内设置样方,调查植被状况,调查指标包括植株密度(PD)、植被盖度(PC)、生物量(PB)、植物丰富度(O)、植物均匀度(J)、Shannon-Weiner 指数(P)。

同时,利用 Google Earth Engine 云计算工具获取基于 MODIS 卫星的 NDVI 数据,该数据的时间间隔为 16 天间隔,覆盖时间范围为 2002—2016 年,取流域均值监测采矿前后的 NDVI 变化。利用 Kendall 和 mblm 方法进行趋势分析,采用方差分析比较采矿前后差异。

3. 监测结果

(1) 样线植被退化情况

样线植被退化监测结果如表 5-10 所示,样方 P1—P7 等间距分布在垂直于沟谷的每条样线上,因而,在同一条样线上,P1—P7 样方的各个植被指标大多具有明显差异,体现出沟谷及河岸两侧的植被密度、生物量和多样性比沙坡、沙丘处高。

表 5-10　沉陷对植被群落与多样性指标的扰动情况

样线	样方	PD/(株/m²)	PC/%	PB/(kg/m²)	O	J	H
T1,T5 未扰动区	P1	97.00±8.49ᵃᴬ	82.25±6.72ᵃᴮ	0.28±0.02ᵃᴳ	1.53±0.03ᵃᴳ	0.84±0.04ᵃᵇᴮ	1.74±0.08ᵃᵇᶜ
	P2	63.04±3.59ᵃᶜ	98.50±2.12ᵃᴬ	0.97±0.08ᵃᴰ	2.77±0.13ᵇᶜ	0.78±0.03ᵇᶜ	1.97±0.03ᶜᴮ
	P3	67.28±6.37ᵃᶜ	99.00±1.41ᵃᴬ	14.90±1.98ᵃᴮ	4.16±0.41ᵇᶜᴬ	0.81±0.04ᵃᴮᶜ	2.38±0.22ᵃᴬ
	P4	84.29±6.66ᵃᴮ	94.00±4.24ᵃᴬ	0.52±0.04ᵃᶠ	3.16±0.38ᵃᴮ	0.90±0.04ᵃᴬ	2.42±0.03ᵃᴬ
	P5	39.08±1.36ᵃᴱ	97.50±3.54ᵃᴬ	18.05±2.19ᵃᴬ	2.32±0.17ᵃᴰ	0.77±0.01ᵃᴰ	1.73±0.04ᵃᶜ
	P6	48.80±4.67ᵃᴮ	73.50±6.36ᵃᶜ	4.27±0.30ᵃᶜ	1.93±0.13ᵃᴱ	0.81±0.05ᵃᴮᶜ	1.74±0.03ᵃᶜ
	P7	13.78±1.30ᵃᶠ	57.00±4.24ᵃᴰ	0.63±0.05ᵃᴱ	1.71±0.21ᵃᶠ	0.87±0.03ᵇᴬᴮ	1.47±0.06ᵃᴰ
T2 沉陷区 (0~2 年)	P1	84.06±7.57ᵇᴬ	69.69±4.26ᵇᴮ	0.23±0.02ᵇᶠ	1.35±0.14ᵇᴱ	0.80±0.02ᵇᴮ	1.55±0.10ᶜᶜ
	P2	49.37±2.35ᶜᶜ	70.72±7.27ᶜᴮ	0.68±0.06ᶜᴰ	2.92±0.13ᵇᴮ	0.82±0.02ᵃᵇᴮ	2.07±0.05ᵇᴮ
	P3	53.77±2.27ᵇᶜ	94.20±10.40ᵃᴬ	11.71±1.09ᶜᴮ	3.71±0.30ᶜᴬ	0.76±0.01ᵇᶜ	2.08±0.07ᵇᴬᴮ
	P4	83.76±6.16ᵃᴬ	93.56±6.15ᵃᴬ	0.53±0.04ᵃᴱ	2.84±0.37ᵃᴮ	0.87±0.04ᵇᴬ	2.26±0.19ᵃᴬ
	P5	36.16±3.58ᵃᴱ	96.60±3.21ᵃᴬ	15.13±2.25ᵃᴬ	1.89±0.18ᵇᶜ	0.74±0.03ᵇᶜ	1.51±0.12ᵇᶜᴰ
	P6	41.50±4.06ᵇᴰ	61.84±7.12ᵇᶜ	3.59±0.41ᵇᶜ	1.61±0.16ᵇᴰ	0.81±0.04ᵃᴮ	1.58±0.15ᵇᶜ
	P7	12.91±0.79ᵃᶠ	56.76±4.89ᵃᶜ	0.54±0.04ᵇᴱ	1.25±0.32ᵇᴱ	0.92±0.04ᵃᴬ	1.30±0.15ᵃᴰ
T3 沉陷区 (3~5 年)	P1	91.72±8.71ᵃᵇᴬ	75.79±4.94ᵃᵇᶜ	0.26±0.02ᵃᵇᴳ	1.60±0.25ᵃᴱ	0.82±0.01ᵃᴮ	1.72±0.10ᵇᶜ
	P2	57.74±1.54ᵇᶜ	85.74±8.57ᵇᴮ	0.81±0.06ᵇᴰ	3.26±0.12ᵃᴮ	0.83±0.01ᵃᴮ	2.20±0.03ᵃᴮ
	P3	62.87±2.95ᵃᴮ	96.72±5.69ᵃᴬ	13.15±1.29ᵇᴮ	4.20±0.24ᵃᴬ	0.82±0.02ᵃᶜ	2.38±0.10ᵃᴬ
	P4	83.45±6.45ᵃᴬ	93.53±5.71ᵃᴬ	0.52±0.04ᵃᶠ	3.08±0.09ᵃᶜ	0.82±0.07ᵇᶜ	2.21±0.21ᵇᴮ
	P5	36.42±1.32ᵃᴱ	95.60±6.66ᵃᴬ	17.93±2.49ᵃᴬ	2.34±0.25ᵃᴰ	0.73±0.01ᵇᴰ	1.64±0.08ᵃᵇᶜ
	P6	45.52±4.26ᵃᵇᴰ	68.20±6.34ᵃᵇᴰ	4.08±0.38ᵃᵇᶜ	1.89±0.21ᵃᴱ	0.71±0.01ᶜᴱ	1.49±0.07ᵇᴰ
	P7	13.12±1.40ᵃᶠ	56.08±4.51ᵃᴱ	0.60±0.04ᵃᴱ	1.24±0.29ᵇᴳ	0.95±0.03ᵃᴬ	1.34±0.17ᵃᴱ

表 5-10(续)

样线	样方	PD/(株/m²)	PC/%	PB/(kg/m²)	O	J	H
T4 沉陷区 (6～8 年)	P1	91.20±9.07^{abA}	76.46±4.27^{abC}	0.27±0.03^{abG}	1.55±0.03^{aE}	0.88±0.02^{aA}	1.83±0.05^{aD}
	P2	58.40±1.88^{bC}	86.79±7.78^{bB}	0.83±0.07^{bD}	2.95±0.16^{bB}	0.75±0.02^{bC}	1.92±0.04^{cC}
	P3	64.31±2.08^{aB}	98.00±4.47^{aA}	13.25±1.19^{bB}	4.52±0.10^{aA}	0.80±0.02^{aB}	2.40±0.08^{aA}
	P4	83.98±7.87^{aA}	94.15±4.36^{aA}	0.52±0.03^{aF}	3.07±0.20^{aB}	0.82±0.08^{bAB}	2.21±0.19^{bB}
	P5	38.59±2.97^{aE}	97.00±6.71^{aA}	18.08±3.02^{aA}	2.41±0.19^{aC}	0.77±0.03^{aBC}	1.75±0.10^{aD}
	P6	45.46±2.87^{abD}	67.62±5.06^{abD}	4.12±0.34^{abC}	1.84±0.21^{aD}	0.74±0.02^{bC}	1.54±0.10^{bE}
	P7	13.68±0.86^{aF}	56.97±3.79^{aE}	0.61±0.04^{aE}	1.53±0.25^{aE}	0.87±0.02^{bA}	1.39±0.11^{aF}

注:在每个指标值的上标位置,不同小写字母表示在相同样方上不同沉陷区的植被指标具有显著差异(t 检验,$p<$ 0.05);不同大写字母表示在相同沉陷区上不同样方的植被指标有显著差异(t 检验,$p<0.05$)。

从不同沉陷区来看,编号为 P4、P5、P7 样方位于沟谷和沙丘,沉陷扰动不明显。由于编号为 P1、P2、P3、P6 样方位于沙坡处,沉陷造成裂缝和附加坡度。这几个样方的 PD、PC、PB 在沉陷 0～2 年的区域平均比无沉陷区域低 17.5%、16.0%、21.5%,但 O、J、H 指标高 8.4%、1.5%、6.9%($p<0.05$)。结合现场调研发现,沉陷裂缝处一些多年生植被根系拉伸死亡,但一些短期植物、一年生草本植物占据了裂缝区的生境。随着自然恢复,沉陷6～8 年后,PD、PC、PB、O、J、H 分别达到非沉陷区的 95.7%、94.7%、93.5%、105.3%、104.7%、105.2%。样方尺度监测表明,沉陷扰动对局部地区(沙坡裂缝区域)的植被指标产生了影响,且伴随自然恢复现象。在沟谷地带,由于水位保持,裂缝发育不明显,植被扰动较小。

(2) 植被指数长期变化情况

2002—2016 年 NDVI 和降雨量保持增加趋势($p\leqslant0.10$,Theil-Sen 斜率分别为 0.000 2、0.000 15),降雨量与 DNVI 具有较强的相关性($r=0.798$,$p<0.05$,$F=311.53$)。采矿前(2002—2006 年)年均 NDVI 比采矿后(2007—2016 年)高 15%($p<0.05$,$F=4.67$)。这表明流域尺度上采矿没有对植被造成显著的负面影响。

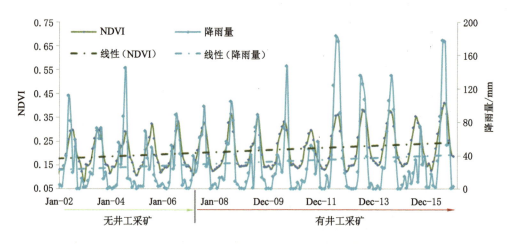

图 5-10　近 15 年矿区整体 NDVI 指数和降雨量变化

4. 小结

本实例中,井工采矿对地面植被的扰动较小。当地植被整体上没有退化趋势,但裂缝部位的植物群落发生了演替。未来应当加强对采动裂缝的治理,防止水土流失和植物群落逆向演替。由于本实例中采矿对植被的扰动发生在较小的尺度上,对植被退化的监测需要聚焦在植株个体和样方尺度的植物群落水平上,今后可以采用高分辨率和高光谱遥感技术实施更加精细化的监测,从而为生态保护和修复提供科学依据。

(二)实例二:基于 Landsat 数据的露天矿植被覆盖动态制图

1. 研究区

本实例的详细情况参见文献(Yang et al.,2018)。研究区位于澳大利亚昆士兰州中东部,名称为 Curragh 矿山,包括中、北、东三个部分,总面积 123.49 km²,地理位置如图 5-11所示。主要生产炼焦煤,储量近 1 亿 t,由 Wesfarmers 集团运行。采矿活动始于 1982 年,采矿方法为露天开采。该矿山为履行社会责任,保持矿山运行的可持续性,执行渐进式土地修复策略,主要目的是恢复植被覆盖。

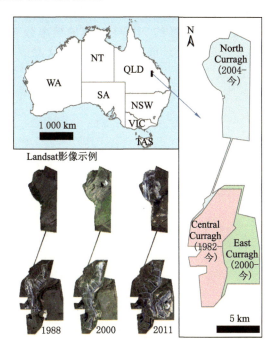

图 5-11　Curragh 露天矿山的地理位置、边界和 Landsat 影像示例

该矿山属于 Bowen 盆地煤田,成煤于二叠纪,煤厚 10~30 m,埋藏浅于 100 m。采用大型露天开采方式,年推进 200~500 m,年产 800 万 t。采坑平均深 20 m。具备采、剥、运、排、覆的工艺流程。主要扰动为挖损(采掘区植被清除、岩层和煤层剥离;非采掘区植被清除、道路或广场修建,包括素土、水泥混凝土地面)和压占(混排岩土压占内排土场、选煤残渣倾倒压占)。采矿结束后,重建地形(平整土地、稳定边坡)、表土处理(覆土、不覆土),然后进行植被种子混合播撒,主要种子包括相思树、桉树和决明属灌木。

2. 监测方法

从1990年至今,昆士兰大学矿山土地复垦中心对该矿山进行了长期生态监测,监测内容包括土壤(理化性质)、气候(温度和降雨)、水文(地表水、土壤含水)、植被(群落组成、空间分布等)、地形(高程、地貌)。监测方法主要为样线-样方调查、无人机航测、卫星遥感监测。

为提取该矿区植被扰动和恢复的动态过程,利用1988—2015年的Landsat卫星影像(生长季,每年1期影像)和地面验证数据进行了长时序植被遥感影像分析,从而获取关于植被长期动态变化的数据。采用LandTrendr(landsat-based detection of trends in disturbance and recovery)算法(Kennedy et al.,2010)对全矿山的植被覆盖变动信息进行提取。将探测到的矿山植被扰动和恢复的时点、时长和大小分别制图(Yang et al.,2018)。

3. 监测结果

与井工采矿方法不一样,露天采矿区植被扰动和恢复是必然过程,如植被覆盖的面积和范围必然发生变动,且存在变动时点、时长和大小(程度)。如图5-12(a)所示,该矿山的植被指标在采矿扰动后降低,在植被恢复后升高,在二次扰动(恢复后扰动)后再次降低。通过统计未扰动区、采矿扰动区、恢复区的NDVI指数的概率分布情况(各选择500 m×500 m范围内的Landsat像元进行统计),可以看到这三种状态下NDVI分布区间分别为0.242~0.505、0.057~0.116、0.145~0.494,可以看出未扰动区、恢复区的NDVI与扰动区的NDVI差异明显。

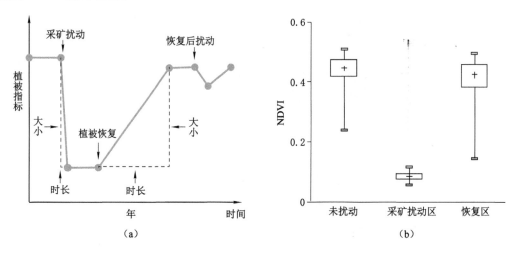

图5-12　露天采矿植被变化与NDVI指数特征

图5-13是Curragh矿山植被扰动和恢复的时点、时长和大小。探测过程中将各年份的采矿扰动、植被恢复作为两个类型,利用地面800个随机样点进行分类精度评定,结果表明扰动和恢复两个类型的区分结果可靠,总体精度分别为85.21%、86.59%,kappa系数分别为0.81、0.79。

经统计发现,1989—2014年,总计有4 573.08 hm² 土地的植被受采矿活动的扰动(清除),采矿扰动一般在3年内停止[图5-13(b)]。由于原地貌植被指数分布不均,95%的NDVI指数下降0.12~0.49,平均下降0.30[图5-13(c)]。相比之下,总计有2 982.60 hm²

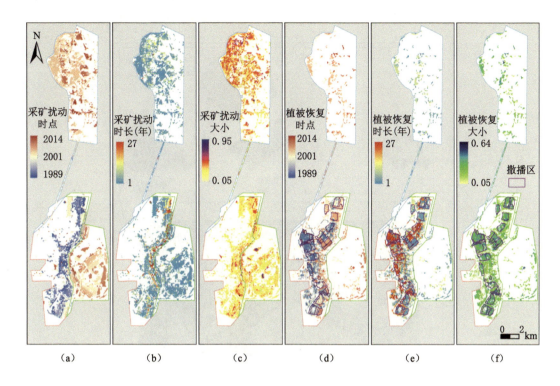

图 5-13　Curragh 矿山植被扰动和恢复的时点、时长和大小

土地的植被得到了恢复[图 5-13(d)]，植被恢复的平均年限在 10.48 年[图 5-13(e)]。95％ 的 NDVI 指数增长值在 0.05～0.42 区间，平均增长 0.23[图 5-13(f)]。关注植被恢复的空间差异情况，可以发现，在植被种子撒播区内，NDVI 增加值(0.32)大于其他地区(0.21)，但撒播区内也有一些像元植被没有恢复，形成空洞[图 5-13(d)]。而在撒播区外，也探测到 NDVI 的增加，即表现为植被的自然恢复，主要分布在 Curragh 东部和北部，且这些地区植被恢复较快一些，特别是在 Curragh 中部道路上，1～2 年的自然恢复过程就使得 NDVI 达到平稳状态[图 5-13(e)]。

4. 小结

露天采矿对植被退化具有突变性、长期性、规模大的特点，对露天矿区植被退化的监测主要在植被群落水平，可以利用中高分辨率遥感监测技术和地面调查验证来完成。

本实例中，植被扰动和恢复是动态扩展的，植被扰动和恢复的空间范围、面积是矿区土地修复监管和生态补偿的重要依据。利用基于 Landsat 卫星影像和 LandTrendr 算法可以很好地实现动态过程的监测。未来需要进一步关注植被扰动和恢复的质量，应对植物群落的植物形态、生理生态、群落结构、群落动态、生态功能进行长期监测。

（三）实例三：基于高分辨率遥感的露天矿排土场植被监测

1. 研究区

本实例的详细情况参见文献(Zhu et al., 2020)。研究区(图 5-14)位于内蒙古自治区鄂尔多斯市准格尔旗，为国能准能集团有限责任公司黑岱沟露天煤矿，该矿东距黄河约 8 km，北距准格尔旗约 10 km，西距鄂尔多斯市约 125 km，是晋陕蒙三省交界之处，海拔在

1 025～1 302 m 之间,地理坐标范围:111°06′～111°24′E,39°38′～39°52′N。

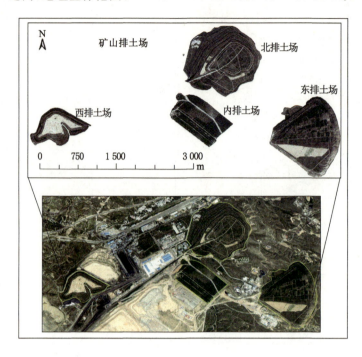

图 5-14　露天矿排土场植被监测研究区位置

研究区在内蒙古植物区系中属于黄土丘陵草原,矿区土壤类型多为栗钙土以及零星分布的非地带性黄绵土壤,因矿区毗邻沙漠,该区域存在一定的风沙土土壤类型。研究区位于暖温型草原带,植被低矮,覆盖度一般小于 30%,加之农牧业开发,区域天然植被遭到严重破坏。植物种类稀少,类型单一,群落结构简单。主要建群植物有百里香、短花针茅、茭蒿和本氏针茅等。

黑岱沟露天煤矿 1996 年建成并开始生产,是我国 20 世纪 90 年代建设的四大露天矿之一,占地面积 6 546 hm²。在矿山建设以及生产过程当中,地表植被受到严重破坏。鉴于矿区地处半干旱生态脆弱地区,其生态重建问题引起了各方面的高度重视。从 1992 年开始,矿区就开始了有序的排土场土地恢复工程,相继回填早期矿山建设过程中形成的较大面积工业广场,包括刘四沟、马莲沟和倒蒜沟。黑岱沟露天煤矿目前共形成 6 个排土场:东排土场、东延帮排土场、西排土场、北排土场、内排土场和阴湾排土场。在排土场植被恢复措施中,排土场坡面为防止水土流失,其植被配置类型主要以乔灌草为主,其中主要植被有杨树、油松、沙棘、柠条、香花槐、紫穗槐、沙打旺、苜蓿,草木樨等。为熟化排土场平台土壤,排土场的大部分区域种植豆科类牧草和沙棘。

2. 监测方法

(1)监测指标

为评估该矿区植被恢复的成效,研究者对排土场植被进行监测,提取覆盖度、生物量和空间结构指数,并研究三者之间的关系,以期为矿区植被适应性管理和抚育提供科学依据。其中,植被覆盖度是指地面上植被(包括叶、茎和树枝)的垂直投影面积占统计总面积的百分比。生物量是指一次在一个单位面积中存在的地上有机物的总含量(干重)(包括存储在生物体内的食物的重量)。空间结构是由树木位置的空间分布、不同树木种类的特定混合模式及其尺寸的空间排列来决定的,在数量上是树种混交度(M)、林层差异化(D)、密集度(C)、角尺度(W)、胸径大小比数(U)、树高大小比数(H)共计 6 个空间结构指标的平均值。

(2)建模方法

为评估排土场的覆盖度、生物量和空间结构指数,使用高分辨率遥感监测技术。主要步骤包括参数的现场采样,选择遥感图像特征,使用现场采样数据和位置对应的图像特征来训练基于思维进化算法的神经网络模型(MEA-BP),并使用 MEA-BP 模型在每个像素处建立图像特征和参数之间的数量关系。

(3)遥感数据

选取 WorldView-2(WV2)卫星影像作为数据源。数据经度范围 $111°11'32''\sim111°18'13''$,纬度范围 $39°42'56''\sim39°48'34''$,影像覆盖面积 100 km²,属于预备正射级产品。影像重采样方式为立方卷积插值,颜色位深 16 位,数据格式为 GeoTIFF1.0,投影方式为横轴墨卡托(UTM),地理基准 WGS_1984,影像获取时间为 2018-06-30,太阳高度角为 70.2°,影像云量为 0%,数据质量优。

从 WorldView-2 卫星影像中提取光谱、纹理特征作为 MEA-BP 的输入变量。其中,光谱特征包括 WorldView-2 卫星影像的 8 个波段和 6 个植被指数:归一化植被指数(normalized difference vegetation index,NDVI)、差值植被指数(difference vegetation index,DVI)、比值植被指数(ratio vegetation index,RVI)、土壤调节植被指数(soil adjusted vegetation index,SAVI)、增强型植被指数(enhanced vegetation index,EVI)和修正的土壤调节植被指数(modified soil adjusted vegetation index,MSAVI)。纹理特征是在多种规格窗口(3×3、7×7、9×9、11×11、13×13、15×15、17×17)上各波段通道的 8 个纹理指标,包括均值、方差、均匀性、对比度、相异性、熵值、角二阶矩和相关性。

3. 监测结果

(1)植被指标反演结果

生物量具有最高的反演精度(R^2 为 0.911 5),而覆盖度和空间结构指数的反演精度 R^2 分别为 0.863 0 和 0.623 5。生物量、覆盖度和空间结构指数估计的均方根误差为 1.480 5 kg/m²、7.95% 和 0.090 6。监测表明 MEA-BP 模型对生物量的预测要比覆盖度和空间结构好。总体而言,这三个参数的确定系数均大于 0.6,这表明 MEA-BP 模型的预测与观测值具有很强的显著相关性。

矿区排土场植被覆盖度、生物量和空间结构指数的空间分布如图 5-15 所示。从覆盖度来看,覆盖度的范围为 $0.06\sim1.00$,平均值为 0.61。在这四个排土场中,内部排土场的覆盖度平均值最高(0.76),而西部排土场的覆盖度平均值最低(0.37),这是因为西部排土场中间区域的森林已被低密度的农作物所取代。至于生物量,其范围为 $9.99\sim49.90$ kg/m²,平均值为 28.09 kg/m²。与覆盖度类似,内部排土场生物量平均值最高(34.23 kg/m²),西部排土场生物量平均值最低(20.98 kg/m²)。空间结构指数范围是 $0\sim0.60$,平均值是 0.20。在北排土场中发现较大的空间结构指数(0.23),而在内排土场中发现最低的空间结构指数(0.11)。植被斑块边缘的空间结构指数通常高于排土场其他部位。

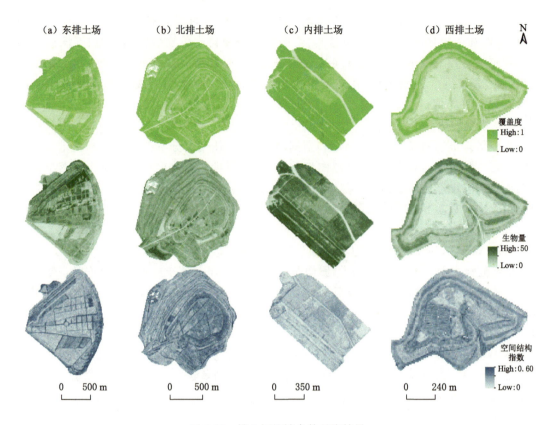

图 5-15　排土场植被参数反演结果

（2）植被指标之间的关系

利用相关分析来揭示排土场覆盖度、生物量和空间结构指数之间的关系，结果如图5-16所示。覆盖度与生物量，覆盖度与空间结构指数，生物量与空间结构指数之间的相关系数分别为 0.97、−0.36 和 −0.39，这三个关系都高于 95% 的置信度。

如图 5-16 所示，覆盖度与生物量大致呈线性关系。当覆盖度小于 0.50 时，该关系符合对数模型；而当覆盖度大于 0.5 时，该关系变为指数模型。空间结构指数与覆盖度和生物量具有弱的非单调相关性。当覆盖度为 0.30 或生物量为 18.00 时，空间结构指数达到峰值，此后呈现单调下降的趋势，如图 5-16(b) 和 (c) 所示。

（3）植被群落结构的分类

通过使用 k 均值无监督学习分类方法，将植被参数叠加为 3 波段图像，然后进行分类，结果如图 5-17 所示。其中 H、M 和 L 分别表示高、中和低。对于覆盖度而言，H、M 和 L 的数据范围分别是 0～0.3、0.3～0.8 和 0.8～1.0，生物量数据范围分别是 0～17 kg/m²、17～37 kg/m² 和 37～50 kg/m²，空间结构指数分别是 0～0.15、0.15～0.3 和 0.3～0.6。例如，L-L-L 的图例意味着低覆盖度、低生物量和低空间结构指数。

根据这三个参数的取值范围，将这五类分别称为 L-L-L、M-M-M、M-M-L、H-H-M 和 H-H-L。这五个类别分别占 13.08%、17.31%、29.68%、22.85% 和 17.07%。这表明植被恢复的结果在空间上是异质的。归类为 L-L-L 的地区仍然缺少植被。虽然有些地区（图 5-17 中的 H-H-L）主要被茂密的植被覆盖，但其空间结构指数处于较低水平。归类为

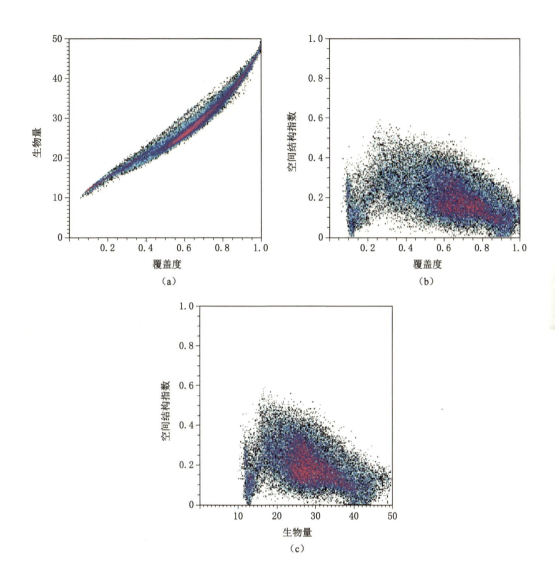

图 5-16 排土场植被覆盖度、生物量和空间结构指数之间的关系

H-H-M 的地区,主要是纯沙棘和油松的复林模式,植被茂密。

早期的生态修复工作重点在于恢复植被,其目的是减少水土流失和裸露景观。因此,以前矿区的植被分类主要包括植被覆盖度分级、土地利用/土地覆被,从而为评估采矿法规的遵守情况提供必要的数据。现代矿山的恢复越来越重视恢复的生态系统的可持续性,因此植被监测和分类需要更多有关植被群落结构和功能的信息。本实例中的植被监测揭示了覆盖度-生物量-空间结构关系的模式,这可以为恢复后的护理和维护提供基础。结果表明,该研究区域尚未完全实现恢复可持续生态系统的目的。L-L-L、M-M-L 和 H-H-L 类别需要通过补充物种来改善空间结构。

4. 小结

近年来,矿区植被恢复的质量成为研究热点,学者普遍认识到植被恢复的评价不应该

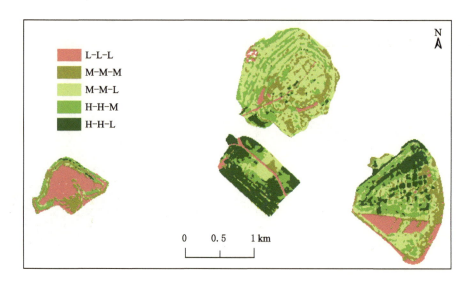

图 5-17　矿区植被模式的分类

仅仅局限于类型、面积和植株的数量,还应该要求矿区植被在恢复后能够自维持,以降低维护成本和二次退化的风险。因此,植被结构和生态功能状况逐渐成为焦点。

本实例矿区植被监测表明,排土场在植被恢复之后,虽然部分恢复模式的覆盖度和生物量都很高,但空间结构差,多样性低,缺少群落层片结构,需要进一步实施植被抚育和监管。可以看出,高分辨率遥感监测技术可以提高矿区植被监测能力,提取更加精细的监测指标。今后,有必要引入无人机遥感和激光雷达技术,进一步研究群落结构的监测方法、群落结构与生态功能之间的关系,从而为矿区植被恢复和监测评价提供技术支撑和科学依据。

(四) 实例四:基于 MODIS 的植被 NPP 变化监测

1. 研究区

本实例的详细情况参见文献(黄翌,2014)。忻州窑矿地处大同煤田东北端,大同市南75°西,井田呈不对称的向斜构造(忻州窑向斜),东西长 5.7 km,南北宽 6.08 km,面积为 18 km²。区内地层主要以侏罗系地层为主,含多层煤,煤层底板顶板坚硬,煤质硬度大,属"三硬"煤层。2000 年以来,以开采 9、11^{-2}、12^{-2}、14^{-2} 煤层为主。

大同地区属大陆性季风气候,干旱、半干旱地区。矿区地貌由中低土石山群和黄土丘陵构成,相对高差 577 m,山体陡峭,树枝状冲沟极为发育,地形支离破碎,沟壑纵横。全区土壤类型主要有山地栗钙土、淡栗钙土和少量草甸土及盐潮土。土质疏松,肥力贫乏,有机质含量少,抗冲力低。矿区植被总体稀疏,多样性差,种类贫乏,旱化特征明显,具有雁北干草原过渡地带特征,表现出个体生态与群落生态的高度统一。据初步统计,自然植被组成以温性落叶阔叶灌丛为主,天然植物共 18 科、35 属、57 种。草本植物多为旱生、中生植物;灌丛主要有沙棘、虎榛子、绣线菊等;木本植物有华北落叶松、油松、山杨和桦。

2. 监测方法

采矿对植被的直接或间接影响破坏了其生长环境,遭受破坏的植被吸收大气中 CO_2 的能力减弱,使原本的碳汇作用大大降低,进一步加剧了煤炭开采对环境的负面作用。为此,利用遥感信息的分析方法测度矿区净初级生产力 NPP 的损失量(黄翌,2014)。

(1) NPP 计算方法

常用的 NPP 遥感测算模型主要有 CASA 模型、BEPS(boreal ecosystem productivity simulator)模型等。其中,CASA 模型由 Potter 等在 1993 年提出,基于遥感数据、温度、降水、太阳天文辐射、日照时数和百分率,以及植被类型、土壤类型共同驱动,利用植被光合有效辐射(absorbed photosynthetic active radiation,APAR)和植被光能利用率来计算植被 NPP,其函数关系如下:

$$NPP_{(x,t)} = APAR_{(x,t)} \times \varepsilon_{(x,t)} \tag{5-4}$$

式中 $NPP_{(x,t)}$——位于空间位置 x 处的像元在时间 t 月份的植被净初级生产力;

$APAR_{(x,t)}$——像元 x 在 t 月份植被吸收的光合有效辐射,由太阳辐射和植被的光合有效辐射吸收比例共同决定;

$\varepsilon_{(x,t)}$——像元 x 在 t 月份的实际光能利用率。

植被光合有效辐射吸收比例(FPAR)与植被的覆盖状况、植被类型有着密切的联系,FPAR 在年内和年季的变化与植被指数间具有良好的线性关系。

$$FPAR_{NDVI(x,t)} = C_1 \times NDVI_{(x,t)} \times C_2 \tag{5-5}$$

式中,C_1、C_2 为常数,$C_1 > 0$。

(2) NPP 损失测度

为测度 NPP 损失量,采用时间序列分析方法分析植被的光合有效辐射吸收比例(FPAR)。首先,基于自然条件计算 FPAR 的理论变化曲线 $f(N)$。然后,利用遥感数据测度实际的 FPAR 变化曲线 $g(N+NM)$。再次,计算煤炭开采与自然因子对 NPP 的共同作用下 FPAR 变化曲线 $h(N+NM+M)$。

曲线 f 和 g 围成的面积是植被固碳能力减弱造成的隐性变化量,而曲线 g 和 h 围成的面积是植被受到采矿扰动造成的显性变化量,隐性变化量和显性变化量之和则是植被受扰动的总变化量。

3. 监测结果

(1) FPAR 拟合曲线

FPAR 拟合曲线如图 5-18 所示,图中"理论"、"实际"和"采煤"分别代表曲线 $f(N)$、$g(N+NM)$ 和 $h(N+NM+M)$,三条拟合曲线的确定系数 R^2 分别为 0.941 5、0.920 7 和 0.921 2,均方根分别为 0.062 2、0.060 0 和 0.057 9,表明拟合效果较好。

(2) NPP 损失测度结果

将不同情景下的 FPAR 代入 CASA 模型,计算得到 2001—2010 年大同矿区忻州窑煤矿的 NPP 损失,结果如图 5-19 所示。2001—2010 年,大同矿区忻州窑煤矿因煤炭开采造成植被 NPP 显性损失 4 613.656 tC,平均 41.186 gC/(m^2 · a);隐性损失 5 653.330 tC,平均50.467 gC/(m^2 · a);期间,该矿煤炭总产量为 2 261.67 万 t,开采引起的地表植被碳排放量为 453.956 gC/t。

4. 小结

矿区植被不仅受到采矿扰动的影响,还受到气候变化、生物入侵等其他扰动的影响。在矿区植被退化监测的过程中,需要将各个扰动因素剥离开来,从而量化采矿活动的影响。

本实例利用时间序列分析方法和 MODIS 遥感数据,实现了对矿区 NPP 损失的测度,

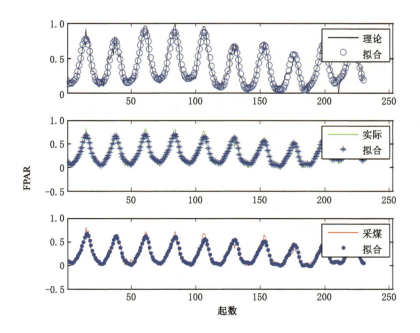

图 5-18 2000—2010 年 16 天间隔 230 期 FPAR 拟合曲线

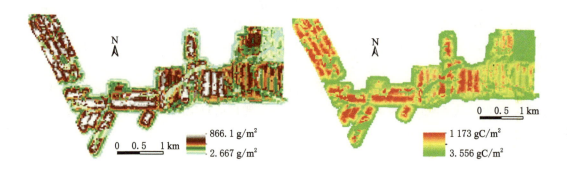

图 5-19 忻州窑煤矿植被受煤炭开采造成的 NPP 显性和隐性损失

结果表明采矿活动导致了植被 NPP 的损失。同时,可以看出,利用时间序列数据可以较好地剥离各项扰动因素的贡献。

第六章　矿区水环境监测

　　矿区水环境包括地表水和地下水环境,其中地表水以塌陷水体为主体。我国煤炭开采造成的塌陷大部分集中在黄淮平原地区,区域内井田分布范围广,长期的矿业开采形成了深度大、面积较大的塌陷区。矿业开采往往会形成较大范围的导水裂隙带,导通第四系含水层和基岩裂隙含水层,形成大量矿井水。因此矿区水环境监测的重点是地表塌陷水体和地下水。本章将对矿区水污染来源与特征、塌陷水体产生与生态演替以及矿区地下水环境特征进行介绍,在此基础上讨论矿区水体遥感信息的提取与水环境监测目标识别方法,阐述矿区地表水环境变化遥感监测、地表水生态环境监测以及地下水监测的关键技术和发展趋势,为矿区水环境监测与管理提供工作思路。

第一节　矿区水环境特征

　　矿业开采和利用过程中引起的水污染问题是矿区主要环境问题之一。矿业井工开采会引发上覆岩层不同程度的破坏,从而破坏地下水系和地层结构,形成大面积低洼区,水质也会受到不同程度的影响;酸性矿井水外排到地表水体会造成当地河流、湖泊的污染,进而引发生态环境损害,同时也导致水资源大量流失(李喜林 等,2012)。

一、矿区水污染来源

　　矿业开采过程会产生一定量含不同污染成分的废水。矿山废水中的主要污染因子包括悬浮颗粒物、重金属离子(Fe、Mn 等)、氟化物、有机污染物(如氯烷烃、苯系物等)(陈琳 等,2015)、氰化物和可溶性盐类等。大多数金属和非金属矿(煤矿)都含有较大量的黄铁矿,硫化物在地表环境中发生化学和生物氧化形成释放性酸性物质,成为矿山开采中最大的污染源。同时矿山开采及选矿过程中遗弃的固体废物的不合理堆放也会通过降水淋溶污染周边地表及地下水体、地表土壤,引发周边生态环境破坏。总体而言,矿区主要水污染源包括以下几个方面。

　　1. 矿业开采外排水

　　矿业开采过程中由于巷道揭露或采空塌陷引起地下涌水或地表水渗漏即形成矿井水,矿井水的水质水量往往取决于矿区水文地质特征、含水岩层矿物性质、采矿方法以及气候条件等因素,进入井下环境的矿井水会与采矿环境中的颗粒物、油脂、未燃尽的爆炸物以及其他化学物质接触,造成进一步的污染。若煤中含有大量的硫铁矿则极易形成酸性矿井水,更容易释放毒性物质,直接外排会对周边环境造成严重影响。

　　2. 矿区生活污水

　　矿区生活污水主要包括矿区居民生活污水、办公区生活污水以及洗浴废水。相对于常规生活污水,矿区生活污水水质比较简单,由于大量洗浴废水的稀释作用,污水中有机质的含量较低,但存在较高悬浮颗粒物的污染。

3. 矿区废弃物淋滤水

雨水冲淋到矿区废弃物堆放场后,会将废弃物中的细颗粒物和可溶性污染物淋溶到水相中。若废弃物中含有一定量硫铁矿物,则会加剧水体酸化和毒性矿物成分的溶出,形成高含硫酸性淋滤水,造成周围地表水、地下水以及土壤污染。此外雨水冲刷矿区生产过程中地表扰动区域及堆土场也会造成地表植被破坏,边坡矿岩和矿区大量含矿物的泥沙受雨水冲刷流失,引起附近河道颗粒物污染甚至淤积。

4. 洗选废水

采出的矿物往往含有各种杂质,如煤矸石等。矿物分选是提高矿物品级的重要过程。物理分选和浮选是我国选矿的重要方法。物理分选废水是以泥、黏土、岩石粉末和少量岩石为主体的混悬物质。而浮选和提金厂需要添加浮选剂等药剂,会造成更严重的污染。其中氰化选金厂废水中含有一定剂量的高毒性无机氰,对周边水域、土壤的污染也是不可忽视的。

5. 其他废水

矿区其他废水包括其他机械加工废水、化工废水、冲洗水以及医疗废水等,这些水的直接外排也会造成周围水环境的污染(张金海,2014)。

二、塌陷水体的产生与生态演替

开采塌陷区构成良好的地表蓄水体,当环境中的水汇入塌陷区后,则形成塌陷水体。煤矿塌陷区水体的主要补给源为大气降水、浅层地下水和矿井水。在地下水埋藏较浅的地区,地表塌陷后,地下水可以上返补给塌陷水域,这是塌陷水体的主要补给来源。塌陷区可以直接接纳大气降水,此外区域外围的大气降水通过地表径流汇聚也可以补给塌陷水体。矿井生产过程中排放的大量矿井水也是塌陷积水区的重要补给源之一,但未处理的矿井水直接排放也会导致水体的污染。

煤矿塌陷水域是一种特殊的淡水水体,其水质的主要影响因素往往不同于一般的湖泊、水库等淡水水体。由于采煤塌陷水域大多由农田、村庄塌陷而成,四周较为封闭,水体与外界水系之间难以沟通,因此相对于自然水体污染物不易排出,且水体自净能力相对较低。若塌陷区水域主要以农田土壤淹水后演变形成,受淹水土壤和岩石中原有的矿物化学成分以及营养盐会释放到水体中,成为塌陷水体中氮、磷以及矿物成分的主要来源。随着时间的变化,周边的人类活动如工农业生产以及渔业养殖逐渐对塌陷区水体中的氮、磷含量产生影响。相关研究结果表明,采煤塌陷区积水中氮、磷元素含量较高,富营养化污染的风险极高,且氮磷来源复杂,包括沉积物的释放、农业面源污染、养殖排放、工业废水排放等。

受矿区水文地质条件、人为活动等因素的影响,各塌陷区水域水体污染状况以及生态系统结构等均存在较大的差异。此外,不同塌陷水域执行不同的水体功能,导致不同类型塌陷水体水质状态和生态系统对于环境因素变化的响应也存在明显差异(邬红娟 等,2001)。总体而言,煤矿塌陷区水生生物群落和生态系统特征与煤炭生产规模、服务年限、不同时期煤矿相关产业的兴起与发展密切相关。与自然湖泊水体相比,煤矿塌陷区水体的补给来源更复杂,因而其水生生物种群、数量以及水的营养状态都有别于自然湖泊水体。同时随着煤矿开采面积和深度的增加,塌陷区水体深度和面积都在不断增大,水生生物生态系统也处于动态变化之中。如淮南矿区,研究发现该矿区塌陷水体形成初期,浮游植物中硅藻、裸藻门类为优势种,随着塌陷水体的逐渐扩大,蓝藻、绿藻成为主要藻类,后期硅藻、裸藻再次成为优势藻类。水温、光照以及水质的变化对塌陷区水生生物群落的结构和功能均有不同程度的影响。群落组成成分的缺损,组成生物群落的种类和种群数量的增减,某些有指示价值的种类如对某种污染有耐性或敏感的种类的出现或消失,生物自养-异养程度的变化等均可以表征水体生物群落结构的变化;生产力高低程度的改变用以表征功能变化。群落中种群的多样性是反映群落功能的生物学特征。多样性大的群落,具有更复杂的营养通道,更多的营养链,与之密切相关的种群控制机能可通过多途径起作用,群落的稳定性也就越大。当水体环境受到污染往往会造成水体生物种类减少,同时生物个体数增多。因此,水生生物群落结构的变化可作为评价水质的生物学指标。

三、矿区地下水环境特征

矿山开采对地下水环境影响非常复杂。随着采掘工作面的推进,煤层顶板上覆岩层不断垮落,形成垮落带和导水裂隙带,同时地表产生裂缝和塌陷。地下水系统的补给、径流、排泄条件及地下含水系统的结构也随之发生改变,造成地下水位持续下降,并形成降落漏斗,甚至含水层被疏干。其中矿区疏干排水是引发地下水位下降、地下水资源枯竭、岩溶塌陷和地面沉降、地表水污染、地下水环境恶化、海水倒灌等环境问题的主要原因。

矿区地下水迁流方向及通畅程度受断裂构造和节理系统发育程度影响,在岩层产状和断层密度不同的区段内,地下水的流向、流速、水力梯度均存在显著差异。一般而言,在缓倾斜单斜岩层断层不发育区段地下水流向主要平行于断层走向,流速大,水力梯度小;在缓倾斜单斜岩层分布有弱导水断层区,地下水流向则主要平行于岩层走向,流速较上导水断层区小,水力梯度较大。地下水位往往同时受降雨和矿井开采活动的影响,在不同季节和开采的不同时期不断发生变化。

地下水形成过程中,不断与周围环境和含水介质发生物质交换,使岩石和空气中的化学成分在地下水中溶解、迁移和沉淀,导致水化学组分不断变化。地下水中含量较多的常规离子共七种,即氯离子(Cl^-)、硫酸根离子(SO_4^{2-})、重碳酸根离子(HCO_3^-)、钠离子(Na^+)、钾离子(K^+)、钙离子(Ca^{2+})及镁离子(Mg^{2+})。这七种常规离子决定了水的化学类型(图6-1)。由于不同含水层之间有着较好的隔水层,其水化学组成及水化学含量表现出各自的特征。这一特征可用于判断矿井涌水的来源。

按舒卡列夫的水化学类型分类,绘制上述地下水的 Piper 三线图。由图 6-1(a)得:烧变岩含水层水质以 HCO_3-Ca 型为主,水质图像在菱形图上比较集中分布在左中部,与大气降水具有相同的水质类型,显示出其直接接受大气降水的补给,径流条件相对较好,循环交替积极的特点。由图 6-1(b)得:第四系水质图像较集中分布在菱形图左中部,与烧变岩含水层水质相同,反映出直接接受类似水系和大气降水水质补给的特点。由图 6-1(c)得:砂岩裂隙水水质图像在菱形图上比较集中分布在左中部,其余比较分散,反映出其水质在空间上分布的不均一性,随埋藏深度的不同,其矿物的溶滤使水质类型更加复杂。

地下水化学环境日趋复杂,矿井排水诱发矿区地下水的污染。地下水动力条件、含水层间水力联系的改变将影响水-岩作用过程,巷道掘进、煤层采动及地表塌陷使岩层裂缝发育,加大了地表污染物入渗地下水层的可能性。此外矿井排水使得附近水井水位波动,水位波动及裂

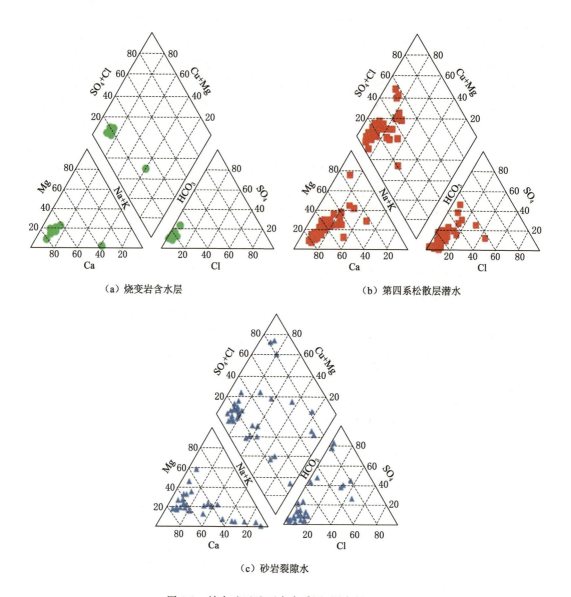

（a）烧变岩含水层 （b）第四系松散层潜水

（c）砂岩裂隙水

图 6-1　神东矿区地下水水质图（顾大钊，2015）

缝发育的增多使原本封闭的、还原性的地下水化学环境变得相对开放，氧化作用逐渐增强（孟磊 等，2008）。在伴生较多黄铁矿的条件下，则会产生大量的 SO_4^{2-}，最终形成酸性矿井水。酸性矿井水流经采矿环境时，不断溶解环境中可溶性物质，造成水中总矿化度以及某些有害组分的浓度增加，甚至严重超标，这是矿区地下水污染的重要来源。一般而言，矿区地下水的主要污染物包括汞、铅、铬等重金属，氟化物、氰化物等无机毒物以及无机酸、盐类和无机悬浮物等。近年来人们发现矿区地下水中也存在不同程度的有机污染，包括石油类（主要是乳化油）、苯酚类及多环芳烃类等，这类有机污染物往往具有高毒性、难检测性和难去除性，部分有机物还具有致癌作用。矿区地下水的污染大大制约矿区水资源的再利用，同时对矿业开采设备产生较严重的腐蚀，也给周边人群带来了重大的健康风险。

第二节 矿区水环境监测目标识别与筛选

一般而言,水环境监测大体可分为两类:一类是反映水质污染的综合指标,如温度、色度、浊度、pH、电导率、悬浮物、溶解氧(DO)、化学需氧量(COD)和生化需氧量(BOD$_5$)等;另一类是一些有毒物质,如酚、氰、砷、铅、铬、镉、汞、镍和有机农药、苯并芘等。随着国家相关水环境生物、生态指标的实施,为促进水环境质量监测,逐步实现生态监测的目标要求,生态目标和遥感信息也逐渐成为水环境监测的关注点。监测目标的识别与筛选往往需要综合考虑水环境特征、污染物对环境的影响以及分析测试方法的有效性等。具体的水环境监测目标一般应根据我国最新颁布的环境保护法规,国家、行业及地方污染物排放标准和环境质量标准进行识别和筛选。

一、矿区水体遥感信息识别

与常规采样监测和在线监测不同,卫星遥感可以低成本、快速、大范围监测地表水体水质,便于发现污染物的时空分布特征和迁移规律,是地表水体水质监测的重要补充。随着国内外遥感卫星技术的不断发展,基于卫星遥感的水质监测发挥了越来越大的作用(徐志文 等,2021)。

水中各种光学活性物质对光辐射的吸收和散射性质决定着水体的光谱特征。遥感测量一定波长范围的水体辐射值可得到水体的光谱特征。通过分析水体吸收和散射太阳辐射能形成的光谱特征是遥感获取水质参数的方法。在水质遥感中,传感器所获取的总辐射信息可以表示为:

$$L_f = L_p + L_s + L_v + L_b$$

其中,L_p是没有到达水体表面的天空辐射。L_s是到达气水界面,被水体表面反射回来的辐射,这部分的辐射能量包含了很多有关水体近表面特征的光谱信息。L_v是穿过气水界面到达水体内部的天空辐射,并且没有到达水底。这部分辐射可以提供关于水体内部组成和特征的最有价值的信息。L_b是指透过水面,能够到达水体底部的天空辐射并返回被传感器接收的辐射,通过它可以获取水底的相关信息。

利用光谱特征提取水体分布信息的方法主要有单波段阈值法、水体指数法和谱间分析法。单波段阈值法,是早期使用的方法,通过遥感影像中的近红外波段,并设定阈值来进行水体信息的提取。这种方法利用了水体在近红外波长处的强吸收性以及植被和干土壤在此波长范围内的强反射性特点,分析图像各波段水陆交界处的地表反射率值,以此确定阈值,并将低于该值的像元定义为水体,从而区分出水体和其他地物。该方法操作简单,其缺点在于无法提取细小水体和难以消除水体中杂有的阴影,识别精度较低。水体指数法是利用不同类型的地物在波段上的光谱差异,对几个波段进行组合、差值、比值等运算可以突出水体信息,尽可能多地抑制非水体信息的表达。常用的是归一化水体指数(normalized difference water index,NDWI)和改进的归一化水体指数(modified NDWI,MNDWI)。谱间分析是一种利用多波段优势综合提取水体信息的方法。在常规分类的基础上采用多波段谱间关系法建立的数学地理模型来提取水体,不仅能提高水体提取结果精度,而且对多时相图像的水体动态监测也能达到较好的效果。谱间分析法首先根据已有地物的遥感特征建立地物光谱知识的遥感信息模型,结合到图像上进行地物光谱分析、形态结构分析、调整和修改模型参数。

矿区水污染的种类主要分为酸性废水污染、重金属污染及营养富集作用,常见的有矿坑水、选矿废水、堆浸废水、洗煤水及尾矿废渣的淋滤水污染。此外,矿区地表水体具有水容量相对较小、流动性差以及污染来源复杂等特点,因此受到污染后自净能力相对较差。水体主要易受悬浮物的污染,容易形成水体富营养化。通常水体中影响光谱反射率的物质主要有三类:① 浮游植物,主要是各种藻类(叶绿素 a);② 总悬浮物,包括由浮游植物死亡而产生的有机碎屑和水体再悬浮而产生的无机悬浮颗粒;③ 黄色物质,主要是由黄腐酸、腐殖酸等组成的溶解性有机物。这三类物质都可以对光产生散射,但浮游植物和黄色物质可以选择一定波长范围的光形成各自的吸收特征波谱。水体因以上三类物质及其含量的不同引起水体的吸收和散射变化,造成不同水体在一定波长范围内反射率存在差异,这是遥感定量反演水体水质参数的基础(裴文明,2016)。

利用遥感技术进行矿区水体污染信息提取,主要依据的是水体的光谱特征及受不同污染程度所特有的光学特征。水体的光谱反射特征与其自身的污染程度相关性较大(朱小明,2018),当水中污染物的成分和浓度不同时,水体所表现出来的颜色、密度、透明度、温度和富营养化等信息也不同,这也就导致水体在遥感图像上表现出来的光学特征以及光谱反射特征有所差异。基于遥感技术的矿区水体污染信息识别是基于不同水质的水体在遥感影像上有较明显的反映,使用预处理后的遥感影像数据,借助光学-生化和光学-物理模型,通过波段组合运算的方式构造多种具有光学、生化、物理或混合特性的特征,将其与同一时期内的地面实测数据建立关系模型,寻找最佳的数学模型描述二者间的数值关系。

二、矿区地表水体特征污染物识别与筛选

矿区地表水体包括流经矿区的河流、湖泊、露天矿积水和塌陷水体等。矿区水体的主要污染来源包括矿业开采和提纯工业废水、矿区生活污水、矿业固体废弃物淋溶水以及水体周边地表径流携带的污染物质等。

目前应用于地表水体污染因子识别与筛选的技术主要包括潜在危害指数法、模糊综合评判法、综合评分法、密切值法、Hasee 图解法等。不同识别方法均有其技术特点及适用条件,污染物因子识别与筛选方法的发展方向会随信息获取技术的进步等朝多指标、定量化发展。实际工作中,筛选特征污染物指标,还需调查了解当地环境背景资料、同类污染源、污染控制技术、行业清洁生产水平等(范薇 等,2016)。

矿区地表水体特征污染物的识别工作要综合考虑矿区排放的特征污染物、矿区水环境功能,以及当地的气候和水文地质条件等。依据《地表水和污水监测技术规范》(HJ/T 91—2002),由表 6-1 可知,不同矿业废水中主要污染物存在一定差异,但总体而言金属及非金属矿山开采行业的废水主要污染物均包括悬浮物、硫化物及 Hg、Cr、Cr(Ⅵ)、Cu、Pb、Zn、Cd、As 和 Ni 等重金属和类金属等,同时废水的 pH 值也是重要指标之一。选矿和冶炼行业废水污染物除采矿业主要污染物以外还有 COD、BOD_5 等有机污染物。焦化、石油和石油炼制行业排放的废水污染物则相对复杂,除悬浮物、挥发酚、油类、硫化物等常规成分外,还有苯并芘、多环芳烃等强毒性持久性有机污染物。矿区生活污水中主要污染物与常规生活污水相似,主要污染物为 COD、BOD_5、悬浮物、氨氮、总氮、总磷、油类等。雨水淋溶形成的地表

径流的水质则与淋溶对象相关。矿山废弃物往往会淋溶出较多悬浮物、硫化物及 Hg、Cr、Cr(Ⅵ)、Cu、Pb、Zn、Cd、As 和 Ni 等重金属和类金属,对地表水体产生相对严重的后果,而过量施用化肥和农药的农田土壤则会淋溶出一定量相关物质,其中氮、磷是造成区域水体富营养化的重要污染来源。

表 6-1　我国部分矿业废水特征污染物及监测目标

类型	必测项目	选测项目
黑色金属矿山(包括磷铁矿、赤铁矿、锰矿等)	pH、悬浮物、重金属	硫化物、锑、铋、锡、氯化物
钢铁工业(包括选矿、烧结、炼焦、炼铁、炼钢、连铸、轧钢等)	pH、悬浮物、COD、挥发酚、氰化物、油类、六价铬、锌、氨氮	硫化物、氟化物、BOD_5、铬
有色金属矿山及冶炼(包括选矿、烧结、电解、精炼等)	pH、悬浮物、COD、氰化物、重金属	硫化物、铍、铝、钒、钴、锑、铋
非金属矿物制品业	pH、悬浮物、COD、BOD_5、重金属	油类
煤气生产和供应商	pH、悬浮物、COD、BOD_5、油类、重金属、挥发酚、硫化物	多环芳烃、苯并(a)芘、挥发性氯代烃
火力发电(热电)	pH、悬浮物、COD、硫化物	BOD_5
电力、蒸汽、热水生产和供应商	pH、悬浮物、COD、油类、挥发酚、硫化物	BOD_5
煤炭采造业	pH、悬浮物、硫化物	砷、油类、汞、挥发酚、COD、BOD_5
焦化	悬浮物、COD、油类、重金属、挥发酚、氨氮、氰化物、苯并(a)芘	总有机碳
石油开采	COD、BOD_5、悬浮物、油类、硫化物、挥发性卤代烃、总有机碳	挥发酚、总铬
石油加工及炼焦业	COD、BOD_5、悬浮物、油类、硫化物、挥发酚、总有机碳、多环芳烃	苯并(a)芘、苯系物、铝、氯化物
河流	水温、pH、溶解氧、高锰酸盐指数、化学需氧量、BOD_5、氨氮、总氮、总磷、铜、锌、氟化物、硒、砷、汞、铬(六价)、镉、铅、氰化物、挥发酚、石油类、阴离子表面活性剂、硫化物和粪大肠菌群	总有机碳、甲基汞等
集中式饮用水源地	水温、pH、溶解氧、悬浮物、高锰酸盐指数、化学需氧量、BOD_5、氨氮、总磷、总氮、铜、锌、氟化物、铁、锰、硒、砷、汞、镉、铬(六价)、铅、氰化物、挥发酚、石油类、阴离子表面活性剂、硫化物和粪大肠菌群	三氯甲烷、四氯化碳、三溴甲烷、二氯甲烷、1,2-二氯乙烷、环氧氯丙烷、氯乙烯、1,1-二氯乙烯、1,2-二氯乙烯、三氯乙烯、四氯乙烯、氯丁二烯等
湖泊水库	水温、pH、溶解氧、高锰酸盐指数、化学需氧量、BOD_5、氨氮、总磷、总氮、铜、锌、氟化物、硒、砷、汞、镉、铬(六价)、铅、氰化物、挥发酚、石油类、阴离子表面活性剂、硫化物和粪大肠菌群	总有机碳、甲基汞、硝酸盐、亚硝酸盐等
排污河(渠)	根据纳污情况,参照工业废水监测项目	

注:① 监测项目中,有的项目检测结果低于检出限,并确认没有新的污染源增加时可减少监测频次。根据各地经济

发展情况不同,在有监测能力(配置 GC/MS)的地区每年应监测 1 次选测项目。② 悬浮物在 5 mg/L 以下时,测定浊度。③ 二甲苯指邻二甲苯、间二甲苯和对二甲苯。④ 三氯苯指 1,2,3-三氯苯、1,2,4-三氯苯、1,3,5-三氯苯。⑤ 四氯苯指 1,2,3,4-四氯苯、1,2,3,5-四氯苯、1,2,4,5-四氯苯。⑥ 二硝基苯指邻二硝基苯、间二硝基苯、对二硝基苯。⑦ 硝基氯苯指邻硝基氯苯、间硝基氯苯、对硝基氯苯。⑧ 多氯联苯指 PCB-1016、PCB-1221、PCB-1232、PCB-1242、PCB-1248、PCB-1254 和 PCB-1260。

矿区地表水体污染因子的识别与筛选还必须考虑水的使用功能。针对不同使用功能的地表水体,我国《地表水环境质量标准》(GB 3838—2002)列出了河流、湖泊水库中常规监测的污染指标。塌陷水体目前仍未见相关水质监测的规范性文件,但也可以参考水体使用功能筛选出相应的水质污染因子。如若塌陷水体以渔业为主,则污染因子需综合考虑我国《渔业水质标准》(GB 11607—89)和《地表水环境质量标准》中Ⅲ类水标准的要求,若以观赏或娱乐为目标,则要考虑 GB 3838—2002 中Ⅳ类和Ⅴ类水的相关规定。

三、矿区地下水污染因子识别

地下水典型污染因子识别与筛选借鉴地表水体优先控制污染物识别技术。相对于地表水体环境中污染因子筛选,地下水污染因子的筛选工作应更多考虑污染物的迁移性和部分水文地质条件。早期的地下水污染因子的识别与筛选多结合地下水污染风险评价进行,从地表污染荷载-包气带-地下水系统角度出发,以 DRASTIC 为代表的固有脆弱性评价结合污染荷载或者结合 Hydrus、ArcGIS 等软件模拟污染物到达地下水量(杨保安 等,2008)筛选出地下水中主要污染物。随着对地下水污染过程研究逐步深入,地下水的天然防污性能、污染荷载和污染风险之间存在的关系、地下水价值和地下水源保护区等因素也加入地下水污染因子识别过程体系。目前我国地下水污染因子的识别与筛选的主要原则有 5 个方面:① 污染物的检出量和检出频率;② 污染物毒性效应;③ 污染物的生物累积性和降解性;④ 污染物的稳定性和迁移性;⑤ 参考国内外优控物名单。

矿区地下水污染源相对较多,其迁移转化过程也相对复杂。尾矿库中大量堆放的尾矿在大气降雨的淋滤作用下产生的酸性废水通过地层表面的裂隙渗透进入含水层中,导致尾矿成为矿山地下水污染的主要污染源。酸性矿井水中主要污染因子包括 Mn、Zn、Cu、Ni、Cr 等重金属以及 pH 值等。此外采矿环境会向地下水释放石油类、苯酚类和多环芳烃类等有机质等。依据我国《矿区地下水监测规范》(DZ/T 0388—2021),矿业活动向地下水释放的主要污染物见表 6-2。地下水环境主要污染因子包括:pH、总硬度、溶解性总固体、氨氮、高锰酸盐指数、挥发酚、硝酸盐氮、亚硝酸盐氮、氯化物、硫酸盐、氟化物、氰化物、六价铬、总大肠菌群、浊度、石油类、阴离子表面活性剂、铁、锰、砷、汞、镉、镁、铅共 24 项。

表 6-2　矿业活动向地下水释放的主要污染物

行业名称		特征污染物名称
石油加工/炼焦及核燃料加工业	精炼石油产品的制造	锌、镍、锰、钴、硒、钒、锑、铊、铍、钼、铝、氰化物、乙苯、二甲苯(总量)、苯乙烯、萘、荧蒽、苯并荧蒽、苯并芘、石油类
	炼焦	锌、镍、氰化物、乙苯、二甲苯(总量)、苯乙烯、萘、蒽、荧蒽、苯并荧蒽、苯并芘、石油类

表 6-2(续)

行业名称		特征污染物名称
有色金属冶炼及压延加工业	常用有色金属冶炼	锌、铝、硒、铍、硼、锑、钡、镍、钼、银、铊、钒、锡、锑、石油类、总 α 放射性、总 β 放射性
	贵金属冶炼	
矿山开采区		锌、铍、硼、锑、钡、镍、钴、钼、银、铊、钒、锡、锑、石油类、总 α 放射性、总 β 放射性

依据我国《地下水环境监测技术规范》(HJ 164—2020)和《地下水质量标准》(GB/T 14848—2017),地下水中监测项目分为常规项目和非常规项目,具体见表 6-3。

表 6-3　地下水检测项目表

常规项目	非常规项目
色、嗅和味、浑浊度、肉眼可见物、pH、Na^+、Cl^-、SO_4^{2-}、总硬度(以 $CaCO_3$ 计)、溶解性总固体、铁、锰、铜、锌、铝、砷、硒、铬(六价)、铅、汞、镉、耗氧量(COD_{Mn},以 O_2 计)、氨氮、亚硝酸盐、硝酸盐、氰化物、氟化物、碘化物、硫化物、挥发酚类(以苯酚计)、阴离子合成洗涤剂、三氯甲烷、四氯化碳、苯、甲苯、总大肠菌群、菌落总数、总 α 放射性、总 β 放射性	铍、硼、锑、钡、镍、钴、钼、银、铊、二氯甲烷、1,2-二氯乙烷、1,1,1-三氯乙烷、1,1,2-三氯乙烷、1,2-二氯丙烷、三溴甲烷、氯乙烯、1,1-二氯乙烯、1,2-二氯乙烯、三氯乙烯、四氯乙烯、氯苯、邻二氯苯、对二氯苯、三氯苯(总量)、乙苯、二甲苯(总量)、苯乙烯、2,4-二硝基甲苯、2,6-二硝基甲苯、萘、蒽、荧蒽、苯并荧(b)蒽、苯并(a)芘、多氯联苯(总量)、邻苯二甲酸二(2-乙基己基)酯、2,4,6-三氯酚、五氯酚、六六六(总量)、γ-六六六(林丹)、滴滴涕(总量)、六氯苯、七氯、2,4-滴、克百威、涕灭威、敌敌畏、甲基对硫磷、马拉硫磷、乐果、毒死蜱、百菌清、莠去津、草甘膦

四、矿区水环境监测方案的制定

监测方案是完成一项监测任务的程序和技术方法的总体设计,设计和制定矿区水环境监测方案一般需要综合考虑水质监测目的、污染源类型和水的使用功能等相关因素。矿区水环境监测方案的一般程序如图 6-2 所示。

(一)塌陷水体监测方案制定

在制定监测方案之前,首先要明确监测目的。在现场调查阶段尽可能完备地收集与监测水体及所在区域有关的资料,进而确定要监测的项目。通过现场调查和从企业、规划、环保、水利、气象等相关部门获得相关资料,其内容包括:

① 塌陷水体的沉陷测算、气候、地质和地貌等资料。如开采沉陷过程及沉陷稳定性水平、塌陷水体分布、水深、水量、降水量、蒸发量等。

② 周边污染源及其排污情况、塌陷前土地利用类型及污染状况、周围农田灌溉排水情况、化肥和农药施用情况等。

③ 塌陷水体利用功能。

④ 历史水质监测资料等。

在调查研究和对有关资料进行综合分析的基础上,根据水域范围,考虑代表性、可控性及经济性等因素,确定水环境监测项目与分析测试方法。综合利用航空遥感、卫星遥感、地表采样监测、地面雷达、水文气象观测等相关监测方式,开展天-空-地一体化监测工作。以

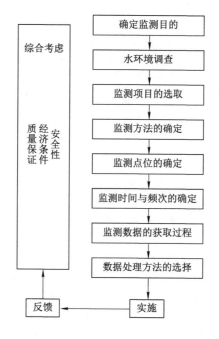

图 6-2　水环境监测方案制定程序

航空遥感为桥梁,通过高精度的真实性验证,发展尺度转换方法,改善从卫星遥感资料反演和间接估算模型和算法,精细观测矿区塌陷水体水量与水质的变化过程。监测断面与点位的确定是地表水体采样监测方案的重点。通过对监测断面类型和采样点数量的不断优化,尽可能以最少的点位获取足够的代表性环境信息。与自然水体相比,塌陷水体水面相对较小,且绝大部分为非流动水体,因此塌陷水体水质监测方案可以依据湖泊、水库监测方案制定。塌陷水体通常只设监测垂线。若塌陷区无明显功能区别,可用网格法均匀设置监测垂线,其垂线数根据水体面积及入补给水量等因素酌情确定。不同水域,如进水区、出水区、深水区、浅水区、湖心区、岸边区等按水体类别和功能设置监测垂线。监测垂线上依据水深设置采样点(表 6-4)。

表 6-4　河流采样垂线上采样点的设置

水深 H/m	采样点数及位置	说明
$H \leqslant 5$	1 点(水面下 0.5 m 处,不足 0.5 m 时,在水深 1/2 处)	1. 封冻时在冰下 0.5 m 处采样,水深不到 0.5 m 时,在水深 1/2 处采样。
$5 < H \leqslant 10$	2 点(水面下 0.5 m 和河底上 0.5 m)	
$H > 10$	3 点(水面下 0.5 m、1/2 水深处、河底上 0.5 m)	2. 凡在该断面要计算污染物通量时,必须按此表设置

　　监测断面和采样点位确定后,其所在位置应有固定的天然标志物;如果没有天然标志物,则应设置人工标志物或采样时用卫星定位仪(GNSS)定位,使每次采集的样品都取自同一位置,保证其代表性和可比性。

（二）矿区地下水监测方案制定

制定矿区地下水质监测方案需先收集、汇总监测区域的水文、地质、气象等方面的有关资料和以往的监测资料。如,地质图、剖面图、测绘图、水井的成套参数、含水层、地下水补给、径流和流向,以及温度、湿度、降水量等;调查监测矿区工业布局、开采方式、地下工程规模、应用等;了解区域内化肥和农药的施用面积和施用量;调查废水排放、纳污和地面水污染现状等相关资料。

地质结构使地下水采样点的布设变得复杂。地下水一般呈分层流动,侵入地下水的污染物、渗滤液等可沿垂直方向运动,也可沿水平方向运动;同时,各深层地下水(也称承压水)之间也会发生串流现象。因此,布点时不但要掌握污染源分布、类型和污染物扩散条件,还要弄清地下水的分层和流向等情况。通常布设两类采样点,即对照监测井和控制监测井群。监测井可以是新打的,也可利用已有的水井。

对照监测井设在地下水流向的上游不受监测地区污染源影响的地方。在污染区外围地下水水流上方垂直水流方向设置一个或数个对照井。尽量远离城市居民区、工业区、农药化肥施药区、农灌区及交通要道。对于新开发区,应在开发区建设之前建设背景监测井,以明确区分新进驻企业的污染责任。

控制监测井设在污染源周围不同位置,特别是地下水流向的下游方向。渗坑、渗井和堆渣区的污染物,在含水层渗透性较大的地方易造成带状污染,此时可沿地下水流向及其垂直方向分别设采样点;在含水层渗透小的地方易造成点状污染,监测井宜设在近污染源处。污灌区等面状污染源易造成块状污染,可采用网格法均匀布点。排污沟等线状污染源,可在其流向两岸适当地段布点。

第三节　矿区地表水环境监测

矿区地表水包括自然地表水、地表塌陷水体和矿区排放水等,通常采用遥感监测、采样监测与在线监测相结合的方式,对矿区地表水体的水质和水量变化进行综合监测,对塌陷水环境富营养化水平和生态演替进行评估,对矿区污染水体进行在线监控。

一、矿区地表水环境变化遥感监测

矿区地表水环境变化遥感监测,是在分析水体光谱特征的基础上,对研究区遥感图像进行处理和运算,得到可以反映水质和水量状况的遥感特征参数,通过构建反演模型或利用空间分析方法,提取水体目标中的各项水环境参数,并根据水环境评价标准,综合多种水质参数对监测水体的水域面积、富营养化程度、污染程度、水质类别等做出判别。

水体分布信息提取是地表水环境遥感监测的首要工作,为后续提取水体污染信息提供必需的水体边界。根据水体在近红外和短波红外波段反射率较低的特点,通常利用近红外或短波红外波段构建水体特征光谱指数,包括归一化植被指数(NDVI)、归一化水体指数(NDWI)、改进的归一化水体指数(MNDWI)、自动化水体指数(automated water extraction index,AWEI)等,进行阈值分割提取水体,如图 6-3 所示。塌陷水体的水位和水面积会随塌陷形成过程和季节变化发生较大变化,因此水位和面积是塌陷水体水文分析中的基础数据之一。

图 6-3　阈值分割提取水体(Bangira et al.,2019)

水质监测也是矿区地表水环境遥感监测的一项重要工作。利用遥感技术,通常可以监测水体透明度、溶解物、悬浮叶绿素浓度、重金属含量等。

水体透明度监测一般通过水体的光谱响应曲线进行研究,健康水体含有的杂质较少,对于电磁波的吸收较强,光谱曲线的反射率较低;而较混浊的水体由于富含的杂质以及污染物较多,对于电磁波的反射增大,光谱曲线整体值会比健康水体高,如图 6-4 所示(徐志文等,2021)。

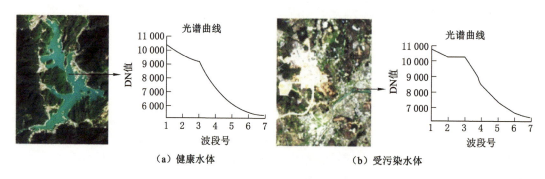

图 6-4　健康水体与受污染水体光谱曲线对比(徐志文 等,2021)

溶解性有机物是水中溶解性有机物,化学成分常出现在水环境监测中,它是由腐烂物质所释放的大量酸性物质引起的,随着溶解性有机物含量的增高,水体颜色会呈现黄绿色直至绿色,遥感技术主要是以水体光学反射波长为基数加以测算,得出水中溶解性有机物含量的。通过分析不同酸碱性水体的光谱测量数据发现矿区酸性水体和碱性水体的反射率在可见光和近红外波段,特别是在 ASTER(advanced spaceborne thermal emission and reflection radiometer)多光谱图像的第 1、2 和 3 波段处有明显的差异,其中在 ASTER 第 1

和 2 波段处不同类型水体的反射率差别较大。对 ASTER 数据进行几何精校正和辐射校正后,可利用光谱角制图法提取水体污染信息(卢霞 等,2016)。

　　叶绿素 a 浓度是反映水体中总的浮游植物和藻类生物量的最佳参数,也是评价水体营养状态的最佳色素。当水体出现富营养情况,水体中的叶绿素含量将随之增高,使用遥感技术对水体叶绿素含量进行监测,当叶绿素检测出现反射峰以及吸收谷,表明该水体存在一定的富营养化情况。因此,当水环境出现富营养污染问题,水体反射率愈高,反射峰值也会发生变化;污染体中小颗粒直径增加,会导致对应散射系数增大,反射率提高,由此便可得出水环境的富营养化污染情况。常用的叶绿素 a 浓度的反演方法有荧光峰/反射峰算法、波段算法、指数算法、智能算法、基于水体分类的算法等。如图 6-5 所示,对不同类型的水体采用不同的反演算法,可以在一定程度上提高反演模型的区域和季节适用性,进而提高反演精度。

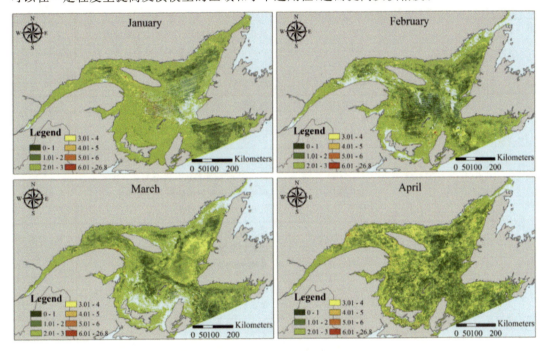

图 6-5　利用 Aqua-MODIS 获得的 2017 年湖泊月平均叶绿素 a 分布图(He et al.,2020)

二、矿区地表水体水质监测

　　矿区地表水体水质监测与常规地表水水质监测相似,一般包括物理性质、金属化合物、非金属无机化合物和有机化合物等分析测试指标。

　　矿区地表水样品采集需配合卫星定位,采用乘监测船或采样船、手划船等交通工具到采样点采集,也可涉水和在桥上采集。采集表层水水样时,可用适当的容器如塑料筒等直接采取。采集深层水水样时,可用简易采水器、深层采水器、采水泵、自动采水器等。

　　一般而言,水温、透明度、pH 值、溶解氧等用电极电位法监测的指标往往在现场进行分析。对于金属化合物,为保障其采样、运输和保存过程中呈离子状态,往往需要在采样过程中加酸调整到 pH<2 的状态,在实验室中根据水质特征采用硝酸或硝酸-硫酸等消解方法进行消解,然后用原子吸收或电感耦合等离子体等方法进行分析。硫化物和 COD 多用氧

化-还原滴定法。分光光度计法也是地表水水质监测的主要重要方法。表 6-5 列出了矿区地表水主要监测指标的预处理和监测方法。

表 6-5 各种指标测定方法、保存方法及水样预处理方法

测试项目	保存方法	相关标准	测定方法	注意事项
水深				现场测定
透明度			塞氏盘法	现场测定
电导率		HJ/T 97—2003	电导率仪法	尽快测定
pH 值		HJ/T 96—2003	酸度计法	尽快测定
BOD_5	0～4 ℃下保存，20 ℃下恒温培养	HJ 505—2009	稀释接种法	培养后立即测定
COD_{cr}	pH<2,2～5 ℃冷藏现场加入	HJ 377—2019 HJ 924—2017 HJ 828—2017 HJ/T 399—2007	水质在线自动监测仪技术要求及检测方法 光度法快速测定仪技术要求及检测方法 重铬酸盐法 快速消解分光光度法	处理后尽快测定
DO	1 mL $MnSO_4$, 2 mL 碱性 KI,最多保存 4～8 h	HJ/T 99—2003 HJ 506—2009 GB 7489—87	溶解氧(DO)水质自动分析仪技术要求 电化学探头法 碘量法	固定后尽快测定
TN	加 H_2SO_4 酸化至 pH<2	HJ 667—2013 HJ 668—2013 HJ 636—2012 HJ/T 199—2005	连续流动-盐酸萘乙二胺分光光度法 流动注射-盐酸萘乙二胺分光光度法 碱性过硫酸钾消解紫外分光光度法 气相分子吸收光谱法	24 h 内测定
TP	加 H_2SO_4 酸化至 pH<2,2～5 ℃冷藏	HJ 671—2013 GB 11893—89 HJ/T 103—2003	流动注射-钼酸铵分光光度法 钼酸铵分光光度法 总磷水质自动分析仪技术要求	24 h 内测定
SO_4^{2-}		HJ/T 342—2007 GB 11899—89	铬酸钡分光光度法 重量法	
HCO_3^-		GB/T 20780—2006	化学滴定法	
Cl^-	2～5 ℃冷藏最多 28 d	HJ 586—2010 HJ/T 343—2007	N,N-二乙基-1,4-苯二胺分光光度法 硝酸汞滴定法 (硝酸银滴定法)	
Ca、Mg、Na、K、B	加 HNO_3 酸化至 pH<2	GB 7476—87(钙) GB 7477—87(钙和镁) GB 11904—89(钾和钠) HJ/T 49—1999(硼)	EDTA 滴定法 EDTA 滴定法 火焰原子吸收分光光度法 姜黄素分光光度法 (ICP-AES 法)	尽快测定
硫化物		HJ 824—2017 HJ/T 200—2005	流动注射-亚甲基蓝分光光度法 气相分子吸收光谱法	
氰化物		HJ 823—2017	流动注射-分光光度法	
铬		HJ 757—2015(铬)	火焰原子吸收分光光度法	
铅		HJ 762—2015(铅自动)	铅水质自动在线监测仪技术要求及检测方法	

表 6-5(续)

测试项目	保存方法	相关标准	测定方法	注意事项
镉		HJ 763—2015(镉自动)	镉水质自动在线监测仪技术要求及检测方法	
铊		HJ 748—2015(铊)	石墨炉原子吸收分光光度法	
钴		HJ 550—2015(钴) HJ 957—2018(钴) HJ 958—2018(钴)	5-氯-2-(吡啶偶氮)-1,3-二氨基苯分光光度法 火焰原子吸收分光光度法 石墨炉原子吸收分光光度法	
钒		HJ 673—2013(钒)	石墨炉原子吸收分光光度法	
银		HJ 489—2009(银) HJ 490—2009(银)	3,5-Br2-PADAP 分光光度法 镉试剂 2B 分光光度法	
铜		HJ 485—2009(铜) HJ 486—2009(铜)	二乙基二硫代氨基甲酸钠分光光度法 2,9-二甲基-1,10-菲啰啉分光光度法	
铁		HJ/T 345—2007	邻菲啰啉分光光度法	
锰		HJ/T 344—2007	甲醛肟分光光度法	
锑		HJ 1407—2019 HJ 1406—2019	石墨炉原子吸收分光光度法 火焰原子吸收分光光度法	
钡		HJ 602—2011 HJ 603—2011	石墨炉原子吸收分光光度法 火焰原子吸收分光光度法	
重金属 (As、Hg、 Se 除外)	加 HNO₃ 酸化至 pH<2	HJ 807—2016(钼、钛) HJ 776—2015 HJ 700—2014	钼和钛的测定 石墨炉原子吸收分光光度法 电感耦合等离子体发射光谱法(ICP-OES) 电感耦合等离子体质谱法(ICP-MS)	尽快测定
As、Hg、 Se	加 HCl 酸化至 pH <2	HJ 926—2017(汞) HJ 597—2011(汞) GB 7469—87(汞) HJ 811—2016(硒) HJ 694—2014 (汞、砷、硒、铋、锑)	汞水质自动在线监测仪技术要求及检测方法 总汞的测定 冷原子吸收分光光度法 总汞的测定 高锰酸钾-过硫酸钾消解法 双硫腙分光光度法 总硒的测定 3,3'-二氨基联苯胺分光光度法 汞、砷、硒、铋和锑的测定 原子荧光法(ICP-AFS法)	尽快测定

三、矿区地表水污染源监测

矿区地表水污染源主要包括生活污水、矿井水、矿区废弃物淋滤水、洗选废水等(任梦溪 等,2016),我国对废水排放实行总量控制,因此对矿区水污染源的监测既要监测水质,又要进行水量监测。

由于矿区洗浴用水比例相对较高,矿区生活污水中的有机质、氮、磷等含量相对常规生活污水较低,但悬浮物(SS)的含量相对较高,且悬浮物中伴生的重金属等污染物也较常规生活污水更高。因此,矿区生活污水的水质监测重点为浊度、BOD$_5$、COD、氨氮、总氮、总磷以及重金属等。矿井水的水质一般与地下涌水的地质埋藏条件有关,部分矿井水水质较好,具有开发饮用水水源的潜力。当矿区硫铁矿含量较高时,极易形成酸性矿井水,水中pH极低(部分可达到强酸性水平),硫化物和重金属含量较高,部分盐分含量很高,对地表生态环境影响相对较大。因此,针对酸性矿井水水质,监测主要指标为pH、SS、电导率、硫化物以及重金属等。洗选废水的水质不仅受矿物本身的化学性质影响,还会受到洗选过程中向水体中投加的药剂的影响,其主要监测项目要综合分析洗选过程方能确定。

流量测量可用流速仪法、堰槽法、容器法、浮标法和压差法等方法。使用超声波式、电容式、浮子式或潜水电磁式污水流量计测量污水流量,所使用的流量计必须符合有关标准规定。在采样点需修建能满足采样和安装流量计的建筑物,一般修建满足采样测流的阴井或10 m左右的平直明渠。如建设标准的测流槽(如矩形、梯形或U形槽等)或者建设标准的测流堰(如矩形薄壁堰、三角薄壁堰等),所使用的测流槽、堰必须符合有关标准规定的要求。目前常用的有溢流堰法和量水槽法。

溢流堰法(图6-6)是在固定形状的渠道上安装特定形状的开口堰板,根据过堰水头与流量的固定关系,测量污水流量的方式。根据污水量大小可选择三角堰、矩形堰、梯形堰等。溢流堰法精度较高,在安装液位计后可实行连续自动测量。固体沉积物在堰前堆积或藻类等物质在堰板上黏附会影响测量精度。

图6-6 溢流堰

量水槽法(图6-7)是在明渠或涵管内安装量水槽,测量其上游水位计量污水量的方式。常用的有巴氏计量槽,可以获得较高的精度(±2%～±5%)。常和超声波液位仪联用进行连续自动测量,水头损失小、容量壅水高度小、底部冲刷力大,不易沉积杂物。

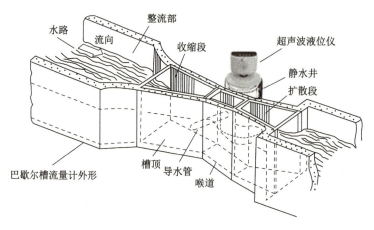

图6-7 超声波明渠流量计示意图

规模较大的矿区对外排水已广泛实行连续自动监测。水质污染自动监测系统是由一个中心站控制若干个固定监测子站,随时对矿区的水质污染状况进行连续自动监测,形成具有连续自动监测功能的系统。一套完整的水质自动监测系统能连续、及时、准确地监测目标水域的水质及其变化状况。中心控制室可随时获得各子站的实时监测数据,进行数据的统计处理,出具相应的监测统计数据报告和相关统计图表,收集并长期存储指定的相关资料。同时系统还具有监测项目超标及子站运行状态显示和警报等运行管理功能。子站是独立完整的水质自动监测系统,一般由采样系统,预处理系统,监测仪器系统,PLC控制系统,数据采集、处理与传输子系统及远程数据管理中心,监测站房或监测小屋等6个子系统组成(图6-8)。各子系统通过水样输送管路系统、信号传输系统、压缩空气输送管路系统、纯水输送管路系统实现相互联系。

图 6-8　矿区污水外排口在线监测子站

四、塌陷水体富营养化监测

水体富营养化一般指湖泊、水库和海湾等封闭、半封闭性水体及某些滞留河流(水流＜1 m/mim)水体由于氮和磷等营养素的富集,导致某些特征藻类和其他水生植物异常繁殖、异养微生物代谢频繁、水体透明度下降、溶解氧含量降低、水生生物大量死亡、水质恶化、水味发腥变臭,最终破坏水生生态系统的现象。传统的水体富营养化监测多以水中污染物质和营养成分为主要监测对象,其中总氮和总磷是监测的主体。受生活污水影响较大的水体则需要充分考虑高锰酸盐指数和生化需氧量对水体的影响。通过综合分析各污染因子的污染特征可以对水体进行有效的富营养化水平评估和污染来源解析工作。随着人们对水体富营养化过程认识的深入,富营养化对水生生态系统的影响逐步受到关注,利用叶绿素含量、浮游植物和浮游动物群落结构的变化也可以评估水体富营养化水平。现代水环境分析技术将水体微生物群落特征与水中污染特征、营养特征、水化学特征以及鱼类活性特征进行有效结合,成为水体富营养化监测的新型体系(邓道贵 等,2010)。

我国东部采煤沉陷区水域大部分是农田土壤淹水后演变形成的水体,水体中的营养盐在沉陷初期主要受淹水土壤中原有的化学成分作用,随着时间的变化,周边的人类活动如工农业生产以及渔业养殖逐渐对沉陷区水体中的氮、磷含量产生影响。矿区塌陷水体富营养化监测工作也经历了从简单的水质指标监测向水质监测与水生生态监测相结合的监测过程。早期的矿区塌陷水体富营养化监测(曲喜杰 等,2013)多依据《湖泊富营养化调查规范》(第二版),多以 pH、水温、透明度(SD)、总氮(TN)、硝酸盐氮(NO_3-N)、亚硝酸盐氮(NO_2-N)和氨氮(NH_4^+-N)、总磷(TP)、正磷酸盐(PO_4^{3-}-P)和叶绿素 a(Chl a)等作为评估指标,分析方法多采用现场采样、实验室标准分析方法。例如,为系统监测淮南矿区塌陷水体受采矿行为影响引起的富营养化过程,Yi 等建立了一套基于水质监测与浮游生物监测相结合的监测方法(Yi et al.,2014),对塌陷水体富营养化水平、养分平衡以及浮游生物生长与群落结构的变化进行了有效评价,建立了以水中温度、pH、溶解氧为主体的现场监测指标体系,以总磷(TP)、溶解性活性磷(SRP)、总氮(TN)、硝酸盐氮(NO_3-N)、亚硝酸盐氮(NO_2-N)和氨氮(NH_4^+-N)为主体的水中营养水平指标体系,同时还进行了不同季节的浮游植物和浮游动物群落调查,形成一套相对全面的塌陷水体富营养化监测体系。

遥感技术应用于塌陷水体富营养化监测的探索也不断增加。利用野外光谱仪采集塌陷水体高光谱数据可以与水域中 Chl a、透明度、总悬浮物(TSM)等水质分析结果有效拟合,建立反演模型。利用环境一号卫星多光谱数据,可以建立叶绿素 a、透明度、TP、TN 和高锰酸盐指数(COD_{Mn})等水质指标的反演模型,并利用综合营养指数法对水域的富营养化状态进行综合评价(裴文明,2016)。

五、塌陷水体生态演替监测

明确水体中生物群落结构及其对环境因子的响应变化过程是水环境生态学的一个核心目标之一。其中浮游生物世代交替时间较短,对环境中生物和非生物因子的改变相对敏感,因此常用浮游生物群落结构及其动态变化研究水体生态演替过程(Wentzky et al.,2020)。湖泊水体中的浮游生物丰度与物种组成往往会受到水温、光照条件、营养物质浓度、毒性污染物质含量以及大型水生生物等因素的影响,从而造成群落结构在时间和空间分布上的差异性(Loewen et al.,2020)。理论上,当外界干扰相对较少的条件下,生态系统存在由简单到复杂直至动态平衡的演替趋势。生态演替不仅包括生态系统内生物群落联系、单向、有序的变化过程,也包括非生物环境因子在群落演替过程中的变化。水体生态演替的监测不仅可以从生物、生态的视角全面了解水环境因子的变化特征,同时也可以为水生生物多样性研究和水体生态修复提供基础。相对于自然水体的生态演替研究,矿区塌陷水体的生态演替研究工作相对匮乏(Pan et al.,2019)。

矿区塌陷水体从形成历史来看是一个相对较新的水体,随着井工采矿过程的推进,其深度和面积均会发生一系列变化,直到沉陷过程稳定,这一过程往往需要几年甚至几十年的时间。因此,对该水体为淡水生物群落的演替的早期过程研究提供了一个独特的工作环境(Mccullough et al.,2011)。少量塌陷水域由于沟通矿井水的排放,水中 pH 值较低,重金属和悬浮物含量相对较高等(Miller et al.,2013),这种类型的塌陷水体具有特殊的生态演替过程,也具有很好的研究价值。研究发现矿区塌陷湖泊处浮游植物种类主要由蓝藻、绿藻和硅藻组成,三者总和可占各时期浮游植物种类总数 75% 以上。某采煤塌陷区鱼塘浮游植物群落中,绿藻门占比最高,其次为蓝藻门、裸藻门、硅藻门。蓝藻门中席藻、尖头藻、蓝纤维藻、色球藻占明显优势;绿藻门的小球藻优势明显(田功太 等,2014)。水温、光照、透明度、氨氮、总磷和硝酸盐氮、溶解性磷酸盐、营养盐比率(TN/TP)是影响浮游植物群落结构的主要趋动环境因子(范廷玉 等,2015;万阳 等,2018;徐鑫 等,2015)。矿区塌陷水体浮游动物优势种通常为：缺刻秀体溞、龟甲轮虫、针眼虫，此外还有矩形龟甲轮虫和曲腿龟甲轮虫等。其中曲腿龟甲轮虫是水体富营养指示种，针眼虫属中污性指示种类，轮虫在酸性水体中存在种类多、数量少的特点，而在碱性水体中则数量多、种类少。矿区开发后期即矿井报废后最终形成的塌陷水体基本上不再接纳矿区生产生活废水，主要污染物质在水体自净过程中有所降解，会导致其中的浮游生物数量降低（王振红 等，2005）。

传统的浮游植物监测采用镜下观测法进行，现场采集 1 L 不同水深的水样后，加入鲁哥氏液固定，静置沉淀 48 h 使标本浓缩至 30 mL 后用虹吸管抽去上清液。吸取 0.1 mL 浓缩样品使用浮游植物计数框在显微镜下进行观测计数，在 400× 光学显微镜下计数小型浮游植物，在 100× 显微镜下计数大型浮游植物，并依据相关图谱进行种类鉴定。浮游动物监测则需采集 5 L 水样，用 350 目的尼龙晒绢网过滤，立即加入福尔巴林溶液进行固定，室内静置 48 h 浓缩，定容至 30 mL 后，取 1.00 mL 浓缩液于浮游动物计数框内，在 100× 显微镜下计数大型浮游动物（许加星 等，2013）。随着分子生物学技术的发展与完善，利用宏基因组技术对水体浮游生物进行监测可以大大提高对淡水浮游生物群落的认识。利用关联网络方法可以探索细菌种群之间可能发生的广泛相互作用，这些细菌则是构成水生系统特有的典型的非常复杂的浮游细菌群落的重要组成部分（Eiler A et al.，2012）。通过凝胶电泳提取样品，然后利用溴化乙锭染色、紫外透照、图像检测等技术分析电泳条带信息，目标片段经 PCR 扩增后进行 Miseq 文库的构建，通过 Miseq 测序平台获得的数据进行拼接（merge）及质控过滤，获得优化序列，然后进行 OTU 聚类，将得到样品与 OTU 丰度矩阵。通过选取每个 OTU 中丰度最高的序列作为 OTU 的代表序列，与物种分类数据库进行比对注释后，获得样品与物种丰度的矩阵。基于上述两个矩阵的信息，通过对 OTUs 丰度矩阵和多样性分析开展多样性指数分析，获得各个分类水平上微生物群落结构的特征信息。进行基因测序，最后通过生物信息分析获得生物多样性信息。通过不同时空生物群落特征的分析可以揭示矿区塌陷水体生态演替过程。

第四节 矿区地下水环境监测

矿区地下水监测主要监测具有供水意义和生态价值的含水层，在矿山境界内及采动对地下水影响区内选择有代表性的井、泉、钻孔等，按照一定时间频率和技术要求进行地下水水位、水质、水温等动态要素观测、记录和资料整理工作。矿区地下水监测点的分布应该能够控制矿区地下水流程，布设在采动对含水层的影响半径内，且能够长期实时监测地下水位的稳定地段。但存在多个目标含水层时应实行分层监测。

一、地下水流场动态监测

地下水流场的动态变化特征是所在区域水文地质条件的综合反映。通常基于软件模拟公式，代入水量、水位等相关水文指标，可绘制出地下水流场图。在地下水流场监测过程中，实质是对相应参数的动态监测与信息组合。主要监测的内容包括地下水水位、水量、水流方向等。

地下水水位是指某时间地下水所处的空间位置，通常可用地下水位埋深与地下水位标高表示。地下水位埋深是指地面到水面的垂直距离，水位标高是指孔（井）口固定测点的标高减去固定测点至水面的垂直距离。地下水位测量方法和仪器设备较多，测量方法有钟响法、浮标式水尺读数法,仪器设备有浮漂式水位计、仪表式水位仪、灯显示水位计、音响式水位计、无感应水位仪、SKS-01 型半自动测井仪、自记水位仪等(殷文昌 等,2015)。自动测量地下水水位的仪器基本上测量的是水位变化值,必须再按安装时仪器感应器件(浮子或压力传感器)测得的水位或感应器件所在位置的高程(深度)加减仪器测得的水位变化计算地下水水位。浮子式水位计安装完毕后要对水位计测值进行设置(或计算),使水位计的水位示值与当时的实际水位相差一定值(也可一致)。在以后水位计的运行中,由测得的水位计示值可以计算得到实际水位。压力式水位计安装完毕后水位计示值是测得的水下传感器以上的水深,也要如浮子式水位计那样进行类似的设置。在以后水位计的运行中,由测得的水位计示值得到实际水位。在上述过程中,安装时都要人工专门测量实际水位,此水位计安装设置水位称为安装基准水位(姚永熙 等,2011)。

水量测定的方法很多,大体可分为堰测法、浮标法、流速仪法、容积法、依据泵型计算法、水角尺测定法、自流水的喷出高度计算法、孔口流速流量法、孔板流量法、水表测定法等。一般情况下在勘探施工中,常采用空气压缩机或各种水泵进行抽水试验,其涌水量大,多用三角堰箱;测定大口径水文地质孔或探采结合的生产井等时,井孔出水量大,常用梯形堰、矩形堰和水表等测量其涌水量。在水文地质调查中,选择有代表性的民井进行简易抽水试验,视其涌水量大小采用容积法或堰测法,测定其涌水量。泉水流量的测定应根据其流量的大小选取测量方法,当流量较小时,用容积法或三角堰来测定;当流量较大时(地下暗河等),可用梯形堰、矩形堰,也可用流速仪法、浮标法等来测定(殷文昌 等,2015)。地下水以人工抽出和以泉水、暗河、坎儿井方式自动流出地面,分别以管道或明渠流量测验方式进行水量测量。使用较正规的管道流量计时,管道出水量测量误差可控制在 2%～5% 之间,明渠流量测量误差稍大些。抽水试验时,对抽水流量监测的要求要高一些,一般用堰箱、孔板流量计计量流量。其流量测量不确定度可以达到 2%。高精度的堰箱可以达到 1% 的流量测量不确定度。应该注意,对明渠流量测量,不管是人工还是自动测量,测得的都是流量,还需加上时间因素才能得到地下水出水量。

地下水水流方向的传统测定方法是三点法,并结合等水位线图和等压水位线图来判断,如图 6-9 所示。孔距多为 50～100 m,应根据地形的陡缓调整;等水位线的间距取决于地下水面的坡度,坡度越大间距越大。由标高大的等水位线向标高小的等水位线所作的垂线就是地下水的流向。根据三点法确定的水流方向仅能代表小区域的流向,对于较大区域地下水的流向的确定,三个孔的观测可能无法刻画地下水流场,因此可以布置钻孔网,绘制出等水位或等水压线图,才能准确地确定地下水总流向或主要流向(殷文昌 等,2015)。用示踪法仪器在测井中测量时,流速流向的测量准确度较好,但仍不能和地表水流速、流向

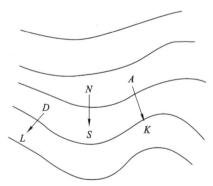

NS—总流向;DL、AK—局部地区流向。

图 6-9 地下水流动方向图

的测量准确度相比,并且存在着测得流速、流向和地层中地下水实际流速、流向的关系问题。要确定所测流速、流向与真正的地下水渗透流速、流向关系,还涉及空隙率、弥散系数等问题(姚永熙 等,2011)。

二、地下水水质监测

地下水监测点位主要布设在可能产生污染区域的含水层,须能够反映地下水补给源和地下水与地表水的水力联系,监控地下水水位下降的漏斗区、地面沉降,以及本区域特殊水文地质问题。

(一)地下水污染监测井

按井的结构,监测井的类型包括单管监测井、丛式监测井、巢式监测井、单管多层监测井、连续多通道监测井(图6-10)。

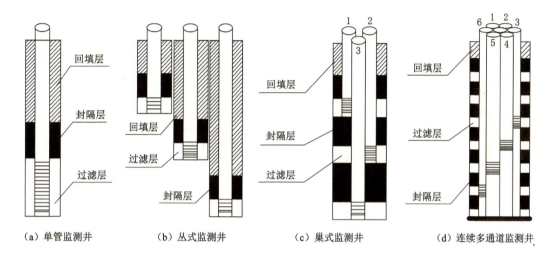

(a)单管监测井　　(b)丛式监测井　　(c)巢式监测井　　(d)连续多通道监测井

图6-10　不同类型的地下水监测井

1. 单管监测井

单管监测井是指在一个钻孔内安装单根井管监测单一目标含水层的监测井。

2. 丛式监测井

丛式监测井是指在一个监测点(场地、区域)附近分别钻多个不同深度的监测井,每个监测井分别监测不同深度的目标含水层。其主要特点是成井工艺简单,钻孔较多,占地面积大,监测成本较高。"丛式"监测井在完成钻孔后,垂直居中地安装监测井井管到钻孔内,并依次围填滤料和止水材料,滤料应延伸至滤水管顶部以上0.5 m,止水材料厚度应大于5 m,止水结束后,用黏土将井管与钻孔间的环状间隙回填(叶成明 等,2007)。

3. 巢式监测井

巢式监测井是指在一个钻孔中安装多根不同长度井管,分别监测不同深度的两个及两个以上目标含水层的监测井,通过分层填砾和分层止水,使几个监测井在一个钻孔中完成。1980年,美国麦拉雷(Mclaren)公司为了监测位于美国萨克拉托县东部的空气喷射总实验场的地下水水质,首先研究建造"巢式"监测井的技术(图6-11)。目前,该监测井技术已经广泛应用于国外地下水监测(王明明,2015)。

4. 单管多层监测井

单管多层监测井是指在一个钻孔内安装单根井管监测不同深度的两个及两个以上目

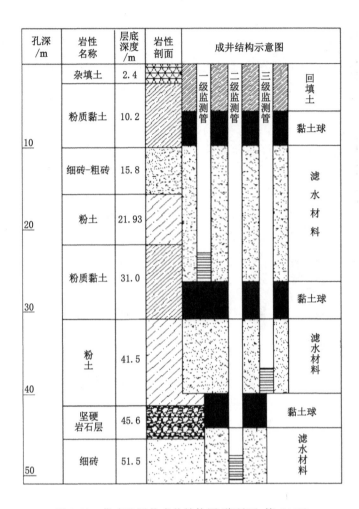

图 6-11　巢式监测井成井结构图（郑继天 等,2009）

标含水层的监测井,以 Waterloo 多级监测系统、Westbay 系统和连续多通道管采样系统最具代表性。Waterloo 多级监测系统由加拿大滑铁卢大学地下水中心的 John Cherry 于 1984 年发明,随后 Solinst 公司根据其基本理念,研发出一套成熟的地下水监测系统。目前,该系统已成为专为单一井口设计但可针对不同区域进行地下水采样、水头测量和污染物的渗透性研究的多级监测系统,在美国和加拿大等地应用广泛。Waterloo 多级监测系统可以用来在单个矿井里的离散隔离区域获取地下水样本,测量液压压头和渗透性。

　　Westbay 系统是一种可根据含水层实际分布进行自由组合的、一根配置多个阀门的密闭套管的地下水分层测量装置,允许通过单井套管上的阀门,进入每一目标含水层,以详细了解含水层的压力、水力传导率和水质在垂向上的变化。Westbay 系统由井下系统和井上设备两部分组成。井下系统是固定安装在井孔中的密闭套管,可包含多个由止水器分隔的测量区,测量区之间由不同类型的接箍和不同长度的套管节连接。井上设备用于对井下系统进行操作控制,包括可移动压力测量组件、取样探头,以及一些专用工具。

　　Westbay 系统实现了含水层压力、水质、渗透性能等水文地质工作所需的全部参数的一次性获取。其技术特点体现在:

①　单井多层,无层数限制,也无井深限制。目前,世界上最深的 Westbay 多层监测井为 2 203 m,包含 11 个监测层,由斯伦贝谢公司于 2011 年 11 月在美国 Illinois 州实施,主要用于研究 CO_2 在地层中的运移情况,提高 CO_2 长期地质埋藏可行性的预测精度,进一步认识 CO_2 进入埋藏层后发生的化学变化。

②　含水层原位压力测量和原状水样采集,采样无须反复洗井。压力测量和采样过程对天然含水层几乎没有扰动,均是在完全密封条件下进行的,确保样品来自目标含水层,水样可保持含水层原状压力送实验室分析,避免了采集多层混合井水和二次污染的可能性,并可实现多层水层的长期自动监测。

③　可完成全套的水文地质试验(抽水、微水、示踪等)。在压力测量或采样的同时,利用设备控制器绘制的压力响应曲线即可对含水层的水力性能进行初步评估。在初步认识含水层渗透性能的基础上,可利用抽水接箍专门进行抽水、微水、示踪试验等水文地质试验。此外,如有多个 Westbay 井,还可针对某一层进行抽水,同时监测本井和其他井的各个含水层的响应特征,精确评估各含水层之间的水力联系程度。

④　提供高密度数据及详细的含水层描述。含水层压力和水质数据可实现与地层岩性特征的匹配,细致地刻画含水层特征,结合数值模拟技术,可以准确地预测未来发展趋势,促进地下水资源的可持续利用。

⑤　野外现场校验功能,保障数据质量。多数地下水测量装置都不能进行野外现场校验,而 Westbay 系统在设计和制造过程中充分考虑到了这一问题,专门配备了现场质量控制程序,可以定期检验层间密封(不连通)性,即止水效果,并可现场校验水文地质试验、采样过程、设备运转是否正常,确保系统长期可靠使用(张宏达 等,2011)。

5. 连续多通道监测井

连续多通道监测井是一种单管多层地下水监测井,通过分层填砾、止水成井以获取不同目的层地下水样品。其技术原理见图 6-12,中间通道监测最底部一层地下水,监测窗口位置需根据地下含水层深度进行现场加工。通道隔板将一根监测管内部隔离成 7 个通道,定位标准线上的通道为 1 号,顺时针编号,中间为 7 号通道。过滤网采用不锈钢材质,使用卡箍固定,用于隔离下部地下水,防止影响监测层位水质。当监测管下入监测井中时,空气从排气孔排出,钻井液进入通道,减小下管浮力。连续多通道管以高密度聚乙烯(HDPE)为主要原料,由挤出机一次挤压成型,包含 7 个通道,中间无接头。连续多通道监测井成井结构图如图 6-13 所示。

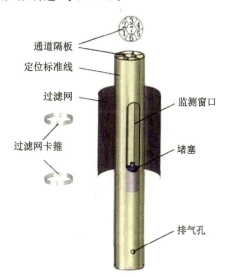

通道隔板
定位标准线
过滤网
过滤网卡箍
监测窗口
堵塞
排气孔

图 6-12　连续多通道监测井
技术原理示意图(潘德元,2014)

一般情况下,国外生产的连续多通道管外径 43 mm,标准长度为 30 m、60 m 和 90 m(王建增 等,2008),由于其通道较小,无法与我国现有的监测及采样设备匹配,严重制约着连续多通道多层监测井在我国的推广与应用。为此,中国地质调查局水文地质环境地质中心研发了具有 7 个较大通径,能够满足地下水自动监测仪

安装要求的 $\phi70$ 和 $\phi105$ 连续多通道监测管及其配套器具。2018 年广西北海施工完成了我国南方第一口连续多通道地下水分层监测井,实现了单孔 6 层地下水的分层监测,该井连续多通道管外径 105 mm、通道通径大于 30 mm,成井深度 147 m。

连续多通道多层监测井具有以下优点:① 围绕单根井管止水容易、可靠,回填方便;② 最多可以设定 7 个监测层;③ 连续多通道管没有接头,可避免渗漏;④ 能够准确获得三维地下水资源信息、污染物分布规律和羽状污染物迁移规律等。同时,也存在着一些缺点:① 由于井管是连续的,无法检查井管内各通道间隔塞的情况,并且下管时,管子存在着一定弯曲变形;② 监测通道较小;③ 地下水位测量和采集地下水水样需要专用水位计和采样器。

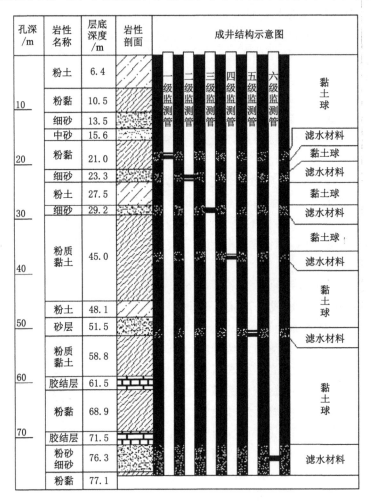

图 6-13　连续多通道监测井成井结构图

(二)地下水水质监测

1. 监测井的建设与管理

监测井井管应由坚固耐腐蚀、对地下水水质无污染的材料制成。井深尽可能超过已知最大地下水埋深以下 2 m,监测井顶角斜度不得超过 2°/每百米井深,井管内壁不宜小于 0.1 m。滤水段透水性能良好,监测井目的层与其他含水层之间止水良好。新凿监测井的终孔直径应大于 0.25 m，设计动水位以下的含水层段应安装滤水管，反滤层厚度不小于 0.05 m，成井后应进行抽水洗井，监测井应设明显标识牌，井口安装保护帽，井周围应有防护栏。监测水量监测井尽可能安装水量计量器，泉水出口设置测流装置。对监测井要进行定期维护，每两年测监测井井深，每五年进行一次透水灵敏度试验，及时清淤或换井。

2. 采样频次和采样时间

地下水和地表水的采样频次尽可能相同，可反映两者间水力联系。背景值监测井和区域性控制的孔隙承压水井每年枯水期采样一次。污染控制监测井每逢单月采样一次，全年 6 次。生活饮用水的地下水监测井每月采样一次。同一水文地质单元的监测井采样时间尽量相对集中，日期跨度不要太大。应随时根据情况增加采样频次。

采样前需确定负责人，制订采样计划，并准备采样器材。地下水水质采样器分为自动式（电动泵）和人工式（活塞式与隔膜式）两类。采样器须准确定位，且保证采样量充足，其材质和结构应符合《水质采样器技术要求》中的规定。水样容器的选择原则如下：① 容器不能引起新的污染；② 容器壁不应吸收或吸附某些待测组分；③ 容器不应与待测组分发生反应；④ 能严密封口，且易于开启；⑤ 容易清洗，并可反复使用。

3. 地下水现场监测

一般地下水的采样要求：应是刚流入监测井的新鲜水，能够代表取样点附近的地下水情况。根据中国地质调查局的地下水取样要求（DD 2008—01），地下水样采集前要进行井孔的清洗，分全孔清洗和微扰清洗。

凡能在现场测定的项目，均应在现场测定。现场监测项目包括水温、pH、电导率、氧化还原电位、溶解氧、嗅和味、色度、浑浊度等指标。从井中采集水样，必须在充分抽汲后进行，抽汲水量不得少于井内水体积的 2 倍，采样深度应在地下水水面 0.5 m 以下，以保证水样能代表地下水水质。对封闭的生产井可在抽水时从泵房出水管放水阀处采样，采样前应将抽水管中存水放净。对于自喷的泉水，可在涌口处出水水流的中心采样。采集不自喷泉水时，将停滞在抽水管的水汲出，新水更替之后，再进行采样。采样前，除 BOD_5、有机物和细菌类监测项目外，先用采样水荡洗采样器和水样容器 2~3 次。测定 DO、BOD_5 和 VOCs、SVOCs 项目的水样，采样时水样必须注满容器，上部不留空隙。但对准备冷冻保存的样品则不能注满容器，否则冷冻之后，因水样体积膨胀使容器破裂。测定溶解氧的水样采集后应在现场固定，盖好瓶塞后需用水封口。测定 BOD_5、硫化物、石油类、重金属、细菌类、放射性等项目的水样应分别单独采样。

三、废弃矿井地下水环境监测

（一）废弃矿井对地下水的污染

随着我国众多矿山浅部资源逐渐枯竭、能源供给侧结构性改革、国家关井压产和淘汰落后产能政策实施以及矿山准入门槛提高等，大量资源枯竭及不符合国家安全与生态环境标准、无效益的矿山企业被迫关闭。以煤矿为例，我国煤矿数量在 20 世纪 90 年代曾多达约 10 万个，绝大部分为小型煤矿，多分布在国有大型矿区浅部，截至 2016 年年底已减少至 5 300 个（武强 等，2018）。

闭坑矿山一旦停止排水，原有井工矿山的采空区、老窑和废弃井巷构成了庞大的地下存储水空间，露天矿坑则可形成"人工湖"。受区域水文地质条件控制，矿井（坑）水体的水位将随着含水层地下水或地表水补给逐渐抬升并趋于稳定,最终形成了巨大的矿井(坑)水体。许多矿床含有黄铁矿等含硫矿物质,氧化后易形成硫酸盐,使得矿井(坑)水多呈酸性并含有大量金属离子。这些矿井水在水位回弹后通过采动裂隙、断层、封闭不良的钻孔等通道向外扩散,污染周边含水层,或串层污染其他含水层,甚至出流到地表污染地表水。山东淄博洪山矿区、山西阳泉山底河流域、贵州凯里鱼洞河流域都发生了因矿井关闭而诱发的大面积地下水污染,直接影响区域地下水环境。

根据我国主要废弃矿井所处的地下水系统特点及矿井开采和管理模式初步分析,废弃矿井对地下水的污染主要有以下特点(虎维岳 等,2000):

① 矸石山水淋滤下渗污染型。主要是由于地表及浅部地层强烈的水交替条件及大量的需氧植物和微生物,使得淋滤矸石山的水迅速酸性化并补给地下清洁含水层而造成地下水的污染。

② 井巷串水污染型。主要是因井巷造成不同水压的含水层水通过井巷沟通,并经废弃矿井污染互相补给而形成的污染。在矿井生产条件下,受矿井排水的影响,其相关含水层地下水形成了以矿井为中心的地下水位降落漏斗。一旦矿井关闭,水位迅速回升,许多采空区遭水淹没且矿井水又受到严重污染。这必然造成污染矿井水与赋存纯净地下水的含水层之间形成水动力交替,使得纯净含水层中地下水受到污染。

③ 老空积水污染型。主要是由于大量老空积水因矿井水头升高而回补给含水层所造成的污染。煤矿开采阶段,老空积水或被排出地表,或被封存于井下。矿井关闭后,大部分井巷迅速充水,矿区不同含水层之间的水动力条件迅速改变,原有的井巷从对地下水的排泄区变为对部分含水层的补给区。这必将造成大量的老空积水回灌含水层导致地下水污染。

④ 第四系水因顶托补给污染型。主要是因深部高水头承压水经矿井污染后顶托补给浅部第四系含水层而造成第四系水的污染。该类地下水污染在我国华北地区的废弃矿井极易发生。由于该区深部奥陶系灰岩含水层水位明显高于第四系沉积底界,矿井关闭后,奥陶系高水压水首先进入矿井并受到污染,然后又顶托补给浅部第四系含水层而造成第四系水的污染。

⑤ 地表水涌入污染型。主要是因地表河流水通过小煤窑及采空冒落带直接涌入废弃井巷,受污染后补给其他含水层所造成的污染。

(二) 废弃矿井地下水监测

我国矿山尤其是煤矿关闭呈现阶段性、多因素、批量化关闭的特点,很多矿山在没有做好充分准备的情况下选择比较粗放的关闭,未能建立相应的地下水监测网络。为了及时了解、掌握矿井关闭后,矿井污染物的运移、扩散动态,进而为地下水的保护以及污染的控制、治理提供可靠的依据,就必须建立和完善地下水污染监测网,实现对地下水水质动态的长期有效监测。

通过对废弃矿井所在煤矿区的调研和现场勘查工作,合理布设地下水污染监测网,查明地下水污染现状,包括主要污染源、污染途径、污染类型和污染扩散空间范围,监测地下水水质的长期动态变化过程。

1. 地下水污染监测布网的原则

地下水污染监测网应根据废弃矿井具体水文地质条件及污染源分布状况合理设置,应能对废弃矿井地下水污染区域进行有效的监测和覆盖。尽可能与煤矿区已有的地下水水位观测井网相结合,充分利用已有的供水井和地下水天然出露点作为监测井(点),可以充分利用关闭井口、原有的水文地质孔、民井,根据矿区水文地质条件布设一定量的地下水监测点,及时掌握关闭后矿区的地下水水位、水质动态,为区域地下水环境评价和污染防控提供基础资料。

2. 地下水污染监测网的布设

废弃矿井地下水污染监测网由监测线和监测点组成,可根据废弃矿井井田范围含水层地下水流向及污染源分布状况,采用网格法或放射法布设,一般应沿含水层地下水的主要渗流方向布设监测井,间距可随着远离污染源,由密到疏布设,重点污染控制方向加密布置,应能覆盖从补给区至排泄区的整个废弃矿井井田范围,上游补给区布网密度通常应小于下游排泄区。上游监测井(点)可用于监测背景值。废弃矿井处于平原(含盆地)地区时,地下水污染监测采样井(点)布设密度一般为 1 眼/5km²,重要水源地或污染严重地区可适当加密;沙漠区、山丘区、岩溶山区等可根据需要,选择典型代表区布设采样井(点)。地下水污染监测井(点)一般应布设在矿井的主要充水含水层或受采掘活动影响较为显著的含水层中,当存在多个含水层时,应根据监测目的与要求分层布设监测网。

3. 地下水污染监测要求

一般监测井(点)和背景井(点)每年采样两次,丰水期和枯水期各一次;地下水污染严重的控制井(点),应每季度采样一次;以地下水作为供水水源的地区应每月采样一次。地下水污染监测项目的选择应能反映废弃矿井所在煤矿区地下水主要污染状况。地下水监测项目包括:pH、总硬度、溶解性总固体、氨氮、硝酸盐、亚硝酸盐、硫酸盐、挥发性酚类、氰化物、氟化物、氯化物、砷、汞、六价铬、铅、镉、铁、锰、高锰酸盐指数、大肠菌群,以及反映废弃矿井所在煤矿区地下水质问题的其他项目。不同煤矿区应根据废弃矿井及地下水的实际情况从以上监测项目中合理地选择本地区的必测项目和选测项目。

(三) 匹兹堡煤田关闭矿井地下水监测

匹兹堡煤田位于美国东部,分布在宾夕法尼亚、俄亥俄州和西弗吉尼亚 3 个州,自匹兹堡市开始,横跨摩根河,是世界上著名的大煤田。采矿活动始于 1761 年,在 200 多年间,已采出了近 60% 的可采煤炭资源。

目前,匹兹堡煤田许多井工煤矿已经关闭,这些废弃的矿井已经或正在被地下水淹没,并开始出现矿井水自流排出地表以及穿透隔离煤、岩柱,导致相邻矿井或采区矿井水连通现象。由于矿井水在地表自流排泄,造成河水污染;而相邻矿井的连通,使得废弃矿井水补给生产矿井,增大生产矿井涌水量,对生产矿井构成水害威胁。

匹兹堡煤田废弃矿井水既是一种有害水体,也是一种重要的水资源。该煤田采取了主动监测、预测和洁净处理等研究和治理方法。以 GIS 矿图为依据,设立矿井水文观测站,对废弃矿井水的水位及水质进行监测。研究者先后在匹兹堡煤田设立了 27 个废弃矿井水位观测站和 100 多个水样采集点,利用水位探测仪等工具,采集废弃矿井水位变化和水质数据,特别是加强对井田隔离煤柱两侧的矿井水位的观测,了解废弃矿井留设煤、岩柱内部地下水径流变化情况。根据测得的水位观测数据,判断相邻矿的矿井水水力联系,再利用矿区地形图和计算机模拟技术,预测未来废弃矿井可能发生的矿井水自流排泄位置,根据废弃矿井实际发生矿井水排泄点位置、水量和水质以及未来可能发生的自流排泄位置,在匹兹堡煤田建立了大小 20 座有害矿井水处理厂,有效地控制并利用了矿井水,避免了生产矿井水害事故和矿井水对地表水体的污染(崔洪庆 等,2007)。

第五节　矿区水环境监测案例

一、煤矿开采对孟加拉 Barapukuria 煤矿区周边水环境的影响

Barapukuria 煤矿是孟加拉国第一个现代化煤矿,煤炭储量约为 377 Mt,年采出量约为 1 Mt。无论是早期的井田建设期还是煤炭开采期,矿井涌水问题都是该煤矿主要的环境问题。目前采用强排方式矿区排水量稳定在 1 500~1 600 m³/h。早期涌水产生于−430 m 深地层,汇入地下水井,其后于−260 深地层,而后建成地表矿井水处理厂,最后影响周边区域。煤层上覆岩为砂质黏土层,厚度为 4~16 m,具有一定渗透性。底板为黏土层,相对较厚,最厚处南部可达 80 m(图 6-14)。主要地下水补给来源为降水,区域 5~10 月平均降水量为 500~4 000 mm。本案例主要介绍采矿行为对地下水水位、地下水和地表水水质的影响效应(Howladar,2013)。

在矿区周边共布设 7 个地下水位观测井,利用简单经验模型计算地下水水位的变化。于周边不同位置共采集 14 个水样,其中包括深层地下水、浅层地下水、矿井外排水、地表池塘水以及农灌水。分析水样中的温度、pH、电导率、Na^+、K^+、Mg^{2+}、Ca^{2+}、总 Fe、Cl^-、SO_4^{2-}、HCO_3^- 和 NO_3^- 等水质指标。分析结果表明,煤矿开采前区域内地表水和地下水位受当地降水量影响,随季节变化趋势明显。

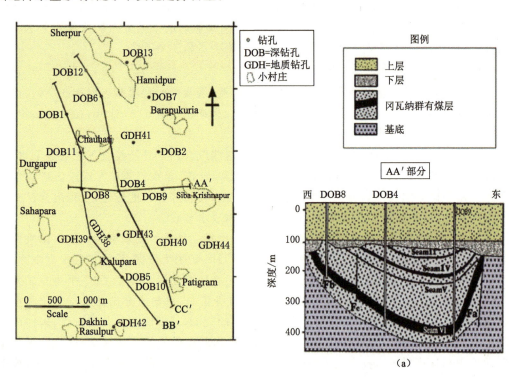

图 6-14　研究区矿井钻孔,地质钻孔位置及煤矿断层图

注:剖面 a,b,c 分别为不同岩层内煤层和含水层分布

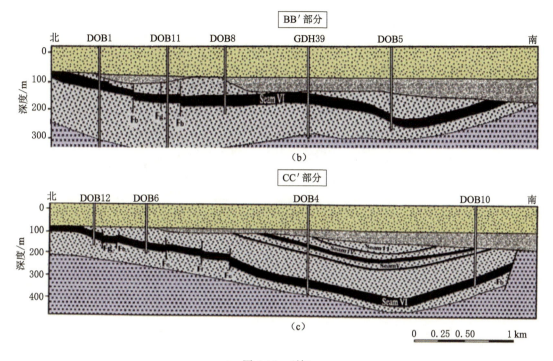

图 6-14 （续）

采矿行为、当地农灌用水和城市用水长期抽取地下水,引起矿区地下水水位出现 0.1～0.5 m/a 的下降趋势。2001 年水位远高于 2011 年水位。水质监测结果发现除总 Fe 外矿区地表和地下水水质符合世卫组织和欧盟的相关限制标准(图 6-15)。其中地表农灌水的电导率相对较高,浅层地下水除电导率、碳酸氢盐和硝酸盐外,其他参数的浓度均最高;深层地下水的 pH、电导率及钾、镁、钙、铁、氯的浓度均低于其他样品,而硝酸盐浓度最高。实地观察发现矿井外排水呈灰黑色,这是由于其含有一定量细煤粉所致,经净化处理后若用于农灌仍存在引起作物减产的风险。

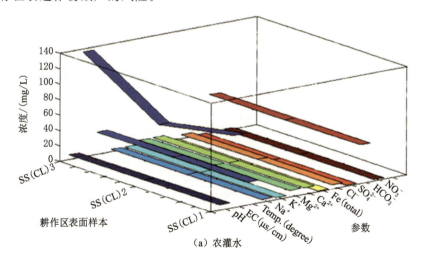

图 6-15 各水样理化性质对比图

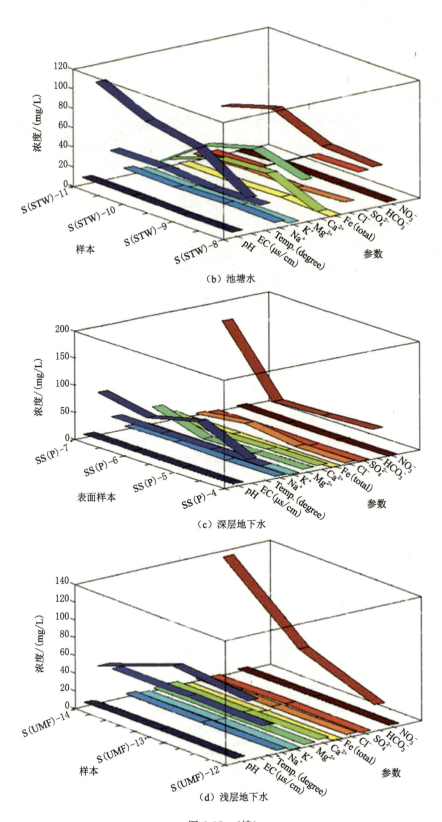

（b）池塘水

（c）深层地下水

（d）浅层地下水

图 6-15 （续）

二、西北大型煤炭基地地下水监测

　　煤矿开采常伴随地下水位下降,进而诱发区域生态环境问题,建立系统的地下水监测网,实时监控矿区地下水变化,不仅可以保障矿区安全生产,同时也是区域生态安全的需要。在神东、陕北、黄陇大型煤炭基地,根据区域地质环境条件,选择监测的主要含水层包括萨拉乌苏组含水层、第四系黄土孔隙含水层、侏罗系烧变岩含水层、侏罗系风化基岩含水层、白垩系洛河组含水层以及奥陶系岩溶含水层(范立民 等,2020)。

　　陕北、神东(陕西境内)和黄陇三个大型煤炭基地主要含水系统包括石炭系-侏罗系碎屑岩裂隙承压水与上覆第四系松散层孔隙潜水含水层系统、白垩系碎屑岩裂隙孔隙承压水-潜水含水系统和寒武-奥陶系碳酸盐岩岩溶水含水系统。地下水监测层位的选择以具有供水价值和生态意义,且受采动影响强烈的含水层为原则,陕北、神东煤炭基地主要监测第四系萨拉乌苏组、第四系黄土、烧变岩和侏罗系风化基岩地下水,黄陇煤炭基地黄陇-永陇矿区主要监测白垩系洛河组地下水,渭北矿区主要监测奥陶系岩溶地下水。其中陕北、神东煤炭基地布置171眼地下水监测井,黄陇煤炭基地布置52眼洛河组地下水监测井,渭北矿区布置14口岩溶地下水监测井(图 6-16)。

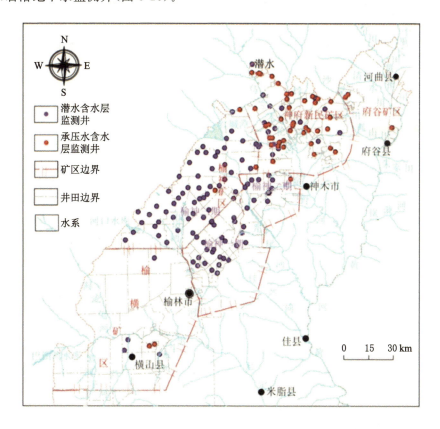

图 6-16　陕北、神东煤炭基地地下水监测网

　　陕西省大型煤炭基地地下水监测指标包括水位、水温和水质。水位、水温通过安装自动化监测仪进行实时监测;水质监测通过人工取样进行水质全分析监测,主要包括 pH、氨

氮、硝酸盐、亚硝酸盐、挥发性酚类、氰化物、砷、汞、铬(6 价)、总硬度、铅、氟、镉、铁、锰、溶解性总固体、高锰酸盐指数、硫酸盐、氯化物、大肠杆菌、钾、钠、钙、镁、碳酸根离子以及重碳酸根离子等 26 项,监测频率 1 次/年。监测数据的采集、传输与接收、管理由数据管理平台实现,将水位、水温传感仪以及电源、遥测终端机安装于井下及井口,传感仪按照 24 次/d 定时采集水位、水温数据并保存在储存器中,通过 GSM 将采集的信息自动发送至 SQL SERV-ER 数据库服务器,水质监测数据通过人工输入至数据库。

　　监测数据由省级自然资源管理部门统一管理,通过对平台设置不同的访问权限向各市、县自然资源管理部门及矿山企业进行数据共享,监测信息传输过程如图 6-17 所示。

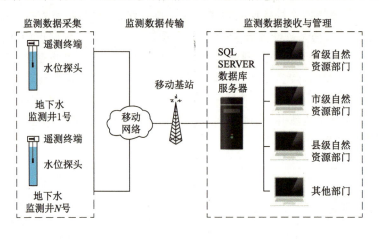

图 6-17　基于 GSM 的地下水监测数据无线传输系统原理示意图

三、淮南矿区采煤塌陷区富营养化监测

　　潘谢矿是淮南矿区最大的井工矿。本案例选择了该矿内三个有代表性的塌陷湖作为研究对象,分别为淮北南湖(HBNH)、潘谢顾桥(PXGQ)和潘谢谢桥(PXXQ)。其中HBNH 已形成 30 年,占地约有 2.6 km²,平均水深为 4.2 m,该水域为淮北市水源保护地,基本上为封闭式水体,周围有良好的生态缓冲带,受人为活动影响较小;PXGQ 已形成5 年,占地约 4.0 km²,平均水深约 4.0 m,该水系与外界水系无沟通渠道,主要用于当地农民的渔业活动,每年有鱼苗投放,但无饵料添加,水体保持较为自然的状态,水质状态较好;PXXQ 已形成 15 年,占地约 3.0 km²,平均水深 4.5 m,与区内主要农业渠道谢展河连通,接纳周围农业活动排水,水域渔业活动亦为自然散养型(王婷婷 等,2013)。

　　分别于 2012 年夏季、秋季、冬季和 2013 年春季进行样品采集,采样深度为水面以下0.5～1.0 m。考虑均匀布点的原则,HBNH、PXGQ 和 PXXQ 分别布设 8、9、7 个采样点(图 6-18)。水体中透明度、水温、pH 和 DO 采用现场检测,用 5 L 有机玻璃采样器采集水样,在实验室监测水样中的 Chl-a、TP、SRP、TN、$NO_3^- $-N、$NO_2^- $-N、$NH_4^+ $-N 等富营养化表征指标。部分监测方法见表 6-6。分别于 2013 年夏季和秋季在三个湖泊的中心位置采集上层水(水面下 0.5～1.0 m)水样进行生物监测。测定浮游植物的样品加入 1%的酸性鲁哥氏液溶液保存,测定浮游动物的样品中加入 4%甲醛溶液保存,利用显微镜在×400 放大条件下进行计数观测浮游植物物种与丰度,采用解剖显微镜观测浮游动物。

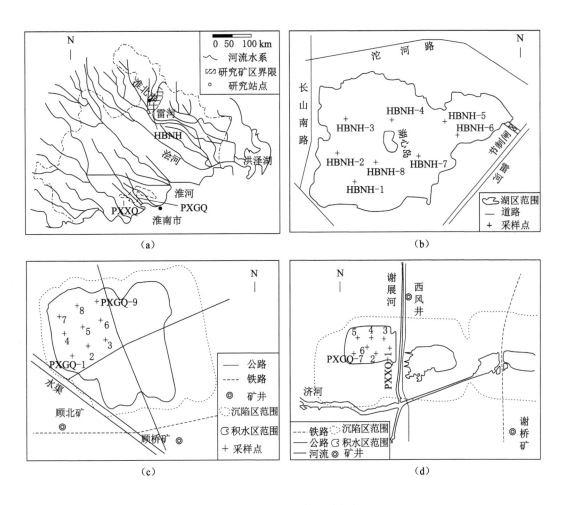

图 6-18　研究区位置与采样点布设

表 6-6　指标分析测试方法

测试指标	测试方法	样品类型
氨氮(NH_3-N)	纳氏试剂光度法 HJ 535—2009	瞬时水样
亚硝酸盐氮(NO_2^--N)	N-(1-萘基)-乙二胺光度法 GB 7493—87	瞬时水样
硝酸盐氮(NO_3^--N)	酚二磺酸光度法 GB 7480—87	瞬时水样
凯氏氮(KN)	蒸馏-光度法 GB 11891—89	瞬时水样
总氮(TN)	过硫酸钾氧化-紫外分光光度法 HJ 636—2012	瞬时水样
总磷(TP)	钼酸铵分光光度法 GB 11893—89	瞬时水样
正磷酸盐(PO_4^{3-})	钼酸铵分光光度法 GB 11893—89	瞬时水样
溶解性总磷(DTP)	钼酸铵分光光度法 GB 11893—89	瞬时水样

　　水质监测结果(表 6-7)发现 HBNH 站点属于水源保护区,Chl-a、TP 和 TN 含量相对较小,综合富营养化指数(TLI))值范围为 50±10,属于中营养-轻度富营养化水体;PXGQ 水域受人为扰动较小,形成历史较短,保持较为自然的状态,Chl-a 含量约为 HBNH 的 2 倍,

TLI 均值为 53±6,水体处于轻度富营养状态;PXXQ 站点受周围农业活动影响较大,Chl-a 及营养盐含量明显高于其他两个塌陷湖,TLI 均值为 63±6,属于中度富营养化水体。从营养比例结构来看,秋季 TN∶P,DIN∶TP 均大于 P 限制标准(16∶1、5∶1),DIN∶DIP 范围为 111.9~1 321.6,主要是水体中 PO_4^{3-}-P 浓度极低所致,说明 3 个塌陷湖受 P 限制可能性较大。3 个湖中 Chl-a 处于较高的浓度,说明藻类有利用有机磷或储存 P 库的能力。

表 6-7 研究站点营养盐浓度及营养状态年均统计分布

研究站点	季节[1]样本数	Chl-a/(mg/m³)		TP/(mg/L)		TN/(mg/L)		SD/m		TLI	
		均值	标准差	均值	标准差	均值	标准差	均值	标准差	均值	标准差
HBNH	4	13.07	5.02	0.056	0.040	1.00	0.63	0.64	0.18	50	10
PXGQ	8	26.95	17.63	0.064	0.029	0.94	0.36	0.66	0.40	53	6
PXXQ	8	46.25	15.41	0.092	0.027	2.67	2.06	0.62	0.12	63	6

注:营养盐浓度和 TLI 为季节均值。

第七章　矿区大气环境监测

煤矿区在煤炭的开发、存储、运输和利用过程中会向环境中排放大量的气态和气溶胶态的污染物,从而造成大气污染。矿区大气污染不但会危害人们的身体健康,还会对生态环境造成严重的破坏。本章简要介绍了煤矿区大气污染物的种类、来源、性质及危害,阐述了矿区环境空气和矿井空气监测方案的制定过程及相关技术规范,重点介绍了矿区大气监测的原理和方法,包括矿区大气环境质量常规监测技术、无人机监测技术、矿区大气遥感监测技术、矿井空气污染监测技术、矿区大气颗粒物来源解析技术以及矿区碳排放监测与测算技术等,并通过矿区大气环境监测的典型案例进行了相关分析。

第一节　矿区大气主要污染来源与特征

一、矿区大气污染的途径及污染物性质与危害

(一) 矿区大气污染的途径

煤矿区是以煤炭生产为主体,有的还兼有电力、化工、建材、造纸、纺织、食品、机械等工业的生产系统,这些工业在生产、贮存、运输等过程中会向大气排放大量的污染物。根据对我国部分矿区的调查,矿区大气污染主要来源于工业生产污染、交通运输污染和生活污染。工业生产过程中所需的动力、热能、电能的来源主要是燃烧化石燃料,工艺生产过程中排放和泄漏的气体污染物、粉尘造成矿区大气污染。此外,矿区交通运输和居民生活燃烧矿物质燃料而向大气排放的烟尘或油烟亦造成大气污染(韩宝平,2008)。

在矿山的生产和建设过程中,如钻眼、爆破、采煤、选矿、冶炼和矿物的运输等环节都会产生各种无机的和有机的气体、烟雾以及一些金属的粉尘性物质。这些污染物质进入矿区的大气环境中,会使矿的大气质量恶化,这不仅危害人们的身体健康,而且还会对生态环境造成严重的破坏,导致森林面积锐减、农作物减产,造成巨大的经济损失。

1. 煤炭开发、存储和运输过程中会排放大量的粉尘

煤炭开发、存储和运输过程的几乎所有作业工序都会不同程度地产生粉尘,若管理不当,会使粉尘飞扬,这不仅会造成大量资源的损失,而且使矿区大气环境受到严重污染。煤粉尘分为可沉降尘和飘尘(可呼吸性粉尘),它们进入大气后会降低大气的清洁度和可见度、改变大气的性质(如影响太阳辐射,改变大气的气象因素,如凝结作用等)、腐蚀物体、影响植物的光合作用等,特别是飘尘,它可以吸附一些有害元素并长期滞留在大气中,对人类健康造成极大伤害。

2. 矿区固体废弃物带来的大气污染

矿区固体废弃物(主要指煤矸石、电厂粉煤灰、生活垃圾)一般都是平地堆放,在堆放期间,由于风化、氧化、自燃等作用,会向大气排放颗粒状污染物和气态污染物,造成大气污

染。其中,煤矸石山的自燃不仅浪费资源,燃烧过程中也会产生大量的烟尘以及 SO_2、NO_x 等有毒有害气体,严重污染矿区及周边的大气环境,还会造成矿区附近树草枯萎、农作物减产和生态环境破坏。

3. 矿区燃煤造成的污染

矿区城市的产业结构决定了 SO_2、CO_2 是主要的大气污染物,其主要来自煤炭燃烧和生产、利用过程中产生的工业粉尘和废气,污染源主要来自矿区各种燃煤电厂、工业燃煤锅炉等,其中燃煤电厂对矿区大气污染影响更大。发电厂以及化工炼焦和动力用煤都会造成大量 SO_2、CO_2 的排放。

4. 矿井通风排气对矿区大气环境的污染

矿井通风排气中的污染物种类及数量因矿井不同而有所不同,一般矿井排气含有粉尘、CH_4、CO、CO_2、H_2S 等多种污染物。比如,瓦斯是井下煤层开采释放出来的有害气体,经矿井通风排放的 CH_4 约占人类活动所排放甲烷的10%。我国煤炭工业 CH_4 的排放量在 10 亿 m^3 以上,约占世界因采煤而释放出甲烷总量的 $1/3 \sim 1/4$。瓦斯排放不仅直接污染大气,而且是一种重要的温室效应气体,危及地区乃至全球气候及生态。

(二) 矿区大气污染物分类及性质

根据矿区大气污染物的存在状态,可以将其分为气态污染物和气溶胶态污染物两大类型(尹国勋,2010)。

1. 气态污染物

矿区中的气态污染物是在常态、常压下以分子状态存在的污染物。它们以分子状态分散在大气中,可以向各个方向任意扩散。而在大气污染控制中受到普遍重视的一次污染物有硫氧化物、氮氧化物、碳氧化物。

矿区中的硫氧化物主要是 SO_2 和 SO_3,是目前大气污染物中数量较大、影响范围广的一种气态染物。此外,硫氧化物会和空气中的组分或其他污染物发生化学或光化学反应,产生二次污染物,如硫酸烟雾和光化学烟雾。

氮氧化物包括 NO、NO_2、N_2O_5、N_2O 等,其中造成大气污染的主要污染物是 NO、NO_2。矿区的氮氧化物主要是来自煤炭的冶炼过程、露天开采、炸药爆炸以及矿区运输过程中燃料燃烧所释放的尾气。当 NO_2 参与大气中的光化学反应形成光化学烟雾后,其毒性更强。

碳氧化物指 CO 和 CO_2。CO 和 CO_2 是各种大气污染物中产生量最大的一类污染物,主要来自化石燃料的燃烧。而矿区中碳氧化物来自冶炼的生产,爆破作业,汽油、柴油等内燃设备排放的尾气以及煤和矿石的自燃等。

2. 气溶胶态污染物

在大气污染中,气溶胶系指固体粒子、液体粒子或它们在气体介质中的悬浮体。其直径约为 $0.01 \sim 10~\mu m$ 的液滴或固态粒子。根据颗粒污染物性质的不同,可分为粉尘、烟尘、液滴及雾等。

粉尘指悬浮于气体介质中的细小固体粒子,通常是在矿区生产过程中,对矿物物质的破碎、分级、研磨、爆破等过程形成的微小固体颗粒。粉尘粒径一般在 $1 \sim 200~\mu m$ 之间;烟尘通常指由冶金和燃烧过程形成的固体粒子的气溶胶,或指常温下是固体物质,而在加热后产生蒸气,散到空气中在被氧化或冷却时凝聚成极小的固体颗粒分散悬浮于空中。这些烟的粒子很细微,粒径范围一般为 $0.01 \sim 1~\mu m$,具有规则的结晶形态,并且其颗粒比一般粉尘要小;液滴是指在常温常压下呈液体,能够在静止条件下沉降,在紊流的条件下保持悬浮状态,粒径范围在 200 μm 以下的液体粒子;雾一般指小液体粒子的悬浮体,它可能是由于液体蒸汽的凝结、液体的雾化以及化学反应等过程形成的,如水雾、酸雾、碱雾、油雾等。

（三）矿区大气污染物的危害

煤炭的生产和加工利用是当前我国最大的污染源之一,其污染物排放量大,污染面广。而其中矿区的大气污染物质对人和物都会产生很大的危害作用,并且矿区大气污染最直接的危害是影响人体健康。如下列出矿区大气污染物质产生的一些主要危害。

① 煤矿井下开采产生有毒有害气体,引起健康和环境问题。井下开采产生的有毒有害气体,如 CO、CO_2、CH_4、NO_x 以及 H_2S 等,不仅会对人体造成严重的危害,同时也会破坏大自然的生态环境。如煤中的 N 以 NO 和 NO_2 的形式释放出,NO 可使血红蛋白转变为亚硝基血红蛋白或亚铁血红蛋白,使人体血液输氧能力降低;NO_2 对呼吸管产生一定影响,并且当其中多种物质协同作用时,它们对人体的影响比各自污染影响总和要严重得多,可导致气管炎、肺气肿、肺癌等疾病;SO_2 排放形成酸雨,对动植物产生直接伤害,而且还导致土壤和水体酸化,影响动植物的生存;CO_2 会造成温室效应,使气温上升,气候变暖,降雨量及其分布改变,严重威胁人类的健康和生存。

② 煤矿在生产、贮存、运输及巷道掘进等各个环节都产生大量粉尘,引起职业病。粉尘的主要成分是硅和铝的化合物,掘进工人患职业硅肺病,以及采煤工人患职业的煤硅肺病等,就是二氧化硅和煤尘微粒在肺部沉积的结果。

③ 在煤矿开采过程中引起爆炸事故。煤矿开采过程中会产生一定量的瓦斯,当瓦斯积聚到一定程度时遇到明火就能够发生爆炸。此外,在没有瓦斯存在的情况下,煤尘和硫化物在一定的条件下也可以发生爆炸。爆炸事故对矿工人员伤害巨大。

④ 煤尘降低能见度,加大工作面事故发生的概率。某些综合作业时,工作面煤尘质量含量较高,能见度低时,往往会导致错误的操作,造成意外的人身伤害。另外,能见度降低,会使杀菌作用减弱,容易流行传染病。

二、露天矿大气污染物来源与特征

（一）露天矿粉尘的来源

在露天煤矿区,防治大气污染的主要对象是露天采场,大气污染物主要是粉尘。露天煤矿生产的各个环节,如剥离、凿岩、爆破、破碎、运输、选矿等过程中,都会产生大量的粉尘(图 7-1)(汤万钧,2018)。露天煤矿的生产方式,决定了其投入的设备台数多,设备移动产尘量大,且岩石爆破煤尘产生量大,所以煤炭生产过程产生的粉尘是露天煤矿粉尘的最大来源(尹国勋,2010)。

1. 表土剥离

目前国内露天煤矿的表层黄土剥离工作使用的采掘、运输设备大多为小型设备,且数量较多,所以在拉运过程中会产生大量的粉尘。同时这也使得表土剥离一直是我国露天煤矿粉尘的产尘源之一。

2. 钻机打孔

露天煤矿一般用钻机穿孔先将岩层松动,然后再进行采装,钻机是用牙轮钻头开凿岩

图 7-1 露天煤矿粉尘的来源

石层形成钻孔,再用高压气体把钻孔内滞留的粉尘吹出从而形成爆破孔。在作业时,始终存在一定的粉尘产生,污染矿区的大气环境。

3. 爆破粉尘

在露天煤矿上岩层松动爆破,爆炸瞬间在短时间内会集中产生大量的粉尘,并伴有大量炮烟,会对周围环境造成严重的污染。爆破粉尘是露天煤矿环境的重要污染源之一。

4. 采掘凿岩作业

使用电铲挖掘机进行作业时,岩石滑落、摩擦、碰撞均会产生大量粉尘,电铲和推土机进行打扫作业时同样也会产生大量粉尘。凿岩作业时产尘量是连续的,且细尘比较多难以控制,是矿山防尘工作的重点。

5. 运输作业产尘

运输卡车进出矿区产生的粉尘是由于已落的粉尘重新扬起所导致的,也称为二次扬尘。它产生粉尘的量与岩矿湿度、硬度以及气候条件有关。

(二)露天矿粉尘的类型

① 按粉尘产生的原因,可分为自然粉尘和生产性粉尘两大类。自然粉尘是因地理条件和气象条件变化所产生的粉尘,如风力作用形成的粉尘。生产性粉尘是指生产过程中物质经过机械作用或化学作用产生的粉尘,如露天矿的穿孔、爆破、破碎、铲装、运输及溜槽放矿等生产过程都能产生大量粉尘。

② 粉尘按其矿物和化学性质又可分为有毒性粉尘和无毒性粉尘两类。有毒性粉尘是指含有铅、汞、铬、锰、砷、锑等的粉尘,将之统称为有毒性粉尘;此外它还表现在粉尘表面能吸附各种有毒气体,如存在某些有放射性矿物的矿山。无毒性粉尘指的是煤尘、矿尘、硅酸盐粉尘、硅尘等粉尘物质,但当这些粉尘在空气中含量较高时,就会成为"有毒"性粉尘。

(三)露天矿粉尘的特点

粉尘具有许多不同的特性,包括粉尘的粒径和粒径分布、浓度、湿润性、荷电性等。粉尘的物理、化学性质不同,对人体危害的性质和程度也就不同。

1. 露天矿粉尘的粒径

粉尘粒径是表征粉尘颗粒大小的最佳代表性尺寸。对于球形尘粒,粉尘的粒径就是其直径。实际粉尘的颗粒大小、形状均是不规则的。为了表征颗粒的大小,需要按一定方法,确定一个表示颗粒大小的代表性尺寸作为颗粒的直径,简称粒径。通常按粒径粉尘可以分为粗尘($>40~\mu m$)、细尘($10\sim40~\mu m$)、微尘($0.25\sim10~\mu m$)和超微尘($<0.25~\mu m$)。

粉尘颗粒的粒径不同,在大气中的停留时间也不同。粒径越细,在大气中悬浮的时间越久。

2. 露天矿粉尘的粒径分布

粉尘的粒径分布,是指某种粉尘中各种粒径的颗粒所占的比例,也称粉尘的分散度。粉尘的粒径分布可用分组的质量百分数或数量百分数来表示。前者称为质量分散度,后者称为计数分散度。粉尘的分散度不同,对人体的危害也不同,小粒径粉尘的分散度越大,对人体的危害就越大。

3. 露天矿粉尘的荷电性

悬浮于空气中的尘粒由于天然辐射、外界离子或电子的附着、尘粒间的摩擦等,都能使尘粒荷电。荷电量的大小与粉尘的成分、粒径、质量、温度、湿度等有关,温度升高会使荷电量增大,湿度增大会使荷电量降低。粉尘荷电后,会导致颗粒之间的凝聚性增强,使其容易沉降下来并被捕获。

4. 露天矿粉尘浓度

粉尘的浓度是表示粉尘量大小的参数之一,它是指空气中所含粉尘的数量。一般有质量法和计数法两种表示方式,质量法指每立方米空气中所含粉尘的质量,单位为 mg/m^3;计数法指每立方厘米空气中所含粉尘的粒数,单位为粒$/cm^3$。

在采矿作业时,按工作地点进行划分,采掘工作面的粉尘浓度最高。

5. 露天矿粉尘的润湿性

粉尘粒子被水或其他液体湿润难易的性质称为粉尘的湿润性。容易被水湿润的粉尘称为亲水性粉尘,如锅炉飞灰、石英砂等。很难被水湿润的粉尘称为疏水性粉尘,如炭黑、石墨等。粉尘的润湿性随着气压的增加和与水接触时间的增加而增加,随尘粒的变小与气温的上升而下降。

通常为了提高水对粉尘的润湿效果,在产生粉尘时,往往可以采取用水隔绝和排除空气的方法、改善喷雾器结构和性能的方法以及加入湿润剂降低水表面张力的方法来提高润湿和沉降的效果。

6. 露天粉尘的其他特点

露天粉尘除了以上特点,还有黏附性、硬性、爆炸性等特点。黏附性是指尘粒附着在固体表面上,或尘粒彼此相互附着的现象。粉尘具有黏附性的特点会使得尘粒变大易于被捕集。露天粉尘的硬性也会对人体造成严重的伤害,如硅质粉尘的硬度较大,具有棱状形态,作用于人体的呼吸道、黏膜,会由于机械的作用对人体造成危害。露天矿粉尘具有一定的燃爆性,比如煤尘、亚麻粉尘、镁、铝粉尘等。粉尘爆炸会生成大量的有毒有害气体,对人员造成极大的危害。

三、矿井空气污染物来源与特征

井工开采时,地面空气通过井筒进入矿井后称为矿井空气。由于井下开采是在有限的空间内进行的,会受到井下各种因素的影响,与地表面的空气相比较,井下空气会发生一系列的变化。这往往使井中的大气环境受各种有毒有害物质的污染状况比地表面污染严重得多。

（一）矿井空气污染的主要特性

1. 矿井空气中 O_2 含量降低，CO_2 含量增高

地面空气进入井下后，O_2 的含量会有所降低，这主要是由井中的有机物、煤岩等物质的氧化和工作人员呼吸消耗所导致的。O_2 作为维持人体正常生理机能的必需气体会直接影响人体的健康。当 O_2 含量降低时，人体会出现不良反应，严重时可能会缺氧或者死亡。因此，在《煤矿安全规程》中规定 O_2 体积分数不得低于 20%。

矿井中的 CO_2 主要来自工作人员的呼吸、有机物的氧化、井下火灾以及煤尘爆炸等。当井中 CO_2 的含量过高时，使人呼吸加快，呼吸量增加，严重的可以造成工作人员中毒或窒息。

2. 矿井大气中含有多种有毒有害气体

在采矿过程中，井下火灾或使用大量炸药进行爆破作业时，会产生大量的有毒有害气体。矿井中常见的有毒气体有 CO、H_2S、SO_2、NO_2、NH_3、H_2、CH_4 等气体。在透气通风性不良的井下，这些气体会对井下人员的健康和生命安全产生严重的威胁。

3. 矿井中含大量粉尘

在矿山开采时，煤矿的开拓、掘进、爆破、采煤和运输过程中，都会产生大量的粉尘。其中凿岩、打眼、落煤等工序产生的矿尘量最多。

4. 矿井空气中含放射性气体

有些矿井空气中含有放射性气体氡及其子体，当其含量超过国家规定的浓度时，会对工作人员的健康造成伤害性影响。

5. 矿井内气候条件复杂

矿井气候是指矿井空气的温度、湿度和风速等参数的综合作用状态。温度、湿度和风速被称作矿井气候条件的三要素，三要素的不同组合，便构成了不同的矿井气候条件，使得井下的气候条件变得比较复杂，可能对人的身体健康产生直接的影响。

（二）矿井空气中的污染物及其来源

由于井下透风性不好，井下空气中氧气的含量减少，碳氧化物和氮氧化物的成分增多，粉尘的浓度也较大。因此，井下的空气更易被污染，自净能力较差。井下常见有毒有害的气体有 CO、H_2S、SO_2、NO_2、NH_3、CH_4 等(蔡永乐 等,2013)。矿井空气中污染物种类、特性及《煤矿安全规程》中规定的相应限值如表 7-1 所示。

表 7-1 矿井空气污染物种类、特性及相关标准限值

污染物种类	来源	危害	《煤矿安全规程》规定限值
CO	井下火灾、爆破作业、瓦斯以及煤尘爆炸等	使人体组织窒息，严重时造成死亡	体积分数不得超过 0.002 4%，质量浓度不得超过 30 mg/m³
H_2S	有机物腐烂、含硫矿物水化、旧巷积水等	有强烈的神经毒素，对眼睛和呼吸道黏膜有强烈刺激作用，能引起鼻炎、气管炎、肺水肿和血液中毒	体积分数不得超过 0.000 66%，质量浓度不得超过 10 mg/m³

表 7-1(续)

污染物种类	来源	危害	《煤矿安全规程》规定限值
SO_2	含硫矿物的氧化和燃烧、含硫矿物爆炸、含硫煤涌出	对眼和呼吸道黏膜有强烈的刺激作用,大量吸入可引起肺水肿、喉水肿、声带痉挛而致窒息	体积分数不得超过 0.000 5%
NO_2	爆破作业	毒性极强,对眼睛、呼吸道黏膜和肺部组织具有强烈的刺激性和腐蚀性,易导致肺水肿、呼吸窘迫综合征	体积分数不得超过 0.000 25%
NH_3	矿井火灾、爆炸作业和部分岩层中 NH_3 的涌出	剧毒性气体。它对皮肤和呼吸道黏膜有刺激性作用。严重时可发生咯血及肺水肿症状,甚至死亡	体积分数不得超过 0.004%
瓦斯(CH_4)	主要成分为烷烃,以 CH_4 为主,地下开采时从煤层或岩层涌出	遇明火,即可燃烧,发生"瓦斯"爆炸,直接威胁着矿工的生命安全	甲烷传感器设置地点的 CH_4 体积分数达到 0.5%、1%、1.5% 等特定值时,需做出报警、断电等反应
粉尘	煤炭生产中剥离、凿岩、爆破、破碎、运输、选矿等过程	引起爆炸,诱发职业病	

四、矿区大气相关标准

(一)环境空气质量标准

《环境空气质量标准》(GB 3095—2012)规定了环境空气功能区分类、标准分级、污染物项目、平均时间及浓度限值、监测方法、数据统计的有效性规定及实施与监督等内容,适用于环境空气质量评价与管理。表 7-2 和表 7-3 为环境空气污染物基本项目和其他项目的浓度限值。

该标准自 2016 年 1 月 1 日起全国实施。而后,在 2018 年 8 月发布的《环境空气质量标准》(GB 3095—2012)修改单中,将原标准中监测状态统一采用的标准状态,修改为气态污染物监测采用参考状态(25 ℃、1 个标准大气压),颗粒物及其组分监测采用实况状态(监测期间实际环境温度和压力状态),并增加了开展环境空气污染物浓度监测同时要监测记录气温、气压等气象参数的规定。

表 7-2 环境空气污染物基本项目浓度限值

序号	污染物项目	平均时间	浓度限值		单位
			一级	二级	
1	二氧化硫(SO_2)	年平均	20	60	$\mu g/m^3$
		24 小时平均	50	150	
		1 小时平均	150	500	
2	二氧化氮(NO_2)	年平均	40	40	
		24 小时平均	80	80	
		1 小时平均	200	200	

表 7-2(续)

序号	污染物项目	平均时间	浓度限值		单位
			一级	二级	
3	一氧化碳(CO)	24 小时平均	4	4	mg/m³
		1 小时平均	10	10	
4	臭氧(O₃)	日最大 8 小时平均	100	160	μg/m³
		1 小时平均	160	200	
5	颗粒物(粒径小于等于 10 μm)	年平均	40	70	
		24 小时平均	50	150	
6	颗粒物(粒径小于等于 2.5 μm)	年平均	15	35	
		24 小时平均	35	75	

表 7-3 环境空气污染物其他项目浓度限值

序号	污染物项目	平均时间	浓度限值		单位
			一级	二级	
1	总悬浮颗粒物(TSP)	年平均	80	200	μg/m³
		24 小时平均	120	300	
2	氮氧化物(NOₓ)	年平均	50	50	
		24 小时平均	100	100	
		1 小时平均	250	250	
3	铅(Pb)	年平均	0.5	0.5	
		季平均	1	1	
4	苯并[a]芘(BaP)	年平均	0.001	0.001	
		24 小时平均	0.002 5	0.002 5	

（二）煤炭工业污染物排放标准

《煤炭工业污染物排放标准》(GB 20426—2006)规定了煤炭工业地面生产系统大气污染物排放限值和无组织排放限值。

自 2007 年 10 月 1 日起,排气筒中大气污染物不得超过表 7-4 规定的限值,在此之前过渡期内仍执行《大气污染物综合排放标准》(GB 16297—1996)。新(扩、改)建生产线,自该标准实施之日起,排气筒中大气污染物不得超过表 7-4 规定的限值。

表 7-4 煤炭工业大气污染物排放限值

污染物	生产设备	
	原煤筛分、破碎、转载点等除尘设备	煤炭风选设备通风管道、筛面、转载点等除尘设备
颗粒物	80 mg/m³ 或设备去除率>98%	80 mg/m³ 或设备去除率>98%

注:煤炭工业除尘设备排气筒高度应不低于 15 m。

煤炭工业作业场所无组织排放限值规定,自 2007 年 10 月 1 日起,煤炭工业作业场所污染物无组织排放监控点浓度不得超过表 7-5 规定的限值。在此之前过渡期内仍执行《大气污染物综合排放标准》(GB 16297—1996)。新(扩、改)建生产线,自该标准实施之日起,作业场所颗粒物无组织排放监控点质量浓度不得超过表 7-5 规定的限值。

表 7-5　煤炭工业无组织排放限值

污染物	监控点	作业场所	
		煤炭工业所属装卸场所	煤炭贮存场所、煤矸石堆置场
		无组织排放限值/(mg/m³) (监控点与参考点浓度差值)	无组织排放限值/(mg/m³) (监控点与参考点浓度差值)
颗粒物	周界外质量浓度最高点	1.0	1.0
二氧化硫		—	0.4

注:周界外质量浓度最高点一般应设置于无组织排放源下风向的单位周界外 10 m 范围内,若预计无组织排放的最大落地质量浓度点越出 10 m 范围,可将监控点移至该预计质量浓度最高点。

(三)煤层气(煤矿瓦斯)排放标准

《煤层气(煤矿瓦斯)排放标准(暂行)》(GB 21522—2008)规定了煤矿瓦斯排放限值以及煤层气地面开发系统煤层气排放限值。

自 2008 年 7 月 1 日起,新建矿井及煤层气地面开发系统的煤层气(煤矿瓦斯)排放执行表 7-6 规定排放限值。自 2010 年 1 月 1 日起,现有矿井及煤层气地面开发系统的煤层气(煤矿瓦斯)排放执行表 7-6 规定的排放限值。

表 7-6　煤层气(煤矿瓦斯)排放限值

受控设施	控制项目	排放限值
煤层气地面开发系统	煤层气	禁止排放
煤矿瓦斯抽放系统	高浓度瓦斯(甲烷浓度≥30%)	—
	低浓度瓦斯(甲烷浓度<30%)	—
煤矿回风井	风排瓦斯	—

监测要求,矿井瓦斯抽放泵站输入管路、瓦斯储气罐输出管路应设置甲烷传感器、流量传感器、压力传感器及温度传感器,对管道内的甲烷浓度、流量、压力、温度等参数进行监测。抽放泵站应设甲烷传感器防止瓦斯泄漏;新(扩、改)建矿井瓦斯抽放系统和煤层气地面开发系统应按照《污染源自动监控管理办法》(2005)的规定,安装污染物排放自动监控设备,并与环保部门的监控中心联网,并保证设备正常运行;甲烷传感器应达到《瓦斯抽放用热导式高浓度甲烷传感器》(AQ 6204—2006)规定的技术指标,并符合《煤矿安全监控系统通用技术要求》(AQ 6201—2019)中的规定;企业应按照有关法律和《环境监测管理办法》的规定,对排污状况进行监测,并保存原始监测记录。

第二节 矿区大气环境监测方案编制

制定大气污染监测方案的程序是,首先要根据监测目的进行调查研究,收集相关的资料,然后经过综合分析,确定监测项目,设计布点网络,选定采样频率、采样方法和监测技术,建立质量保证程序和措施,提出进度安排计划和对监测结果报告的要求等(奚旦立,2019;冯启言,2007)。

一、矿区大气质量监测方案的制定

(一)监测目的

通过对矿区大气中主要污染物质进行定期或连续的监测,可以了解矿区大气质量的现状,判断大气质量是否符合《环境空气质量标准》(GB 3095—2012)或环境规划目标的要求,为矿区大气质量状况评价提供依据;为研究矿区大气质量的变化规律和发展趋势,开展大气污染防控和预测预报,以及研究污染物迁移转化情况提供基础资料;为政府环保部门执行环境保护法规,开展大气质量管理及修订大气质量标准提供依据和基础资料。

(二)有关资料的收集

1. 气象和地形资料

污染物在大气中的扩散、迁移和一系列的物理、化学变化在很大程度上取决于当时、当地的气象条件。矿区大气环境中污染物浓度随时间和空间不同有很大变化,因此在监测时要慎重考虑各种因素和条件,如气象、地理环境、污染源状况、植被状况等。监测区域气象条件直接影响污染物稀释扩散能力,为此,可通过当地气象部门,收集风向、风速、气温、气压、降水量、日照时间、相对湿度、云量、日照时间、温度垂直梯度和逆温层底部高度等气象参数。若监测区域远离气象站,可在监测范围内设置必要的气象观察点,取得所需的气象资料。

地形地貌对风向、风速和大气稳定情况等有较大影响,因此,也是设置监测网点应当考虑的重要因素。为掌握污染物的实际分布状况,监测区域的地形越复杂,要求布设监测点越多。

2. 污染源情况

通过调查,明确矿区内的污染源类型、数量、分布位置、排放的主要污染物及排放量,同时了解所用原料、燃料及消耗量。应注意固定污染源(工厂)、流动性污染源(交通车辆)、分散性污染源(生活炉灶)应分别予以考虑,高架点源(高烟囱)与面源(低烟囱)应区别开来。此外,还应调查矿区矸石山堆存时间、矸石成分、矸石排放量和自燃与否及矿区锅炉及居民燃用煤的种类、数量、成分。

3. 土地利用和功能分区情况

监测区域内土地利用情况及功能区划分也是设置监测网点应考虑的重要因素之一。不同功能区的污染状况是不同的,如工业区、商业区、混合区、居民区等。还可以按照建筑物的密度、有无绿化地带等作进一步分类。

4. 人口分布及人群健康情况

为了更好分析监测数据和评价污染物对人体的影响及合理布置监测点,还需收集矿区植被的种类、覆盖面积、人口密度、居民和动植物受空气污染危害情况及流行性疾病等重要资料。

5．历年的大气监测资料

应尽量收集矿区以往的空气监测资料，以供制定监测方案参考。

（三）监测项目

空气中的污染物质多种多样，应根据监测空间范围内实际情况和优先监测原则确定监测项目，并同步观测有关气象参数。我国目前要求的环境空气评价城市点的监测项目根据 GB 3095—2012 确定，分为基本项目和其他项目。环境空气评价区域点和背景点的监测项目除规定的基本项目外，由国务院环境保护行政主管部门根据管理需要和点位实际情况增加其他特征监测项目，包括湿沉降、有机物、温室气体、颗粒物组分和特殊组分等，具体见表 7-7。

表 7-7　环境空气质量评价区域点、背景点监测项目

监测类型	监测项目
基本项目	二氧化硫（SO_2）、二氧化氮（NO_2）、一氧化碳（CO）、臭氧（O_3）、可吸入颗粒物（PM_{10}）、细颗粒物（$PM_{2.5}$）
湿沉降	降雨量、pH、电导率、氯离子、硝酸根离子、硫酸根离子、钙离子、镁离子、钾离子、钠离子、铵离子等
有机物	挥发性有机物 VOCs、持久性有机物 POPs 等
温室气体	二氧化碳（CO_2）、甲烷（CH_4）、氧化亚氮（N_2O）、六氟化硫（SF_6）、氢氟碳化物（HF-Cs）、全氟化碳（PFCs）
颗粒物主要物理化学特性	颗粒物数浓度谱分布、$PM_{2.5}$ 或 PM_{10} 中的有机碳、元素碳、硫酸盐、硝酸盐、氯盐、钾盐、钙盐、钠盐、镁盐、铵盐等

（四）采样点的布设

采样点位应根据监测任务的目的、要求布设，必要时进行现场踏勘后确定。所选点位应具有较好的代表性，监测数据能客观反映矿区空气质量水平或空气中所测污染物浓度水平。矿区环境空气污染物监测点位的设置可参考《环境空气质量监测规范》（试行）和《环境空气质量监测点位布设技术规范（试行）》（HJ 664—2013）中的要求执行。采样环境、采样高度和采样频率可参考 HJ 193 或 HJ 194 中的要求执行。具体实施时，应根据监测目的、监测范围大小、污染物的空间分布特征、人口分布密度、气象、地形、经济条件等因素综合考虑确定采样点数。

监测区域内的采样点总数确定后，可采用模拟法、统计法、经验法等进行点的布设。统计法根据矿区空气污染物分布的时间与空间上变化有一定相关性，通过对监测数据的统计处理对现有点进行调整，删除监测信息重复的点，该法适用于已积累了多年监测数据的地区。模拟法根据监测区域污染源的分布、排放特征、气象资料，以及应用数学模型预测的污染物时空分布状况设计采样点。经验法是常采用的方法，特别是对尚未建立监测网或监测数据积累少的矿区，需要凭借经验确定采样点的位置。对于煤矿区内的电厂等固定污染源

以及矸石、粉煤灰堆场等无组织排放源,其排放大气污物监测布点及采样方法可分别根据《固定源废气监测技术规范》(HJ/T 397—2007)和《大气污染物无组织排放监测技术导则》(HJ/T 55—2000)进行。

对露天矿、井工矿进行环境影响现状评价、预测评价及矿山区域环境监测规划环评时,监测的内容、方法和技术要求应符合《环境影响评价技术导则 大气环境》(HJ 2.2—2018)、《环境影响评价技术导则 煤炭采选工程》(HJ 619—2011)、《建设项目环境风险评价技术导则》(HJ 169—2018)、《规划环境影响评价技术导则 煤炭工业矿区总体规划》(HJ 463—2009)、《规划环境影响评价技术导则 总纲》(HJ 130—2019)等文件的相关规定。

(五)采样方法、测试方法和质量保证

采集空气样品的方法和仪器要根据空气中污染物的存在状态、浓度、物理化学性质及所用监测方法选择,在各种污染物的监测方法中都规定了相应采样方法(见本章第三节)。大气环境质量监测中,为获得准确和具有可比性的监测结果,应采用规范化的测试方法。目前,监测大气污染物应用最多的方法还属分光光度法和气相色谱法,其次是荧光光度法、液相色谱法、原子吸收法等;但是,随着分析技术的发展,对一些含量低、难分离、危害大的有机污染物,越来越多地采用仪器联用方法进行测定,如气相色谱-质谱(GC-MS)、液相色谱-质谱(LC-MS)、气相色谱-傅立叶变换红外光谱(GC-FTIR)等联用技术。

为了加强环境监测质量管理,确保监测数据资料的准确可靠,《环境监测质量管理规定》(2006)中对质量保证工作实行分级管理,对质量保证的量值传递、实验室和监测人员的基本要求、质量保证工作内容和质量保证报告制度作出了要求。环境监测是一个复杂的过程,因此,不同的环节环境监测管理的要点也是不同的,具体内容见表7-8。

表 7-8　环境监测质量控制内容和要点

监测过程	质量控制内容	质量保证要点
布点	监测目标的确定,监测点的布设,监测点数的优化	空间代表及可比性
采样	采样次数和采样频率优化,采样工具和方法的规范化,充分考虑环境因素的影响	监测时段的代表性及可比性
运贮	样品的固定与保存方法,运输过程的安全性,样品的管理	可靠性和代表性
分析测试	分析方法准确度,精密度,检测范围,分析测试人员水平,实验室间质量的控制	分析数据的准确性、精密性、可靠性、可比性
数据处理	数据整理和处理的规范性,精度检测控制,数据分类管理	可靠性、可比性、完整性、科学性
综合评价	信息和成果表达方式,评价方法的正确性和适用性,结论完整性和综合性	真实性、完整性、科学性、适用性

另外,对监测档案文件的管理也是监测管理的重要内容,即对监测全过程的一切文件(包括从任务来源、制订计划、布点、采样、分析方法、仪器运行状态、监测仪器的审核资料、数据处理、综合评价等)应按严格制度予以记录存档,同时对所累积的资料、数据进行整理建立数据库,这对保证环境监测的质量具有重要意义。

(六)数据处理与大气环境质量评价

监测结果的原始数据要根据有效数字的保留规则正确书写,监测数据的运算要遵循运算规则。在数据处理中,对出现的可疑数据,首先从技术上查明原因,然后再用统计检验处理,经检验验证属离群数据应予剔除,以使测定结果更符合实际。

大气环境质量评价内容应包括:对各监测点污染物浓度进行对比,不同监测点相同的污染物之间是否存在差异进行分析;对监测项目中污染物超标项,由其超标率进行分析并找出原因;分析监测点的污染物质浓度和采样时间之间的关系,并进行分析。通过计算得出空气质量指数,对区域的空气质量进行初步评价。

负责矿区环境监测的部门,在对其进行环境监测后应将监测的结果形成环境监测报告,报给上级的环保部门。同时,也要把环境质量监测和评价结果的报告整理记录在案。

二、矿井空气质量监测方案的制定

矿井空气监测的目的是确认空气中有毒有害气体的浓度是否符合《煤炭安全规程》等相关规范的要求。若不符合相关要求,则必须采取措施进行处理。矿井气体采样分析最重要前期工作是气样的采集,如何取到有代表性的气体是关键。

（一）采样安全规定

采集密闭内气样时,要首先检查密闭外气样是否超限(瓦斯不超过 1% ,CO_2 不超过 1.5% ,CO 不超过 24×10^{-6} ,O_2 不低于 20% ,其他气体符合《煤矿安全规程》规定,才能进行操作;采样过程中要随时注意附近的顶底板及通风情况,严禁在危险区域操作;采样中要注意来往车辆和行人,以免被撞伤。

（二）采样原则

1. 矿井空气的取样

在风流中取样时,必须注意测点位置,在可以进入的巷道内,取样地点必须位于能够取得所需气体的地方。对污风流的下方位置,取样地点距离最少应有 18 m。但如其他地点较为有利或需要取得特定的资料时,可不受此限。在处于停滞或流动缓慢的空气中以及空气有可能形成层流形态时,取样点必须固定在三个高度上,即顶板下方的特定距离处,巷道中间附近的特定高度处,底板上方的特定距离处。各取样点需要在间隔不大的时间内重复取样并加以比较,而且各取样点必须保证各次试样均在同一地点采取。另外,也可用管子固定于所需要的某一点并放在风流下风侧,管子长度不少于 1 m。

2. 在密闭区内取样

密闭区内的取样地点一般必须固定在距每一密闭墙内侧最少 4.5 m 处,在所有情况下通入的管子均应达到这一长度而且应位于密闭墙的一半高度以上。如果密闭区将来准备打开,管子应伸到密闭墙以外 20 m 的距离;在某些情况下,需要把取样管通到距火源更近的地点比较适宜,如果密闭墙是筑在倾斜巷道内时,新鲜风流可能沿着底板流下而造成漏风。在这种情况下,最好在不同高度上取样,而且在建筑密闭墙时就要按上述的办法在三个水平上分别安装取样管使之穿过密闭墙。监测有害气体时应当选择有代表性的作业地点,其中包括空气中有害物质浓度最高、作业人员接触时间最长的地点,应当在正常生产状态下采样,NO_2 、CO、NH_3 、SO_2 至少每 3 个月监测 1 次,H_2S 至少每月监测 1 次。

（三）采样方法

矿井空气监测的采样方法有:直接取样法,即采用注射器、塑料袋、取样瓶、球胆等直接取样;富集取样法,即采用溶液吸收的方法,一般用双氧水吸收 SO_2 和氢氧化钡吸收 CO_2 等,这种方法必须配备流量计和抽气动力装置;远距离自动取样法,即在地面通过管束自动取样,自动化验分析。

（四）采样操作

1. 采样准备

① 带齐所用工具并进行详细检查,要求工具完整、齐全、准确、灵活好用。采样泵要有足够的排气压力,能迅速充足球胆,声音正常,保证连续使用 1 h 以上;取样杆、取样球、胶皮管、球胆,要保证外观无损伤、无漏气;温度计经过校验,刻度清晰、准确;准备多种气体检定器和各种气体检定管。CO、CO_2、O_2、CH_4 等检测范围合适,不失效;备有微风管、笔记本、笔和其他工具,能保证正常使用,不发生安全事故。

② 在正式采样之前,对球胆进行冲洗。

2. 采样操作顺序

操作应遵照下列顺序进行:检查仪器工具→安全检查→采样→送分析室→整理仪器工具。

3. 采样操作

采样之前,首先对球胆进行冲洗。把预测地点的气体通过采样球或抽气泵压入球胆内,球胆中部膨胀厚度不小于 5 cm,左手拿球胆底部,将球胆平放在大腿上,右手由上向下挤压球胆,排出球胆内气体,如此操作三次冲洗球胆。

① 采集密闭内气样。进入密闭前栅栏外,首先观察密闭外 U 形压差计,判断密闭是进风还是出风,如果密闭前没有 U 形压差计,可用微风管或粉笔末检查该密闭是进风还是出风。

a. 密闭内进风时的采样。将取样胶管通过测气孔送入密闭内,或将胶管连接在留好的管子上,在胶管四周用黄泥或其他东西堵严实。不得使密闭外新鲜空气混入气样中,用采样泵连续取 10 min 以上,将采样球胆冲洗以后即可采样。将球胆充足后,用夹子夹紧球胆口,并填写采样记录,将标签贴在球胆上。

b. 密闭内出风时的采样。将取样胶管通过测气孔送入密闭内,或将胶管连接在留好的管子上,在胶管四周用黄泥或其他东西堵严实。用采样泵或取样球采样,将采样球胆冲洗以后即可采样,应将采样球胆充足后,用夹子夹紧球胆口,并填写采样记录等。取样完毕后,要将栅栏打好,防止其他人员误入。如密闭反水池出水时,必须在取样的同时测量水温。

② 在工作面隅角及巷道高冒处取样。将取样杆送至顶板 10～20 cm 处,用抽气泵或取样球取样,视采样空间大小、气体来源等情况,具体决定对气样的置换时间和对球胆的冲洗次数。在取样的同时测量温度,应将球胆充足后,用夹子夹紧球胆口,详细观察该地点有无积热现象和自燃征兆,并做详细记录。

③ 材料道、溜子道后部采空区取样。将取样杆送入后部采空区,用抽气泵或取样球取样,抽气时间不少于 3 min,在取样的同时测量温度,将球胆冲洗后才能取样,并仔细观察有无自燃征兆和积热现象,要做详细记录。

④ 在材料道、溜子道风流及工作面架间取样。在材料道、溜子道风流中取样时,应将取样杆置于巷道上方,取样位置视现场情况而定,一般应设在停采线附近,在取样的同时测量

温度。用取样球取样时,应将球胆按要求冲洗后才能取样。架间取样时,应将取样杆置于工作面后部采空区或顶板上方,在取样的同时测量温度。将球胆按要求冲洗后再取样,应观察工作面有无积热、气味异常等现象,认真做记录。

⑤ 探气孔取样用细竿或其他东西将胶管送入探气孔内(长度不少于 1 m),并用黄泥将胶管周围堵严实,确保外部气体不得进入。用采样泵取样抽气时间不少于 20 min,确保取到内部气样。将球胆按要求冲洗后才能取样。取样后要及时用棉纱等封实探气孔。

⑥ 采样后应将球胆口绑扎牢固,以免漏气,应及时将气样送化验室进行气体分析。自采样到气体分析间隔时间不得超过 10 h。

⑦ 如果有炮烟,严禁采样。

(五)特殊操作

火区采样工采样时要两人同行,进入采样地点前,应先检查 CH_4、CO、O_2 等气体浓度,超限时禁止进入。

(六)收尾工作

升井后及时将气样送化验室。向值班人员汇报现场情况,并认真填写取样时间、地点、对应球胆号、温度等。

第三节 典型矿区大气环境监测技术及应用

一、矿区大气环境质量监测技术

(一)大气样品的采集方法

由于污染物在大气中的存在状态和程度、污染物的物理化学性质、分析方法的灵敏度等情况不同,大气采样方法和采样仪器也有所差别。大气样品的采集方法可归纳为直接采样法和富集(浓缩)采样法两类。

1. 直接采样法

当空气中的被测组分浓度较高,或者监测方法灵敏度高时,直接采集少量气样即可满足监测分析要求。例如,用非色散红外吸收法测定空气中的 CO,用紫外荧光法测定空气中的 SO_2 等都用直接采样法。这种方法测得的结果是瞬时浓度或短时间内的平均浓度,能较快地测知结果。常用的采样器有注射器、塑料袋、采气管、真空瓶(管)等,其中用真空瓶(管)采样时,真空瓶(管)需事先装在抽真空装置上抽成真空。

2. 富集(浓缩)采样法

当大气中被测组分的浓度较小或所用分析方法的灵敏度不够高时,直接采样法往往不能满足分析方法检测限的要求,故需要用富集采样法对空气中的污染物进行浓缩。富集采样时间一般比较长,测得结果代表采样时段的平均浓度,更能反映空气污染的真实情况。这类采样方法有溶液吸收法、填充柱阻留法、滤料阻留法、低温冷凝法、静电沉降法、扩散(或渗透)法、自然积集法及综合采样法等。各种方法的原理及适用情况详见参考书(奚旦立,2019;冯启言,2007)。

(二)大气采样仪器

直接采样法采样时无须外加动力,直接用采气管(针管)、塑料袋、真空瓶(管)采样即可;富集采样法多采用动力采样,采样仪器的基本组成是收集器、流量计、缓冲瓶、抽气泵等,如图 7-2 所示。如果增加流量调节、自动定时控制等部件就可以组成不同型号的采样器。

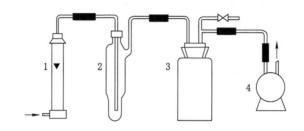

1—流量计;2—收集器;3—缓冲瓶;4—抽气泵。

图 7-2 采样器组成

收集器是捕集空气中欲测污染物的装置,需根据被捕集物质的存在状态、理化性质等选用;流量计是测量气体流量的仪器,而流量是计算采气体积的参数。常用的流量计有皂膜流量计、孔口流量计、转子流量计、临界孔稳流器和湿式流量计;采样动力为抽气装置,要根据所需采样流量、收集器类型及采样点的条件进行选择,并要求其抽气流量稳定、连续运行能力强、噪声小和能满足抽气速度要求。

注射器、连续抽气筒、双连球等手动采样适用于采气量小、无市电供给的情况。对于采样时间较长和采样速度要求较大的场合,需要使用电动抽气泵,如薄膜泵、电磁泵、刮板泵及真空泵等。

将收集器、流量计、抽气泵及气样预处理、流量调节、自动定时控制等部件组装在一起,构成专用采样装置。大气采样器按其用途可分为空气采样器和颗粒物采样器两大类。目前,大气污染研究中大气综合采样器、多级颗粒物采样器及便携式空气采样器等较为常用。图 7-3 为几种典型的大气采样器,其中多级颗粒物采样器不但可以测定颗粒总的含量,还可以测量空气中各种粒子的大小分布情况。

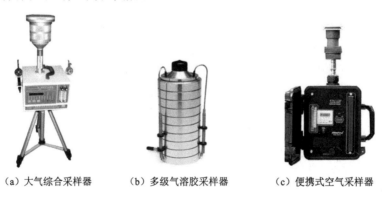

(a)大气综合采样器　　　(b)多级气溶胶采样器　　　(c)便携式空气采样器

图 7-3 典型的大气采样器

(三)大气污染常规监测技术

1. 物理化学分析测试技术

对大气环境样品中污染物的成分分析及其状态与结构的分析,目前多采用化学分析方法和仪器分析方法(冯启言,2007)。化学分析方法是以物质化学反应为基础的分析方法。在定性分析中,许多分离和鉴定反应,就是根据组分在化学反应中生成沉淀、气体或有色物质等性质而进行的;在定量分析中,主要有滴定分析和重量分析等方法。其中,重量分析法常用作大气可吸入颗粒物、细颗粒物、降尘等的测定;滴定分析或容量分析被广泛用于大气中二氧化硫、氮氧化物等的测定。

仪器分析是以物理和物理化学方法为基础的分析方法,包括:光谱分析法(可见分光光度法、紫外光谱法、红外光谱法、原子吸收光谱法、原子发射光谱法、X-荧光射线分析法、荧光分析法、化学发光分析法等);色谱分析法(气相色谱法、高效液相色谱法、薄层色谱法、离子色谱法、色谱-质谱联用技术等);电化学分析法(极谱法、溶出伏安法、电导分析法、电位分析法、离子选择电极法、库仑分析法等);放射分析法(同位素稀释法、中子活化分析法等)和流动注射分析法等。目前,仪器分析方法被广泛用于大气中污染物进行定性和定量的测定。如分光光度法常用于大气颗粒物中大部分金属、无机非金属的测定;气相色谱法常用于大气中有机物的测定;对于污染物状态和结构的分析常采用紫外光谱、红外光谱、质谱及核磁共振等技术。

目前应用于大气监测的大型仪器主要有气相色谱-质谱联用仪(GC/MS)、液相色谱-质谱联用仪(LC/MS)、傅立叶红外光谱仪(FTIR)、气相色谱-傅立叶红外光谱仪(GC/FTIR)、电感耦合等离子体-质谱联用仪(ICP/MS)、微波等离子体-质谱联用仪(MIP/MS)、电感耦合等离子体发射光谱仪(ICP-AES)、X-射线荧光光谱仪(XRF)等。应用于大气监测的中型分析仪器主要有原子吸收光谱仪(AAS),包括火焰(FLAAS)和石墨炉(GFAAS)、原子荧光光谱仪(AFS)、气相色谱仪(GC)、高效液相色谱仪(HPLC)、离子色谱仪(IC)、紫外-可见分光光度计(UV-Vis)以及极谱仪(POLAR)等。目前,这类仪器在国内外的标准环境监测分析方法中仍占主导地位。此外,有机碳/元素碳分析仪和在线源解析质谱仪等大型仪器在大气污染物源解析研究中发挥了较为重要的作用。

大气中典型污染物的分析测试方法如表 7-9 所示。

表 7-9　大气中典型污染物的分析测试方法

序号	污染物项目	手工分析方法		自动分析方法
		分析方法	标准编号	
1	二氧化硫(SO$_2$)	环境空气 二氧化硫的测定 甲醛吸收-副玫瑰苯胺分光光度法	HJ 482	紫外荧光法、差分吸收光谱分析法
		环境空气 二氧化硫的测定 四氯汞盐吸收-副玫瑰苯胺分光光度法	HJ 483	
2	二氧化氮(NO$_2$)	环境空气 氮氧化物(一氧化氮和二氧化氮)的测定 盐酸萘乙二胺分光光度法	HJ 479	化学发光法、差分吸收光谱分析法
3	一氧化碳(CO)	空气质量 一氧化碳的测定 非分散红外法	GB 9801	气体滤波相关红外吸收法、非分散红外吸收法
4	臭氧(O$_3$)	环境空气 臭氧的测定 靛蓝二磺酸钠分光光度法	HJ 504	紫外荧光法、差分吸收光谱分析法
		环境空气 臭氧的测定 紫外光度法	HJ 590	

表 7-9(续)

序号	污染物项目	手工分析方法		自动分析方法
		分析方法	标准编号	
5	颗粒物(粒径小于等于 10 μm)	环境空气 PM$_{10}$ 和 PM$_{2.5}$ 的测定 重量法	HJ 618	微量振荡天平法、β 射线法
6	颗粒物(粒径小于等于 2.5 μm)	环境空气 PM$_{10}$ 和 PM$_{2.5}$ 的测定 重量法	HJ 618	微量振荡天平法、β 射线法
7	总悬浮颗粒物(TSP)	环境空气 总悬浮颗粒物的测定 重量法	GB/T 15432	—
8	氮氧化物(NO$_x$)	环境空气 氮氧化物(一氧化氮和二氧化氮)的测定 盐酸萘乙二胺分光光度法	HJ 479	化学发光法、差分吸收光谱分析法
9	铅(Pb)	环境空气 铅的测定 石墨炉原子吸收分光光度法(暂行)	HJ 539	—
		环境空气 铅的测定 火焰 原子吸收分光光度法	GB/T 15264	—
10	苯并[a]芘(BaP)	空气质量 飘尘中苯并[a]芘的测定 乙酰化滤纸层析荧光分光光度法	GB 8971	—
		环境空气 苯并[a]芘的测定 高效液相色谱法	HJ 956	—

2. 生物监测技术

大气污染生物监测是指利用生物对大气污染物的反应,监测有害气体的成分和含量以了解大气环境质量状况的技术。大气污染的生物监测包括动物监测和植物监测。动物监测由于动物对环境的特性和管理困难,目前尚未形成一套完整的监测方法。由于植物位置固定、管理方便且对大气污染敏感等特点,大气污染的植物监测被广泛应用(奚旦立,2019)。

大气污染生物监测的常用方法是指示生物监测法。指示生物是指对大气污染反应灵敏,能用来监测和评价大气污染状况的某些生物,包括草本植物、木本植物及地衣和苔藓等。

(1)植物症状监测法

大气污染物通过叶面上进行气体交换的气孔或孔隙进入植物体内,侵袭细胞组织,并发生一系列生化反应,从而使植物组织遭受破坏,呈现受害症状。不同的污染物质和浓度所产生的症状及程度各不相同。污染物对植物内部生理代谢活动产生影响,如使蒸腾率降低、呼吸作用加强、叶绿素含量减少、光合作用强度下降;进一步影响植物的生长发育,使生长量减少、植株矮化、叶面积变小、叶片早落及落花落果等。这些都是判断大气污染的重要依据。

(2)现场监测法

现场监测法是选择监测区域现有植物作为大气污染的指示植物。该方法需先通过调查和试验,确定现场生长的植物对有害气体的抗性等级,将其分为敏感植物、抗性中等植物和抗性较强植物三类。如果敏感植物叶部出现受害症状,表明大气已受到轻度污染;如果抗性中等的植物出现部分受害症状,表明大气已受到中度污染;当抗性中等植物出现明显受害症状,有些抗性较强的植物也出现部分受害症状时,则表明已造成严重污染。同时,根据植物叶片呈现的受害症状和受害面积百分数,可以判断主要污染物和污染程度。

现场调查法包括植物群落调查法、地衣和苔藓调查法、树木年轮调查法、盆栽植物监测法和细胞微核监测法。

3. 空气质量连续自动监测系统

近年来,我国以城市环境空气质量监测站、区域空气质量监测站和背景值监测站为主体的大气环境监测网络不断完善。从监测功能上讲,国家环境空气质量监测网涵盖城市环境空气质量监测、区域环境空气质量监测、背景环境空气质量监测、试点城市温室气体监测、酸雨监测、沙尘影响空气质量监测、大气颗粒物组分/光化学监测等(图 7-4)。

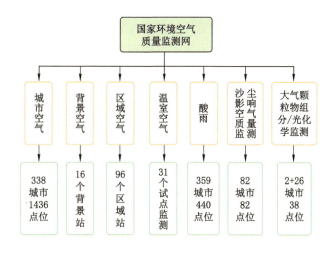

图 7-4　我国国家环境空气质量监测网

我国目前已经设置国家、省、市、(区)县四个层级的 5 000 余个监测站点,已建成了六个层面的庞大又复杂的环境空气质量的监测网络。"十四五"国家城市环境空气质量监测网点位优化调整工作现已基本完成,点位数量将从原来的 1 436 个增加至近 1 800 个,可对大气重要污染物(SO_2、NO_2、PM_{10}、$PM_{2.5}$、CO 和 O_3)进行 24 小时实时监测。煤矿区大气质量监测时,若区域内设有大气质量监测站点,站点数据可以作为研究的重要参考资料。

我国 HJ 653 和 HJ 654 及其相应修改单对空气质量(PM_{10}、$PM_{2.5}$、SO_2、NO_2、CO 和 O_3)连续自动监测系统的组成结构、技术要求、性能指标和检测方法做了具体规定。

(1) 空气质量连续自动监测系统的组成

环境空气质量连续自动监测系统由监测子站、中心计算机室、质量保证实验室和系统支持实验室等 4 部分组成(图 7-5)。

中心计算机室的主要任务包括:通过有线或无线通信设备收集各子站的监测数据和设备工作状态信息,并对所收集的监测数据进行判别、检查和存储;对采集的监测数据进行统计处理、分析;对监测子站的监测仪器进行远程诊断和校准。

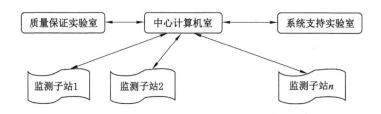

图 7-5　环境空气质量自动监测系统基本构成框图

质量保证实验室的主要任务包括:对系统所用监测设备进行标定、校准和审核;对检修后的仪器设备进行校准和主要技术指标的运行考核;制定和落实系统有关监测质量控制的措施。

系统支持实验室的主要任务包括:根据仪器设备的运行要求,对系统仪器设备进行日常保养、维护;及时对发生故障的仪器设备进行检修、更换。

监测子站的主要任务包括:对环境空气质量和气象状况进行连续自动监测;采集、处理和存储监测数据;按中心计算机指令定时或随时向中心计算机传输监测数据和设备工作状态信息。监测子站主要由子站站房、采样装置、监测仪器、校准设备、数据采集与传输设备、辅助设备等组成。图 7-6 为监测子站仪器设备配置示意图。

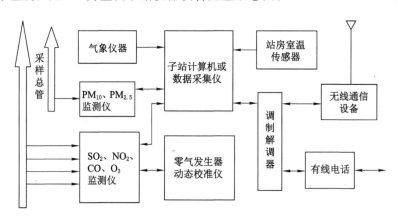

图 7-6　监测子站仪器设备配置示意图

(2) 空气质量自动监测仪器及分析方法

空气质量自动监测仪器是获取准确污染信息的关键设备,必须具备连续运行能力强、灵敏、准确、可靠等性能。

空气质量监测仪器(气态污染物)分为点式监测仪器和开放光程监测仪器。点式监测仪器为在固定点上通过采样系统将环境空气采入并测定空气污染物浓度的监测分析仪器,由采样装置、校准设备、分析仪器、数据采集和传输设备组成。开放光程监测仪器采用从发射端发射光束经开放环境到接收端的方法测定该光束光程上平均空气污染物浓度,由开放的测量光路、校准单元、分析仪器、数据采集和传输设备组成。

PM_{10} 或 $PM_{2.5}$ 自动监测系统由样品采集单元、样品测量单元、数据采集和传输单元及其他辅助单元组成,可分为 β 射线颗粒物自动监测系统和振荡天平法颗粒物自动监测系统两类。β射线颗粒物自动监测系统由切割头、采样管、采样泵和设备主机组成,其中PM$_{2.5}$设备还包括动态加热系统。振荡天平法颗粒物自动监测系统由切割头、采样管、采样泵和设备主机组成,配备温度、湿度、压力检测器,其中PM$_{2.5}$设备还包括滤膜动态测量补偿系统。

环境空气质量自动监测系统所配置监测仪器的分析方法见表7-10。

表 7-10　环境空气质量自动监测系统所配置监测仪器的分析方法

监测项目	点式监测仪器	开放光程监测仪器
NO$_2$	化学发光法	差分吸收光谱分析法(DOAS)
SO$_2$	紫外荧光法	差分吸收光谱分析法(DOAS)
O$_3$	紫外光度法	差分吸收光谱分析法(DOAS)
CO	气体滤波相关红外吸收法、非分散红外吸收法	—
PM$_{10}$、PM$_{2.5}$	微量振荡天平法(TEOM)、β射线法	—

（3）大气污染监测车

大气污染监测车是装备有大气污染自动监测仪器、气象参数观测仪器、计算机数据处理系统及其他辅助设备的汽车。它是一种流动监测站,也是大气环境自动监测系统的补充,可以随时开到污染事故现场或可疑点采样测定,以便及时掌握污染情况,采取有效措施。

我国生产的大气污染监测车装备的监测仪器有 SO$_2$ 自动监测仪、NO$_x$ 自动监测仪、O$_3$ 自动监测仪、CO 自动监测仪和空气质量专用色谱仪(可测定总烃、甲烷、乙烯、乙炔及 CO);测量风向、风速、温度、湿度的小型气象仪;用于进行程序控制、数据处理的电子计算机及结果显示、记录、打印仪器。辅助设备有标准气源及载气源,采样管及风机、配电系统等。除大气污染监测车外,还有污染源监测车,只是装备的监测仪器有所不同。

4. 简易监测方法

环境空气简易监测方法包括简易比色法、检气管法和环炉技术等。简易比色法是用视力比较试样溶液或采样后的试纸与标准色列的颜色深度,以确定欲测组分含量的方法。它是环境监测中常用的简单、快速的分析方法,较常用的有溶液比色法、试纸比色法和人工标准色列。检气管法是用适当试剂浸泡过的多孔颗粒状载体填充于玻璃管中制成检气管,当被测气体以一定流速通过此管时,被测组分与试剂发生显色反应,根据生成有色化合物的颜色深度或填充柱的变色长度确定被测气体浓度的方法。目前已制出数十种有害气体的检气管,可用于测定大气和作业环境空气中有毒、有害气体。表 7-11 列出部分常用的检气管。

表 7-11　常用检气管

检气管	灵敏度 /(mg/m^3)	抽气量 /mL	抽气速度 /(mL/s)	颜色变化	试　　剂	测定方法
一氧化碳	20	450~500	1.5~1.7	黄→绿→蓝	硫酸钯、钼酸铵、硫酸、硅胶	比色
一氧化碳	25	100	1.5	白→绿	发烟硫酸、五氧化二碘、硅胶	比长度
二氧化碳	400	100	0.5	蓝→白	百里酚酞、氢氧化钠、氧化铝	比长度

表 7-11(续)

检气管	灵敏度 /(mg/m³)	抽气量 /mL	抽气速度 /(mL/s)	颜色 变化	试　　剂	测定 方法
二氧化硫	10	400	1	棕黄→红	亚硝基铁氰化钠、氯化锌、六亚甲基四胺、陶瓷	比长度
硫化氢	10	200	2	白→褐	乙酸铅、氯化钡、陶瓷	比长度
氯	2	100	2	黄→红	荧光素、溴化钾、碳酸钾、氢氧化钾、硅胶	比长度
氨	10	100	0.8	红→黄	百里酚蓝、乙醇、硫酸、硅胶	比长度
氧化氮	10	100	1	白→绿	联邻甲苯胺、硅胶	比长度
汞	0.1	500	1.7	灰黄→淡橙	碘化亚铜、硅胶	比长度
苯	10	100	1	白→紫褐	发烟硫酸、多聚甲醛、硅胶	比长度

环炉技术是利用纸上层析作用对欲测组分进行分离、浓缩和定性、定量的过程。将水样滴于圆形滤纸的中央,以适当的溶剂冲洗滤纸中央的微量试样,借助于滤纸的毛细管效应,利用冲洗过程中可能发生沉淀、萃取或离子交换等作用,将试样中的待测组分选择性地洗出,并通过环炉仪加热而浓集在外圈,然后用适当的显色试剂进行显色,从而达到分离和测定的目的。这是一种特殊类型的点滴分析,具有设备简单,成本低廉,便于携带,并有较高灵敏度和一定准确度等优点,据有关资料报道,环炉法可分析空气中三十余种污染物质。

二、矿区大气无人机监测技术

无人驾驶飞机简称"无人机"(UAV),是利用无线电遥控设备和自备的程序控制装置操纵的不载人飞机,或者由车载计算机完全地或间歇地自主地操作。无人机从技术角度可以分为无人固定翼飞机、无人垂直起降飞机、无人飞艇、无人直升机、无人多旋翼飞行器、无人伞翼机等。与载人飞机相比,它具有体积小、造价低、使用方便、对环境要求低等优点。大气无人机监测也可称为大气无人机遥感监测,可实现高分辨率影像的采集,在弥补卫星遥感经常因云层遮挡获取不到影像缺点的同时,解决了传统卫星遥感重访周期过长、应急不及时等问题。

无人机在大气环境领域的应用大致可分为三种类型。一是大气监测:观测空气状况,也可以实时快速跟踪和监测突发大气污染事件的发展;二是环境执法:环监部门利用搭载了采集与分析设备的无人机在特定区域巡航,监测企业工厂的废气排放,寻找污染源;三是环境治理:利用携带了催化剂和气象探测设备的柔翼无人机在空中进行喷洒,与无人机播撒农药的工作原理一样,在一定区域内消除雾霾。无人机开展航拍,持久性强,还可采用远红外夜拍等模式,实现全天候航监测,无人机执法又不受空间与地形限制,时效性强,机动性好,巡查范围广,可及时排查到污染源,一定程度上减缓污染强度。在大气环境监测方面,无人机能够在其上搭载可见光相机、红外成像相机和气体传感器,真正实现对大气环境的实时监控(田芳,2018;李琪,2018)。

1. 可见光相机

目前,对无人机的使用通常都是采用"无人机＋可见光云台"的形式,这种方式的应用程度广,效果好。某些监测单位还会单独购买多台无人机,然后由专业人员进行培训,进而形成了"环保无人机监测队伍"。

变焦相机的使用,已经使环境监测有了新的发展方向,但是可见光相机在对大气监测时,只能够对其进行拍照或者录制视频,这种相机不能够提供精准的数据作为支撑,并且在使用的过程中经常会受到各种天气环境的影响,只能对浓度较大的可见性污染源进行监控,缺乏全面性。常规的可见光载荷对环保工作作用有限,使用程度较低。

2. 红外成像

红外成像仪的出现满足了社会中安检工作的需求,并且在电力巡检方面的应用程度较深。将红外成像仪应用在环保方面时,是将仪器安装在无人机上,能够满足夜间拍摄的需求,使环境监测不会受日夜的影响。同时,无人机的热成像仪拥有热分布可视化的功能,以及测温等特性功能,使其在夜间进行监测时,能够发现排污企业的所在地,发现污染的源头。

红外成像中的热像仪受环境因素影响大,构建模型时,存在较多的问题。因为不同种类的热分布形式不同,排放温度与排放量关系复杂,导致模型的构建比较困难,需进一步研究。

3. 气体传感器

无人机能够通过搭载多种因子的高精度气体监测传感器,对高空垂直断面大气污染情况进行采集分析,实现对大气数据监测的微型化、高精度和高实时性。目前这种监测方式较为常用,且监测出的数据比较准确。

通过无人机搭载气体传感器进行大气环境的监测,可实现对矿区内大气污染情况的实时监控,具有广阔的应用前景。监测时需规划出飞行的轨迹,使无人机能够在较短的时间内,覆盖待测区域,进而得出该地区气体浓度的分布情况。这种方式能够极大程度地提升监测的效率与效果。随着相关技术进步,便携式传感器的精度也在逐渐增强,其监测精度甚至可以达到 ppb 级别,极大程度地满足了测量大气污染物浓度的要求。

三、矿区大气卫星遥感监测技术

大气遥感,是指仪器不直接同某处大气接触,在一定距离以外测定某处大气的成分、运动状态和气象要素值的探测方法和技术。研究领域不仅包括大气的物理化学等特征,还包括地表特性的相关内容。

卫星遥感技术具有用途广、探测手段多、探测范围大、获取信息丰富的特点,能够全面获取矿区大气环境的基本信息,进而对矿区大气环境进行监测。卫星遥感技术应用于矿区大气污染监测的理论基础在于:一方面,大气污染直接影响空气中微粒分布与构成,从而影响电磁波在空气中的传输,利用特定波段可以实现对大气污染成分的直接分析;另一方面,空气污染影响植被生长,在特定波长对植被光谱特性产生影响,因此通过对植被光谱特征的定量诊断与分析可以反推大气污染。

(一)基于遥感图像的大气污染分析技术

利用遥感图像对矿区大气环境监测主要分为以下三个阶段:包括矿区大气环境遥感影像处理、矿区大气环境遥感监测、矿区大气环境质量遥感评价(魏嘉磊,2018)。

第一阶段:对采集到的矿区大气环境遥感影像进行处理。大气污染的不同程度、不同种类会使遥感信息产生一定的失真，通过对这种失真的研究，可以建立城市环境污染的评价模型。利用地物的波谱测试数据、彩色红外遥感图像及少量常规大气监测数据，可获取关于矿区大气环境质量的基本数据。利用遥感图像作为基本资料，可以对矿区有害气体进行监测。根据监测结果，可对矿区污染源及其扩散影响、污染程度等进行分析研究，以确定影响矿区大气环境质量的主导因素；根据矿区可持续发展的要求，对相应的污染源进行整治和改善，实施政策、经济等方面的管理手段，以治理大气污染。

大气中的气溶胶即烟雾、尘暴等悬浮于大气里的污染物是影响大气质量的主要因素，它们在图像上都会反映出其分布的特征。大气的气溶胶，浓度不同，图像色调也不同。浓度大，其散射、反射率大，影像呈白色；反之，呈灰色。同时，结合大气取样监测分析，可鉴别出其主要污染物、颗粒物数目及其分布空间。根据多期监测，可获取大气污染的时空分布与变化规律。例如，NO_x、SO_2 的图像灰度信息在 TM1、TM3 图像中均有明显的反映；排入大气的 SO_2 很少单独存在于大气中，往往与大气中颗粒物结合在一起，这些颗粒物会对光波产生散射，在其遥感图像上显示为灰暗、模糊影像特征。同时，也能从高分辨率图像上判别出城市烟囱，然后反映烟雾的污染范围与程度。

通过对遥感图像的分析，可获取可靠的大气污染资料。可见，遥感信息在大气环境动态监测方面具有其他类型数据所无法代替的优越性。同时，遥感监测项目增多、分辨率提高、解译性能增强，逐渐占据环境监测网络的重要地位。遥感监测将成为全球性、区域性大气环境监测的主要手段。

煤矿区遥感影像处理主要包括以下步骤：

① 数据源的选择：首先利用中等分辨率遥感影像进行大面积普查，圈定矿山开发集中、大气环境污染相对严重地区；其次利用较高分辨率遥感影像对所圈定地区内较大规模的大气环境污染进行监测，并指出大气环境污染最为严重的区域；最后利用高分辨率遥感影像，对局部重点地区进行详细调查。

② 遥感影像预处理：遥感影像预处理主要包括对原始遥感影像进行辐射校正、几何校正、影像增强、数据融合、影像镶嵌、影像裁切等操作，最终制作出统一标准的遥感影像。

③ 遥感影像波段组合：根据不同的影像解译要求，可以选择遥感影像中的不同波段进行组合，去除影像冗余信息，提高影像处理速度及影像解译质量和精度。

④ 遥感影像三维可视化：遥感影像是研究区地表的真实反映，包含了地物的纹理特征，数字高程模型（DEM）是用数字矩阵离散表示地表地形，将两者结合可以生成某一地区的虚拟三维影像图。

第二阶段：矿区大气遥感监测。利用融合好的高分辨率数据开展矿山大气环境污染遥感调查与监测，然后对监测结果进行分析，为矿区环境质量遥感评价做数据准备。矿区大气污染遥感监测包括：① 粉尘污染监测。粉尘污染主要发生在煤矿区，从可见光遥感影像上看，粉尘污染严重的地区植被生长较缓，树冠较小，在影像上色调较昏暗，树木轮廓不清晰。② 大气污染监测。矿区大气污染主要是由矿区炼矿厂排放的有害气体引起的，在影像上表现为被污染区域的地物不清晰，有雾罩感。

第三阶段：矿区大气环境质量遥感评价。选定评价指标，分析并建立适当的评价模型对矿区大气环境质量进行评价。评价指标的提取通常由遥感影像解译获得。大气环境质量评价方法是依据一定标准，对特定区域范围的大气环境质量进行评定和预测的科学方法。主要工作程序为：① 首先确定评价对象、范围和目的，并据此确定评价精度。② 分别进行污染源调查监测评价、环境调查监测评价和环境效应分析。③ 利用评价指标进行大气环境质量综合评价。④ 研究污染规律，建立相应的大气污染数学模型。⑤ 对大气环境质量做出判断、评价和预测。目前国内外关于大气环境质量评价的常用方法包括环境综合指数法、层次分析法和模糊数学法等。

　　遥感技术具有快速、便捷及周期性等特点，被广泛地应用于煤矿区的矿山环境、地质灾害、土地利用等研究中，相关成果虽与煤尘污染无直接关系，但结合 GIS 技术、煤矿区土地类型分类方法、光谱特征变化等技术方法对煤尘污染监测研究有很大的启发，是进行煤尘染污监测的主要理论基础。在相关研究的基础上，可利用 SPOT5 影像进行煤尘污染监测的探索性研究（戴立乾 等，2009），研究技术流程如图 7-7 所示。

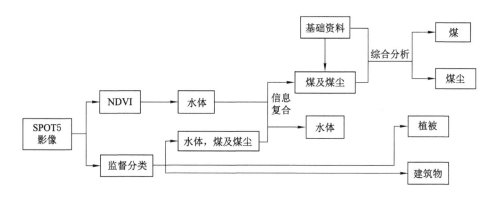

图 7-7　利用 SPOT5 监测煤尘污染技术流程图

（二）大气环境立体监测技术

　　大气环境立体监测技术是以光与环境物质的相互作用为物理机制，将低层大气环境任意测程上的化学和物理性质的测量手段从点式传感器转向时间、空间、距离分辨的遥测，通过建立污染物的光谱特征数据库，研发污染物的光谱定量解析算法，并结合光机电算工程化技术所建立的环境监测体系。立体监测技术可以实现多空间尺度性、多时间尺度性、多参数的遥测，从根本上改变了传统的大气研究由点到线再到面的演绎法，弥补了常规业务监测网络在监测手段、监测内容和监测范围上的不足，为大气环境研究提供了一个全新的研究角度（刘文清 等，2019）。

　　近年来，以光学探测和光谱数据解析为核心的各种大气立体监测技术以非接触、无采样、高灵敏度、高分辨率、高选择性、多组分以及实时等优势，在大气、环境、气象、空间、遥感以及军事领域得到了广泛的应用。目前，国内已形成了以差分光学吸收光谱（DOAS）技术、可调谐半导体激光吸收光谱（TDLAS）技术、傅立叶光谱（FTIR）技术、非分光红外（NDIR）技术、激光雷达（LIDAR）技术、光散射测量技术、荧光光谱技术、激光击穿光谱（LIBS）技术、光声光谱技术等为主体的环境光学立体监测技术体系。DOAS 技术广泛用于紫外和可见光波段范围，监测标准污染物 O_3、NO_x、SO_2 和苯等，测量的种类为对应于该波段的窄吸收光谱线的气体成分，并对大气中自由基 NO_3 和 HONO 的测量十分有效。FTIR 技术特别适用于测量和鉴别污染严重的大气成分、有机物或酸类以及温室气体。如果测量一种或两种有毒气体,采用 TDLAS 技术,可以发挥其光谱分辨率、响应快、成本低等优点。LI-DAR 技术具有高空间分辨率、高测量精度等优点,可用于污染物浓度立体分布和输送通量测量。还有许多其他高灵敏的环境光学监测技术,如光散射技术、激光质谱技术、激光诱导荧光技术和光声光谱技术等,在实际场合中应视具体的应用目标来确定测量技术。

为更好地进行多尺度的大气环境探测,可借助不同平台,在地基、车载、球载、机载及星载多平台上对大气颗粒物及多种污染气体进行立体监测(刘文清 等,2016)。典型的以区域立体探测技术为基础的环境监测网络及其应用如图 7-8 所示(刘文清 等,2019)。

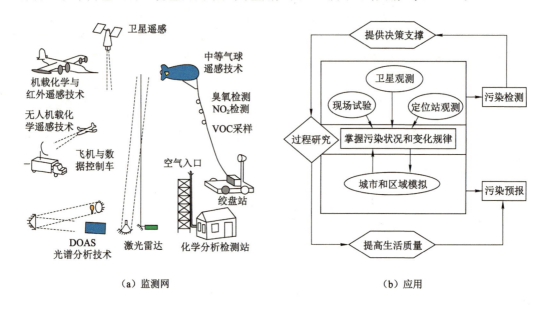

图 7-8　基于多平台的区域大气污染监测网及应用

1. 地基遥感监测技术

地基大气遥感是将红外超光谱探测器放置于地面来获得大气数据的技术。相对于卫星,可以避免高空气体物质也会随温度、压力不同辐射红外光对探测器测量精度的影响,从而可以给出较好的行星边界层数据,结合卫星及地基光谱仪测量可以提供完整、准确的气候信息。

地基遥感监测技术主要包括 DOAS、FTIR、多波段光度计遥感、LIDAR 等。该技术利用地基监测平台,通过大气不同成分对太阳光谱的吸收不同,且针对不同的光束进行反射的原理进行数据的监测,得出监测区域大气中的主要气体成分。

(1) DOAS 技术

被动 DOAS 技术的工作原理为通过探测太阳散射光谱,结合不同气体的特征吸收截面,利用最小二乘法反演各种痕量气体的浓度信息。

目前,中国正在开展主动 DOAS 技术、地基被动 DOAS 技术(MAX-DOAS 和车载多动 DOAS)以及机载和星载 DOAS 技术的研究。环境空气质量的主动 DOAS 监测技术可以实现对大气环境一次污染物(SO_2,NO_2 等)、自由基及其前体物(NO_3,OH,HONO,HCHO 等)和针对污染源有毒有害气体(H_2S,Cl_2,苯系物,SO_2,NO_2 等)多种成分的快速在线探测。地基多轴 DOAS(MAX-DOAS)技术(图 7-9)还可部署在具有区域代表性的地点或区域污染输送通道,从而掌握区域大气的柱浓度分布以及廓线信息,并了解区域大气的输送状况。相比卫星观测而言,地基多轴 DOAS 技术具有更高的时间和空间分辨率。

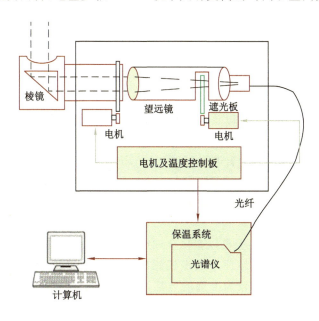

图 7-9　地基 MAX-DOAS 探测技术

(2) FTIR 技术

FTIR 利用气体分子对红外光的选择性吸收特性,对干涉后的红外光进行傅立叶变换,从而实现目标气体的分析,属于分散型红外吸收光谱技术,适用于煤矿气体在线分析,可同时分析 CH_4、CO、CO_2、C_2H_6、C_3H_8、$i\text{-}C_4H_{10}$、$n\text{-}C_4H_{10}$、C_2H_4、C_3H_6、C_2H_2 等气体,其技术原理如图 7-10 所示(梁运涛 等,2021;冯明春 等,2016)。该技术具有监测信号传输路径多、监测精确度高、分辨率高、波段宽等优点,在环境监测中的应用十分广泛,尤其适用于测量和鉴别污染严重的大气成分、有机物或酸类以及温室气体等。

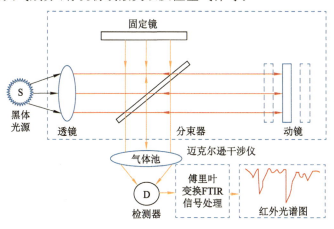

图 7-10　FTIR 气体分析技术原理

在环境监测领域,根据系统光源配置的不同,开放光路傅立叶变换红外光谱仪可以分为单站式与双站式两种方式。单站式配置是指系统红外发射光源与FTIR接收系统设置在监测区域的同一侧,双站式配置是指系统红外发射光源与FTIR接收系统分置在监测区域的两侧。傅立叶变换红外光谱仪目前已得到全面的发展,使用方法几乎适应各类物质的检测分析,具体方法包括衰减全反射、漫反射法、光声光谱法、动态光谱法(动力学法)、光谱仪与各种仪器联用等。

(3) 多波段光度计遥感技术

多波段光度计遥感技术是以太阳为光源的被动遥感手段,自大气上界入射到地气系统的太阳辐射受到大气中气体分子以及大气气溶胶粒子的散射和吸收,在地面接收到的太阳辐射包含了大气中气溶胶信息,通过测量接收到的辐射来反演气溶胶信息。地基遥感的方法中多波段光度计遥感应用较为普遍,国际项目 AERONET (Aerosol Robotic NETwork)在世界各地的 500 多个站点布置了多波段太阳光度计,在我国也有 30 个站点,进行长期不间断观测气溶胶的详细光学特性。其观测数据可通过卫星传送至网上发布,信息全球共享。

AERONET 网络的建立不但可以获得全球尺度范围内的气溶胶光学特性的分布信息,同时也为卫星遥感气溶胶提供地面多通道遥感的对比资料。多波段太阳光度计遥感方法是目前气溶胶被动遥感手段中较为准确的方法,其中以法国 CIMEL 公司研制的多波段自动跟踪扫描的全自动太阳光度计 CE-318 的使用最为广泛。

(4) LIDAR 技术

LIDAR 技术以激光为光源,通过与目标物相互作用产生辐射信号从而遥感目标物,利用激光对大气光学、物理特性、气象参数进行连续、高时空的监测,从而获得监测区域中大气三维数据的分布状况。

LIDAR 工作原理如图 7-11 所示。由发射系统发射一束方向性强、能量高的激光脉冲,激光束在大气气溶胶中传输并与大气中气溶胶粒子相互作用发生散射与吸收,后向散射信号被激光雷达接收光学系统接收,光信号被光电探测器接收并转换为电信号,数据采集系

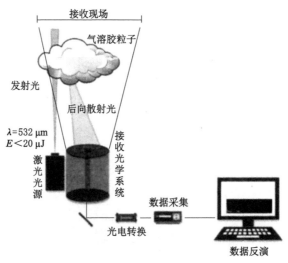

图 7-11 激光雷达系统工作原理

统采集电信号,同时记录距离信息,最后通过计算机存储、处理、反演气溶胶的光学属性。LIDAR 技术具有监测精度高、时空分辨率高、可长期连续测量等优势,如今已被广泛应用到大气传输、全球气候预测、气溶胶气候效应等研究中。在利用激光雷达监测环境过程中,常用的技术手段包括激光雷达垂直监测、水平扫描监测及车载走航监测(陈楠 等,2019)。

目前,LIDAR 技术有了进一步的发展,其硬件设备和算法进一步完善,在激光光源、发射与接收光学、信号探测与采集等方面取得了较好的发展,激光雷达的探测功能逐渐多样化,由仅能夜晚监测转变为全天监测,并且逐渐实现商业化。同时,LIDAR 监测技术的监测范围不断扩大,对气溶胶等大气成分的监测精度不断提升,并且减少了监测盲区,尤其是在雾霾治理中起到了重要作用。目前,国际上建立了多个区域性地基激光雷达观测网。此外,激光雷达平台由地基、车载发展到机载和星载,其监测大气气体的范围从局域逐渐拓展到区域乃至全球。

(5)宽范围粒径谱多道分析技术

宽范围粒径谱多道分析技术将气溶胶发生器(PAG)、微分电迁移率分析(DMA)及凝结核粒子计数(CPC)等技术结合在一起,用于测量大气颗粒物浓度和粒径分布。

传统的光散射测量方法一般只能测量 $0.3~\mu m$ 以上的颗粒物粒径谱,并且容易受到颗粒物的形状和折射率等因素的干扰。采用飞行时间测量方法和电子学时间多道分类存储技术,可以实现 $0.5\sim20~\mu m$ 范围内颗粒物空气动力学粒径谱的准确测量,并实时获得 PM_{10}/$PM_{2.5}$/PM_1 质量浓度,通过自动控制电迁移内电极负电压的方式实现纳米级粒子粒径在线分级,结合凝结核粒子计数技术完成 $5~nm\sim1~\mu m$ 范围内颗粒物电迁移粒径谱的测量。若将电迁移粒径与空气动力学粒径有效融合,可以实现 $5~nm\sim20~\mu m$ 范围内大气细颗粒物粒径谱的多道快速测量(图7-12),为大气细颗粒物增长过程研究提供了重要的测量手段。

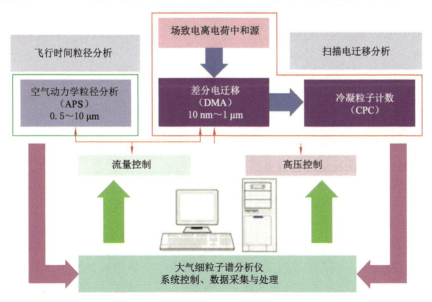

图 7-12　宽范围粒径谱分析技术

2. 车载测量技术

车载测量技术是将监测设备放置在车辆上,将车辆行驶到某一需要监测的特定区域进行监测的方式,设备的原理是通过特定污染物监测设备得到数据,结合气象参数,如风速、风向数据,以及 GPS 系统得到的该区域的经纬度数据等计算得到污染气体的实际排放量。车载走航遥测不受地点、时间、季节的限制,在突发性环境污染事故发生时,监测车可迅速进入污染现场,应用监测仪器在第一时间查明污染物的种类、污染程度,同时结合车载气象系统确定污染范围以及污染扩散趋势,可准确地为决策部门提供技术依据。

车载大气污染监测系统主要由激光发射系统、接收系统、信号探测与采集系统、GPS 全球定位系统 4 个单元组成。激光器发射的激光经准直扩束后垂直进入大气,激光与大气相互作用产生的后向散射光被望远镜接收,接收信号经探测采集存储进入计算机。此外,GPS 全球定位系统采集的经纬度信息也被存储进监测设备的原始数据中。在区域大气污染立体监测中,通常使用车载走航 SOF-FTIR 观测 VOCs、车载多轴 DOAS 观测 SO_2/NO_2 通量、车载激光雷达观测颗粒物通量和总量,此外还可安装空气质量监测系统,用于获取移动式监测环境空气质量及多种气象参数。图 7-13 为车载 DOAS 移动监测到的我国中部某城市大气中的 NO_2 柱浓度,测量当日的主导风向为西南风,在测量区域的东北部出现了 NO_2 柱浓度高值,说明在此风场影响下监测区域对该城市主城区有 NO_2 输送过程(刘文清 等,2019;刘文清 等,2016)。

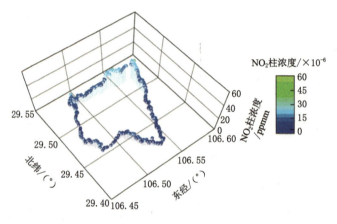

图 7-13　车载 DOAS 移动监测获取的 NO_2 柱浓度

车载测量技术的监测模式通常有闭合路径监测模式和下风口监测模式两种,前者主要用于周围有可以供车辆通过的闭合道路的监测区域,该方式测量到的污染气体排放量较为准确;后者主要用于周围没有可供车辆通过的闭合道路的监测区域,这时若该区域的风速比较稳定,那么该区域的污染气体几乎都会被吹到下风向。因此,利用下风口监测模式得到的污染气体排放量是最接近该区域的实际污染气体排放量的。在具体应用中,走航路线的设计原则:重点城市的观测路线应能围绕该区域的代表性区域,且能路线闭合;大范围观测路线应选择经过重点城市的高速公路网,且路线应尽可能沿可能输送路径、能覆盖整个污染气团剖面,观测路线应尽量避开道路上方有遮挡物(如隧道、树荫)的路线。

3. 机载遥感监测技术

机载遥感监测技术将监测设备安装到飞机上,由飞机将监测设备带到大气的平流层,对不同高度的大气污染进行监测。目前,我国的机载遥感监测技术已经有了进一步的发展,有特定的飞机用于测量大气污染,且建立了基于飞艇、飞机、气球以及无人机等机载平台的大气环境空中监测实验系统,逐步实现对不同高度、全球区域的大气环境的全面、长期、连续、立体、动态监测。

我国 2014 年成功研发了一种可快速获取区域环境大气污染成分的机载监测系统。该系统包括机载激光雷达、机载差分吸收光谱仪和机载多角度偏振辐射计,这三种技术可以互相补充、合作监测大气环境中大气气溶胶、污染气体、颗粒物等主要大气成分。其中机载差分吸收光谱仪是该系统的关键,其工作原理为通过探测地物的反射光谱,利用差分吸收光谱技术获得污染气体的区域分布状况,并快速地探知地面排放污染源。机载激光雷达用于探测云和气溶胶相互作用、污染区域、沙尘传输路径以及大气环境突发事件等问题,其监测数据较星载激光雷达所获数据更为精确,可以解决星载激光雷达信噪比偏低的问题,是星载激光雷达的有效补充及进行技术验证和数据对比的重要平台。

4. 星载遥感监测技术

星载遥感技术具有全球覆盖、快速、多光谱、信息量大的特点,能较好地反映整层大气的平均状况,可应用于污染物的水平分布、输送以及排放研究。根据不同化学物质的吸收特性反演大气主要化学物质的浓度及分布状况,如 TOMS、MODIS、OMI、SCHIMACHY、GOMEII、MISR、SeaWiFS 和 VIIRS 等卫星资料,正被广泛地应用到全球大气化学物质的研究中(邹家恒,2019;Jackson et al.,2013;Jiang et al.,2007;Melin et al.,2010;Prados et al.,2007;Sayer et al.,2013)。随着中国航天事业的快速发展,国产高分辨率遥感卫星也得到了快速发展,2018 年 5 月,我国成功发射了高分五号卫星,它是世界上第一颗同时对陆地和大气进行综合观测的全谱段高光谱环境专用卫星。卫星首次搭载了大气痕量气体差分吸收光谱仪、主要温室气体探测仪、大气多角度偏振探测仪、大气环境红外甚高分辨率探测仪、可见短波红外高光谱相机、全谱段光谱成像仪共 6 台载荷,可对大气气溶胶、SO_2、NO_2、CO_2、CH_4、水华、水质、核电厂温排水、陆地植被、秸秆焚烧、城市热岛等多个环境要素进行监测。

四、矿井空气污染监测技术

与地面空气相比较,矿井空气的组成和浓度会发生较大变化,其监测技术相应地有别于地面空气监测技术。近年来,随着煤矿安全装备水平的不断提高,矿井空气的检测手段也日趋完善,各大、中型矿井已经形成了人工定点、定时检测与自动监测相结合的检测体系。目前,煤矿井下气体检测技术主要包括催化燃烧式、热导式、光干涉式、电化学式等各类传感器技术,色谱分析技术,FTIR、NDIR 以及 TDLAS 等各类光谱分析技术。表 7-12 对不同气体检测技术从适用气体、优缺点、应用领域、代表仪器几方面进行了对比分析,可根据煤矿井下不同工况条件选择合适的气体检测技术(梁运涛 等,2021)。

表 7-12 不同气体检测技术对比分析

类别	传感器技术				色谱分析技术	红外光谱技术		
	催化燃烧式	热导式	光干涉式	电化学式		FTIR	NDIR	TDLAS
适用气体	CH_4	CH_4	CH_4	O_2,H_2S,NH_3,CO,SO_2,NO,NO_2,CH_4,C_2H_4,C_2H_2,H_2	煤矿全组分气	CH_4,CO,CO_2,C_3H_6,C_2H_4,C_2H_2,C_2H_8,i-C_4H_{10},n-C_4H_{10}等	CH_4,CO,CO_2, C_2H_4,SF_6 等	CH_4,CO,CO_2,C_2H_4,C_2H_2,H_2S 等

表 7-12(续)

类别	传感器技术				色谱分析技术	红外光谱技术		
	催化燃烧式	热导式	光干涉式	电化学式		FTIR	NDIR	TDLAS
优点	灵敏度高,线性高度,精度高	检测范围广,寿命长,可贫氧环境使用	精度高,寿命长	精度高、灵敏度高	灵敏度高、分离度好、多组分测量	光谱范围宽,分辨率高,信噪比高	灵敏度高,可测组分多	检测下限低,灵敏度及精度高,单色性好
缺点	范围窄,寿命短,高浓激活,硫化物中毒	湿度影响大,CO_2 气体干扰	气压及温湿度影响大,烷烃气体干扰	寿命短,零点漂移,存在交叉干扰	分析周期长,操作维护复杂	气体交叉干扰,湿度影响大,无法分析双原子气体	烷烃气体谱线重叠,受温度影响大	受温湿度影响
应用领域	井下日常(0～4%)CH_4 检测	抽采管道(1%～100%)CH_4 检测	全量程(0～100%)CH_4 巡检	便携仪、监测监控	井下自然发火监测、实验室多组分气体分析	实验室多组分气体分析	井下气体在线监测	井下气体在线监测
代表仪器	GJC_4，KG9701A	GJT100S	CJG10X	GTH1000，GTH500	KBGC-4A，CC-4000	CFTIR1000，Tentor 27，Spectrum100	JSG5/6/8，GJG10H	GJG100J

(一)矿井空气的人工检测技术

煤矿井下气体人工检测方法可以分为两大类:取样分析法和便携式仪器快速测定法。

1. 取样分析法

利用空气采样装置提取井下空气试样,然后送往地面化验室进行分析。分析仪器多用气相色谱仪,它是一种通用型气体分析仪器,可完成多种气体的定性和定量分析,其分析精度高,定性准确,分析速度快,一次进样可以同时完成多种气体的分析;缺点是所需时间长,操作复杂,技术要求高。一般用于井下火区成分检测或需精确测定空气成分的场合。

煤矿井下气体监测采样装置中,气袋(球胆和聚氯乙烯袋)采样法适用于采集二氧化碳、氧气、甲烷、一氧化碳和氮气等不溶于水的气体试样。化学吸收采样法适用于采集氧化氮、硫化氢、二氧化硫和氨等易溶于水的气体试样。真空采样法适用于采集矿井空气中高含量的硫化氢和二氧化硫及爆破后产物中的氮氧化物等气体试样(白斌 等,2020)。

2. 便携式仪器快速测定法

利用便携式仪器在井下就地检测,快速测定出主要气体成分。尽管它的测定精度不如取样分析法高,但基本能满足矿井的一般要求,是目前普遍采用的测定方法。

(1)检定管检测法

利用便携式检测仪表在现场对空气中某种气体的浓度进行快速检测,以变色深浅来确定有毒气体浓度者为比色法,以变色长度确定浓度者为比长法,检定管结构如图 7-14 所示。其仪器由检定管和吸气装置两部分组成。

煤矿井下空气中 CO、NO_2、H_2S、SO_2、NH_3 和 H_2 等有害气体的浓度测定,普遍采用比长式检测管法,其基本测定原理为线性比色法,即被测气体通过检定管与指示剂发生有色反应,形成变色层(变色柱),变色层的长度与被测气体的浓度成正比。若用比长检定管,根

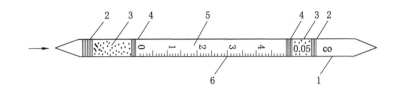

1—外壳;2—堵塞物;3—保护胶;4—隔离层;5—指示胶;6—指示被测气体含量的刻度。

图 7-14　检定管结构示意图

据其变色的长短即可确定待测气体浓度。表 7-13 是我国煤矿用比长式气体检测管的主要性能。

表 7-13　我国煤矿用比长式气体检测管主要性能

检测管名称	型号	测量范围(体积分数)	最小分辨率	最小检测含量	颜色变化
CO	I	$(5\sim50)\times10^{-6}$	5×10^{-6}	5×10^{-6}	白→棕褐色
	II	$(10\sim500)\times10^{-6}$	20×10^{-6}	10×10^{-6}	
	III	$(100\sim5\,000)\times10^{-6}$	200×10^{-6}	100×10^{-6}	
CO_2	I	$0.2\%\times3.0\%$	0.2%	0.1%	蓝色→白色
	II	$1\%\sim15\%$	1%	0.5%	
H_2S	1	$(3\sim100)\times10^{-6}$	5×10^{-6}	3×10^{-6}	白→棕色
SO_2	1	$(2.5\sim100)\times10^{-6}$	5×10^{-6}	2.5×10^{-6}	紫→土黄色
NO_2	1	$(1\sim50)\times10^{-6}$	2.5×10^{-6}	1×10^{-6}	白→黄绿色
NH_3	1	$(20\sim200)\times10^{-6}$	20×10^{-6}	20×10^{-6}	橘黄→蓝灰色
O_2		$1\%\sim21\%$	1%	0.5%	白→茶色
H_2	1	$0.5\%\sim3.0\%$	0.5%	0.3%	白→淡红

（2）轻便型直接读数仪表法

利用便携式检测仪表在现场对空气中某种气体的浓度进行快速检测。如采用 AY-1B 型氧气检测仪检测采煤工作面、回风巷、采空区、瓦斯抽放管路及瓦斯、煤尘爆炸或火灾等事故灾区中的氧气体积分数,该仪器采用电化学"隔膜式伽伐尼电池"原理,为本质安全型,功率小、结构简单、测量线性好。根据可检测的气体种数,便携式检测仪可分为单一气体检测器和复合气体检测器两类。前者只能检测一种有毒有害气体,检测简单方便,并带有报警装置;后者可同时装多种气体传感器,更换不同类型的气体传感器,就可测定不同类型的有毒有害气体的浓度。该检测器便于现场测定,也可以与计算机连接,通过配套软件进行分析。当检测的有毒有害气体浓度达到设定值时,仪器的报警装置将报警,表明作业环境中有毒有害气体浓度超标。

（二）矿井空气监测监控系统

利用煤矿安全监控系统对矿井空气进行监测监控。煤矿安全监控系统是指具有模拟量、开关量、累计量采集、运输、存储、处理、显示、打印、声光报警、控制等功能,用来监测甲烷浓度、一氧化碳浓度、二氧化碳浓度、氧气浓度、风速、风压、温度、烟雾、馈电状态、风门状态、风窗状态、风筒状态、局部通风机开停、主要风机开停等,并实现甲烷超限声光报警、断电和甲烷风电闭锁控制等功能的系统。系统由监控主机、传输接口、网络交换机、分站、传感器、执行器(含断电控制器、声光报警器)、电源箱、线缆、接线盒、避雷器和其他必要设备组成,能够对矿井中瓦斯、CO、粉尘、风速、风压、温度等环境参数进行实时动态监控。

煤矿安全监控系统产品型号应符合 MT/T 286 的规定,满足《煤矿安全监控系统通用技术要求》(AQ 6201—2019)的相关要求,并取得煤矿矿用产品安全标志。甲烷、馈电、设备开停、风压、风速、一氧化碳、烟雾、温度、风门、风筒等传感器的安装数量、地点和位置必须符合《煤矿安全监控系统及检测仪器使用管理规范》(AQ 1029—2019)要求。

(三)矿井自然发火气体监测系统

采空区煤炭自然发火问题是煤矿安全的主要隐患之一,据统计,我国 90% 以上的煤层属于自燃或易自燃煤层,由煤层自燃引起的自燃火灾占煤矿火灾总数的 85%~90%,全国 25 个主要产煤区的 130 多个大中型矿区均不同程度地受到煤自然发火的威胁。煤在发生自然发火过程中会产生不同成分、不同含量的气体,其中包含多种有毒有害以及可燃性气体,严重影响采矿安全(房文杰 等,2012;赵晓虎 等,2021)。

目前煤层自然发火预测预报主要采用标志气体分析法。束管监测系统是标志气体分析法所采用的主要分析工具,束管是指用于抽取气样,进行自然发火危险程度分析的管路。束管监测系统通过从监测室开始敷设束管管缆至监测地点,利用抽气泵将分析气体取至气路控制柜,等待检测,气路控制柜各气路控制电磁阀按照监测电脑中设定的启动顺序依次动作,将井下监测地点的气体送入分析仪器中,并在监测电脑上显示分析数据(张军杰 等,2010;张军杰,2019)。

束管监测系统主要由气体分析仪(气相色谱仪、红外分析仪等)及其附属设备、气路控制柜、抽气泵、气水分离器箱、束管接管箱、采样器、气水分离器、束管接头、束管管缆等组成(房文杰 等,2012;葛学玮,2012)。束管监测系统需满足《煤矿自然发火束管监测系统通用技术条件》(MT/T 757—2019)中规定的煤矿井下常见灾害气体检测相关的测量范围、测量误差等技术指标。系统按取样控制装置、气体分析装置和数据处理装置的布置地点,分为地面监测型和井下监测型两大类(房文杰,2021)。

地面型束管监测系统最早应用于煤层自燃火灾监测中,由监测主机、UPS 电源、监控软件、取样控制装置、气体分析仪、抽气泵、煤矿用聚乙烯束管、束管连接箱、取样过滤器等组成,其中气体分析仪(气相色谱仪、红外气体分析仪)、气路控制柜、抽气泵以及气相色谱仪配套仪器等主要设备均安装在地面,由地面监测室开始铺设取气管缆至井下采样点,通过远距离采样实现气体的地面分析,其原理图如图 7-15 所示。一般分析时间不少于 10 min,最快 2 min,分析组分包括 O_2、N_2、CH_4、CO、CO_2、乙烯、乙烷、乙炔等共 8 种气体组分。

井下型束管监测系统由监测主机、监控软件、取样控制装置、抽气泵、煤矿用聚乙烯束管、取样过滤器等组成。系统将气体分析设备、气体采样设备、气路切换设备等均安装在煤矿井下硐室内,利用矿井原有的以太环网将设备与地面监控主机连接,使用人员可以在地面远程控制设备的运行。井下型监测系统的分析设备主要以各种原理的传感器为主,可以满足实时分析的需要,分析气体组分包括 O_2、CH_4、CO、CO_2、乙烯、乙炔等共 6 种气体组分。其原理图如图 7-16 所示。

井下型和地面型束管监测系统性能对比如表 7-14 所示。

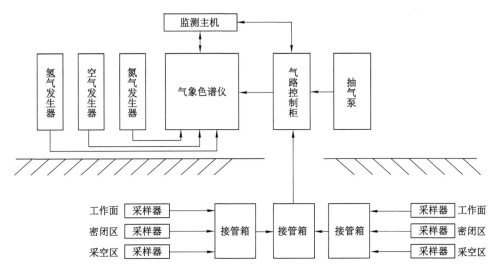

图 7-15　地面型束管监测系统示意图

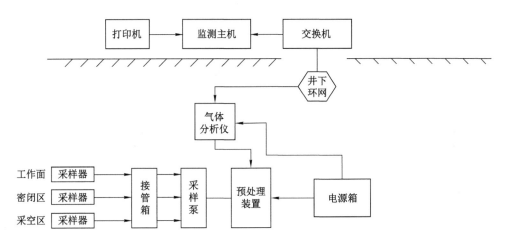

图 7-16　井下型束管监测系统示意图

表 7-14　井下型和地面型束管监测系统性能对比

使用型式	井下型	地面型
分析参数	CO、CO_2、CH_4、O_2、C_2H_4、C_2H_2	O_2、N_2、CH_4、CO、CO_2、C_2H_4、C_2H_6、C_2H_2
分析原理	激光、红外、电化学等传感器检测原理	色谱分析原理
测量范围与分析精度	CH_4 测量范围 $0\sim100\%$,最优测量误差:$\pm0.06\%$	CO、C_2H_4、C_2H_6、C_2H_2 浓度 $\leqslant0.1\times10^{-6}$
	CO 测量范围 $0\sim10\ 000\times10^{-6}$,最优测量误差:$\pm4\times10^{-6}$	CO_2、CH_4 浓度 $\leqslant0.01\%$,O_2、N_2 浓度 $\leqslant0.1\%$
	CO_2 测量范围 $0\sim25.00\%$,最优测量误差:$\pm0.02\%$	
	O_2 测量范围 $0\sim25\%$,最优测量误差:$\pm3\%FS$	
	$CH_4 \cdot C_2H_2$ 测量范围 $0\sim100\times10^{-6}$,最优测量误差:$\pm0.5\times10^{-6}$	

表 7-14（续）

使用型式	井下型	地面型
分析时间	≤2 min	2～7 min
交叉干扰	存在交叉干扰,受湿度、灰尘影响较大	先分离后检测,无交叉干扰问题
操作难易度	操作简便,无需专业培训即可操作	需操作色谱仪,对操作人员要求较高
日常维护	所有设备都在井下,束管管路距离短,维护简便	所有设备都在井上,束管管路距离长,维护量大

目前,随着井下隔爆型气相色谱仪、基于本安型气相色谱仪的束管监测系统及 KQF8-Z 型矿用隔爆兼本安型多组分气体分析主站等的研发,新一代基于色谱分析技术研制的井下色谱仪型束管监测系统已经在煤矿中得到了应用(梁运涛 等,2021;张军杰,2019)。色谱仪型井下束管监测系统对色谱仪进行防爆处理,满足煤矿井下使用要求,将色谱仪安装在煤矿井下,一次进样可以分析出 O_2、N_2、CH_4、CO、CO_2、C_2H_4、C_2H_6、C_2H_2 共 8 种气体,分析时间不大于 2 min,而且不受量程范围限制,可以满足束管监测系统的本质要求。井下色谱仪型束管监测系统不仅克服了传感器型束管监测系统的缺点,同时又具备了井下型束管监测系统的优点,成为较有发展前景的束管监测系统。

此外,研究者以 NDIR 气体窄带吸收技术为基础,研发了井下 JSG 系列红外光谱束管在线监测系统(图 7-17),实现了采空区 CH_4、CO、CO_2、C_2H_4 等 9 种气体的在线监测,并在全国成功推广(梁运涛 等,2021,田富超,2019)。

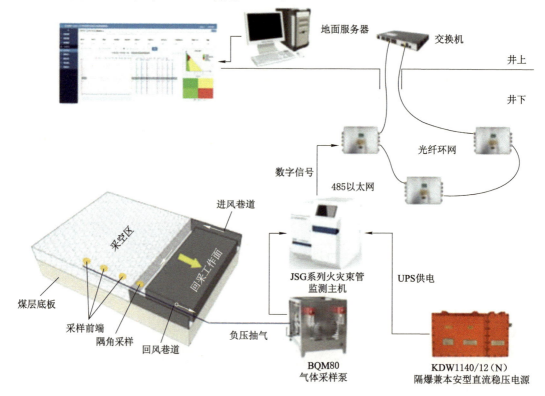

图 7-17　JSG 系列红外光谱束管监测系统应用拓扑图

五、矿区大气颗粒物来源解析技术

由原环境保护部科技标准司组织,多家单位起草编制的《大气颗粒物来源解析技术指南(试行)》适用于指导城市、城市群及区域开展大气颗粒物(PM_{10}和$PM_{2.5}$)来源解析工作,煤矿区作为一类重要的区域,其大气颗粒物源解析可依照该指南进行。

目前大气颗粒物来源解析技术方法主要包括源清单法、源模型法和受体模型法(图7-18)。大气颗粒物来源解析技术方法的适用性见表7-15。

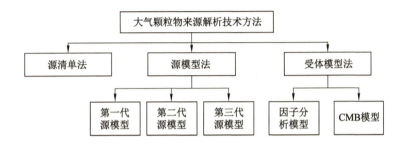

图 7-18　大气颗粒物来源解析技术方法

表 7-15　主要大气颗粒物来源解析技术方法的适用性

技术方法	优势和局限性	必备条件	可达目标
源清单法	方法简单、易操作,定性或半定量识别有组织污染源	收集统计基准年研究区域各污染源污染物排放量	得到排放源清单及重点排放区域和重点排放源的污染物排放量
源模型法	定量识别污染的本地和区域来源,可预测;解析源强未知的源类尤其是颗粒物开放源贡献困难	建立与源模型要求相适应的高时间和高空间分辨率的排放源清单、气象要素场	定量解析本地和区域各类源的贡献;针对具有可靠排放清单的点源,定量给出贡献值与分担率;对于面源和线源,定量解析各源类的贡献
受体模型法	可有效解析开放源贡献;定量解析污染源类,不依赖详细的源强信息和气象场;不可预测	采集颗粒物样品,分析颗粒物化学组成	定量解析各污染源类,尤其是源强难以确定的各颗粒物开放源类的贡献值与分担率,识别主要排放源类的来向
源模型与受体模型联用	定量解析污染源的贡献;工作量大,成本高	建立高分辨率的排放源清单和气象要素场;采集颗粒物样品	定量给出污染源贡献值与分担率,定量解析出本地和区域各类源的贡献

(一)源清单技术方法

源清单法可以得到颗粒物排放源清单和重点排放区域、重点排放源对当地颗粒物排放总量的分担率。排放源清单是环境管理必需的基础数据库。源清单技术方法的技术流程(图7-19)包括:

1. 颗粒物排放源分类

一般可将颗粒物排放源分为固定燃烧源、生物质燃烧源、工业工艺过程源、移动源。其中,固定燃烧源包括电力、工业和民用等,以及煤炭、柴油、煤油、燃料油、液化石油气、煤气、

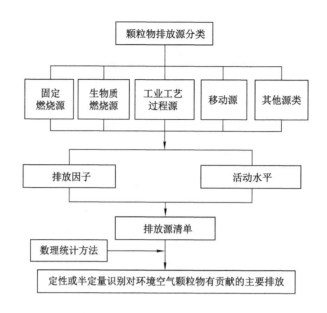

图 7-19　源清单技术方法的技术流程

天然气等燃料类型。工业工艺过程源包括冶金、建材、化工等行业。

2. 颗粒物排放源清单的建立

调查各类颗粒物源的排放特征(包括位置、排放高度、燃料消耗、工况、控制措施等),根据排放因子和活动水平确定颗粒物排放源的排放量,建立颗粒物排放源清单。

3. 定性或半定量识别主要颗粒物排放源

根据颗粒物源排放清单,统计颗粒物排放总量及各区域、各行业、各类颗粒物排放量,计算重点排放区域、重点排放源对当地颗粒物排放总量的分担率。

(二)源模型技术方法

源模型法可以阐明颗粒物浓度的时空分布,结合源强变化和主要污染源分布情况分析颗粒物污染的时空演变;定量给出污染源贡献值与分担率,预测已知源强源类的颗粒物污染防治措施的环境效益;估算典型污染过程中各主要颗粒物排放源对环境空气颗粒物的贡献值,诊断典型污染过程的成因;估算本地和外来不同类别源对颗粒物环境浓度的贡献。源模型技术方法的技术流程(图 7-20)包括:

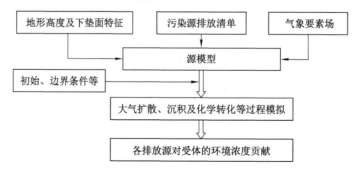

图 7-20　源模型技术方法及流程

1. 选择空气质量模型

利用源模型进行来源解析,应根据模式的适用范围、对模型参数的要求及环境管理的需求进行合理选择。建议依据拟进行源解析的地域范围选择适合的空气质量模型,小尺度采用简易模型(AERMOD、ADMS、CALPUFF 等),区域尺度采用复杂模型(Models-3/CMAQ、NAQPMS、CAMx、WRF-chem 等)。

2. 建立高分辨率的排放源清单

简易模型排放源清单的编制参照《环境影响评价技术导则 大气环境》(HJ 2.2—2018)空气质量模型使用说明中有关排放清单的编制要求。复杂模型应建立多化学组分(包括 SO_2、NO_x、CO、NH_3、BC、OC、PM_{10}、$PM_{2.5}$、VOCs 等,其中 VOCs 依据复杂模型所采用的化学反应机制进行物种分配)、高空间分辨率(水平嵌套网格内层分辨率不低于 3 km×3 km)、高时间分辨率(反映各类排放源季、月、日、小时变化规律)的排放源清单。

3. 空气质量模型的模拟计算

根据选定的空气质量模型要求,输入相应分辨率的地形高程、下垫面特征及环境参数。利用 MM5、WRF 等气象模式为空气质量模型系统提供三维气象要素场(水平方向嵌套网格内层分辨率不低于 3 km×3 km,垂直方向边界层内分层不少于 10 层)。利用大气污染物环境背景值或实际监测资料作为模型运算初始条件,模型外层网格污染物浓度模拟结果作为内层网格的边界条件。收集模拟区域内各类监测数据进行模型结果校验。采用复杂模型内置的敏感性评估模块、源追踪模块、源开关法等,模拟建立颗粒物源排放与受体之间的对应关系,获得各地区各类污染源排放对环境浓度的贡献。

(三)受体模型技术方法

受体模型法可以阐明环境空气中颗粒物化学组成的时空分布特征,用于判断颗粒物污染类型;明确颗粒物排放源谱特征。用于识别环境空气颗粒物中有毒有害成分的主要来源;根据不同颗粒物排放源粒径分布,确定细颗粒物排放因子;定量获得各颗粒物排放源类对不同季节、不同点位环境空气颗粒物的贡献值与分担率。用于明确颗粒物污染防治的方向,评估污染防治效果;定量获得典型污染过程中各颗粒物排放源类对环境空气颗粒物的贡献值与分担率。用于诊断典型污染过程的成因;把颗粒物开放源、有组织排放源和二次粒子纳入颗粒物目标容量总量控制,根据各颗粒物排放源类对不同季节环境空气颗粒物的贡献值与分担率,确定各颗粒物排放源类的控制目标。

受体模型主要包括化学质量平衡模型(CMB)和因子分析类模型(PMF、PCA/MLR、UNMIX、ME2 等)(朱坦 等,2012;冯银厂,2017)。国内外广泛应用的是 CMB 模型和 PMF 模型。

1. 化学质量平衡模型(CMB)

化学质量平衡模型(CMB)不依赖详细的排放源强信息和气象资料,能够定量解析源强难以确定的源类比如扬尘源类的贡献,解析结果具有明确物理意义。CMB 模型的技术流程见图 7-21。

(1)颗粒物源类调查、识别及主要排放源类的确定

调查固定源、移动源、开放源、餐饮油烟源、生物质燃烧源以及二次粒子的前体物排放源等,建立颗粒物污染源类排放基础数据库,识别颗粒物污染的主要排放源类,确定需要采集和分析的源类样品种类、点位和数量。

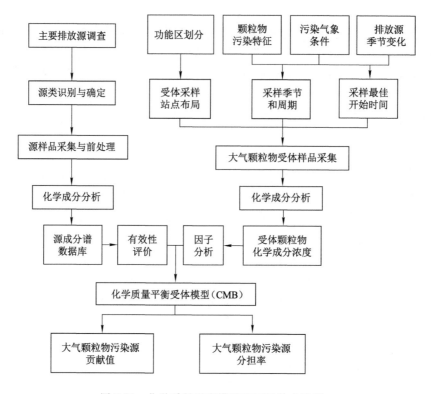

图 7-21　化学质量平衡模型(CMB)技术流程

（2）颗粒物源类样品的采集

采集固定源、移动源、开放源、餐饮源与生物质燃烧源等源类样品，其中具有明显地域特点的颗粒物源类(扬尘源、土壤尘源、当地特殊行业源等)必须采集，其他源类可根据各地实际情况确定是否采集或应用已有颗粒物源谱。

源样品采样方法主要包括：开放源再悬浮采样法、固定源稀释通道采样法、移动源采样法、生物质燃烧源采样法、餐饮源采样法等。

（3）环境受体中颗粒物样品的采集

依据《环境空气质量监测规范》(试行)的相关要求布设受体采样点，优先选择若干国家环境空气质量监测点；同时综合考虑功能分布、人口密度、环境敏感程度等因素，适当增加受体采样点位。受体采样时间与频次依据颗粒物浓度、排放源的季节性变化特征及气象因素确定，典型污染过程加密采样频次。样品采集的数量要符合受体模型的要求。按照《环境空气 PM_{10} 和 $PM_{2.5}$ 的测定 重量法》的要求进行颗粒物样品的采集，也可根据源解析工作的具体需要选择适当的采样仪器。根据滤膜本身特性和后续化学分析的需要确定采样滤膜。

（4）样品化学成分分析

应分析的化学成分包括：无机元素（Na、Mg、Al、Si、K、Ca、Ti、V、Cr、Mn、Fe、Ni、Cu、Zn、Pb、As、Hg、Cd 等）、碳组分（OC、EC）、水溶性离子（NH_4^+、Ca^{2+}、K^+、Na^+、Mg^{2+}、Cl^-、NO_3^-、SO_4^{2-} 等）。各地也可根据颗粒物排放源的实际情况，增加多环芳烃、烷烃等化学成分。无机元素使用电感耦合等离子体原子发射光谱法（ICP-AES）、电感耦合等离子体质谱分析法（ICP-MS）或 X 射线荧光光谱法（XRF）进行分析。ICP 法的样品前处理采用微波消解或加热板消解法,具体方法参考 GB/T 14506.30—2010;XRF 法参考 GB/T 14506.28—
2010。OC 和 EC 的分析使用热光分析法。水溶性离子的分析使用离子色谱方法。多环芳
烃、烷烃等有机物的分析使用 GC-MS 方法。

样品采集分析完成后,需进行颗粒物源类和受体化学成分谱的构建。使用颗粒物排放
量加权平均或算数平均的方法构建颗粒物源类成分谱,包括各成分的含量(g/g)及标准偏
差等信息。对于硫酸盐和硝酸盐等通过化学转化而来的二次源类,使用纯硫酸铵和纯硝酸
铵的化学组成来代替其源成分谱,偏差取 10% 左右;使用最小比值扣除法或其他方法确定
二次有机物的浓度。颗粒物受体化学组成通过算术平均法构建,给出各化学组成的质量浓
度($\mu g/m^3$)及标准偏差等信息。

可选用的 CMB 模型软件有 NKCMB2.0 软件和 CMB8.2 模型软件。根据源识别的结
果,选择参与拟合的源类;根据颗粒物源类化学组成特征选择参与拟合的化学成分,必选组
分包括 Si、Ca、OC、EC、SO_4^{2-}、NO_3^-,所选拟合计算的化学成分数量不少于源类数量;拟合结
果必须满足模型要求的各项诊断指标;对于扬尘污染问题突出的矿区,共线性源类的存在
导致解析结果出现负值,应采用二重源解析技术;对于复合污染特征明显的城市,应考虑二
次颗粒物的影响,采用 CMB-嵌套迭代模型或结合源模型技术方法进行解析。

2. 正定矩阵因子分解(PMF)模型

PMF 模型法根据长时间序列的受体化学组分数据集进行源解析,不需要源类样品采
集,提取的因子是数学意义的指标,需要通过源类特征的化学组成信息进一步识别实际的
颗粒物源类。PMF 模型法的技术流程见图 7-22。

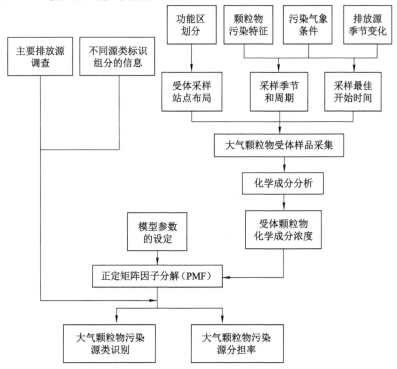

图 7-22　正定矩阵因子分解(PMF)模型法技术流程

PMF 模型法颗粒物受体样品的采集及分析过程的要求与 CMB 模型源解析技术基本相同。重要区别在于,PMF 模型法中受体样品应在同一点位进行采集,有效受体样品量不少于 80 个。可选用的模型有 PMF3.0 软件等。所有有效分析的化学成分,要纳入模型进行拟合;低于分析方法检出限的化学成分,采用 1/2 检出限作为输入参数。根据模型要求的诊断指标,确定因子数目、旋转程度等参数。对于扬尘污染问题突出的城市,可采用因子分析-CMB 复合受体模型技术解析扬尘、土壤尘和煤烟尘等共线性源类的贡献。

（四）源模型与受体模型联用法

对复合污染特征较为明显的矿区,可使用源模型与受体模型联用法对颗粒物来源进行详细解析。使用受体模型计算各源类对受体的贡献值与分担率,利用源模型模拟计算各污染源排放气态前体物的环境浓度分担率,解析二次粒子的来源。对于受体模型解析结果,使用源模型进一步解析具有可靠排放源清单的点源贡献。针对重污染过程,应基于在线高时间分辨率的监测和模拟技术,发展快速源识别和解析方法。

六、矿区碳排放监测与测算技术

煤炭开发利用过程中产生的碳排放是中国碳排放的主要来源,约占全国碳排放总量的 60%～70%（任世华 等,2022）。厘清煤炭开发过程碳排放量和排放特征,对于寻找可持续利用煤炭资源方法和途径至关重要,也是推动煤矿区碳达峰、碳中和的前提和基础。目前对于 CO_2 的监测主要采用直接观测法、遥感观测法和统计模拟测算法。

（一）直接观测法

直接观测法借助仪器直接对生态系统与大气间的物质与能量通量进行观测,更准确地分析区域 CO_2 的通量。典型直接观测的方法包括涡度相关技术和箱式法。

1. 涡度相关技术

涡度相关（eddy covariance,EC）技术被普遍认为是较为有效的直接测量的方法,它是一种以涡动协方差为基本原理的微气象学的观测系统,通过高灵敏度的传感器对大气-下垫面间的物质与能量交换进行观测。该方法通过三维风速仪、红外气体分析仪等仪器测量相关物理量的脉动值与垂直风速脉动值的协方差,从而计算 CO_2、潜热等能量的通量,一般应用于森林、耕地等下垫面均一的自然生态系统（陈琦 等,2020）。EC 技术是目前直接测定地表-大气间 CO_2 和水热通量的标准方法,已成为国际通量观测网络（FLUXNET）的主要技术手段,全球已有 500 多个站点应用该技术测定地表-大气间碳水通量。基于 EC 技术的通量观测数据已被广泛应用于陆地生态系统碳源汇估算、模型关键参数获取及遥感产品验证等方面研究（刘敏 等,2014）。

根据测量方式和原理,涡度观测系统分为开路涡度观测系统（OPEC）和闭路涡度观测系统（CPEC）。OPEC 的主要优点在于高频率响应,观测数据不会出现高频数据丢失,但 OPEC 系统下的传感器易被外部环境干扰。CPEC 可以改善这个不足,CPEC 不易受外部环境的影响,一般用于长时间连续的通量观测,但其抽气管对 CO_2 浓度的变化脉冲会产生衰减作用使得高频数据缺失,可能会低估其观测的通量。EC 技术可以直接测定生态系统的物质和能量交换,测量空间范围较大,是连接地面测量与遥感测量的桥梁（Gamon,2015）。EC 方法的时间分辨率高,极大地保留了生态系统过程的高频日变化特征,为精细研究奠定了基础。EC

方法建立的观测塔对生态系统扰动很小,而且观测期间最大限度地保持了所观测生态系统的自然条件不变,因此 EC 法对生态系统几乎没有扰动(Baldocchi,2003)。

2. 箱式法

箱式法可分为静态箱法和开放式动态箱法。静态箱法的基本原理是用无底箱体(方形或圆形)将测定的地表罩住,采样时将箱体盖在底座上,并根据实验目的设定对应的时间间隔,通过注射器采集箱体内的空气,然后利用相应的监测仪器(常用气相色谱仪)测定温室气体的浓度。开放式动态箱法测定 CO_2 通量的基本原理是让一定流量的空气通过箱体,通过测量箱体入口处和出口处空气中被测气体的浓度来确定被罩表面 CO_2 通量。开放式动态箱的气体不再回流,主要优点在于它能基本保持被测区域表面的环境状况,使之接近于自然状态。

作为一种简单、快捷、经济的观测手段,箱式法能够对低矮植被的生态系统呼吸进行直接观测,并且可弥补夜间弱湍流交换情况下涡度相关法通量观测的不足和白天通量组分难以区分的问题,还可以通过多点观测来评价生态系统呼吸的空间变异程度,但箱式法也受到很多因素的限制,如箱内外温差、箱内气压状况和箱内气体混合程度等。

箱式法对于 CO_2 等温室气体浓度的测试技术,目前主流的方法主要包括三大类,即气相色谱法、红外吸收光谱法和激光吸收光谱技术。气相色谱法按不同检测器对不同的温室气体指标响应灵敏度不同分为氢火焰离子化检测气相色谱法(GC-FID)、电子捕获检测气相色谱法(GC-ECD)和气相色谱质谱法(GC-MS);红外吸收光谱法主要应用非色散红外吸收光谱技术(NDIR)和傅立叶变换红外光谱技术(FTIR);激光吸收光谱技术按气体吸收池不同而分为可调谐半导体激光吸收光谱技术(TDLAS)和腔增强吸收光谱技术(CEAS),而CEAS又按激光的入射方式不同分为光腔衰荡光谱技术(CRDS)和离轴积分腔输出光谱技术(OA-ICOS)(曹军 等,2022;杜玉明,2022)。我国 CO_2 等温室气体的监测标准见表 7-16。

表 7-16 我国温室气体的监测标准

标准名称	标准编号	发布单位
温室气体 二氧化碳测量 离轴积分腔输出光谱法	GB/T 34286—2017	国家质量监督检验检疫总局;国家标准化管理委员会
大气二氧化碳(CO_2)光腔衰荡光谱观测系统	GB/T 34415—2017	
大气甲烷光腔衰荡光谱观测系统	GB/T 33672—2017	
气相色谱法本底大气二氧化碳和甲烷浓度在线观测方法	GB/T 31705—2015	
固定污染源废气 气态污染物(SO_2、NO、NO_2、CO、CO_2)的测定 便携式傅立叶变换红外光谱法	HJ 1240—2021	生态环境部
固定污染源废气 二氧化碳的测定 非色散红外吸收法	HJ 870—2017	
固定污染源废气 总烃、甲烷和非甲烷总烃的测定 气相色谱法	HJ 38—2017	

(二)遥感观测法

卫星遥感具有客观、连续、稳定、大范围、重复观测的优点,已成为监测全球大气 CO_2 浓度不可或缺的技术手段(刘良云 等,2022)。利用卫星遥感数据监测人为碳排放,为国家排放清单进行验证补充,对卫星观测是一项重要的挑战和任务,需要高精度与时空分辨率的卫星观测数据,多个卫星遥感技术强国的卫星团队都在积极备战。自 2009 年日本 GOSAT (the greenhouse gases observing satellite)卫星发射成功且观测数据被广泛用来进行碳源汇计算,碳监测卫星技术及应用已经有了一系列的发展和改进。

根据卫星遥感技术进步程度和碳监测应用需求将碳监测技术发展划分为 3 个阶段(刘毅 等,2021):准备阶段(1999—2008 年)、快速发展阶段(2009—2018 年)以及监测应用阶段(2019 年至今)。将准备阶段和快速发展阶段的卫星称为第一代卫星(如 SCIA-MACHY,GOSAT,OCO-2,TanSat,FY-3D,GF-5,GOSAT-2 等),监测应用阶段的卫星称为第二代卫星(如 AEMS,OCO-3,MicroCarb,S5P,Sentinel-5,GeoCarb,MERIN,HGMS 等)。第一代卫星从技术与方法角度,实现了从无到有的突破,主要突破卫星遥感监测的关键技术、高精度反演方法和通量计算方法,但是总体探测效率较低;从应用需求角度,第一代卫星数据以科学探索和小范围、强排放监测为主,难以满足全球和区域碳监测需求;从时间进程,第一代主要从 1999—2018 年,属于打基础的二十年,第二代卫星从 2019—2028 年进入快速发展和应用的十年,从 2019 年 IPCC 会议开始强调大气监测支撑清单编制的作用到 2028 年首次进入全球碳盘点应用阶段。为了提高观测精度和数据时空分辨率,对第一代碳监测卫星在探测原理、探测波段、探测器定标等方面进行了多种尝试,使得探测精度不断改进和优化,获得了近 10 年的科学数据和初步的研究成果,但第一代碳监测卫星主要以技术验证和科学目标探索为主,基本采用被动遥感探测仪和窄幅观测的极轨轨道卫星,主要目的在于获得高精度的遥感数据。为了满足监测区域碳源汇的需求,第二代温室气体监测卫星主要提高观测的空间和时间分辨率,这些仪器的探测目标是获取高空间分辨率(2 km×2 km)、高精度(~0.1%/探测)和高准确性(<0.1%)的宽幅(>200 km)XCO$_2$ 和 XCH$_4$ 连续观测。例如增加刈幅宽度增加跨轨方向的观测数据数量(≥200 km),或者利用地球静止轨道增加观测频率和数据覆盖率,大幅提升观测效率;此外还可以通过采用主动激光探测器获得更高精度(0.5×10^{-6})不受日照影响的廓线数据等。由于不同国家研制卫星的体制和途径不同,发射时间不同,也有一些卫星介于第一代和第二代之间。

中国星载主动激光雷达技术借助于国家的大力投入,采用了超常发展思路,直接进入第二代的研制,可以充分发挥主动探测的优势。2022 年 4 月,以中国生态环境部为主要牵头用户的大气环境监测卫星 AEMS(atmospheric environment monitoring satellite)成功在太原卫星发射中心发射升空,该卫星是《国家民用空间基础设施中长期发展规划(2015—2025 年)》中的一颗科研卫星,是国际上首次搭载主动探测载荷——大气探测激光雷达的卫星,可实现主动激光 CO$_2$ 高精度、全天时、全球探测,探测精度大幅提升至优于 1 ppm,达到国际先进水平。我国高精度温室气体综合探测卫星 HGMS(high-precision greenhouse gases monitoring satellite)计划配置 5 台有效载荷,其中包括气溶胶和碳监测雷达(ACDL),具有主被动方式结合获取高光谱分辨率、高时间分辨率的温室气体、污染气体及气溶胶等大气环境要素遥感监测能力,计划于 2024 年发射(Han et al.,2018;Liu et al.,2019)。

(三)统计模拟测算法

统计模拟是以城市整体、城市区域或城市小区为基本单位,依据相关统计数据来核算单位内的碳储量、CO$_2$ 垂直及水平通量。当前对煤矿区碳排放的研究主要集中在煤炭开采过程中的碳排放特征和测算(任世华 等,2022;李鑫,2021)。《中国煤炭生产企业温室气体排放核算方法与报告指南(试行)》中将煤炭开发过程中温室气体(GHG)排放分为 3 个环节:生产用能碳排放、瓦斯排放(碳排放)及矿后活动碳排放。生产用能碳排放主要包含输入化石燃料燃烧 CO_2 排放量、火炬燃烧 CO_2 排放量及净购入电力和热力隐含 CO_2 排放量；瓦斯排放（碳排放）主要包含井工和露天开采前、开采中 CH_4 逃逸量（折算为 CO_2 排放量）；矿后活动碳排放主要包含露天开采、废弃矿井，以及原煤在运输、洗选、储存过程 CH_4（折算为 CO_2 排放量）和 CO_2 的逃逸排放量。煤炭开发过程碳排放计算模型的范围、边界及输入输出如图 7-23 所示。

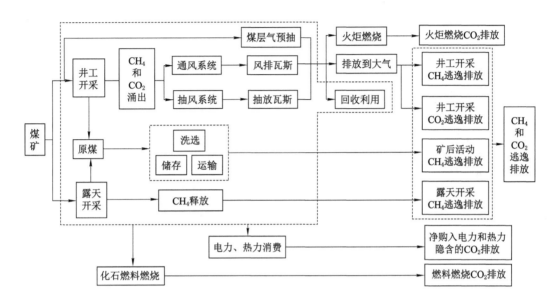

图 7-23　煤炭企业温室气体排放源和核算边界示意图

在确定了核算边界以后，可采取以下步骤核算温室气体排放量：① 识别并确定不同生产环节的排放源类别；② 选择温室气体排放量计算公式；③ 获取活动水平和排放因子数据；④ 将收集的数据代入计算公式从而得到温室气体排放量结果；⑤ 按照规定的格式，描述、归纳温室气体排放量计算过程和结果。

对于整个煤矿区内的碳排放，有研究者通过文献查阅、资料收集等方法，厘清煤矿区碳排放源边界，将煤矿区碳排放（CH_4 和 CO_2）来源划分为自然排放和人为排放两大类，并划分为未开采煤层、非受控燃烧、煤炭开采活动、能源资源消耗和垃圾处理等 5 种类型（图 7-24），并针对不同的碳排放源提出了相应的测算数学模型，模型中碳排放因子的选取根据具体情况来确定（王猛 等，2021）。目前中国在进行 CO_2 排放核算过程中，采用的排放系数多数来源于三方面：一是假设数据；二是 IPCC 或其他机构选取的推荐系数，如选用《省级温室气体清单编制指南》、《中国煤炭生产企业温室气体排放核算方法与报告指南（试行）》中的相关系数；三是结合核算的实际情况通过实际监测方式得到的排放系数，该法所得数据最真实，测定时需遵循《煤中碳和氢的测定方法》（GB/T 476—2008）、《石油产品及润滑剂中碳、氢、氮的测定元素分析仪法》（NB/SH/T 0656—2017）、《天然气的组成分析 气相色谱法》（GB/T 13610—2020）或《气体中一氧化碳、二氧化碳和碳氢化合物的测定 气相色谱法》（GB/T 8984—2008）等相关标准进行（王猛 等，2021）。

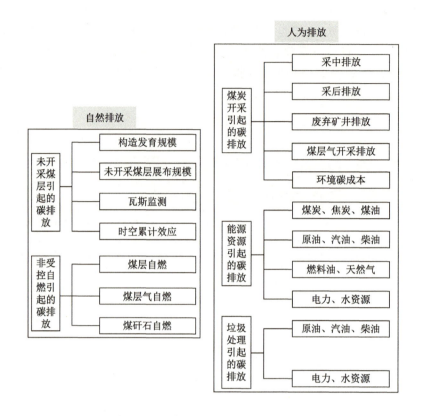

图 7-24　煤矿区潜在碳源分类和分析

第四节　矿区大气环境监测案例

一、印度贾里亚煤矿区大气环境质量监测

贾里亚煤田(Jharia Coalfield,JCF)位于恰尔肯德邦丹巴德区达莫达尔河谷的中心,加尔各答市西北约 260 km。JCF 是印度东部最古老的煤矿之一,是印度最大的煤产地和主焦煤的唯一源地,长 38 km,宽 19 km,面积约 450 km² (煤田面积 380 km²)。JCF 区域空气污染问题严重,空气质量远低于印度 CPCB/MOECC 的相关标准,本案例旨在介绍 JCF 的大气环境质量现状,明确该区空气污染的时空变化特征及污染物来源。研究区域和采样点位置如图 7-25 所示,采样点区域分为矿井火灾影响区和非矿井火灾影响区两大类,其中采样点 S1、S3、S5、S7 和 S9 属矿井火灾影响区,S2、S4、S6 和 S8 属非矿井火灾影响区,S10 设在 IIT (ISM)校园内,作为大气监测的背景点。监测项目包括大气颗粒物(PM$_{10}$ 和 PM$_{2.5}$)、SO$_2$、NO$_x$以及 PM$_{10}$ 中微量元素组分(Fe,Zn,Cu,Mn,Ni,Cd,Cr,Pb)(Mondal et al.,2020)。

JCF 大气污染的时间变化特性如图 7-26 所示。监测结果表明,10 个监测点位的 PM$_{10}$、PM$_{2.5}$、SO$_2$ 和 NO$_x$ 浓度变化幅度均较大,监测期间,PM$_{10}$ 浓度在 0.71~547 μg/m³ 范围,PM$_{2.5}$ 在夏季、后季风期和冬季的浓度变化范围分别为 37~275 μg/m³、25~165 μg/m³ 和

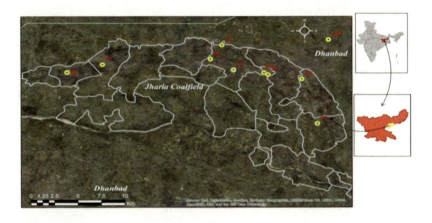

图 7-25　研究区域和采样点位置

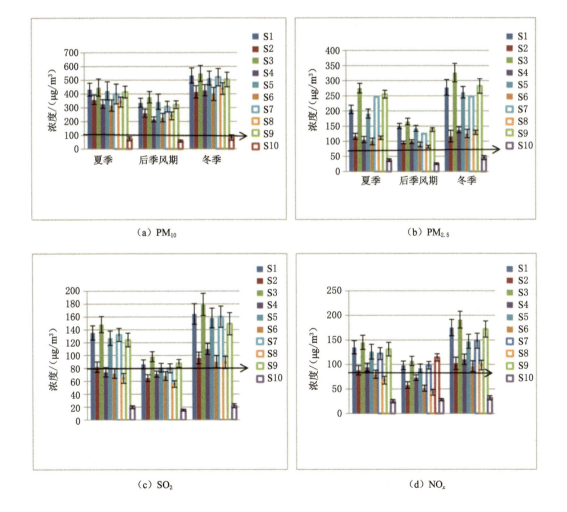

图 7-26　10 个监测点位大气污染物浓度的时间变化特性

45～326 μg/m³，SO₂ 浓度区间为 18.90～141.67 μg/m³。冬季大气污染物（PM₁₀、PM₂.₅、SO₂ 和 NOₓ）水平均远高于其他时段，这是因为 JCF 所处的丹巴德地区属热带气候，冬季温度最低（平均 17 ℃），日照较少，风速较低（平均 2 km/h），导致污染物扩散不良。大气污染物浓度空间分布特征如图 7-27 所示，研究发现，煤炭的不合理开发利用以及其他外源因子共同作用易引起煤炭自燃，进而导致煤矿火灾频发，排放大量的污染物质，这是受矿井火灾影响地区大气颗粒物浓度水平远高于非矿井火灾影响区相应值的根本原因。

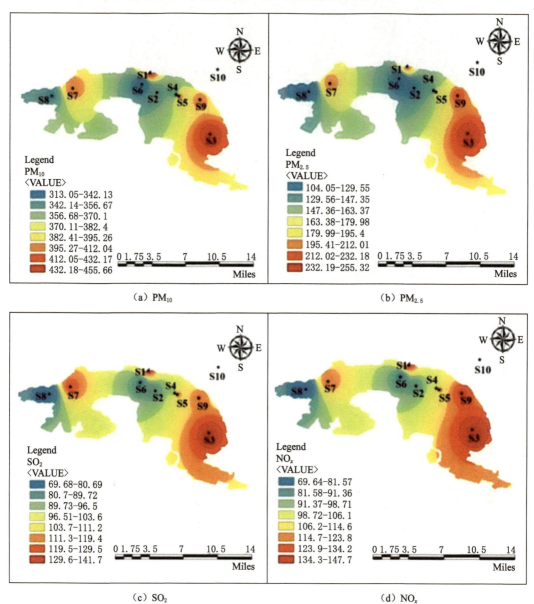

图 7-27　研究区域大气污染物浓度的空间分布特征

　　采用主成分分析法（PCA）对 PM₁₀ 来源进行解析，获得污染物来源的三个主要因子，即矿井中燃煤点源、矿井中的重型车辆排放源和土壤/二次扬尘源。活跃的煤矿火灾、附近的焦炉厂和相关的采矿活动是煤矿火灾影响区内空气污染物的重要来源。SO_2 和 NO_x 可作为活跃矿井火灾的代表性指标。除火灾排放外，NO_x 也来源于运煤重型交通工具及钻孔和爆破等采矿活动过程的排放。除背景点（S10）外，其他监测点的 PM_{10} 和 $PM_{2.5}$ 浓度均不同程度地高于 NAAQS 的标准值，如图 7-28 所示，矿井火灾影响区域的空气质量指数（AQI）值几乎是非矿井火灾影响区域相应值的 1.5 倍，表明研究区域的总体空气污染严重，污染负荷大，故应采用先进的采矿技术以减少矿井火灾，降低大气污染物的排放。

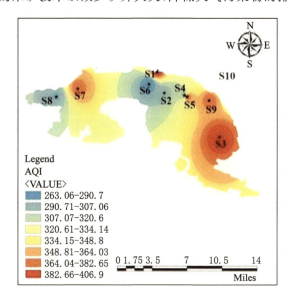

图 7-28　监测点位 AQI 值情况

二、典型矿业城市大气颗粒物来源解析

大同市位于山西省最北端，是中国最大的煤炭能源基地之一——国家重化工能源基地，素有"中国煤都"的称号。同煤矿区是大同市集煤炭生产、电力、煤化工及公共设施开发于一体的大型多元化工业基地，以煤炭为基础能源格局，煤炭工业较为发达，导致大气污染物排放量基数居高不下。研究区域为大同市行政划分上的城区、矿区和南郊区，是大同市煤炭生产加工企业分布最为密集之处，具体位置如图 7-29 所示（李曼，2017）。

在非采暖期（8～9月）布设了7个采样点。在采暖期（12月～次年1月）布设了5个采样点，各点位的基本信息如表 7-17 所示。采用中流量大气采样器采集大气颗粒物样品，大气颗粒物样品经预处理后采用电感耦合等离子体发射光谱仪（ICP-OES，OPTIMA800，美国 PE）和离子色谱仪（ICS-1100，美国 DIONEX）进行无机元素和水溶性离子等成分的测定，采用 PMF 模型解析颗粒物来源。

研究表明：非采暖期 $PM_{2.5}$ 中无机元素平均含量从高到低依次为：Al＞Ca＞Zn＞K＞Na＞Mg＞Fe＞Ti＞Cu＞Mn＞Hg＞As＞Pb＞Cr＞Cd＞V＝Se＞Ni＞Te。其中 Na、Mg、Al、K、Ca、Fe、Zn 共 7 种无机元素占元素质量总和的 98%，均为地壳元素含量较高的元素，推断扬尘对颗粒物贡献率较大，不同的是 Zn 的含量在地壳中应排在 Mg、Al、K、Ca、Fe 之后，而在本次测定中含量较高，可见人为污染应该是较为主要的原因。

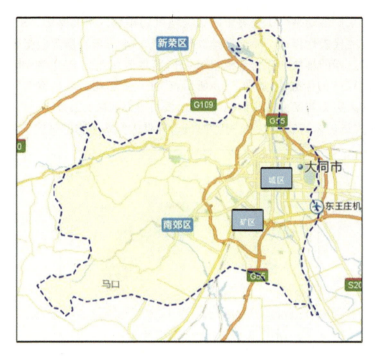

图 7-29　研究区域范围

表 7-17　采样点位基本信息

采样时期	采样点编号	采样点名称	采样点经度	采样点纬度	监测项目	备注
非采暖期	1	燕子山矿	112°55′37.070″	40°5′6.766″	PM_{10}、$PM_{2.5}$	办公楼楼顶
	2	大斗沟矿	113°5′0.119″	40°0′53.531″	PM_{10}、$PM_{2.5}$	工业广场
	3	塔山矿、矸石山	113°3′32.695″	39°55′25.685″	PM_{10}、$PM_{2.5}$	矸石山空地
	4	同煤广发	113°14′5.288″	39°58′39.374″	PM_{10}、$PM_{2.5}$	厂内某草坪
	5	塔山电厂	113°4′49.764″	39°55′29.558″	PM_{10}、$PM_{2.5}$	厂内空地
	6	同煤建材	113°0′9.750″	39°49′30.772″	PM_{10}、$PM_{2.5}$	厂内开阔路边
	7	环保处	113°9′34.777″	40°1′54.450″	PM_{10}、$PM_{2.5}$	三楼阳台
采暖期	1	燕子山矿	112°55′37.070″	40°5′6.766″	PM_{10}、$PM_{2.5}$	办公楼楼顶
	2	大斗沟矿	113°5′0.119″	40°0′53.531″	PM_{10}、$PM_{2.5}$	工业广场
	8	煤峪口矿	113°9′38.210″	40°2′0.769″	PM_{10}、$PM_{2.5}$	工业广场
	9	晋华宫矿	113°9′20.617″	40°6′23.148″	PM_{10}、$PM_{2.5}$	工业广场
	7	环保处	113°9′34.777″	40°1′54.450″	PM_{10}、$PM_{2.5}$	三楼阳台

　　PMF 模型运行计算最终确定 4 个主因子,依次为机动车源、燃煤源和二次粒子的综合源、扬尘源以及燃煤源以外的其他工业源。非采暖期正矩阵因子分析识别的因子成分谱及其各元素的分担率如图 7-30 所示,可见,燃煤源和二次粒子的综合源为 $PM_{2.5}$ 的最大贡献源,贡献了 23 $\mu g/m^3$,为总 $PM_{2.5}$ 质量的 33%。其次为扬尘源,其贡献量为 19 $\mu g/m^3$,为总 $PM_{2.5}$ 质量的 28%,而机动车源和其他工业源的贡献量分别为 12 $\mu g/m^3$、13 $\mu g/m^3$,贡献率

分别为 19%、20%，两者基本持平。

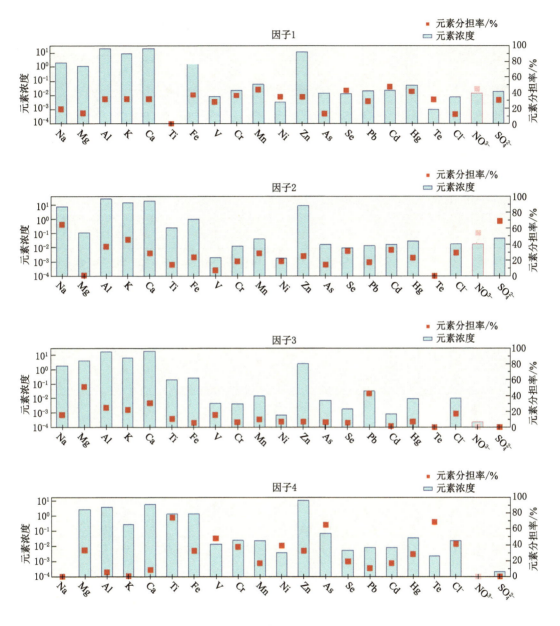

图 7-30　非采暖期正矩阵因子分析识别的 4 个因子的
成分谱及其各元素的分担率

　　采暖期 PM$_{2.5}$ 源解析结果也确定了 4 个主因子，依次为燃煤源、除燃煤外的其他工业源、扬尘源和机动车源。图 7-31 为采暖期正矩阵因子分析识别的因子成分谱及其各元素的分担率。

　　分析结果表明，在采暖期，燃煤是 PM$_{2.5}$ 的最大贡献源，贡献了 51 μg/m^3，为颗粒物总质量的 45%，相较于非采暖期的燃煤源贡献率明显上升。其次为扬尘源，其贡献量为 32

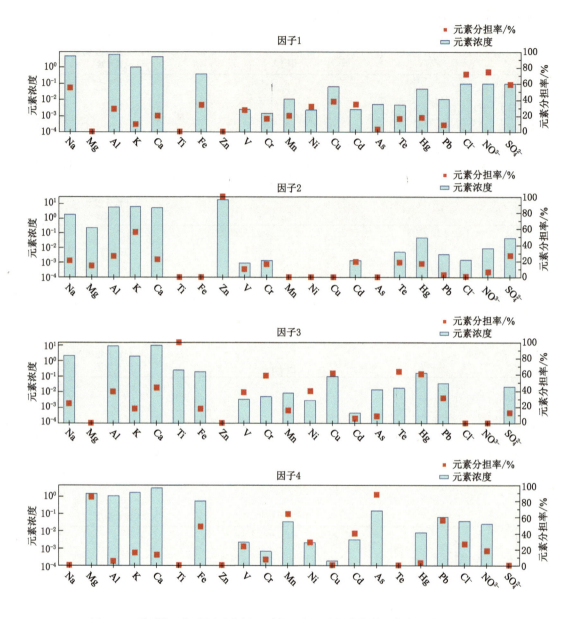

图 7-31 采暖期正矩阵因子分析识别的 4 个因子的成分谱及其各元素的分担率

$\mu g/m^3$,为总 $PM_{2.5}$ 质量的 28%,扬尘源与非采暖期相较虽然贡献率变化不大,但在采暖期颗粒物污染水平上升,总体浓度值增高的基础上保持贡献率不变,但贡献量也相对增加。研究区冬季干燥且多大风天气,地表尘埃容易被风吹起,而非采暖期采样时间为夏季,气候相对湿润且采样期间时有阴雨天气,自然扬尘作用比冬季较弱。而机动车源和工业源的贡献量分别为 15 $\mu g/m^3$、16 $\mu g/m^3$,贡献率分别为 13%、14%,两者的贡献量相较于夏季稍有上升,变化不大,但由于冬季颗粒物浓度整体上升,基数增大导致贡献率下降,总体来讲机动车源和工业源的贡献依然相对持平。

三、资源枯竭城市采煤塌陷区二氧化碳通量监测

潘安湖湿地公园位于江苏省徐州市潘安采煤塌陷区,是全市最大、塌陷最严重、面积最集中的资源枯竭型地区,面积 1.74 万亩,区内积水面积 3 600 亩,平均深度 4 m 以上,长期以来该区域土地塌陷造成积水严重、庄稼收成低、空气污浊。开发建设潘安湖湿地公园,对改善和修复当地生态环境,有效拓展徐州生态空间,促进城市转型具有重要的意义(张妍等,2021)。

研究区内搭建了距离地面高度为 26.5 m 的通量观测塔(东经 $117°21'25''$,北纬 $34°21'46''$)。通量观测塔搭载的传感器和采集系统如下。① 通量观测系统的主要传感器:三维超声及 CO_2/H_2O 分析仪(IRGASON,Campbell),空气温湿度传感器(HMP155A,VAISA-LA),位于 16.5 m 高度平台。② 四分量辐射仪(CNR4,Kipp&Zonen),红外温度传感器(SI-111,Apogee)安装在 26.5 m 高度平台(陈琦 等,2020)。③ 土壤热通量板(HFP01,Hukseflux),土壤水分传感器(HFP01,Hukseflux),置于地下 5 cm、20 cm 和 40 cm,并接入塔上的数据采集器。④ 数据采集器(CR300,Campbell),安装在三角塔基以上 1 m 处。研究中测量碳通量的方法为涡动相关法(EC),运用涡度协方差软件 eddypro 进行数据处理,并采用缺失点处的线性趋势法对数据有缺失的部分进行插补。

为了对研究区域的通量范围(即通量观测塔的足迹或源区)进行准确分析,利用足迹模型(footprintmodel)计算出观测塔的源区范围,涡动协方差系统在测量期间的 90% 源区半径为 484.097 m,测量面积约为 1.223 km²,以图 7-32 中黑线圈内区域作为研究区域。观测站不同方位的土地覆盖类型差异性较大,除(SSE-WSW)方向为居民区,(NE-SE)方向有部分交通设施外,其余均为湖面区域。居民区除居民楼外还有各种商铺饭店供应潘安湖游客消费,人口密度较高,对通量观测影响大。(NE-SE)方向主要为湿地公园的潘安路、钓鱼岛、情侣堤等,以大量水生植物为主,距离观测点较远,对观测塔影响小于居民区。

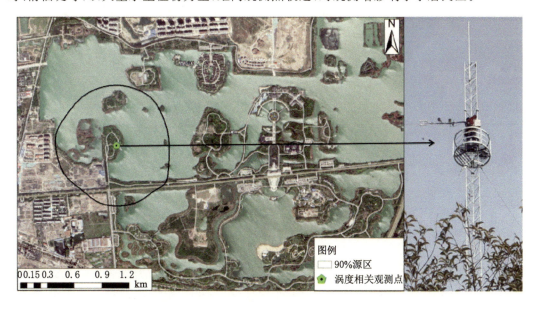

图 7-32 测量期的 90% 源区图

从风向分布频率看(图 7-33),塔的东南方向为主风风向,90°~180°的风占总风的53.98%,该方向下垫面主要为公园的湖面、钓鱼岛、潘安路区域,表明东南方对于通量观测的贡献最大。其他方向贡献较小,下垫面影响不明显。

为了解不同下垫面情况对于通量数据的影响,将研究区域分为公园的生活服务区(NE-SE)、湖水区域(W-NNE)和居民区(SSE-WSW)。如图 7-34 所示,潘安湖的西北方向,通量值为负,该区域主要为湖面,湖内有多种水生植物,表现为对二氧化碳的净吸收作用,最大吸收量可达$-8.276\ \mu mol/(m^2 \cdot s)$,研究期间以碳汇存在。湖的西南角方向通量为正,该区域距离居民生活区最近,周围的生活燃料燃烧、电器使用以及工业生产产生了较多的二氧化碳,在研究期间内以碳源存在,最大释放量可达$1.976\ \mu mol/(m^2 \cdot s)$。NE-SE 方向仍属公园区域,但是主要为公园的生活服务区,包括钓鱼岛、湿地公园、潘安路等。潘安路车流量较大,但周围岛屿较多,岛上有多种植物,CO_2 吸收大于排放,该地区 2021 年 3~10 月的 CO_2 通量均值为$-1.505\ \mu mol/(m^2 \cdot s)$。研究期间,居民区、生活服务区及湖面区域的通量均值分别为 0.406、-1.346 和 $-5.738\ \mu mol/(m^2 \cdot s)$,表明潘安湖区域整体表现为碳汇。

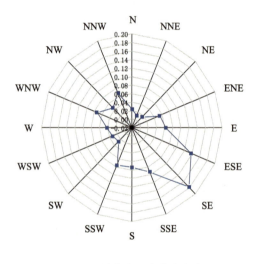

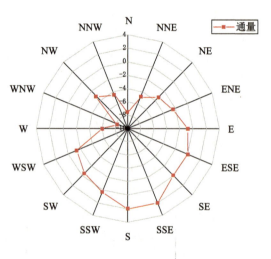

图 7-33 潘安湖风向分布频率 　　　　图 7-34 潘安湖各风向的 CO_2 通量

第八章 矿区土壤污染监测

矿业开采和利用过程中会产生大量的矸石、粉煤灰、矿渣以及外排矿井水等废弃物,这些废弃物往往含有不同量的无机和有机污染物,在处理处置不当的条件下污染物质将释放到周边环境中。不同环境介质中的污染物通过大气沉降、地表径流、淋溶等途径进入土壤中,导致土壤中污染物质积累富集,进而造成不同程度的土壤污染。土壤污染具有隐蔽性、累积性和不可逆性。因此,及时有效地监测矿区土壤污染物,评估其污染特征是矿区生态环境管理和土壤环境整治的重要基础。本章在系统介绍矿区土壤环境特征以及污染物来源的基础上,阐述矿区土壤监测方案的制定流程与方法,分析讨论传统土壤布点、采样、制样分析和土壤污染物的遥感监测等内容,并对未来土壤监测技术发展趋势进行了展望。

第一节 矿区土壤污染来源与特征

煤矿区土壤中的污染物质在土壤相中通过各种水力联系发生污染物的迁移与转化,使矿区及其周边地区的土壤质量下降,区域生态系统退化、农作物减产,甚至通过食物链威胁人体健康。土壤一旦被污染物质污染,有害污染物质会在较长时间存在于土壤环境中,且不易被人察觉。土壤污染物对矿区生态环境的损害存在三种方式:① 受污染的土壤直接暴露在环境中通过土壤颗粒等形式直接或间接地被动物或人吸收;② 在雨水淋溶作用下,土壤中的有害元素缓慢向下渗透导致地下水的污染;③ 外界环境条件的变化,如酸雨等通过改变土壤 pH、Eh 等土壤理化性质,可以提高土壤中污染物的活性和生物可利用性,使之更容易被植物吸收而进入食物链,对动物和人体产生毒害作用。

一、土壤组成与特征

土壤由固相(矿物质、有机质)、液相(土壤水分)、气相(土壤空气)等三相物质组成,它们之间是相互联系、相互转化、相互作用的有机整体。从土壤组成物质总体来看,它是一个复杂而分散的多相物质系统。固相包括矿物质、有机质和一些活性生物。按容积计,典型的土壤中矿物质约占 38%,有机质约占 12%。按重量计,矿物质可占固相部分的 95% 以上,有机质约占 5%。

土壤矿物质是土壤的主要组成物质,构成了土壤的"骨骼"。土壤矿物质主要来自成土母质,按其成因可分为原生矿物和次生矿物两大类。有机质是指土壤中的各种含碳有机化合物。未受污染土壤中的有机质主要包括动植物残体、微生物体和这些生物残体的不同分解阶段的产物,以及由分解产物合成的腐殖质等。土壤相中存在较多生物,主要包括细菌、真菌、放线菌、藻类和原生动物 5 大类。土壤生物在土壤体系中非常活跃,具有环境净化与指示作用。土壤生物参与土壤有机物的矿化和腐殖化,以及各种物质的氧化-还原反应;参与土壤化学元素的循环;降解土壤中残留有机农药、城市污物和工厂废弃物等,降低残毒危害。

土壤的性质包括物理、化学、生物性质以及农业上的耕性等,下面仅简单介绍几个与污染物迁移转化密切相关的基本性质。

1. 土壤的吸附性

土壤胶体是指颗粒直径小于 0.001 mm 或 0.002 mm 的土壤微粒,它是土壤中高度分散的部分,土壤胶体具有巨大的比表面积和表面能,是土壤中最活跃的物质,其重要性犹如生物中的细胞,土壤的许多理化现象,例如土粒的分散与凝聚、离子吸附与交换、酸碱性、缓冲性、黏结性、可塑性等都与胶体的性质有关。土壤胶体具有带电性,由于胶体带有电荷,可以吸收保持带有相反电荷的离子。土壤中的重金属大部分被吸附、固定在黏土颗粒的表面,因此可利用螯合剂、表面活性剂、有机助溶剂以及一些阴离子将重金属从土体中解吸并洗脱出来,提取重金属。

土壤胶体对物质的吸附类型包括机械吸附、物理吸附、化学吸附、生物吸附和物理化学吸附。土壤胶体借助于极大的表面积和电性,把土壤溶液中的离子吸附在胶体的表面上保存下来,避免这些水溶性的养分的流失,被吸附的养分离子还可被解吸下来利用,也可通过根系接触代换被利用。

2. 土壤的离子交换性

土壤胶体表面吸收的离子与溶液介质中其电荷符号相同的离子相交换,称为土壤的离子交换作用。其中主要是土壤阳离子的交换。一种阳离子将其他阳离子从胶粒上代换下来的能力,称为阳离子代换力。阳离子交换作用是一种可逆反应,这种交换作用是动态平衡的,反应速度很快。阳离子代换能力受下列几种因子支配:随离子价数增加而增大;等价离子代换能力的大小,随原子序数的增加而增大;离子运动速度愈大,交换力愈强;阳离子代换能力受质量作用定律的支配,即离子浓度愈大,交换能力愈强。土壤中带正电荷的胶粒所吸附的阴离子与土壤溶液中阴离子的交换作用,称阴离子交换作用。由于被吸收的阴离子往往转而固定在土壤中,所以常常把阴离子交换吸收和其后的化学固定作用,混称为阴离子的吸收作用。

3. 土壤的氧化还原性

土壤中矿物质和有机质转化,许多都属于氧化还原过程,常见的有铁、锰、碳、硫等氧化还原过程。这些元素以不同价态存在于不同的土壤环境中。在通气良好条件下,它们以高价态,即以氧化态出现;土壤渍水时,则变为低价,即以还原态存在。在一般情况下,参与氧化还原体系比较活跃的是铁和锰。在通气不良情况下,土壤中的铁、锰易还原为低价铁、锰,低价铁、锰常形成易溶解的化合物,随水渗透到下层。当季节干燥时,它可再氧化为高价铁、锰。重金属大多属于过渡性元素,而过渡性元素原子特有的电子层结构使其具有可变价态,能在一定范围内发生氧化还原反应。不同价态的重金属,其活性和毒性是不同的,例如,As^{3+}、Cr^{6+} 的毒性分别比 As^{5+}、Cr^{3+} 的毒性大得多。土壤中 pH 值和氧化还原条件变化对铁锰氧化物结合态重金属有重要影响,pH 值和氧化还原电位较高时,有利于铁锰氧化物的形成。

4. 土壤的酸碱性

根据土壤中 pH 值的大小,可将土壤划分为酸性土、中性土和(微)碱性土。我国长江以南的富铝土多为酸性土和强酸性土,长江以北除了灰化土和淋溶土外,大都为中性土和

（微）碱性土。吸附在土壤胶体表面的 H^+ 和 Al^{3+} 所引起的酸度，称为潜在酸（potential acidity）。在一般情况下，它并不显示其酸度，只有在被其他阳离子交换而转入土壤溶液后才显示其酸度。

pH 值显著影响重金属在土壤中的存在形态，当土壤溶液的 pH 值小于 5 时，土壤对重金属的吸附量降低，生物有效性增大。加入碱性物质，提高土壤 pH 值，可增加土壤表面负电荷对重金属的吸附，同时可使重金属与一些阴离子形成氢氧化物和弱酸盐沉淀。因此，可施用石灰、矿渣等碱性物质，或钙、镁、磷肥等碱性肥料，减少植物对重金属的吸收。Cd 的活性通常受土壤酸碱性的影响很大，通过对 Cd 污染的土壤施用石灰，可使土壤中重金属有效态含量降低，从而有效地抑制作物对 Cd 的吸收。又如酸性土壤中以铁型砷占优势，碱性土壤以钙型砷占优势。酸性紫色土吸收铝型砷和铁型砷，中性紫色土吸收交换态砷和钙型砷，石灰性紫色土吸收钙型砷、铁型砷和交换态砷。碳酸盐结合态重金属是指土壤中重金属元素在碳酸盐矿物上形成的共沉淀结合态，对土壤环境条件特别是 pH 值最敏感，当 pH 值下降时易重新释放出来而进入环境中。

5. 土壤的缓冲性

土壤缓冲性主要来自土壤胶体及其吸附的阳离子，其次是土壤所含的弱酸如碳酸、重碳酸、磷酸、硅酸和各种有机酸及其弱酸盐。当这些弱酸与其盐类共存，就成为对酸、碱物质具有缓冲作用的体系。土壤胶体交换性阳离子对酸碱的缓冲作用更大。胶体上的交换性 H^+ 和 Al^{3+} 及弱酸，可以缓冲碱性物质。胶体上的交换性盐基和弱酸盐，可以缓冲酸性物质。土壤酸碱度是决定土壤中重金属化学形态转化的最主要因素之一。土壤 pH 值通常被看作是主要的土壤变量，因为它控制重金属固相的溶解、沉淀和络合，以及各种重金属的酸碱反应和吸附作用，影响土壤重金属的生态效应、环境效应，从而成为影响重金属临界含量和环境容量的最为重要的因素之一。土壤酸碱度是土壤重金属污染评价的一个重要的参评指标，它受成土母质、生物、气候以及人为活动等各种因素控制。土壤酸碱度由于对土壤成分和对腐殖质官能团解离的影响，也影响对石油等有机污染物在土壤中的吸附。

二、土壤背景值

国家环境保护局编制的《中华人民共和国土壤环境背景值图集》将土壤环境背景值定义为：在土壤发育形成过程中未受或很少受到人为活动的影响，特别是未受或很少受到污染、破坏的情况下，土壤本身固有的化学组成和含量。土壤背景值基本反映土壤环境原有的物质组成、性质和结构特征。掌握了区域某时段的土壤背景值就可以比较容易分析区域环境污染物的积累效应。人类活动与现代工业的影响目前已遍布全球，很难找到绝对不受人类活动和污染影响的土壤，因此土壤背景值在时间与空间上的概念都具有相对的含义。不同自然条件下发育的不同土类或同一种土类发育于不同的母质母岩区，其土壤环境背景值也有明显差异；即使同一地点采集的样品，分析结果也不可能完全相同，因此土壤环境背景值是统计性的，即按照统计学的要求进行采样设计与样品采集，分析结果经频数分布类型检验，确定其分布类型，以其特征值表达该元素背景值的集中趋势，以一定的置信度表达该元素背景值的范围。所以土壤环境背景值是一个范围值而不是一个确定值。

"七五"期间，国家将"全国土壤环境背景值调查研究"列为重点科技攻关课题，以土类为基础同时兼顾统计学与制图学的要求，采用了网格法布点，又根据我国东、中、西部地区经济发展的差异及土壤和地理自然环境复杂程度不同,确定了三种不同的布点密度。每个采样点在很少受人类活动影响和不受或未明显受现代工业污染与破坏的情况下,选择典型的土壤发育剖面采样,一般情况下,每个剖面按土壤发育层次采集 A、B、C 三层样品。采集剖面 6 095 个,并测试了 As、Cr、Co、Cd、Cu、F、Hg、Mn、Ni、Pb、Se、V、Zn、pH 值、有机质、土壤粒级等 18 个项目,从 4 095 个剖面中选择了 863 个作为主剖面,加测了 Li、Na、K、Rb、Cs、Ag、Be 等 48 个元素,通过结果分析,提出了土壤环境背景值区域分异规律研究报告,完成了我国土壤元素背景值系列图件编制,提出了土壤元素背景值在土壤环境标准中的应用及对地方病、农业生产影响的报告。完成了中国土壤元素背景值地域分异规律及影响因素研究,获得了土壤元素背景值的土纲分区和自然区分异规律、东部森林土类元素背景值纬向变化趋势、北部荒漠与草原土类元素背景值的经向变化趋势、东部平原区与上游侵蚀区之间土壤元素背景值的共轭联系、成土条件与土壤元素背景值的关系等重要成果。

如图 8-1 所示,土壤背景值测试应有以下质量控制措施:① 建立"专家评审组-专题技术组-专职质控员-分析人员"的专家系统是实施质量保证和质量控制的组织保证;② 制定质控指标,包括检出限、考核实验室与人员的准确度、精密度指标,在样品分析过程中严格执行平行双样比例、允许相对偏差、质控样比例、允许相对误差、累计合格率等;③ 建立完整的、严密的和有效的、层层把关及时发现问题、及时查找原因予以纠正的质控方法,包括分析测试方法的选择与测试项目的优化组合、技术人员培训、实验室测试方法与测试人员的技术

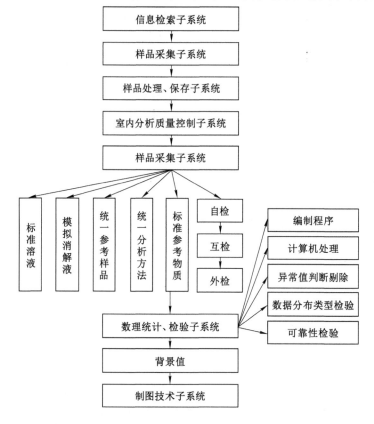

图 8-1　土壤背景值研究的子系统及研究程序

考核与资格确认、室内控制(专职质控员控制和分析人员的自我控制)、室间控制(专题组对各实验室的控制)、数据的审核与复检。土壤背景值研究是以土壤学特别是土壤分析为主线,涉及多学科、技术要求高的一个系统,具有较严密的结构性、整体性及目的性,对各子系统都有严格的技术质量控制。

土壤背景值(表 8-1)在土壤污染物累积评估、土壤污染评价等领域是不可缺少的依据。

表 8-1　土壤 A 层部分元素的背景值　单位:μg/kg

元素	算术平均值	标准偏差	几何平均值	几何标准偏差	95%置信度范围值	元素	算术平均值	标准偏差	几何平均值	几何标准偏差	95%置信度范围值
As	11.2	7.86	9.2	1.91	2.5~33.5	K	1.86	0.463	1.79	1.342	0.94~2.97
Cd	0.097	0.079	0.074	2.118	0.017~0.333	Ag	0.132	0.098	0.105	1.973	0.027~0.409
Co	12.7	6.40	11.2	1.67	4.0~31.2	Be	1.95	0.731	1.82	1.466	0.85~3.91
Cr	61.0	31.07	53.9	1.67	19.3~150.2	Mg	0.78	0.433	0.63	2.080	0.02~1.64
Cu	22.6	11.41	20.0	1.66	7.3~55.1	Ca	1.54	1.633	0.71	4.409	0.01~4.80
F	478	197.7	440	1.50	191~1012	Ba	469	134.7	450	1.30	251~809
Hg	0.065	0.080	0.040	2.602	0.006~0.272	B	47.8	32.55	38.7	1.98	9.9~151.3
Mn	583	362.8	482	1.90	130~1786	Al	6.62	1.626	6.41	1.307	3.37~9.87
Ni	26.9	14.36	23.4	1.74	7.7~71.0	Ge	1.70	0.30	1.70	1.19	1.20~2.40
Pb	6.0	12.37	23.6	1.54	10.0~56.1	Sn	2.60	1.54	2.30	1.71	0.80~6.70
Se	0.290	0.255	0.215	2.146	0.047~0.993	Sb	1.21	0.676	1.06	1.676	0.38~2.98
V	82.4	32.68	76.4	1.48	34.8~168.2	Bi	0.37	0.211	0.32	1.674	0.12~0.88
Zn	74.2	32.78	67.7	1.54	28.4~161.1	Mo	2.0	2.54	1.20	2.86	0.10~9.60
Li	32.5	15.48	29.1	1.62	11.1~76.4	I	3.76	4.443	2.38	2.485	0.39~14.71
Na	1.02	0.626	0.68	3.186	0.01~2.27	Fe	2.94	0.984	2.73	1.602	1.05~4.84

注:本表摘自《中国土壤元素背景值》,A 层指土壤表层或耕层。

三、矿区土壤污染来源及特征

(一)矿区土壤污染来源

矿产资源的开发和利用给人类社会的发展带来巨大的经济效应的同时,也成为周边土壤污染物的重要来源。从找矿勘探到矿山基础设施建设、矿山开采、选矿、冶炼等过程,甚至在矿山和冶炼厂关闭后相当长的一段时期内,矿业活动造成的环境影响仍然长期存在(张婺,2007)。近年研究人员利用多元统计分析、地统计分析、受体模型分析以及同位素示踪(Wang et al.,2019;Guan et al.,2018;Qu et al.,2013)等方法对诸多矿区土壤污染物来源进行分析,发现矿区土壤污染的主要来源包括自然源和人为源两种类型。其中自然源来源于母岩矿物,人为源则包括矿山固体废弃物的堆放、矿井水的排放、矿区大气沉降以及矿区交通运输等。矿业开采与利用过程中产生的矸石、尾矿以及粉煤灰等固体废弃物中含有较高浓度的重金属及有机物,其堆放过程中在大气降水的冲刷和淋溶作用下随着地表径流进入土壤中,或经风蚀以扬尘的形式悬浮于大气中,最终降落于矸石堆周围的土壤中;矿井水尤其是酸性矿井中往往 pH

偏低,且含有一定量的硫,对矿石及围岩有较高溶解性和侵蚀性,可以加剧矿石及围岩中污染物特别是重金属的溶解,并携带大量重金属等有害化学物质进入水体,通过污灌或侵蚀进入土壤相;矿业开采、运输和利用过程中产生的粉尘迁移沉降,在风力作用下,使煤矿粉尘在煤矿周围土壤中被重新分布,通过淋溶渗滤进入到土壤中。

矿区土壤污染往往同时存在多种来源,同时不同矿区土壤污染来源也存在一定的差异性。利用主成分分析和绝对主成分(PCA/APCS)分析 213 个表层土壤样品数据可以得出:湖北东南部主要矿业城市大冶土壤中的 Cd、Mn、Pb 和 Zn 主要来源于有色金属矿的开采与冶炼,而 Co 和 Cu 则主要来源于铜矿的开采与冶炼(Hua et al.,2018);利用地统计方法(GIS)对盂县煤矿区及其周边农田土壤 30 个煤和煤粉样品、90 个砂质煤矸石和泥质煤矸石样、30 个采矿废水样、30 个自燃煤矸石样以及 6 组农田土壤样品进行了分析,发现该区域内农田土壤重金属主要源于母岩风化,矿业行为对土壤重金属污染的贡献不是全过程行为,土壤污染主要受尾矿废水浸入影响,基本不受矿山开采物理过程和废石(渣)积存风化过程影响(刘政 等,2018);通过因子分析(FA)和多元线性回归模型对准东煤田土壤重金属来源解析发现,89.28% 的 Hg 来源于煤的燃烧,40.28% 的 Pb 来源于交通,19.54% 的 As 来自大气沉降,同时煤尘是 Cu 和 Cr 的主要污染源(Zhang et al.,2021);通过多环芳烃(PAHs)和烷基化多环芳烃图谱分析发现德国鲁尔区城市土壤 PAHs 主要来源于在建筑材料中添加的燃煤烟尘等废物(Hindersmann et al.,2018),而不同的燃煤方式产生的烟尘向土壤中释放的 PAHs 存在一定差异。矿区土壤污染是一个复杂的动态过程,需要进行多时空动态解析方能有效分析出污染来源及贡献比例,成为区域土壤环境治理与环境管理的有效依据。

(二) 矿区土壤污染特征

矿业生产和利用向土壤环境中释放的主要污染物质包括重金属和以多环芳烃为代表的有机污染物。现有的大部分研究都关注于矿区土壤重金属污染问题,多环芳烃的研究则多偏重于特定矿的污染特征。因此,下文以矿区土壤重金属污染特征作为阐述重点。

一项统计了我国 72 个不同类型矿区土壤重金属数据的研究发现(Li et al.,2014),我国矿区土壤中 As、Cd、Cr、Cu、Ni、Pb、Zn 和 Hg 的含量分别是我国农用地土壤污染风险管控标准(GB 15618—2018)中风险筛选值的 6.5、36.5、0.4、2.1、1.1、5.2、4.7 和 6.3 倍,其中 86.4% 的样点中 Cd 均存在超标现象,而 90% 以上样点的 Cr 未超标。总体而言,煤矿和铜矿对土壤中重金属的地积累指数(Igeo)均小于 0(除 Cu 矿中的 Cu 外),受到矿业污染相对较小;铅-锌矿区土壤中大部分元素的 Igeo 均较大,矿业行为对重金属的积累的影响相对严重。

从全球煤矿区土壤重金属污染水平而言,全球土壤中的 8 种重金属中除 Cd 和 Hg 外,75% 矿区土壤均未超过农用地土壤污染风险管控标准(GB 15618—2018)中的风险筛选值,90% 的土壤未超过风险管控值(表 8-2)。然而煤矿区中 As、Ni、Cu、Cd、Cr、Pb、Zn 和 Hg 8 种重金属含量均高于全球上地壳元素含量和全球土壤背景值。其中 Hg 均数是上地壳元素含量的 7 倍,而 Cd 则是 12 倍。统计样点中 90.2% 的 Cd、66.7% 的 As、63.7% 的 Hg、56.2% 的 Cu、52.1% 的 Zn、51.6% 的 Ni、45.9% 的 Pb 和 40.0% 的 Cr 均超过上地壳含量水平(Xiao et al.,2020)。

表 8-2　全球煤矿区土壤重金属含量统计　　　　　　　　　　　单位:mg/kg

统计值	As	Ni	Cu	Cd	Cr	Pb	Zn	Hg
最小值	0.30	0.14	0.21	0.03	0.27	0.50	0.71	0.01
10th	2.18	12.60	13.60	0.10	20.60	11.69	32.00	0.02
25th	4.40	21.60	22.00	0.20	42.60	17.02	57.00	0.05
50th	11.99	36.30	29.96	0.36	65.20	24.16	80.00	0.13
75th	21.00	72.93	43.47	0.84	107.22	40.48	114.50	0.61
90th	33.70	139.00	64.10	2.26	288.00	71.83	180.50	1.40
最大值	477.58	647.00	279.00	6.29	721.00	680.00	770.00	3.13
平均值	19.51	79.43	36.93	0.72	112.68	44.59	110.68	0.42
占地壳元素丰度	5.70	34.00	27.00	0.06	73.00	25.00	75.00	0.06
全球背景值	11.40	17.80	28.20	0.49	70.90	28.40	67.80	0.06
风险筛选值	25.00	100.00	100.00	0.30	200.00	120.00	250.00	0.60

统计采煤矿区、废弃矿区、煤矿固废堆场、煤化工厂、矿业城市以及电厂周边土壤重金属累积效应可以发现(图 8-2):大部分废弃矿区和煤矿固废堆场周边土壤中各重金属的Igeo<0,累积量相对较少。

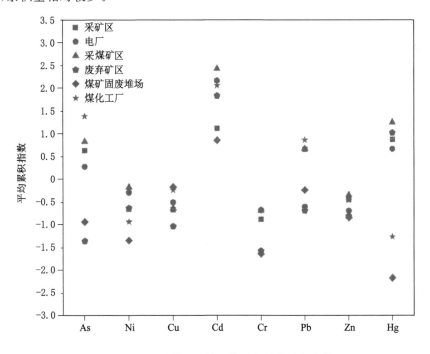

图 8-2　不同煤矿区域土壤重金属的累积指数

采煤矿区中 Ni、Cd、Zn 和 Hg 的平均 Igeo 相对较高,而煤化工厂周边土壤中的 As、Pb 和 Cr 的平均 Igeo 最高。在煤化工厂、电厂、采煤矿区和矿业城市中土壤存在 As 的富集;在煤化工厂、采煤矿区和矿业城市中土壤存在 Pb 的富集;电厂、废弃矿区、采煤矿区和矿业城市中土壤存在 Hg 的富集;六个区域均存在 Cd 的富集现象。

矿区土壤重金属研究大多侧重于土壤重金属污染水平与风险评估,然而土壤中重金属的赋存形态更能表征其迁移能力和生物有效性。目前针对矿区重金属的形态分布特征工作也逐年增加,Tessier 五步提取法和 BCR 三步提取法是目前广泛应用于土壤重金属形态分析的连续提取法,其中 BCR 方法所得结果的一致性比 Tessier 方法更好,且该方法稳定性及重现性较好,提取精度较高,易标准化。BCR 三步提取法可以将土壤中的重金属分为醋酸可提取态、可还原提取态、可氧化提取态和残渣态。通常醋酸可提取态的迁移能力最强,残渣态则极难发生迁移与转化。当土壤理化性质(如 pH、Eh 等)发生变化时,可氧化态和可还原态可以转化成可迁移态,因此它们可称为潜在迁移态。研究发现煤中 40% 以上的 Cu、Pb、Zn 等重金属经燃烧或气化过程可以由其他形态转化成残渣态(Zhang et al.,2009),因此矿区土壤中重金属大部分以残渣态为主。贵州兴仁煤矿区农田土壤中 86.8%、67.2% 和 73.9% 的 Cr、Zn 和 Ni 为残渣态,残渣态 Pb 和 Cu 占比也相对较高,而 As 的醋酸可提取态占比较高(庞文品 等,2016);云南勐旺煤矿土壤中 96.34%、93.04% 和 93.89% 的 As、Cu 和 Ti 为残渣态,除 Cd(10.11%)以外醋酸可提取态均低于 5%(崔世展 等,2020);北京煤矿棕地土壤中的 Cr(86.36%)、Cd(59.93%)、Cu(64.16%)和 Pb(23.99%)均以残渣态为主,而 Mn(41.34%)和 Ni(17.21%)醋酸可提取态占比相对较高(Li et al.,2017)。

第二节　矿区土壤环境监测方案制定

矿区土壤环境质量是指矿区土壤环境(或土壤生态系统)的组成、结构、功能特性及所处状态的综合体现与定性、定量的表述。它包括在自然环境因素影响下的自然过程及其所形成的土壤环境的组成、结构、功能特性、环境地球化学背景值与土壤元素背景值、净化功能、自我调节功能与抗逆性能、土壤环境容量等相对稳定而仍在不断变化中的环境基本属性以及在人类活动影响下的土壤环境污染和土壤生态状态的变化等。

一、矿区土壤监测指标体系

矿区土壤监测的目的是判断区域土壤被污染状况,并预测发展变化趋势;确定污染的来源、范围和程度,为行政主管部门采取对策提供科学依据;通过分析测定土壤中某些元素的含量,确定这些元素的背景值水平和变化,了解元素的丰缺和供应情况,为保护土壤生态环境、合理使用微量元素为地方病因的探讨与防治提供依据。

为使所采集的样品具有代表性,监测结果能反映土壤客观情况,把采样误差降至最低,在制定和实施监测方案前,必须对监测地区进行自然环境、社会环境和污染源资料的收集,为优化布点提供依据。资料收集后,要进行现场踏勘,将调查得到的信息进行整理和利用,丰富采样工作图的内容。

自然环境包括:地理、地质和地形地貌特点等;成土母质和土壤类型、分布及其与土壤类型发育的关系;区域气候与气象特征;地表水和地下水水文特征,地表水资源的分布、流量及利用情况,地表水文特征及水质现状;植被及生态系统情况,地表特征性植被类型、分布及覆盖情况;水土流失现状、土壤侵蚀类型、分布面积、沼泽化、潜育化、盐渍化、酸化等退化状况等。社会环境包括：人口与健康状况；农业生产与土地利用状况；耕地面积,种植结构；土壤环境污染状况；区域污染历史及现状,造成土壤污染事故的主要污染物的毒性、稳定性等；工业污染源和污染物排放情况,工业污染源类型、数量与分布(并将污染源标注在工作底图上)；土壤环境背景资料等。

土壤监测指标体系应根据监测目的确定。土壤环境质量监测需测定影响自然生态和植物正常生长及危害人体健康的项目,土壤污染状况监测需测定各种可能的污染因子,土壤污染事故监测仅测定可能造成土壤污染的指标,土壤环境背景值调查需测定土壤中各种元素的含量水平。

国际学术联合会环境问题科学委员会提出的土壤中优先监测物有以下两类；第一类为Hg、Pb、Cd、滴滴涕及其代谢产物和分解产物；第二类为石油产品、滴滴涕以外的长效性有机氯、氯化脂肪族、As、Zn、Se、Cr、Ni、Mn、V、有机磷化合物及其他活性物质如抗生素、激素、致畸性物质、催畸性物质和诱变物质等。

我国《土壤环境质量 农用地土壤污染风险管控标准(试行)》(GB 15618—2018)规定的必测项目有重金属类(Cd、Hg、As、Cu、Pb、Cr、Zn、Ni)、农药类(六六六、滴滴涕)和pH值共12个项目,《土壤环境质量 建设用地土壤污染风险管控标准(试行)》(GB 36600—2018)规定的必测项目有重金属类(Cd、Hg、As、Cu、Pb、Cr、Zn、Ni)、挥发性有机物(四氯化碳、氯仿、氯甲烷等27项)和半挥发性有机物(硝基苯、苯胺、2-氯酚等11项)共45个项目,《农田土壤环境质量监测技术规范》(NY/T 395—2012)提出根据当地环境污染状况,选择在土壤中累积较多、影响范围广、毒性较强且难降解的污染物,应当根据农作物对污染物的敏感程度,优先选择对农作物产量、安全质量影响较大的污染物,如重金属、农药、除草剂等。《土壤环境监测技术规范》(HJ/T 166—2004)将监测项目分常规项目、特定项目和选测项目,见表8-3。常规项目原则上为《土壤环境质量标准》中所要求控制的污染物。特定项目为《土壤环境质量标准》中未要求控制的污染物,但根据当地环境污染状况,确认在土壤中积累较多、对环境危害较大、影响范围广、毒性较强的污染物,或者污染事故对土壤环境造成严重不良影响的物质,具体项目由各地自行确定。选测项目一般为新纳入的在土壤中积累较少的污染物,由于环境污染导致土壤性状发生改变的土壤性状指标以及生态环境指标等,由各地自行选择测定。上述两种监测技术规范对监测项目的三个分类标准是一致的。针对重点污染源和污染场地监测,往往需要根据污染物排放特征选择合适的监测项目,同时还应当根据土壤环境地学特征以及土地利用类型选择采集什么样品(表8-4,表8-5)。

表 8-3　土壤监测项目与监测频次

项目类别		监测项目	监测频次
常规项目	基本项目	pH、阳离子交换量	每3年一次 农田在夏收或秋收后采样
	重点项目	镉、铬、汞、砷、铅、铜、锌、镍 六六六、滴滴涕	
特定项目(污染事故)		特征项目	及时采样,根据污染物 变化趋势确定监测频次

表 8-3(续)

项目类别		监测项目	监测频次
选测项目	影响产量项目	全盐量、硼、氟、氮、磷、钾等	每 3 年监测一次 农田在夏收或秋收后采样
	污水灌溉项目	氰化物、六价铬、挥发酚、烷基汞、苯并[a]芘、有机质、硫化物、石油类等	
	POPs 与高毒类农药	苯、挥发性卤代烃、有机磷农药、PCB、PAH 等	
	其他项目	结合态铝(酸雨区)、硒、钒、氧化稀土总量、钼、铁、锰、镁、钙、钠、铝、硅、放射性比活度等	

注:摘自《土壤环境监测技术规范》(HJ/T 166—2004)。

表 8-4   不同类型重点地区土壤环境污染调查样品采集种类一览表

类 型	样品采集			
	土壤	地下水	地表水	农产品(农业区)
污染企业及周边地区土壤	√	√		√
固体废物集中填埋、堆放、焚烧处理处置等场地及其周边土壤	√	√		√
工业(园)区及周边土壤	√	√		√
油田、采矿区及周边地区	√	√		√
污灌区土壤	√剖面	√	√灌溉水	√
主要蔬菜基地和规模化畜禽养殖场周边土壤	√	√	√灌溉水	√
大型交通干线两侧土壤	√			√
社会关注的环境热点地区土壤	√	√	√	√
其他可能造成土壤污染的场地	√	√	√	√

注:打√表示,需同步采集该种类的样品并进行分析测试。

表 8-5   矿业重点地区污染场地选择范围与监测项目一览表

序号	污染类型	选择范围	监测项目	
1	重污染企业及周边地区土壤	煤-电-铝-碳素一体化大型工业基地	1. pH、有机质含量、颗粒组成、阳离子交换量、容重; 2. 镉、汞、砷、铅、铬、铜、锌、镍、硒、钒、锰、氟、铍、铊、钼、硼; 3. 稀土总量; 4. 六六六、滴滴涕	煤化工基地:苯、甲苯、乙苯、二甲苯、等。 石化:苯、甲苯、乙苯、二甲 煤电铝:铝
		金属冶炼及压延加工业聚集区		
		大型煤化工基地		
		大型石化、化工及医药制造企业		
2	油田、采矿区及周边地区土壤	油田采油区,选择调查区域		/
		有色金属矿开采区		

表 8-5(续)

序号	污染类型	选择范围	监测项目	
3	污灌区土壤	农田污灌用水区主要为城市工业和生活污水的污灌区	1. pH、有机质含量、颗粒组成、阳离子交换量、容重; 2. 镉、汞、砷、铅、铬、铜、锌、镍、硒、钒、锰、氟、铍、铊、钼、硼; 3. 稀土总量; 4. 六六六、滴滴涕; 5. 多氯联苯[1];	六氯苯,艾氏剂,氯丹,狄氏剂,异狄氏剂,七氯,灭蚊灵,阿特拉津(莠去津),西玛津,敌稗,2,4滴,地亚农(二嗪磷),邻苯二甲酸酯类等。
4	大型交通干线两侧土壤	主要道路及高速公路	1. 铅、镉、汞、砷、锌; 2. 多环芳烃[2]	pH、有机质含量、颗粒组成、阳离子交换量、容重

注:[1] 多氯联苯(PCBs):PCB-1016,PCB-1242,PCB-1221,PCB-1232,PCB-1248,PCB-1254,PCB-1260 等。

　　[2] 多环芳烃类(PAHs):萘、苊、二氢苊、芴、菲、蒽、荧蒽、芘、苯并(a)蒽、䓛、苯并(b)荧蒽、苯并(k)荧蒽、苯并(a)芘、茚并(1,2,3-cd)芘、二苯并(a,h)蒽、苯并(ghi)苝等。

二、矿区土壤监测点位的布设

依据《土壤环境监测技术规范》(HJ/T 166—2004)、《区域性土壤环境背景含量统计技术导则(试行)》(HJ 1185—2021)和《排污单位自行监测技术指南 煤炭加工—合成气和液体燃料生产》(HJ 1247—2022)等相关规范,采样点的布设包括预先设计采样点在监测区域地理空间的排布和样点数。

(一)布点的原则

土壤是一个非均质体,土壤中的污染物存在较大的空间异质性,因此土壤监测点位的代表性对客观、准确监测土壤中污染物质的分布水平和评价土壤质量至关重要。一般而言,土壤监测布点需要把握全面性原则、可行性原则、经济性原则、分级控制原则、相对一致性原则和"随机""等量"原则。根据监测目的和污染途径不同,具体布点原则包括:

① 区域土壤背景点布点。指在调查区域内或附近,相对未受污染,而母质、土壤类型及农作历史与调查区域土壤相似的土壤样点;代表性强、分布面积大的几种主要土坡类型分别布设同类土壤的背景点;采用随机布点法,每种土坡类型不得低于 3 个背景点。

② 矿区农田土壤监测点。指人类活动产生的污染物进入土壤并累积到一定程度引起或怀疑引起土壤环境质量恶化的土坡样点。布点原则应坚持哪里有污染就在哪里布点,把监测点布设在怀疑或已证实有污染的地方,根据技术力量和财力条件,优先布设在那些污染严重、影响农业生产活动的地方。

③ 矿业大气污染型土壤监测布点。以大气污染源为中心,采用放射状布点法。布点密度由中心起由密渐稀,在同一密度圈内均匀布点。此外,在大气污染源主导风下风方向应适当增加监测距离和布点数量。

④ 矿井水污染型土壤监测布点。在纳污灌溉水体两侧,按水流方向采用带状布点法。布点密度自灌溉水体纳污口起由密渐稀,各引灌段相对均匀。

⑤ 矿业固体废物堆污染型土壤监测布点。地表固体废物堆可结合地表径流和当地常年主导风向,采用放射布点法和带状布点法;地下填埋废物堆根据填埋位置可采用多种形

式的布点法。

（二）布点的方法

调查点位布设所需软、硬件，如全国统一布点软件 ArcGIS 软件、全球定位系统（GPS）、数码照相机、计算机、绘图仪、彩色打印机、扫描仪。点位布设底图如 1∶25 万电子地图，包括行政区划（省、市界、市县城区、乡镇区域）、水系（河流、湖库）、土壤类型、公路交通等基本图层。样本编号采用 12 位码，调查点位编码方案参照最新中华人民共和国行政区划代码。

1. 合理地划分采样单元

在进行矿区土壤监测时，往往监测面积较大，需要划分若干个采样单元，同时在不受污染源影响的地方选择对照采样单元。同一采样单元的差别应尽可能小。土壤质量监测或土壤污染监测，可按照土壤接纳污染物的途径（如大气污染、农灌污染、综合污染等），参考土壤类型、农作物种类、耕作制度等因素，划分采样单元。土壤背景值调查一般按照土壤类型和成土母质划分采样单元。

2. 随机原则的应用

① 简单随机：将监测单元分成网格，每个网格编上号码，决定采样点样品数后，随机抽取规定的样品数的样品，其样本号码对应的网格号，即为采样点。随机数的获得可以利用掷骰子、抽签、查随机数表的方法。关于随机数骰子的使用方法可见《随机数的产生及其在产品质量抽样检验中的应用程序》（GB/T 10111—2008）。简单随机布点是一种完全不带主观限制条件的布点方法。

② 分块随机：根据收集的资料，如果监测区域内的土壤有明显的几种类型，则可将区域分成几块，每块内污染物较均匀，块间的差异较明显。将每块作为一个监测单元，在每个监测单元内再随机布点。在正确分块的前提下，分块布点的代表性比简单随机布点好，如果分块不正确，分块布点的效果可能会适得其反。

③ 系统随机：将监测区域分成面积相等的几部分（网格划分），每网格内布设一采样点，这种布点称为系统随机布点。如果区域内土壤污染物含量变化较大，系统随机布点比简单随机布点所采样品的代表性要好。

布点方式见图 8-3。

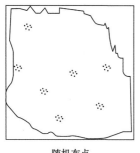
随机布点

分块随机布点

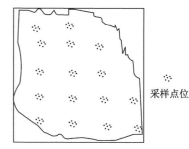
系统布点
采样点位

图 8-3　布点方式示意图

3. 不同监测内容的布点方法

（1）普查区域点位布设

普查区域采用网格法均匀布点，利用 ArcGIS 软件在 1：25 万电子地图上统一划分网格，按国家要求的耕地（8 km×8 km）、林地（原始林除外）和草地（16 km×16 km）、未利用土地（40 km×40 km）尺度划分网格，电子地图网格划分后，利用 GIS 软件在电子地图上制作网格中心点，网格中心点即为土壤调查点位，将中心点经纬度信息转换为数据文件格式，按编码要求进行统一编码，最终形成普查区域内土壤调查监测点位库。加密区域点位布设要求耕地 4 km×4 km 尺度划分网格，其他技术要求同普查区域。

（2）背景点位布设

依照原来土壤背景值调查时的典型剖面的点位经纬度坐标布设。原布设点位已不具备采样条件的，取消该背景点，但应提供原背景点的现场景观照片和出具核准书。背景点内包含土壤剖面点，剖面的规格一般为长 1.5 m、宽 0.8 m、深 1.2 m。

（3）重点区域调查点位布设

电厂等废气污染企业及其周围土壤，点位以污染源为中心的四个方向放射状布设，每个方向根据废气污染影响范围确定布点数，在主导风向的下风向适当增加监测点；矿井水等外排企业及其周围土壤，沿企业废水排放水道带状布点，监测点按水流方向自纳污口起由密渐疏，布点数量根据废水排放水道的长度确定；综合污染型土壤监测布点综合采用放射状、均匀、带状布点法。

煤矸石、粉煤灰等矿区固体废弃物处理处置场地及其周边地区的点位以处置场地为中心由密渐疏向四个方向放射状布设，每个方向在场地周边 500 m 范围内布 3 个点（50 m、200 m、500 m 处）；场地周围有水源流过的，应在河流流经场地的下游 1 000 m 范围内布设 4 个点（50 m、200 m、500 m、1 000 m 处），也可根据实际情况做适当调整，并标明采样位置。油田、采矿区及周边地区的采样点位以油田（或油井群）、主矿区为中心由密渐疏向周围放射状布设；开阔地带油田或矿区，按以油井或矿口区为中心沿四个方向在每个方向的 50 m、100 m 处布 2 个点，在油井（群）、输油管和落地原油污染严重的地块以及矿渣堆放处应根据具体情况适当加密布点。废（污）水灌溉区土壤监测点位要根据收集资料确定灌区边界、干渠及污水流向布设，一般采用网格布点，监测点自污水灌入处按水流方向由密渐疏，污水灌入处 1 km 范围内网格不大于 100 m×100 m，1 km 外网格原则上不大于 500 m×500 m；面积为 1 万亩的灌区，其采样点数可控制在 50 个左右。大型交通干线两侧依据所选择公路的里程数原则上按 50 km 等距离划分间距，同时兼顾公路段和车流量，按同一公路段设一个间距点的原则进行调整，在每个间距点两侧 50 m、100 m、150 m、300 m、500 m、1 000 m 放射状布点。

4. 采样点位优化调整

若同一网格区域内土壤类型不同，则应按不同土壤类型将该区域分别并入到周围同类土壤网格中，取消该网格内中心点。或按该网格内主要土壤类型进行定类，选取该网格内主要土壤类型区域布点，同时做好土地利用方式情况的记录。

普查区点位布设经现场勘查，遇到下列几种情形的，应予以调整：

① 网格中心点落在大面积的河（湖、库）面：一般耕地中心点四周 4 km 内 50% 以上面积为水域、加密区中心点四周 2 km 内 50% 以上面积为水域、林草地中心点四周 8 km 内

50%以上面积为水域的,取消该类网格中心点;上述水域面积不足50%的,应将点位平移至距中心点最近的采样点。

② 网格中心点落在山地:中心点所在山地采样困难的,取消该类网格中心点,在山地周围边缘区布点网格内选取(或增加)监测点作为备采点,避免在山区中心选点。

③ 网格中心点落在公路带:在公路两侧150 m以外分别选取一个点作为备采点。

④ 网格中心点落在城市、村庄等非普查区域:在满足采样点要求的情况下,就近进行调整。一般耕地网格中心点平移距离应小于2 km,加密区网格中心点平移距离应小于1 km,林草地网格中心点平移距离应小于4 km,如不能满足此条件,应取消该类网格中心点。

点位布设不能最终确定前,可进行现场调查及预采样相结合,根据背景资料与现场考察结果,采集一定数量的样品进行分析测定,用于初步验证污染物空间分异性和判断土壤污染程度,为布点方式作适当的验证。正式采样、监测结束后,若发现布设的样点未能满足调查目的,则要及时增设采样点,进行补充采样和分析测定。

(三) 采样点要求

土壤采样点虽然已预先在地图上确定,但当采样人员进入采样现场后,往往会发现地图上确定的点位与实际情况并不完全一致。还要根据当时的环境、地形、植被、土壤类型、人类活动的干扰等情况,作适当选择和调整。采集土样时应充分考虑土壤类型及属性的典型性、代表性。采样点应设在土壤自然状态良好,地面平坦,各种因素都相对稳定并具有代表性的面积在1~2 hm² 左右的地块;采样点应距离铁路或主要公路300 m以上。不能在住宅、路旁、沟渠、粪堆、废物堆及坟堆附近等人为干扰明显而缺乏代表性的地点设采样点,不能在坡地、洼地等具有从属景观特征地方设采样点。不宜在水土流失严重,表土破坏很明显的地点采样。不在多种土类、多种母质母岩交错分布且面积较小的边缘地区布设采样点。剖面点尽量选择剖面较完整、发生层段较清晰的土壤,采集剖面土壤样可利用自然环境形成的土壤剖面。采样点一经选定,应作标记,并建立样点档案供长期监控用。

(四) 采样点数量

一般要求每个监测单元最少应设3个点。土壤污染纠纷的法律仲裁调查的样点数量要大,可采用1~5个样点/hm²;绿色食品产地环境质量监测按《绿色食品产地环境质量现状评价纲要》规定执行;土壤监测的布点数量要根据调查目的、调查精度和调查区域环境状况等因素确定。

1. 由均方差和绝对偏差计算样品数

用下列公式可计算所需的样品数:

$$N = t^2 s^2 / D^2$$

式中　N——样品数;

　　　t——选定置信水平(土壤环境监测一般选定为95%)一定自由度下的 t 值,可查表;

　　　s^2——均方差,可从先前的其他研究或者从极差 $R[s^2 = (R/4)^2]$ 估计;

　　　D——可接受的绝对偏差。

2. 由变异系数和相对偏差计算样品数

$N = t^2 s^2 / D^2$ 可变为:

$$N = t^2 C_V^2 / m^2$$

式中　N——样品数；

　　　t——选定置信水平(土壤环境监测一般选定为 95％)一定自由度下的 t 值；

　　　C_V——变异系数,％,可从先前的其他研究资料中估计；

　　　m——可接受的相对偏差,％,土壤环境监测一般限定为 20％～30％ 。

没有历史资料的地区、土壤变异程度不太大的地区,一般 C_V 可用 10％～30％粗略估计。

第三节　矿区土壤环境监测方法

土壤是物理状态上包括固、气、液三相组成的分散体系,在空间分布上呈不均匀性。当污染物进入土壤后,其迁移、转化受到土壤性质的影响,将表现出不同的分布特征。因此,相对于大气、水体环境监测,土壤监测过程中样品的采集与制备往往需要更具代表性和可比性。同时土壤污染的监测不仅要考虑污染物的种类与总量,更重要的还要对与植物吸收量之间有密切关系的污染物的有效态进行分析监测,同时还要观察和检查农作物生长发育是否受到抑制,有无生态变异,以及对人体健康有无危害。只有这样综合考虑,才能全面评价土壤的污染。

一、矿区土壤样品的采集

矿区土壤样品采集常按以下三个阶段进行。前期采样:根据背景资料与现场考察结果,采集一定数量的样品分析测定,用于初步验证污染物空间分异性和判断土壤污染程度,为制定监测方案(选择布点方式和确定监测项目及样品数量)提供依据,前期采样可与现场调查同时进行;正式采样:按照监测方案,实施现场采样;补充采样:正式采样测试后,发现布设的样点没有满足总体设计需要,则要进行增设采样点补充采样。面积较小的土壤污染调查和突发性土壤污染事故调查可直接采样。

（一）采样前准备

① 组织准备。组织具有一定野外调查经验、熟悉土壤采样技术规程、工作负责的专业人员组成采样组。每个采样小组应由采样人员、技术指导人员、熟悉监测区域情况的人员组成。每组至少有 1 名熟悉点位布设情况、掌握土壤采样技术的人员,1 名了解监测区域环境、交通等状况的人员。采样小组成员应经过全省土壤样品采集培训及考核,采样前组织认真学习监测方案。

② 资料准备。样点位置图;样点分布一览表,内容包括编号、位置、土类、母质母岩等;各种图件:交通图、地质图、土壤图、大比例的地形图(标有居民点、村庄等标记);采样记录表,土壤标签。

③ 物质准备。采样点位分布图,样品采集清单,GPS、卷尺(或其他测量工具),数码照相机,样品箱(具冷藏功能),样品标签、采样记录表,样品流转单,车辆、工作服、防滑鞋、药品等。具体见表 8-6。

表 8-6　依据土样不同的监测项目区别选择的工具和器材表

物品名称	监测项目	采样工具与容器
采样用具	无机类	木铲、木片、竹片、剖面刀、圆状取土钻或铁铲
	农药类	铁铲、木铲、取土钻
	挥发性有机物	铁铲、木铲、取土钻或不锈钢铲
	半挥发性有机物	
样品容器	无机类	塑料袋或布袋
	土壤理化指标	环刀、比色卡、塑料袋或布袋
	农药类	250 mL 棕色磨口玻璃瓶
	挥发性有机物(苯、甲苯、二甲苯等)	40 mL 吹扫捕集专用瓶或 250 mL 带聚四氟乙烯衬垫棕色广口瓶或磨口玻璃瓶
	半挥发性有机物 [多环芳烃类(PAHs)、酞酸酯 PCBs 等]	250 mL 带聚四氟乙烯衬垫棕色广口瓶或磨口玻璃瓶
其他物品	挥发性有机物	在容器口用于围成漏斗状的硬纸板
	半挥发性有机物	在容器口用于围成漏斗状的硬纸板或一次性纸杯

（二）采样方法

选择正确的采样方法，正确使用采样工具，选用符合要求的包装或容器，按相关要求进行采集、包装和保存，保证一次性获得足够重量的样品，严防交叉污染。正确、完整地填写样品标签和现场记录表。

1. 土壤质量监测样点采样方法

测定挥发性有机物、半挥发性有机物时采集单独样品，其他测定项目采集混合样。其中单独样用采样铲挖取面积 25 cm×25 cm、深度为 20 cm 的土壤。挥发性样品可直接采集到 40 mL 吹扫捕集专用瓶中(若做平行样需另采一瓶样品)，装满；或采集到 250 mL 带有聚四氟乙烯衬垫的棕色广口瓶中，装满。半挥发性样品采集到 250 mL 带有聚四氟乙烯衬垫的棕色广口瓶中，装满。为防止样品沾污瓶口，采样时可将硬纸板围成漏斗状或用一次性纸杯(去掉杯底)衬在瓶口。一般农田土壤环境监测采集耕作层土样，种植一般农作物采 0～20 cm，种植果林类农作物采 0～60 cm，为了保证样品的代表性，降低监测费用，采取采集混合样的方案。每个土壤单元设 3～7 个采样区，每个采样区的样品为农田土壤混合样。单个采样区可以是自然分割的一个田块，也可以由多个田块所构成，采样区即是监测点位，监测点位确定后，在 5 m×5 m 采样区域内采集分点样品(采样区域可根据现场情况适当扩大，如 10 m×10 m、50 m×50 m、100 m×100 m，200 m×200 m)。分点数量的确定见表 8-7。

表 8-7　混合样品分点数的确定

分点布设方法	分点数	适用条件
蛇形法	10～30 个分点	面积较大、土壤不够均匀、地势不平坦(林草地)
对角线法	5～9 个分点	污灌农田土壤(污灌区)
梅花法	5 个分点	面积较小、地势平坦、土壤组成均匀(一般耕地)

土壤分点布设方法与采样地块大小、地形地貌有关，一般而言混合样的采集主要有四种方法：

① 对角线法：地块面积较小、接近方形、地势平坦、污染物分布较均匀的地块多用此法，取样点不少于 5 个。适用于污灌、大气沉降地块土壤，对角线分 5 等份，以等分点为采样分点。

② 梅花点法：适用于面积较小、地势平坦、土壤组成和受污染程度相对比较均匀的地块，设分点 5 个左右。

③ 棋盘式法：适宜中等面积、形状方正、地势平坦、土壤不够均匀的较大地块，宜采用此法，取样点不少于 10 个。一般设分点 10 个左右，受矿业固体废物污染的土壤分点应在 20 个以上。

④ 蛇形法：适宜于面积较大、土壤不够均匀且地势不平坦的地块，设分点 15 个左右。各分点混匀后用四分法取 1 kg 土样装入样品袋，多余部分弃去。按此法采样，在地块间曲折前进来分布样点，至于曲折的次数则依地块的长度、样点密度而有变化，一般在 3～7 次之间。具体见图 8-4。

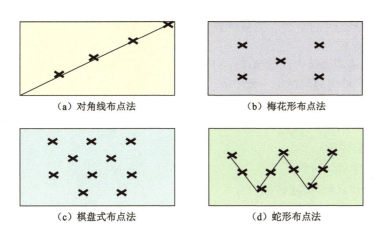

（a）对角线布点法　　（b）梅花形布点法

（c）棋盘式布点法　　（d）蛇形布点法

图 8-4　混合土壤采样点布设示意图

在每个分点上，用采样铲向下切取 1 片厚 5 cm、宽 10 cm 土壤样品，采样深度：农田土壤一般为 0～20 cm、果园土壤为 0～40 cm、林草土壤为 0～20 cm。然后将各分点样品等重量混匀后用四分法弃取保留至少 1 kg 土样。具体见表 8-8。

现场填写采样记录表，进行 GPS 卫星定位，用数码相机记录采样点周围情况，在采样点位分布图上做出标记。采样时有明显障碍的样点可在其附近采取，并做记录。农田土壤的采样点要避开田埂、地头及堆肥处等明显缺乏代表性的地点，有垄的农田要在垄沟处采样。采样时首先清除土壤表层的植物残骸和其他杂物，有植物生长的点位要首先松动土壤，除去植物及其根系。采样现场要剔除土样中大于 15 mm 的砾石等异物。注意及时清理采样工具，避免交叉污染。测定重金属的样品，尽量用竹铲、竹片直接采取样品，如用铁铲、土钻挖掘后，必须用竹片刮去与金属采样器接触的部分，再用竹片采取样品。

表 8-8　各类监测点位采样方法

监测点位类型	采样方法	参考条件
普查点位	混合样	适用普查点位,但不适合挥发性、半挥发性项目测定
背景值点位	背景值剖面样	背景值调查
重点区点位	单独样	适用于固体污染、大气沉降污染土壤监测 适用于挥发性、半挥发性项目测定
	混合样	适用于污灌区
	分层样	1. 在监测点位分层采集土样,采样的层数和深度根据重点区域的污染类型和具体污染情况由各地区自行确定。 2. 如不需要测定污染物向下迁移情况时,也可仅采集表层土壤,采样深度 0～20 cm

2. 背景值样点采样方法

土壤环境背景值监测一般以土类为主,亦可以土类和成土母质母岩类型为主,条件许可或特别工作需要的土壤环境背景值监测可划分到亚类或土属。

（1）网格布点

区域土壤环境调查按调查的精度不同可从 2.5 km、5 km、10 km、20 km、40 km 中选择网距网格布点,区域内的网格结点数即为土壤采样点数量。

网格间距 L 按下式计算:

$$L = (A/N)^{1/2}$$

式中　L——网格间距;

A——采样单元面积;

N——采样点数(前述样品数量)。

A 和 L 的量纲要相匹配,如 A 的单位是 km^2,则 L 的单位就为 km。根据实际情况可适当减小网格间距,适当调整网格的起始经纬度,避开过多网格落在道路或河流上,使样品更具代表性。

（2）剖面样

特定的调查研究监测需了解污染物在土壤中的垂直分布,这时采集土壤剖面样。剖面的规格一般为长 1.5 m,宽 0.8 m,深 1.2 m。挖掘土壤剖面要使观察面向阳,表土和底土分两侧放置。具体见图 8-5。

每个采样点均挖掘土壤剖面采样。一般每个剖面采集 A、B、C 三层土样。地下水位较高时,剖面挖至地下水出露时为止;山地丘陵土层较薄时,剖面挖至风化层。具体见图 8-6。

采样次序自下而上,先采剖面的底层样

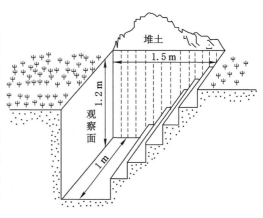

图 8-5　土壤剖面挖掘示意图

品,再采中层样品,最后采上层样品。测量重金属的样品尽量用竹片或竹刀去除与金属采样器接触的部分土壤,再用其取样。

剖面每层样品采集 1 kg 左右,装入样品袋,样品袋一般由棉布缝制而成,如潮湿样品可内衬塑料袋(供无机化合物测定)或将样品置于玻璃瓶内(供有机化合物测定)。采样的同时,由专人填写样品标签、采样记录;标签一式两份,一份放入袋中,一份系在袋口,标签上标注采样时间、地点、样品编号、监测项目、采样深度和经纬度。采样结束,需逐项检查采样记录、样袋标签和土壤样品,如有缺项和错误,及时补齐更正。将底土和表土按原层回填到采样坑中,方可离开现场,并在采样示意图上标出采样地点,避免下次在相同处采集剖面样。

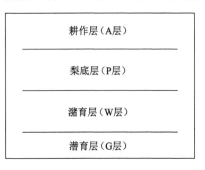

| 耕作层(A层) |
| 梨底层(P层) |
| 潴育层(W层) |
| 潜育层(G层) |

图 8-6　农田土剖面示意图

农田土壤剖面按照 A 耕作层、P 犁底层、C 母质层(或 G 潜育层、W 潴育层)分层采样(图 8-6),对 P 层太薄的剖面,只采 A、C 两层(或 A、G 层或 A、W 层)。

3. 重点区域点位采样方法

可采集单独样、混合样和分层样。单独样和混合样采集方法同普查区域点位采样方法。

分层样采集方法为:在监测点位自下而上采集不同深度土壤(如 0~20 cm、20~40 cm、40~60 cm 等,分层情况可根据点位污染特点由本地区自行确定),每层按梅花法采集中部位置土壤,等重量混匀后用四分法弃取保留至少 1 kg 土样。

4. 农田污染土壤采样

农田土壤样品要根据监测目的确定采样方法。采集耕作层土壤,则先在样点部位把地面的作物残茬、杂草、石块等除去。如果是新耕翻的土地,就将土壤略加踩实,以免挖坑时土块散落。用铁铲挖一个小坑,坑的一面修成垂直的切面,再用铁铲垂直向下切取一片土壤,采样深度应等于耕作层的深度,用采土刀把大片切取宽度一致的长方形土块。各个土坑中取的土样数量要基本一致,合并在一起,装入干净的布袋,携回室内。一般每个混合样品约需 1 kg,如果样品取得过多,可用四分法将多余的土壤弃去。将土样装入布袋或塑料袋中,用铅笔写两张标签,一张放在布袋内,将有字的一面向里叠好,字迹不得模糊。另一张扎在布袋外面。标签上应该填写样品编号、采样地点、土壤名称、采样深度、采样日期、采样人等。

5. 建设项目土壤环境评价监测采样

建设项目土壤环境评价监测采样每 100 hm² 占地不少于 5 个且总数不少于 5 个采样点,其中小型建设项目设 1 个柱状样采样点,大中型建设项目不少于 3 个柱状样采样点,特大型建设项目或对土壤环境影响敏感的建设项目不少于 5 个柱状样采样点。

非机械干扰土,如果建设工程或生产没有翻动土层,表层土受污染的可能性最大,但不排除对中下层土壤的影响。生产或者将要生产导致的污染物,以工艺烟雾(尘)、污水、固体废物等形式污染周围土壤环境,采样点以污染源为中心放射状布设为主,在主导风向和地表水的径流方向适当增加采样点(离污染源的距离远于其他点);以水污染型为主的土壤按水流方向带状布点,采样点自纳污口起由密渐疏;综合污染型土壤监测布点采用综合放射状、均匀、带状布点法。此类监测不采混合样,混合样虽然能降低监测费用,但损失了污染物空间分布的信息,不利于掌握工程及生产对土壤影响状况。表层土样采集深度 0～20 cm;每个柱状样取样深度都为 100 cm,分取三个土样:表层样(0～20 cm),中层样(20～60 cm),深层样(60～100 cm)。

机械干扰土,由于建设工程或生产中,土层受到翻动影响,污染物在土壤纵向分布不同于非机械干扰土。采样点布设同非机械干扰土。各点取 1 kg 装入样品袋。采样总深度由实际情况而定,一般同剖面样的采样深度。

6. 城市土壤采样

城市土壤是城市生态的重要组成部分,虽然城市土壤不用于农业生产,但其环境质量对城市生态系统影响极大。城区内大部分土壤被道路和建筑物覆盖,只有小部分土壤栽植草木,本书中城市土壤主要是指后者,由于其复杂性分两层采样,上层(0～30 cm)可能是回填土或受人为影响大的部分,另一层(30～60 cm)为人为影响相对较小部分。两层分别取样监测。城市土壤监测点以网距 2 000 m 的网格布设为主,功能区布点为辅,每个网格设一个采样点。对于专项研究和调查的采样点可适当加密。

7. 污染事故监测土壤采样

污染事故发生后立即组织采样。现场调查和观察,取证土壤被污染时间,根据污染物及其对土壤的影响确定监测项目,尤其是污染事故的特征污染物是监测的重点。据污染物的颜色、印渍和气味以及综合考虑地势、风向等因素初步界定污染事故对土壤的污染范围。

如果是固体污染物抛洒污染型,等打扫后采集表层 5 cm 土样,采样点数不少于 3 个。

如果是液体倾翻污染型,污染物向低洼处流动的同时向深度方向渗透并向两侧横向方向扩散,每个点分层采样,事故发生点样品点较密,采样深度较深,离事故发生点相对远处样品点较疏,采样深度较浅。采样点不少于 5 个。

如果是爆炸污染型,以放射性同心圆方式布点,采样点不少于 5 个,爆炸中心采分层样,周围采表层土(0～20 cm)。

事故土壤监测要设定 2～3 个背景对照点,各点(层)取 1 kg 土样装入样品袋,有腐蚀性或要测定挥发性化合物,改用广口瓶装样。含易分解有机物的待测定样品,采集后置于低温(冰箱)中,直至运送、移交到分析室。

二、矿区土壤样品的制备与预处理

(一)样品的制备

土壤样品制备程序包括风干、磨碎、过筛、混合、缩分、分装。制成满足分析要求的土壤样品。制备样品的目的是除去非土部分,使测定结果能代表土壤本身组成;有利于样品能较长时间保存,防止发霉变质;磨细过筛后,分析时称取的样品具有更高的代表性,减少称样误差;将样品磨细,使分解样品的反应能完全和均匀。

土壤样品制备应分别在风干室、磨样室两处进行,避免加工时互相混样和交叉污染。风干场地应保持清洁,通风良好、整洁、无尘、无易挥发性化学物质,并避免阳光直射。样品不可在阳光下暴晒。要求房屋四周植被相对丰富,距离马路较远。尽量减少尘埃和大气污染对样品的影响。样品加工室的四壁与地面一律不得喷涂油漆。对光敏感的样品应有避光外包装。

制样工具的选择视分析项目而定,制样工具所用材质不能与待监测项目有任何干扰,不破坏样品代表性,不改变样品组成。无机金属项目避免使用金属器具,有机项目避免使用塑料等器具。风干用白色搪瓷盘及木盘;粗粉碎用木棰、木棍、木棒、有机玻璃棒、有机玻璃板、硬质木板、无色聚乙烯薄膜;细磨样用玛瑙研磨机(球磨机)或玛瑙研钵、白色瓷研钵;过筛用尼龙筛,规格为2～100目;装样用具塞磨口玻璃瓶,具塞无色聚乙烯塑料瓶或特制牛皮纸袋,规格视量而定。

注意,制样过程中采样时的土壤标签与土壤始终放在一起,严禁混错,样品名称和编码始终不变;制样工具每处理一份样后擦抹(洗)干净,严防交叉污染。不同的分析项目,对土样的磨碎粒度有不同要求。通过任何筛孔的样品,必须代表整个样品的成分。

常规监测制样过程如图 8-7 所示。

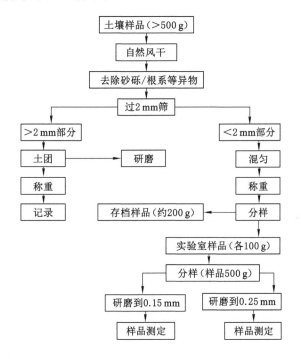

图 8-7　常规监测制样过程图

(二) 土壤样品的预处理

土壤样品组分复杂,预处理的目的是使土壤样品中待测组分的形态和浓度符合测定方法的要求;减少或消除共存组分的干扰。主要采用分解法和提取法,前者用于元素的测定,后者用于有机污染物和不稳定组分的测定。

1. 土壤样品分解方法

分解法的作用是破坏土壤的矿物晶格和有机质,使待测元素进入试样溶液中。

(1) 全分解方法

① 普通酸分解法

准确称取 0.5 g(准确到 0.1 mg,以下都与此相同)风干土样于聚四氟乙烯坩埚中,用几滴水润湿后,加入 10 mL HCl($\rho=1.19$ g/mL),于电热板上低温加热,蒸发至约剩 5 mL 时加入 15 mL HNO_3($\rho=1.42$ g/mL),继续加热蒸至近黏稠状,加入 10 mL HF($\rho=1.15$ g/mL)并继续加热,为了达到良好的除硅效果,应经常摇动坩埚。最后加入 5 mL $HClO_4$($\rho=1.67$ g/mL),并加热至白烟冒尽。对于含有机质较多的土样应在加入 $HClO_4$ 之后加盖消解,土壤分解物应呈白色或淡黄色(含铁较高的土壤),倾斜坩埚时呈不流动的黏稠状。用稀酸溶液冲洗内壁及坩埚盖,温热溶解残渣,冷却后,定容至 100 mL 或 50 mL,最终体积依待测成分的含量而定。

② 高压密闭分解法

称取 0.5 g 风干土样于内套聚四氟乙烯坩埚中,加入少许水润湿试样,再加入 HNO_3($\rho=1.42$ g/mL)、$HClO_4$($\rho=1.67$ g/mL)各 5 mL,摇匀后将坩埚放入不锈钢套筒中,拧紧。放在 180 ℃的烘箱中分解 2 h。取出,冷却至室温后,取出坩埚,用水冲洗坩埚盖的内壁,加入 3 mL HF($\rho=1.15$ g/mL),置于电热板上,在 100~120 ℃加热除硅,待坩埚内剩下约 2~3 mL 溶液时,调高温度至 150 ℃,蒸至冒浓白烟后再缓缓蒸至近干,定容后进行测定。

③ 微波分解法

微波加热分解可分为开放系统和密闭系统两种。开放系统可分解多量试样,且可直接和流动系统相组合实现自动化,但由于要排出酸蒸气,所以分解时使用酸量较大,易受外环境污染,挥发性元素易造成损失,费时间且难以分解多数试样。密闭系统的优点较多,酸蒸气不会逸出,仅用少量酸即可,在分解少量试样时十分有效,不受外部环境的污染;在分解试样时不用观察及特殊操作,由于压力高,所以分解试样很快,不会受外筒金属的污染(因为用树脂做外筒);可同时分解大批量试样。其缺点是需要专门的分解器具,不能分解量大的试样,如果疏忽会有发生爆炸的危险。在进行土样的微波分解时,无论使用开放系统或密闭系统,一般使用 HNO_3-HCl-HF-$HClO_4$、HNO_3-HF-$HClO_4$、HNO_3-HCl-HF-H_2O_2、HNO_3-HF-H_2O_2 等体系。当不使用 HF 时(限于测定常量元素且称样量小于 0.1 g),可将分解试样的溶液适当稀释后直接测定。若使用 HF 或 $HClO_4$ 对待测微量元素有干扰时,可将试样分解液蒸至近干,酸化后稀释定容。

④ 碱融法

碳酸钠熔融法适合测定氟、钼、钨;碳酸锂-硼酸和石墨粉坩埚熔样法适合铝、硅、钛、钙、镁、钾、钠等元素分析。碳酸锂-硼酸在石墨粉坩埚内熔样,再用超声波提取熔块,分析土壤中的常量元素,速度快,准确度高。

土壤矿物质全量分析中土壤样品分解常用酸溶剂,酸溶剂一般用氢氟酸加氧化性酸分解样品,其优点是酸度小,适用于仪器分析测定,但对某些难溶矿物分解不完全,特别对铝、钛的测定结果会偏低,且不能测定硅(已被除去)。

⑤ 酸溶浸法

酸溶浸法有 HNO_3、HCl-HNO_3、HCl(适合 Cd、Cu、As 等)溶浸法,以及 HNO_3-H_2SO_4-$HClO_4$ 溶浸法,其方法特点是 H_2SO_4、$HClO_4$ 沸点较高,能使大部分元素溶出,且加热过程中液面比较平静,没有迸溅的危险,但 Pb 等易与 SO_4^{2-} 形成难溶性盐类的元素,测定结果偏低。

2. 其他分析样品的处理方法

(1)有效态的溶浸法

土壤中重金属元素能否被植物所吸收,主要取决于该元素矿物的有效态(有效性),重金属的"有效态"或"有效量"指的是生物有效性,且是一个动态平衡的过程,不是某一种形态决定的。一般地,水提取量最接近植物可吸收量。其他化学提取剂的选择,决定于提取量与生物吸收的相关性。

DTPA 浸提剂适用于石灰性土壤和中性土壤;0.1 mol/L HCl 浸提适合酸性土壤。土壤中有效硼常用沸水浸提。关于有效态金属元素的浸提方法较多,例如:有效态 Mn 用 1 mol/L乙酸铵-对苯二酚溶液浸提。有效态 Mo 用草酸-草酸铵溶液浸提,固液比为 1∶10。硅用 pH 值为 4.0 的乙酸-乙酸钠缓冲溶液、0.02 mol/L H$_2$SO$_4$、0.025% 或 1% 的柠檬酸溶液浸提。酸性土壤中有效硫用 H$_3$PO$_4$-HAc 溶液浸提,中性或石灰性土壤中有效硫用 0.5 mol/L NaHCO$_3$ 溶液(pH=8.5)浸提。用 1 mol/L NH$_4$Ac 浸提土壤中有效钙、镁、钾、钠以及用 0.03 mol/L NH$_4$F-0.025 mol/L HCl 或 0.5 mol/L NaHCO$_3$ 浸提土壤中有效态磷等。

(2)其他形态的提取

土壤重金属化学形态分析多采用多步连续提取分级方法,应用较广的方法有 Tessier 连续萃取法和 BCR 方法。

3. 有机污染物的提取方法

(1)常用有机溶剂

土壤中有机污染物尤其是持久性有机污染物(POPs),在土壤中存留时间长、亲脂性高,对农作物质量和人类生命健康构成潜在的安全隐患,因而对这些物质的测定具有重大意义。土壤基体复杂且干扰物多,难以直接测定,需要经一系列提取、纯化后才能进行色谱分析。

根据相似相溶的原理,尽量选择与待测物极性相近的有机溶剂作为提取剂。提取剂必须与样品能很好地分离,且不影响待测物的纯化与测定;不能与样品发生作用,毒性低、价格便宜;此外,还要求提取剂沸点范围在 45~80 ℃ 之间为好。还要考虑溶剂对样品的渗透力,以便将土样中待测物充分提取出来。当单一溶剂不能成为理想的提取剂时,常用两种或两种以上不同极性的溶剂以不同的比例配成混合提取剂。

纯化溶剂多用重蒸馏法。纯化后的溶剂是否符合要求,最常用的检查方法是将纯化后的溶剂浓缩 100 倍,再用与待测物检测相同的方法进行检测,无干扰即可。

(2)有机污染物的提取

① 振荡提取。准确称取一定量的土样(新鲜土样加 1~2 倍量的无水 Na$_2$SO$_4$ 或 MgSO$_4$·H$_2$O 搅匀,放置 15~30 min,固化后研成细末),转入标准口三角瓶中加入约 2 倍体积的提取剂振荡 30 min,静置分层或抽滤、离心分出提取液,样品再分别用 1 倍体积提取液提取 2 次,分出提取液,合并,待净化。

② 超声波提取。准确称取一定量的土样(或取 30.0 g 新鲜土样加 30~60 g 无水 Na$_2$SO$_4$ 混匀)置于 400 mL 烧杯中,加入 60~100 mL 提取剂,超声振荡 3~5 min,真空过滤或离心分出提取液,固体物再用提取剂提取 2 次,分出提取液合并,待净化。

③ 索氏提取。本法适用于从土壤中提取非挥发及半挥发有机污染物。准确称取一定量土样或取新鲜土样 20.0 g 加入等量无水 Na$_2$SO$_4$ 研磨均匀,转入滤纸筒中,再将滤纸筒置于索氏提取器中。在有 1~2 粒干净沸石的 150 mL 圆底烧瓶中加 100 mL 提取剂,连接索氏提取器,加热回流 16~24 h 即可。

④ 浸泡回流法。用于一些与土壤作用不大且不易挥发的有机物的提取。

⑤ 其他方法。近年来,吹扫蒸馏法(用于提取易挥发性有机物)、超临界提取法(SFE)都发展很快。尤其 SFE 法,由于其快速、高效、安全性(不需任何有机溶剂),因而具有很好的发展前途。微波萃取、加速溶剂萃取、基质分散固相萃取、流化床提取等方法也在开发运用中。

三、土壤样品分析技术

(一)土壤无机污染物的检测分析

土壤样品的分析测试方法中,在我国发布的标准中已规定的项目,只列出标准号,对于目前国内尚无标准的分析项目,参考《全国土壤污染状况详查土壤样品分析测试方法技术规定》。铅、镉、汞、砷、铬、镍、铜、锌总量及有效态含量采用不同前处理方法,参见《全国土壤污染状况详查土壤样品分析测试方法技术规定》分析方法,部分分析方法见表 8-9。

表 8-9　土壤部分元素含量分析方法

分析项目	分析方法	方法来源	等效方法
镉、铅	石墨炉原子吸收法	GB/T 17141—1997	ICP-MS
汞	微波消解/原子荧光法	HJ 680—2013	
	冷原子吸收法	GB/T 17138—1997	
铬、镍、铅、铜、锌	火焰原子吸收法	HJ 491—2019	石墨炉原子吸收法、等离子体质谱联用法
钴、锰、铁	火焰原子吸收法	《土壤元素的近代分析方法》,HJ 1081—2019	ICP-AES、ICP-MS
锂、钠、钾、铷、铯	电感耦合等离子体发射光谱法	《土壤元素的近代分析方法》	ICP-MS
氟	离子选择电极法	《环境监测分析方法》第二版	/
溴、碘	离子色谱法	《土壤元素的近代分析方法》《全国土壤污染状况详查土壤样品分析测试方法技术规定》	/
银、铍	石墨炉原子吸收法		ICP-AES
镁、钙	火焰原子吸收法		ICP-AES、ICP-MS
砷、硒、锑、铋、碲	氢化物发生-原子荧光法		
钒	N-BPHA 光度法		
钡、镓、铟、铊、钪	石墨炉原子吸收法		
锶	电感耦合等离子体发射光谱法		ICP-MS
硼	亚甲蓝光度法		ICP-MS
铝	络合滴定法		ICP-AES
稀土总量	对马尿酸偶氮氯膦分光光度法	NY/T 30—1986	/
稀土分量	电感耦合等离子体发射光谱法	《土壤元素的近代分析方法》	ICP-MS
钍	铀试剂Ⅲ光度法		ICP-AES、ICP-MS
铀	5-Br-PADAP 光度法		ICP-MS

表 8-9(续)

分析项目	分析方法	方法来源	等效方法
锗	碱熔-氢化物发生原子荧光法		ICP-MS
锡、钼、钨	电感耦合等离子体发射光谱法		
钛	H_2O_2 光度法	《土壤元素的近代分析方法》	ICP-AES
锆、铪	电感耦合等离子体发射光谱法		ICP-MS
钽	电感耦合等离子体发射光谱法		

注:ICP-AES:电感耦合等离子体发射光谱法;ICP-MS:等离子体质谱联用法。

(二)土壤有机污染物的检测分析

有机项目的前处理及分析测试方法中,在我国发布的标准中已规定的项目,只列出标准号,对于目前国内尚无标准的分析项目,参考《全国土壤污染状况调查样品分析测试技术规定》,见表 8-10。

表 8-10　土壤中部分有机污染物分析测试方法

分析项目		首选分析方法	方法来源	等效方法	方法来源	前处理方法
有机农药	六六六、滴滴涕	GC-ECD	GB/T 14550—2003	GC-MS	EPA 8270C	振荡提取、索氏提取、自动索氏提取、加速溶剂萃取
	七氯、七氯环氧化物、艾氏剂、狄氏剂、异狄氏剂、异狄氏剂醛、硫丹Ⅰ、硫丹Ⅱ、硫丹硫酸盐、甲氧滴滴涕等		EPA8081a			
	酰胺类农药	GC-MS	HJ 1053—2019			
	草甘膦	HPLC	HJ 1055—2019			
	三嗪类农药		HJ 1052—2019			
酞酸酯类	邻苯二甲酸二乙酯、邻苯二甲酸二丁等	GC-MS	HJ 1184—2021	GC-MS	EPA 8270C	索氏提取、超声波、ASE
十六种多环芳烃类	萘、苊、二氢苊、芴、菲、蒽、荧蒽、芘、苯并(a)蒽、䓛、苯并(b)荧蒽、苯并(k)荧蒽、苯并(a)芘、苯并(a,h)蒽、苯并(g,h,i)苝、茚并(1,2,3-cd)芘	HPLC	EPA8310 HJ 784—2016	GC-MS	EPA 8270C	索氏提取、(含自动索氏提取)、加速溶剂萃取、ASE
多氯联苯	PCB-28、PCB-52、PCB-101、PCB-81、PCB-77、PCB-123,等	GC-ECD	EPA8082a	GC-MS	HJ 743—2015	
挥发性芳香烃	苯,甲苯,乙苯,间二甲苯,对-二甲苯等12种	顶空-气相色谱	HJ 742—2015			

表 8-10(续)

分析项目		首选分析方法	方法来源	等效方法	方法来源	前处理方法
挥发性卤代烃	1-二氯二氟甲烷,2-氯甲烷,3-氯甲烷,4-溴甲烷,5-氯乙烷等 37 种	顶空-气相色谱-质谱	HJ 738—2015	吹扫-气相色谱-质谱	HJ 735—2015	索氏提取、(含自动索氏提取)、加速溶剂萃取、ASE
石油烃总量	/	《全国土壤污染状况详查土壤样品分析测试方法技术规定》				

四、土壤污染遥感监测技术

土壤污染研究的对象主要包括重金属污染、石油类污染、有机农药类污染以及其他类型污染。其中,矿区土壤污染主要为重金属污染,大部分由于工矿企业生产活动产生的废弃物诸如矿渣、酸性废水等经水流搬运造成土壤重金属富集,严重影响到矿区周围土壤的生态环境。传统的土壤污染研究是在室内测定分析野外实地定点采样获取的样品,获取样本点的污染物含量,主要包括污染物的化学测定、赋存状态、污染物与所依附的微观环境的关系,污染分布、风险评估等,具有耗时长、成本高、效率低的缺点。遥感技术具有监测范围广泛、信息连续性强、处理信息多和效率高等优势,相比于传统监测技术,大幅降低了人工成本及经济成本,缩短了信息处理周期,能够保持信息的时效性。特别是近年来遥感数据处理技术和无人机遥感技术的发展,极大地提高了该技术的应用精度。基于遥感技术,可对土壤污染进行识别、反演、监管和风险评估。

(一)土壤污染遥感识别

矿区周围的土壤污染较为严重,所以对污染情况进行识别是开展矿区治理工作的前提,遥感技术在土壤污染识别应用中主要是依靠土壤的光谱特征来准确识别土壤中的成分,利用土壤光谱特征可以识别污染热点、污染类型以及污染分布。常见识别方法有植被光谱胁迫分析、高光谱图谱结合特征、灰度共生矩阵、植物表观特征分析等。

植被光谱胁迫分析是应用高光谱遥感技术研究植被覆盖矿区重金属元素与覆盖植被光谱胁迫相关性。通过对比矿区与非矿区典型植被光谱特征,在光谱特征分析结果基础上得到矿区典型植被受重金属元素胁迫情况,从而确定矿区周围土壤污染分布。高光谱图谱结合特征首先对矿区污染地物(废矿、废水、植被等)的光谱特征进行分析,总结得出可以用于直接识别和提取污染的光谱特征,再结合高光谱数据进行谱系识别,得到矿区周围污染物类型及其分布。基于灰度共生矩阵识别土壤污染点的方法是对图像进行主成分分析,将第一主分量作为灰度共生矩阵的数据源,选用能量、熵、惯性矩、相关等作为特征量,结合对应图像的灰度变化绝对值提取变化较大的区域,对比高分辨率卫星图像寻找疑似污染点。分析植物表观特征能够间接地识别出特定的污染物以及污染范围,在植物的光谱曲线中反映的地物光谱特征能更加直接地获取有用信息,图 8-8 是总结发现的常见污染物、有机质和水分的吸收峰位置(肖胡萱 等,2020)。图 8-9 是不同铅浓度下样品土壤反射光谱(Kemper et al.,2002)。

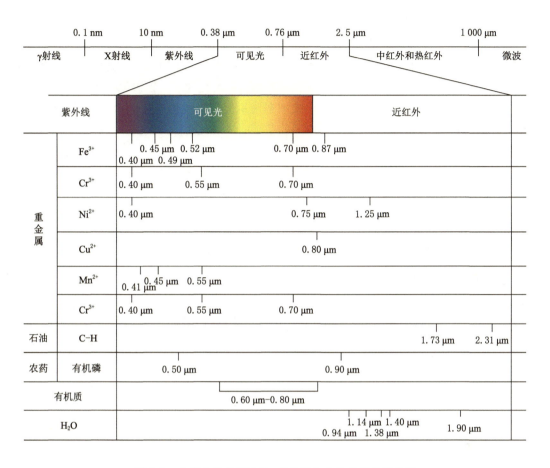

图 8-8　土壤中常见污染物、有机质和水分的吸收峰位置

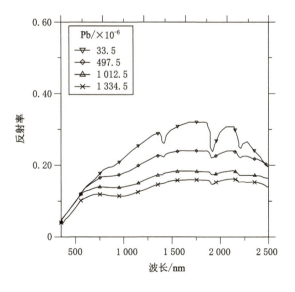

图 8-9　不同铅浓度的样本土壤反射光谱

（二）光谱数据预处理

实验室土壤光谱采集数据由于受到仪器自身构造、人为操作误差以及外界环境等因素影响，通常情况下并不能直接拿来使用，因此为寻求最贴近土壤样本的真实光谱数据或者满足研究需要，需要对光谱数据进行处理，以实现光谱数据的最大化利用。光谱预处理是获得可靠光谱数据的必要环节，通过预处理操作，消除或减弱随机因素造成的光谱误差，提高相似光谱辨别性，凸显光谱特征波段，此过程密切影响地物信息的光谱反演精度（赵玉玲 等，2020）。

1. 平滑处理

查看测得的土壤原始反射光谱数据发现，光谱信息响应差异造成某些波段光谱的毛刺噪声，光谱信噪比降低，故需对原始反射光谱数据进行降噪处理，以消减外界因素引起的噪声影响。研究表明：光谱平滑在一定程度上降低频率较高且量值不大的噪声，较为常用的去噪方法为 S-G（Savitzky-Golay）滤波算法、乘法散射校正（multiplicative scatter correction，MSC）、加权移动平均法、小波变换、傅立叶级数近似等，基本思想是在平滑点的前后各取若干个点进行"平均"或"拟合"，将得到的值作为平滑点的最佳估计值。

2. 光谱指标变换

由于受设备硬件、大气光照环境、背景等综合因素影响，地物光谱采集过程具有随机误差，目标地物本身的光谱信息与背景混淆，特征被削弱。因而，通过光谱变换，以消除或减弱随机因素造成的土壤光谱信号强度的改变，达到降噪目的，增强目标光谱信息，提高信噪比。

光谱微分变换是目前应用最广、效果最好的光谱变换方法之一，可以有效地提取光谱曲线极值、拐点的位置信息，提高光谱辨识度，已经被广泛地应用于植被、水质数据处理中。通常采用一阶微分、二阶微分、连续统去除法等方法进行光谱变换分析研究区土壤光谱特性。近年来，微分变换在土壤光谱数据处理方面应用逐渐增多，许多研究表明经过微分处理后的光谱曲线与土壤重金属间的相关性明显增强（史舟 等，2014）。

3. 光谱特征选择

高光谱获取的光谱波段间隔通常在 1～3 nm 左右，与多光谱相比其包含的信息量更大，从全波段中适当选取光谱特征波段主要有两个方面原因：① 排除干扰波段，简化运算过程。高光谱数据有效信息较少，大部分光谱波段变化与重金属浓度间并无明显的关系，将这些波段代入模型中会造成有效光谱信息重叠。② 不同波段光谱反射率受外界噪声的影响程度不同，将全波段代入运算模型中会增加模型运算的难点，降低反演结果的精度。

金属离子的电子跃迁形成了土壤独特的光谱吸收特征，在可见光和近红外波段土壤重金属与光谱数据构成独特的响应关系（周茉 等，2020）。研究重金属与土壤光谱指标特征的相关性，是进行土壤重金属反演的关键，也为遥感高光谱土壤重金属反演建模研究提供了依据（Liang et al.，2011）。

（三）土壤污染遥感反演

土壤污染遥感反演利用遥感技术获取范围广、信息丰富、周期短、具备时空变化监测的能力等功能特点，通过筛选相关特征波段，进而建立重金属含量等污染指标与光谱特征的统计回归方程，进行区域预测估计，并评价估算精度。具体方法有多光谱遥感反演、高光谱遥感反演和地表植被光谱间接反演。

多光谱遥感反演是利用土壤重金属等污染物含量的变化会导致多光谱影像上反射率变化，从而依据样本点土壤污染物含量与多光谱影像反射率之间的相关性，拟合出最佳统计模型，从而预测样本点周围重金属含量等污染指标。

高光谱遥感反演是基于量子物理原理，分析土壤中污染物含量的电子跃迁及分子振动所产生的光谱响应，进一步分析其在高光谱影像上所反映出来的光谱特征，确定敏感波段计算光谱指标，对土壤污染物（土壤有机质、黏土矿物等）进行反演，得到研究区内土壤污染物的含量（Wang et al.，2018）。相比多光谱影像，高光谱影像具有更高的光谱分辨率，可以提供更多反射率异常值用于回归分析和拟合，反演模型精度更高。

地表植被光谱间接反演主要是土壤中的化学元素含量会影响其在植物体内的分布、含量及迁移，从而利用植被的健康状况反推土壤重金属含量。健康植物对电磁波辐射的吸收、反射和散射作用，可以影响植物的特征光谱曲线的走势。土壤受重金属污染后，生长在其上的植被特征将发生改变，重金属浓度升高，植被叶绿素浓度降低，植被颜色暗淡，分析不同植被对重金属的选择性吸收富集，其主要体现在光谱的"红边"和吸收深度不同等变异特性（陈圣波 等，2012）。

（四）遥感反演模型

目前常用的遥感反演方法有：主成分分析、多元线性回归分析、偏最小二乘回归分析、人工神经网络分析等。

1. 主成分分析

在进行定量反演的过程中，人们总是期待涉及的变量最少，得到的信息最多，因此主成分分析就显得尤为重要。主成分分析是通过正交变换将一组可能存在相关性的变量转换为一组相互独立或线性不相关的因子，是一种重要的降维方法，在高光谱波段众多的情况下能够有效地去除冗余信息，挑选出最佳波段，提高回归的精度（涂宇龙 等，2018）。图 8-11 为经过旋转和归一化后提取特征值大于 1 的三个主成分，可以看到这些金属之间的联系（Cai et al.，2012）。

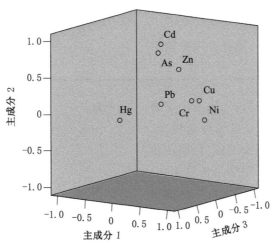

图 8-11　主成分关系图

2. 多元线性回归分析

多元线性回归分析是基于多个因素作用于一个因变量的结果,多个自变量的现行组合可以大致预测或估计因变量。对于土壤污染遥感反演而言,就是要建立多/高光谱遥感影像的不同波段反射率$\{x_1,x_2,\cdots,x_n\}$或光谱特征参量与土壤污染物含量之间的回归模型,如下式所示:

$$y=\beta_0+\beta_1 x_1+\beta_2 x_2+\cdots+\beta_n x_n$$

式中,y为土壤污染物含量值,β为回归系数,x_i为第i个波段的光谱反射率或第i个光谱特征变量。多元线性回归分析的精度较多地依赖于光谱波段的范围,多光谱反演使用该方法受限制较多。

3. 偏最小二乘回归分析

偏最小二乘法(partial least square regression,PLSR)是一种经典的统计方法,集合多元线性回归、典型相关分析和主成分分析,以确保提取成分与因变量间相关性最大为依据,最大程度提取包含自变量更多信息的成分。偏最小二乘回归分析综合了多元线性回归和主成分分析两种方法,通过提取对自变量X(光谱反射率或光谱特征参量)和因变量Y(污染物含量)都具备最佳解释能力的主成分t,逐步回归分析与交叉验证,直至达到满意的精度。可解决样本少、模型多重共线的问题,对噪声的识别程度更准确,模型也更稳定(李慧 等,2009)。

假设有n个观测样本,设样本标准化自变量矩阵为$X=[x_{ij}]_{n\times p}$,标准化因变量矩阵为$Y=[y_{ij}]_{n\times q}$,则偏最小二乘回归的建模原理为:在X与Y中提取出成分t_1和u_1,在提取t_1和u_1成分时,满足t_1和u_1应尽可能大地携带它们各自数据表中的变异信息,以及t_1和u_1与的相关程度能够达到最大;第一个成分t_1和u_1被提取后,分别实施X对t_1以及Y对u_1的回归,若回归方程此时已经达到满意的精度,则成分确定,否则将利用X被t_1以及Y被u_1解释后的残余信息进行第二轮的成分t_2和u_2提取,继续实施X和Y对t_2和u_2的回归,对上述过程进行迭代,直到精度满足要求为止;若最终对X共提取了m个成分$\{t_1,t_2,\cdots,t_m\}$,再通过实施Y对$\{t_1,t_2,\cdots,t_m\}$的回归,最后都可转化为Y对原变量X的回归方程,完成偏最小二乘的回归建模。

4. 人工神经网络分析

神经网络分析也是一种非常重要的土壤重金属反演模型,它模拟人脑思维,由大量的处理单元互联形成,将光谱反射率或特征参数值作为输入层,污染物含量值作为输出层,形成一种传递的神经网络分析模型,具备自学习、自组织、自适应的能力,模型鲁棒性较好,拟合优度高,预测结果较为准确,模型精度优于多元线性回归和主成分分析方法(徐良骥 等,2017;郭云开 等,2018)。图 8-12为小波变换神经网络反演分析(韩玲 等,2019)。

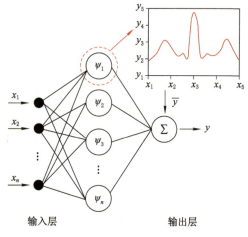

图 8-12　小波变换神经网络反演分析

第四节 矿区土壤污染监测案例

一、徐州城北矿区土壤重金属污染特征监测

徐州城北矿区位于徐州市西北,属于温带湿润季风气候,冬季主导风向为西北风,夏季主导风向为东南风。区域内煤矿资源丰富,其采煤历史可以追溯到 100 年前。自 2005 年,矿区中 5 个煤矿逐渐关闭。目前区域内存在三个热电厂、两个粉煤灰堆放场(部分已清理)、数个堆煤场以及数十个机械加工、建筑材料等不同类型的企业。同时区域内近 2/3 的区域为农田,小麦、玉米、水稻等为主要作物。

布点方案以均匀网格布点为主,将研究区域划分为 100 m×100 m 网格,除去水域和固化地面共确定 107 个有效土壤样品采集点位(图 8-13)。采样时利用手持式全球定位系统进行样点定位,每个样点利用梅花布点法采集 5 个子样表层土壤样品(0～15 cm),获得不少于1 kg 的土壤样品置于聚乙烯袋中带回实验室。样品去除石块、草根等杂物后在清洁无光照的地方风干,干样缩分后过 2 mm 尼龙筛以用于分析土壤 pH、营养物质等,继续研磨过200 目筛以分析土壤重金属。

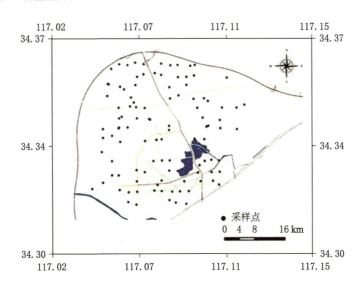

图 8-13 研究区域位置及采样点布设

称取 0.1 g 样品用 HCl-HNO$_3$-HClO$_4$-HF 以 3∶1∶3∶1 比例进行消解(方法参见GB/T 17140—1997),用电感耦合等离子体-质谱(Agilent 7900)分析土壤中的 Cu、Cd、Pb、Zn、Cr、As;利用固相测 Hg 仪分析土壤中 Hg 的含量,利用 GWB 07404 和 GWB 07427 进行质量控制,其误差范围为 86.41%～112.75%($n=15$)。利用 BCR 连续提取法分别提取可交换态、可还原态、可氧化态和残渣态重金属含量。

主要结论包括:区域内六种重金属的均数均高于徐州 1989 年的背景值,除 Cd 以外,其他重金属的均数均未超过《土壤环境质量 农用地土壤污染风险管控标准(试行)》(GB 15618—

2018);六种重金属中除 Cd 受到中等程度的富集污染(Igeo平均＝1.02)并表现出中等潜在生态风险(Er平均＝44.06)以外,其他金属均无相应污染风险(Liang et al.,2021)。区域内六种重金属均以残渣态为主,其中残渣态 Zn(86%)占比最高,其次为 Cr(71%);可交换态 Pb、Cd 和 Cu 平均占比分别为 14%、13% 和 11%,其最高值分别为 26%、26% 和 33%,说明这三种元素的迁移能力相对较强 Pb 的迁移风险和总体潜在迁移风险均较强,其次为 Cd 和 Cu;综合总量和形态分布的结果可以看出区域内 Cd 存在一定污染水平和迁移风险,需进行有效调控管理,防止其影响作物安全(Yang et al.,2021)。区域内小麦植株中的 Zn 和 Cu 可能来源于土壤污染,Cr 可能来源于大气沉降(Luo et al.,2019)。

二、内蒙古乌达矿区土壤多环芳烃监测

内蒙古乌达煤田是国内开发较早、规模较大的煤田。该煤田位于乌达工业园西北部,其成煤时代为石炭-二叠纪,已探明含煤面积为 35 km²。早在 1961 年,乌达煤田内的 9、10号煤层开始自然发火。到目前为止,整个煤田内有 1、2、4、6、7、9、10、12 号八个煤层相继形成具有一定面积、一定规模的火区。位于其西南部的乌达工业园建成于 20 世纪 80 年代,园区内主要有燃煤电厂、焦化厂、金属冶炼厂、洗煤厂、电石厂、聚氯乙烯厂等。

研究区域内布设采样点包括工业区、城区、煤矿区、荒地和沿线道路等典型区域(图 8-14),综合考虑不同功能区面积和污染水平,在采煤区和工业园区适当增加布点,一共布设 18 个采样点。依据经纬坐标通过手持 GPS 定位,用硬质与软质毛刷结合采集表层约1.5 mm 土壤样品。样品剔除杂质(植物残体、铁屑、建筑材料、工业产品等非自然尘土物质)后,经风干、缩分、研磨粉碎至过 200 目(75 μm)金属筛备用。采用改进超声波萃取预处理,用气相色谱-三重四极杆质谱(Xevo TQGC,Waters,USA)进行分析,分析色谱条件为:进样口温度 280 ℃,载气(氦气)流速为 1 mL/min,进样体积 1 μL,不分流进样;升温程序:初始 70 ℃,保持 1 min,15 ℃/min 升温至 180 ℃,保持 2 min,10 ℃/min 升温至 230 ℃,保

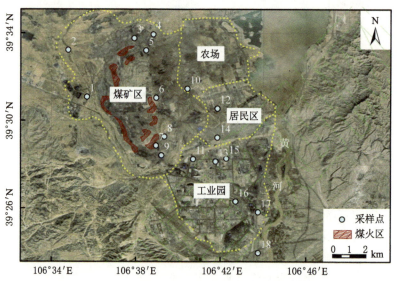

图 8-14　区域采样点图

持 0.5 min,5 ℃/min 升温至 250 ℃,保持 2 min,8 ℃/min 升温至 300 ℃,保持 5 min。质谱
条件为:电子轰击电离源(即 EI 离子源),电离电压为 70 eV,离子源温度 250 ℃,接口温度
280 ℃,扫描范围:50～550 amu,全扫模式。溶剂延迟 4.0 min。

主要结论包括:

区域土壤中,$\sum_8$PAHs 含量均值为 2 054 ng/g,菲是各样品中含量最高的多环芳烃,从
多环芳烃的含量和种类结果可知,区域土壤已受到周围煤矿开采污染和工业活动的影响;
乌达区 18 个土壤样品中烷基多环芳烃含量均明显高于对应的母体多环芳烃,其中烷基萘的
总量均值约为萘总量的 5 倍,烷基菲的总量均值是菲的 3 倍,烷基芴略高于芴;多环芳烃含
量较高的位置集中在研究区西南方位(图 8-15),以 8 号水泥厂样点和 9 号工业园采样点为
中心分布,其次为 13 号热电厂样点和 17 号焦化厂样点。土壤中不同种类的多环芳烃在分
布上也有所差异,总体来看,萘、芴、菲在分布上具有较高的相似性,母体多环芳烃与其对应
的烷基取代多环芳烃具有一定的同源性;乌达区土壤中母体多环芳烃和烷基取代多环芳烃
均存在极显著相关关系,且环数越高,相关性越强。而多环芳烃与汞之间并不存在明显的
相关性,采煤、燃煤及其他相关的工业活动会向周围环境不同程度地释放多环芳烃和重金

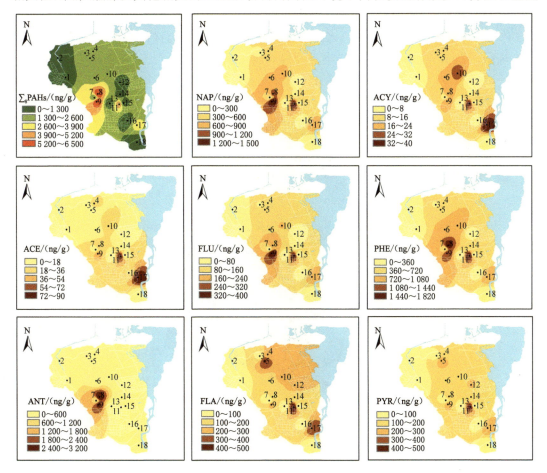

图 8-15　乌达矿区土壤多环芳烃空间分布

属汞两种污染物,但是两者的环境归趋有着显著的差异(袁珂月 等,2022)。

三、邹城矿区土壤重金属污染遥感监测

煤矿开采对周边地区造成环境污染,其中重金属污染尤其严重,传统的土壤重金属含量监测方法是野外取样与实验室分析相结合,虽然具有很高的精度,但是在大规模应用中存在成本高、效率低的弊端。相比之下,高光谱遥感技术在矿区土壤重金属污染监测中具有速度快、分辨率高、精度高、适合大尺度监测的优点(郭学飞 等,2020)。以山东省邹城市一矿区的高光谱遥感重金属监测为例加以说明(Hou et al.,2019)。

(一)研究区样本采集

1. 研究区概况

研究区为山东省邹城市西北部的矿区,面积为 35.76 km²,以平原为主,温带大陆性季风气候,四季分明。地形以平原为主。主要土壤类型为淋溶土和潜育土。土壤 pH 值为 7.4～8.1,容重为 1.6～1.7 g/cm³,含水量为 30%～35%。大多数土壤具有砂壤土质地,其中 15% 的黏土、20% 的粉砂、65% 的砂。

2. 样本采集

依据均匀网格布点方法并综合考虑污染源分布特征,在研究区内布设了 106 个土壤表层样本采集点,如图 8-16 所示。样本点的经纬度以及高程由手持 GPS 来确定,在样本点 10 m×10 m 范围内,利用对角线取样法采集 5 块土壤进行混合,每个土壤样本大约重 1 kg。在实验室内烘干,剔除杂质。

图 8-16 矿区土壤样本点分布

(二)数据预处理

1. 土壤光谱测量

土壤样本的光谱反射率测量是在实验室暗室条件下使用美国 ASD 公司推出的光谱范

围在 350～2 500 nm 之间的 FieldSpec 4 地物光谱仪进行的,室内光源为 1 000 W 卤素灯。

2. 光谱数据处理

从每个土壤样本中获取 8 条光谱曲线,计算算术平均光谱曲线,消除异常曲线,去掉初始波段(250～499 nm)和尾波段(2 451～2 500 nm)的噪声,使用 S-G 滤波算法对光谱曲线进行平滑,去除图像噪声,具体效果如图 8-17 所示。利用乘法散射校正 MSC 方法消除了近红外光谱中同批次样品在漫反射过程中粒子不均匀性造成的样品差异,具体效果如图 8-18 所示。

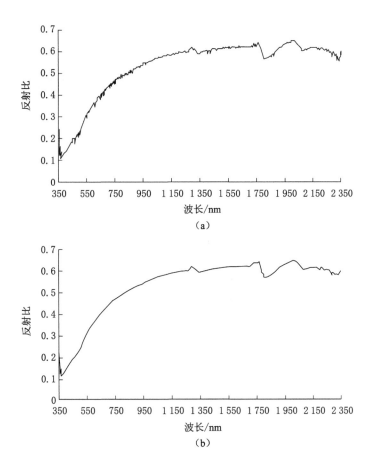

图 8-17　S-G 滤波前后光谱曲线对比

3. 光谱指标变换

为了消除设备硬件条件、大气条件、光照条件对于光谱测量的影响,进行光谱指标变换,如倒数、倒数对数的一阶微分、二阶微分等。如图 8-19 所示,经一阶、二阶微分后的光谱指标,可有效消除背景干扰、分辨重叠峰等因素的影响。

4. 光谱特征分析

如图 8-19(a)所示的土壤样本原始光谱反射曲线,不同的土壤样本光谱曲线相似,特征吸收波段基本相同,反射率值在 0～0.7 之间。分析光谱曲线整体趋势,在可见光波段(350～780 nm),反射率值起初较低,随着波长的增加迅速增加,光谱曲线陡峭,斜率较大。

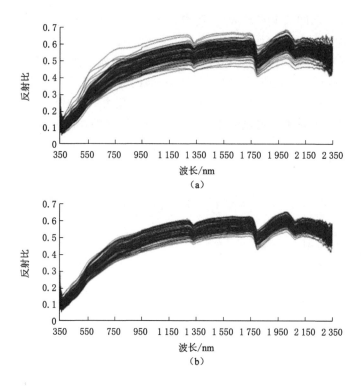

图 8-18　MSC 预处理前后光谱曲线对比

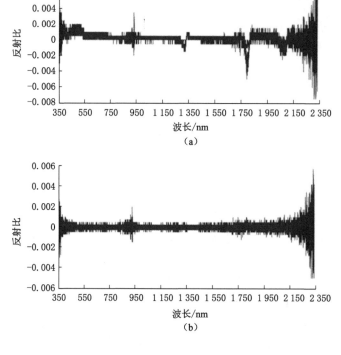

图 8-19　经一阶、二阶微分后的光谱反射率曲线

在短波近红外波段(780~2 100 nm)反射率值较高,增长缓慢,光谱曲线稳定。在长波近红外波段(2 100~2 500 nm)反射率值缓慢下降。分析光谱曲线的特征波段,所有土壤样品在1 400 nm、1 910~1 915 nm 和 2 200 nm 波长处都有较强的吸收带,但是吸收谷深度不同,在 2 100 nm 处反射率达到最大值。

(三)技术方法

1. 重金属污染高光谱反演

高光谱遥感反演分为高光谱图像反演与地面实测(实验室实测)高光谱反演。通过采样在实验室可快速获取污染土壤的光谱曲线,通过多阶微分处理,寻找重金属微量元素在光谱反射曲线上的极值点,建立土壤重金属污染含量与光谱极值点之间的分析模型。

2. 高光谱反演模型

偏最小二乘回归 PLSR 分析综合了主成分分析、相关分析和线性回归分析的特点。将PLSR 模型应用到矿区土壤重金属反演中,以不同预处理方法下的光谱反射率为自变量,反演土壤中 Cr、Ni、Cu、Zn、Cd、Pb 的浓度。采用 R^2 和 RMSE 评价模型的预测精度。R^2 表示模型建立和验证的稳定性,R^2 越接近 1,模型越稳定,拟合越好。RMSE 表明了模型的预测能力,RMSE 越小,预测精度越高。

(四)结果分析

将所有土壤样本分为训练样本 76 个(用于开发和交叉验证 PLSR 模型)和测试样本 30个(用于评估模型的预测精度)。模型反演结果见图 8-20。从结果可以看出,利用 PLSR 模型对 6 种重金属元素进行反演中,结合 S-G 滤波和 MSC 算法的光谱预处理方法在测试集中对于 Ni 的反演精度最高,$R^2 = 0.879$,RMSE$= 1.292$。对于 Cd 的反演精度较低,$R^2 < 0.638$,RMSE>3.887,这可能是由 Cd 浓度太低的原因导致的。

Element	Preprocessing method†	Model	Modeling		Testing	
			R^2	RMSE	R^2	RMSE
Ni	R	F(1/R)	0.783	3.869	0.725	3.554
	SG	F[log(1/R)]	0.833	1.741	0.786	2.384
	MSC	F(R)	0.885	1.182	0.828	1.873
	SG+MSC	F[log(1/R)]	0.923	0.831	0.879	1.292
Cr	R	F(1/R)	0.689	3.537	0.675	3.643
	SG	F[log(1/R)]	0.782	2.612	0.723	2.957
	MSC	F(R)	0.814	1.993	0.742	2.838
	SG+MSC	F(1/R)	0.822	1.897	0.758	2.984
Pb	R	F(1/R)	0.678	3.764	0.659	3.653
	SG	F(1/R)	0.751	3.762	0.703	3.371
	MSC	F(R)	0.836	1.638	0.774	2.757
	SG+MSC	F(1/R)	0.763	3.869	0.752	3.754
Cu	R	F(1/R)	0.692	3.412	0.673	3.521
	SG	F[log(1/R)]	0.762	2.986	0.751	3.042
	MSC	F(R)	0.783	2.563	0.768	2.826
	SG+MSC	F[log(1/R)]	0.816	1.722	0.785	2.623
Zn	R	F(1/R)	0.738	3.235	0.651	3.823
	SG	F[log(1/R)]	0.775	3.427	0.711	3.567
	MSC	F(R)	0.791	2.468	0.756	2.713
	SG+MSC	F[log(1/R)]	0.828	1.885	0.796	2.574
Cd	R	F[log(1/R)]	0.611	4.217	0.568	4.548
	SG	F(1/R)	0.632	3.904	0.602	4.335
	MSC	F(1/R)	0.654	3.786	0.626	4.163
	SG+MSC	F(1/R)	0.687	3.584	0.638	3.887

† MSC, multiplicative scatter correction; R, original reflectance; SG, Savitzky–Golay.

图 8-20　土壤重金属含量预测模型分析

第九章 矿区生态环境评价及预警

矿区生态环境评价与预警是通过对矿区生态系统的结构、功能、价值和健康状况及其生态环境质量所进行的评价,对煤炭开采活动所导致的矿区生态环境的破坏程度及对社会经济发展影响的全面评估与预警,包括矿区生态环境影响因素、影响过程的调查、分析、识别与解释,目的是为矿山生态环境治理提供基础科学依据,有效地解决矿区生态环境问题和保障矿区资源与环境协调发展。由于煤矿区生态环境影响因素复杂,评价指标体系繁杂、多样,评价方法尚在探索中。因此,建立适用的煤矿区生态环境影响评价方法及其指标体系对煤矿区生态环境保护有重要意义。本章介绍了矿区生态环境评价与预警的一般概念、方法与技术流程,以矿区土地生态环境评价为例,主要介绍基于生态学原理、景观生态学原理及生态环境影响评价与预测的一般方法,构建合理的矿区土地生态环境评价与预测模型;根据土地生态环境影响评价与预测指标体系设置的依据,构建相关评价与预测指标体系,并以徐州市沛县矿区为例,进行矿区生态环境质量评价与预警实践。

第一节 矿区生态环境评价方法

一、矿区生态环境评价相关概念

本章研究的煤矿区生态环境是指狭义的生态环境,即煤矿的自然-生态环境。不同矿区及其不同的开发阶段生态环境评价需考虑的因素也不尽相同。作为方法介绍,这里煤矿区生态环境系统主要涵盖大气环境子系统、水环境子系统、噪声污染子系统和土地利用子系统四个部分,其中土地利用子系统包括煤矿区的土地破坏景观和复垦景观生态状况两方面,如图 9-1 所示。

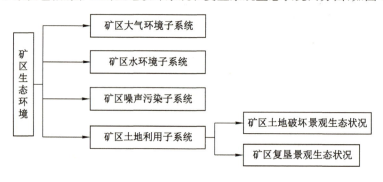

图 9-1 矿区生态环境系统

区域生态环境评价是在环境评价的基础上发展起来的,是环境评价的重要组成部分。从理论上说,环境质量是环境系统客观存在的一种本质属性,这种本质属性的外部特征——环境状态,能用定性和定量的方法加以描述。实际上,人们把环境质量直观地理解成:在一个具体的时间或空间范围内环境的总体或环境的某些要素对人类的生存和繁衍及社会经济发展的适宜程度,是根据人类的要求而形成的对环境的性质及数量进行评定的尺度。因此,区域生态环境评价就是根据选定的指标体系和评价标准采用一定的方法来判断一个具体的时间和空间范围内生态系统的总体或部分生态环境因子的组合体与人类的生存及社会经济持续发展的协调程度。

生态环境评价的概念可以从以下三方面理解:

① 生态环境评价是认识和研究生态环境的一种科学方法,是对生态环境质量优劣的定量描述。一般是指一切可能引起生态环境发生变化的人类社会行为,包括政治、法令在内的一切活动,从保护生态环境的角度进行定性和定量的评定。

② 生态环境评价的核心问题,即研究生态环境质量的好坏,以人类生存和发展的适应性为标准。

③ 生态环境评价的目的:一是制定区域生态环境规划,进行生态环境综合整治,制定区域污染物排放标准、环境标准和环境法规,为搞好生态环境管理提供依据;二是为比较各地区所受影响的程度和变化趋势提供科学依据。

矿区生态环境评价是在对矿区生态环境调查的基础上,结合矿区实际情况,选择适合的评价方法,按照一定的评价原则和标准,对当前或过去某时间段矿区生态环境的现状做出系统地识别,并给出定性或定量的评判。矿区生态环境评价的目的是通过对矿区生态环境素质的优劣进行定量描述,即从矿区环境保护以及与人类生活、生存与发展关系出发,按照一定的评价标准和评价方法,对矿区内的生态环境,从可持续发展的角度进行定性与定量的评定、解释。然后根据评判结果提出相应的生态修复意见,为开展矿区生态环境污染防治、生态环境修复治理以及矿区社会经济的可持续发展提供依据(姬红英,2010)。

矿区生态环境评价涉及矿山环境地质、大气环境、水土污染、土地破坏等多个方面的评价。本章将以矿区土地生态环境要素为对象,建立指标体系,构建评价模型,采用相应的评价方法,对矿区的生态环境质量进行全面的、综合的评价。矿区土地生态环境评价是指对矿区生态系统的结构、功能、价值和健康状况及其生态环境质量所进行的评价,矿区生态环境评价侧重于矿区土地生态环境评价。土地生态环境评价的目的在于对土地生态环境质量综合鉴定,划分出土地质量的等级,即适宜程度的高低、限制程度的强弱、生产潜力的大小等。土地生态环境评价有两个途径:一是土地自然评价,侧重于土地自然要素的评价;二是土地经济评价,即在现实土地利用中,将通过劳动消耗所获得的土地生产率作为评价指标。此外,土地质量评价还包括如可持续土地利用和管理评价、土地退化评价、土地健康评价等(Karan et al.,2016)。土地退化和土地健康评价与土地生态环境密切相关,而可持续土地利用评价不仅包含土地自然和经济评价,也包含土地生态方面评价。

二、矿区生态环境评价分类

目前,关于矿区生态环境评价的研究与实践较多,主要内容包括矿区环境质量与环境污染评价、矿区地质环境评价(柴义伦,2018)、矿区生态要素与环境影响评价(程水英,2014)、矿区生态环境综合评价等(陈磊 等,2017)。

(一)矿区环境质量与环境污染评价

煤炭开采对生态环境的影响主要有两方面:一是排污对生态的影响,主要表现为废水、废气、废渣的排放和生产过程中的噪声等对生态环境的影响(贾莹,2017);二是煤炭开采引起的地表沉陷对生态环境的直接破坏。在上述环境影响因素中,废水、废气、废渣对生态环境的影响属于污染生态影响,地表沉陷对生态环境的影响属于非污染生态影响(汪云甲,2017)。可见,煤矿生产对生态环境影响的多样性和复杂性。因此,学界对矿区环境质量与环境污染评价进行了分类研究,主要研究内容包括大气环境(侯文斌,2017)、水环境(地表水、地下水、饮用水)、噪声环境、土壤环境等(王子昕 等,2019;黄淑玲 等,2015;姬广青,2013;高文文 等,2015;白乐 等,2015)。

(二)矿区地质环境质量评价

随着原国土资源部组织的全国矿山地质环境调查工作开展以后,各地相继对矿山地质环境评价指标体系、方法、分区定级等方面进行了深入研究(乔爱萍,2019)。2003 年中国地质调查局西安地质调查中心建立了包括资源毁损、地质灾害和环境污染三要素共 22 项指标的矿山环境地质问题综合评价体系,为矿山地质环境的监管提供了量化的指标,成为政府制定矿山地质环境保护规划的科学依据。自此以后,我国矿山地质环境评价工作逐渐趋于成熟。虽然我国矿山地质环境质量评价研究取得了不小的进步,但建立的制度体系仍待完善。例如,应在全国范围内开展矿山地质环境的详细勘查工作,及时更新恢复治理方案(刘媛 等,2014)。同时,建立和完善矿山地质环境监管的法律法规,以法律为手段使矿业开发走上绿色发展道路。建立完善的矿山地质灾害监测和预警体系,及时排除威胁矿业工作人员和周边居民生命财产安全的隐患。

(三)矿区生态要素与环境影响评价

在矿区总体规划环境影响评价方面,目前学界研究普遍将生态环境因素置于重大矿产开发活动宏观决策的前端,通过对生态系统承载力分析,对各类重大矿产开发、生产力布局、资源配置等提出更为合理的战略安排,从而达到在开发建设活动源头预防环境问题的目的,即在政策法规制定之后、项目实施之前,对有关规划的资源环境的可承载能力进行科学评价。在矿山建设项目环境影响评价方面,重点是研究新建、扩建、改建项目的生态影响。

(四)矿区生态环境总体评价

宏观意义上的矿区生态评价,就是矿山生态环境总体评价,需要能够客观反映生态环境现状,它是一个集社会、经济、生态和资源为一体的复合大系统。关于矿区生态环境的评价研究是近年来学界研究的热点之一,其主流研究模式主要有以下几种(韦朝阳,1999;全占军 等,2013;陆建衡 等,2018;Yang et al.,2018):

① 按照土地可持续利用的要求,提出以景观生产力、景观健康水平和景观美学价值为核心的小尺度采煤沉陷地复田景观质量评价的三级指标体系进行矿区生态环境评价。

② 运用基于土地破坏程度提出的矿区生态破坏指数(主要包括土地类型、土地破坏、人均耕地、污染程度与人口密度等指标)进行矿区生态环境评价。

③ 运用多样性、代表性、空气污染浓度、重金属污染、土壤侵蚀等五大生态评价指标体系进行矿区生态环境评价。

④ 运用与生境、人类生存安全度、生态经济三大类指标体系进行矿区生态环境评价。

⑤ 运用地质灾害、水土流失、土壤性质、植被覆盖、生物多样性、生态需水等系统因子构成的生态系统脆弱性评价指标体系进行矿区生态环境评价。

三、矿区生态环境评价方法

科学合理的评价方法是整个生态环境综合评价体系中的一个重要环节,它直接影响到评价结果的准确性和可靠性。目前,生态环境质量评价已从定性分析发展到了定量分析,通过交叉多学科的知识,产生了适用于不同条件下的生态环境质量评价方法。

(一)模糊数学法

一些研究根据矿区生态环境的特点,选择合适的评价指标,运用模糊数学的方法进行客观的评价,得到研究区生态环境的评价等级,其实质是对主观产生的"离散"过程进行综合处理,通过对评价对象的各项参数指标建立待评因子集、评价集和评价矩阵,对各待评因子赋予不同的权重,进而对研究区生态环境进行综合评价(周沛洁 等,2012)。该评价方法综合考虑了影响矿区生态环境评估的各种因素,既充分体现评价因子和评价过程的模糊性,又尽量减少个人主观臆断的弊端,比一般的评比打分等方法更符合客观实际。如马丽丽等(2013)利用模糊数学综合评判方法,选取水体密度、植被覆盖度、居民地密度、地形地貌、矿业占地和生态多样性等6项指标,得到矿区生态环境的等级评价图,实现了矿区生态环境评价。樊智军(2003)则利用该方法对大同矿区的空气环境质量水平进行了评价。刘喜韬等(2007)则将模糊数学与层次分析法相结合对闭矿后的矿区土地复垦生态安全进行评价。

采用模糊数学法的评价方法与步骤如下(钱铭杰 等,2014)。

步骤 1:建立评价集。根据因素属性,将评价指标体系按层级划分,建立多级指标体系,从而得到指标集 U,按实际需求确定评价对象可能得出的各种总评价结果得到评价集 V。

$$U = \{u_1, u_2, u_3, \cdots, u_i\} \tag{9-1}$$

$$V = \{v_1, v_2, v_3, \cdots, v_j\} \tag{9-2}$$

式中,u_i 表示第 i 个评价指标;v_j 表示第 j 个评价结果。

步骤 2:确定因子的权重。权重确定的方法有多种,如专家评估法、AHP 层次分析法、加权统计法、频数统计法、二元对比法、特尔斐法等,常用的主要是专家评估法和 AHP 层次分析法。由上述方法可得到权向量 A。

$$A = (a_1, a_2, a_3, \cdots, a_k) \tag{9-3}$$

式中,a_k 表示第 k 个评价因素的权重,$0 < a_k < 1$,$\sum a_k = 1$。

步骤 3:确立模糊矩阵。上述的单个评价指标 u_i 可以建立单因素评判集 r_i,它是评判集 V 上的一个模糊子集。一个评价对象在某个指标 u_i 方面的表现是通过模糊矢量 r_i 来刻画表现的。

$$r = (r_{i1}, r_{i2}, r_{i3}, \cdots, r_{ij}) \tag{9-4}$$

式中,r_{ij} 表示第 i 个因素的评价对于第 j 个属性的隶属度,$\sum r_{ij} = 1$。

在构造模糊子集之后,逐个对评价对象从每个因素 u_i 上进行量化,即从单因素来看评价对象对各模糊子集的隶属度,进而得到模糊关系矩阵 R。

$$R = \begin{bmatrix} r_1 \\ r_2 \\ \vdots \\ r_i \end{bmatrix} = \begin{bmatrix} r_{11} & r_{12} & \cdots & r_{1j} \\ r_{21} & r_{22} & \cdots & r_{2j} \\ \vdots & \vdots & & \vdots \\ r_{i1} & r_{i2} & \cdots & r_{ij} \end{bmatrix} \tag{9-5}$$

步骤 4:结果的计算。利用合适的模糊合成算子将权向量 A 与模糊关系矩阵 R 合成,可得到评价对象的模糊综合评价结果矢量 B。

$$B = A \otimes R \tag{9-6}$$

其中"$\otimes$"是模糊算子。从体现权重作用的明显程度、利用 R 信息的充分程度等方面考虑,最常用的合成模型为:

$$B = A \otimes R = (a_1, a_2, a_3, \cdots, a_k) \begin{bmatrix} r_{11} & r_{12} & \cdots & r_{1j} \\ r_{21} & r_{22} & \cdots & r_{2j} \\ \vdots & \vdots & & \vdots \\ r_{i1} & r_{i2} & \cdots & r_{ij} \end{bmatrix} = (b_1, b_2, b_3, \cdots, b_k) \tag{9-7}$$

其中 b_j 表示评价对象在评判集中第 j 个评价的量化结果,也是评价对象从整体上看对第 j 个评价结果的隶属度。对模糊综合评价结果矢量 B 进行分析,并对评价结果合理性作出综合判断。

(二)综合指数法

综合指数法广泛用于生态环境评价,是指根据一定的生态因子得出指数,然后通过加权运算,计算出生态环境综合指数,以此评价区域生态环境状况的方法。根据区域生态环境质量涉及多要素、多因子的特点,需要对各个因子对质量状况的贡献大小进行综合分析,全面评价,并定量化。在反映生态环境质量各个侧面指标的基础上产生综合指标,以期综合地评价生态环境质量(夏楠,2018)。对一些本身非定量化因子评估时,兼顾对专家意见的采纳与综合,采用生态因子质量等级评分加权综合质量指数法进行评价。在此基础上由定量转向定性,划分出生态环境质量的不同等级,再进行分析(厉彦玲 等,2005)。按因子之间的相互关联性、组合模式,首先计算各评价因子的加权质量指数,然后按评价因子的隶属关系得出三个因子集的质量分指数,最后由因子集质量分指数得出评价区的生态环境质量综合指数。廖红军等(2015)在对比分析基础上结合攀西地区实际情况采用综合指数法对攀西矿山地质环境进行评价并取得了较好的效果。

综合指数模型如下:

因子加权质量指数:

$$I_{ni} = P_{ni} \times W_{ni} \tag{9-8}$$

因子集的质量分指数:

$$EQ_i = k \times \sum I_{ni}, (i = 1, 2, \cdots, M) \tag{9-9}$$

评价区生态环境质量综合指数

$$EQ = k \times \sum EQ_i, (i = 1, 2, \cdots, N) \tag{9-10}$$

其中,k 是评价系数;M 为因子集中因子的个数;N 为同一个因子集中因子的个数;w 为 i 类因子集第 n 个因子的系统权重;P_{ni} 为 i 类因子集第 n 个因子的质量等级评分;I_{ni} 为 i 类因子集第 n 个因子的加权质量指数;EQ_i 为 i 类因子集的质量分指数;EQ 为评价区生态环境质量综合指数。

(三)灰色关联评价法

灰色关联分析(GRA)是一种多因素统计分析方法,它是以各因素的样本数据为依据,用灰色关联度来描述因素间关系的强弱、大小和次序,其目的是揭示因素间关系的强弱,其操作对象是因素的时间序列,最终的结果表现为通过关联度对各比较序列做出排序,综合评价的对象也可以看作是时间序列(每个被评事物对应的各项指标值),并且往往需要对这些时间序列做出排序,因而可以借助于灰色关联度发现来进行。

　　灰色关联评价是指基于灰色系统的理论和方法,针对预定的目标,对评价对象在某一阶段所处的状态作出评价。在灰色评价中,评价过程可以循环进行,前一过程的评价结果,可以作为后一过程评价的输入数据。因此,通过进行多层次的灰色评价,可以满足矿区复杂系统的评价要求。如董丽丽等(2014)从压力-状态-响应角度构建徐州市沛北矿区生态环境质量评价指标体系,并运用 TOPSIS 模型和灰色关联分析法对沛北矿区的土地生态质量进行综合评价。陈俊松等(2014)以个旧锡矿区的废弃地作为研究对象,采用灰色关联度分析方法,选择 11 个与矿区废弃地脆弱性密切相关的因子来综合评价矿区废弃地生态环境的脆弱程度。夏既胜等(2014)以露天矿区为研究对象,以土壤质地、地形起伏度、坡度、植被覆盖度、植被类型、降水等 6 个因子作为评价指标,采用灰色关联度法、德尔菲法对 3 个典型露天矿区进行了土壤侵蚀敏感性评价(宋子岭 等,2016)。

　　采用灰色关联评价法的具体步骤如下。

　　步骤 1:由原始数据确定最优指标集(与实际情况结合,考虑何为最优)。

　　设存在 n 个指标,通过分析得出最优集为:

$$X^* = \left[x_1^*, x_2^*, x_3^*, \cdots, x_n^* \right] \tag{9-11}$$

　　结合原始数据构建矩阵 D:

$$D = \begin{vmatrix} x_1^* & x_2^* & \cdots & x_n^* \\ x_{11} & x_{12} & \cdots & x_{1n} \\ \vdots & \vdots & & \vdots \\ x_{m1} & x_{m2} & \cdots & x_{mn} \end{vmatrix} \tag{9-12}$$

　　x_{ij} 为第 i 种方案的第 j 个评价指标的原始数值。该方法通常选定行数据为各指标,列数据为各方案等划分区间,以便于计算。

　　步骤 2:指标的标准化处理,即消除量纲及其他因素影响。

　　常用标准化公式:

$$c_{ij} = \frac{x_{ij} - \min\limits_j x_{ij}}{\max\limits_j x_{ij} - \min\limits_j x_{ij}} \tag{9-13}$$

　　$\min\limits_j x_{ij}$ 为第 i 个指标在所有纵向因素中的最小值;$\max\limits_j x_{ij}$ 为第 i 个指标在所有纵向因素中的最大值。

　　由此,D 经过标准化得到 C:

$$C = \begin{vmatrix} c_1^* & c_2^* & \cdots & c_n^* \\ c_{11} & c_{12} & \cdots & c_{1n} \\ \vdots & \vdots & & \vdots \\ c_{m1} & c_{m2} & \cdots & c_{mn} \end{vmatrix} \tag{9-14}$$

　　步骤 3:计算灰色关联系数。首先拆分矩阵 C,根据灰色系统理论,得

　　参考数列:

$$\{c^*\} = \{c_{1o}, c_{2o}, c_{3o}, \cdots, c_{no}\} \tag{9-15}$$

比较数列:

$$\{c\} = \{c_{i1}, c_{i2}, c_{i3}, \cdots, c_{in}\} \quad i = 1, 2, 3, \cdots, m \tag{9-16}$$

用关联分析法分别求第 i 个方案第 k 个指标与最优集第 k 个最优指标值的关联系数 ξ_{ik},即:

$$\xi_{ik} = \frac{\min\limits_i \min\limits_k |c_{ok} - c_{ik}| + \rho \max\limits_i \max\limits_k |c_{ok} - c_{ik}|}{|c_{ok} - c_{ik}| + \rho \max\limits_i \max\limits_k} \tag{9-17}$$

ρ 为分辨系数,$\rho \in [0, 1]$,一般取 0.5,引入该系数是为了减少极值对计算的影响。

步骤 4:计算灰色关联度。最后回归到主要依据模型:

$$r_i = \sum_{k=1}^{n} \xi_{ik} \times w_k, \quad i = 1, 2, 3, \cdots, m \tag{9-18}$$

得到关联度矩阵:

$$R = [r_1, r_2, r_3, \cdots, r_m]^{\mathrm{T}} \tag{9-19}$$

其中 $r_i \in [0, 0.35)$ 属于弱关联,$r_i \in [0.35, 0.65)$ 属于中度关联,$r_i \in [0.65, 1]$ 则属于强关联。

即可以通过关联度大小,简单评判各指标水平的高低。

（四）灰色聚类方法

灰色聚类法这一灰色系统概念,是我国邓聚龙教授根据"灰箱"概念拓广而来的,由于矿区生态环境质量中所获得的数据总是在有限的时间和空间范围内监测得到的,所提供的信息不完全或不确切,可以将矿区生态环境系统视为一个灰色系统,即部分信息已知、部分信息未知或不确知的系统,因此,对于灰色系统适合采用多种参数的综合评价。灰色聚类法近年来在矿区生态环境评价中有着较多的应用,被直接应用于多种分析与评价(厉彦玲,2007)。如钱斌等(2014)依据徐州市贾汪老矿区地下水监测数据特征,采用灰色聚类分析法进行水环境质量综合评价;周川等(2016)基于灰色聚类模型对重庆市各典型矿区土地损毁程度进行了评价;焦明连(2016)则在灰色聚类分析中,把山西省矿区环境质量作为灰色系统进行研究,利用灰色聚类分析方法对山西省矿区环境质量进行评价。

采用灰色聚类方法的具体步骤如下:

设有 n 个观测对象,每个观测对象有 m 个特征数据,得到序列如下:

$$
\begin{aligned}
X_1 &= (x_1(1), x_1(2), \cdots, x_1(n)) \\
X_2 &= (x_2(1), x_2(2), \cdots, x_2(n)) \\
&\vdots \\
X_m &= (x_m(1), x_m(2), \cdots, x_m(n))
\end{aligned}
\tag{9-20}
$$

对所有的 $i \leqslant j, i, j = 1, 2, \cdots, m$,计算出 X_i 与 X_j 的绝对关联度 ε_{ij},得上三角矩阵。

$$
A = \begin{bmatrix}
\varepsilon_{11} & \varepsilon_{12} & \cdots & \varepsilon_{1m} \\
& \varepsilon_{22} & \cdots & \varepsilon_{2m} \\
& & \ddots & \vdots \\
& & & \varepsilon_{mm}
\end{bmatrix}
\tag{9-21}
$$

其中 $\varepsilon_{ii} = 1, i = 1, 2, \cdots, m$。

上述矩阵 A 称为特征变量关联矩阵。

取定临界值 $r \in [0,1]$，一般要求 $r > 0.5$，当 $\varepsilon_{ij} \geq r(i \neq j)$ 时，则视 X_i 与 X_j 为同类特征。

特征变量在临界值 r 下的分类称为特征变量的 r 灰色关联聚类。可以根据实际问题的需要确定 r，r 越接近于 1，分类越细；r 越小，分类越粗糙，如图 9-2 所示。

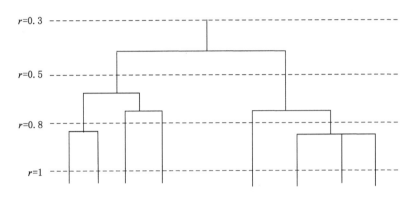

图 9-2　灰色关联聚类示意图

（五）人工神经网络法

人工神经网络被广泛应用于信息提取、图像分类、定量预测等方面。基于人工神经网络的多指标综合评价方法通过神经网络的自学习、自适应能力和强容错性，建立更加接近人类思维模式的定性和定量相结合的综合评价模型。训练好的神经网络把专家的评价思想以连接权的方式赋予网络上，该网络不仅可以模拟专家进行定量评价，而且避免了评价过程中的人为失误。由于模型的权值是通过实例学习得到的，避免了人为计算权重和相关系数的主观影响和不确定性。

反向传播（back propagation，BB）神经网络是由 Rumelhart 等于 1985 年提出，它是一种多层次反馈型网络。基于 BP 人工神经网络的综合评价方法具有运算速度快、问题求解效率高、自学习能力强、适应面宽等优点，较好地模拟了评价专家进行综合评价的过程。与传统评价方法相比，其在非线性拟合问题上具有较强的优势，只需对典型样本进行学习训练，即可对其他单元进行评价，在很大程度上减少了人为因素的影响，能够快速对矿山环境作出评价。如李东等（2015）将其引入到矿山环境评价中，选取 160 个单元作为训练样本，以自然地理、基础地质、开发占地及地质环境等 4 个大类的 14 个变量指标为输入向量，以单元评价得分为输出向量，建立起了人工神经网络评价模型。

人工神经网络法的运行规则如图 9-3 所示：

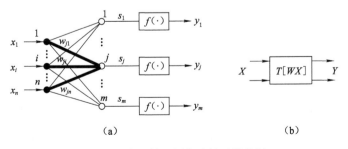

（a）　　　　　　　　　　（b）

图 9-3　人工神经网络法的运行规则

图中 $x_1, x_i, \cdots, x_n$ 分别代表输入神经元输入;w_{j1}, w_{ji}, w_{jn} 分别表示其他神经元与该神经元的突触连接强度,即权重;s_1, s_j, s_m 分别表示输出层各点的净输入;$f(\cdot)$ 表示转移函数;y_1, y_j, y_m 分别表示神经元的输出结果。输入层(图中实心黑点)只起到分配输入信号及传递信息的作用,故不算一层。输出层(图中空心圆圈)用来处理信息,并向外界输出结果,由于只有一个输出层,且信号是向前单向传递的,故称为单层前馈网络。圆圈表示神经元,又称结点。

网络中任何一层神经元的连接权,可用下面的权矩阵 W 表示:

$$W = \begin{bmatrix} w_{11} & w_{12} & \cdots & w_{1n} \\ w_{21} & w_{22} & \cdots & w_{2n} \\ \vdots & \vdots & & \vdots \\ w_{m1} & w_{m2} & \cdots & w_{mn} \end{bmatrix} \tag{9-22}$$

网络输出层各点的净输入也用向量表示:

$$S = \begin{bmatrix} s_1 \\ s_2 \\ \vdots \\ s_m \end{bmatrix} = WX = \begin{bmatrix} w_{11} & w_{12} & \cdots & w_{1n} \\ w_{21} & w_{22} & \cdots & w_{2n} \\ \vdots & \vdots & & \vdots \\ w_{m1} & w_{m2} & \cdots & w_{mn} \end{bmatrix} \times \begin{bmatrix} x_1 \\ x_2 \\ \vdots \\ x_n \end{bmatrix} \tag{9-23}$$

引入输入与输出特性矩阵 T:

$$T = \begin{bmatrix} f(\cdot) & 0 & \cdots & \cdots & \cdots & 0 \\ 0 & f(\cdot) & \cdots & \cdots & \cdots & 0 \\ \vdots & \vdots & & \vdots & & 0 \\ 0 & 0 & \cdots & f(\cdot) & \cdots & 0 \end{bmatrix}_{m \times n} \tag{9-24}$$

$$Y = \begin{bmatrix} y_1 \\ y_2 \\ \vdots \\ y_m \end{bmatrix} = \begin{bmatrix} f(\cdot) & 0 & \cdots & \cdots & \cdots & 0 \\ 0 & f(\cdot) & \cdots & \cdots & \cdots & 0 \\ \vdots & \vdots & & \vdots & & 0 \\ 0 & 0 & \cdots & f(\cdot) & \cdots & 0 \end{bmatrix} \times \begin{bmatrix} s_1 \\ s_2 \\ \vdots \\ s_m \end{bmatrix} = TS = TWX \tag{9-25}$$

式中:W 为网络权值矩阵;X 为网络输入向量;Y 为网络输出向量。

(六) 主成分分析法

主成分分析(PCA)是由 Hotelling 于 1933 年首先提出的,它是利用降维的思想,把多指标转化为少数几个综合指标的多元统计分析方法,其基本思想是对原始变量相关矩阵结构关系进行研究,找出影响某一过程的几个综合指标,使综合指标变为原来变量的线性组合,从而不仅保留了原始变量的主要信息,彼此之间又不相关,更有助于抓住主要矛盾。基于主成分分析的综合评价以主成分分析为理论基础,以综合评价为主线,着眼于作出合理公正的综合评价。经过主成分分析,将会自动生成各主成分的权重,这就在很大程度上抵制了在评价过程中人为因素的干扰,因此以主成分为基础的综合评价理论上能够较好地保证评价结果的客观性,如实地反映实际问题。主成分综合评价提供了科学而客观的评价方法,完善了综合评价理论体系,为管理和决策提供了客观依据。孙奇奇(2012)、卞晓娣(2017)等分别利用主成分分析方法建立了土地生态安全评价指标体系,设定了安全阈值,评价了土地生态安全状态及影响生态环境可持续发展的因素。

主成分分析的模型如下:

设对某一事物的研究涉及 p 个指标,分别用 $x_1,x_2,\cdots$ 表示,这 p 个指标构成的 p 维随机变量为 $X=(X_1,X_2,\cdots)$。设随机变量 X 的均值为 u,协方差矩阵为 Σ。

对 X 进行线性变换,可以形成新的综合变量,用 Y 表示,也就是说,新的综合变量可以由原来的变量线性表示,即满足下式:

$$\begin{cases} Y_1 = u_{11}X_1 + u_{21}X_2 + \cdots + u_{p1}X_p \\ Y_2 = u_{12}X_1 + u_{22}X_2 + \cdots + u_{p2}X_p \\ \quad\quad\quad\quad\quad \vdots \\ Y_p = u_{1p}X_1 + u_{2p}X_2 + \cdots + u_{pp}X_p \end{cases} \tag{9-26}$$

由于可以任意地对原始变量进行上述线性变换,由不同的线性变换得到的综合变量 Y 的统计特性也不尽相同。因此为了取得较好的效果,我们总是希望 $Y_i = u_i' \cdot X$ 的方差尽可能大且各 Y_i 之间相互独立,由于

$$\mathrm{var}(Y_i) = \mathrm{var}(u_i'X) = u_i'\Sigma u_i \tag{9-27}$$

而对任意的常数 c,有

$$\mathrm{var}(cu_i'X) = c^2 u_i'\Sigma u_i \tag{9-28}$$

因此,对 u_i 不加限制时,可使 $\mathrm{var}(Y_i)$ 任意增大,问题将变得没有意义。我们将线性变换约束在下面的原则之下:

① $u_i'u_i = 1 (i = 1,2,\cdots,p)$;

② Y_i 与 Y_j 相互无关($i <> j$; $i,j = 1,2,\cdots,p$);

③ Y_1 是 $X_1,X_2,\cdots,X_p$ 的一切满足原则①的线性组合中方差最大者;Y_2 是与 Y_1 不相关的 $x_1,x_2,\cdots,x_p$ 所有线性组合中方差最大者;Y_p 是与 $Y_1,Y_2,\cdots,Y_{p-1}$ 都不相关的 $x_1,x_2,\cdots,x_p$ 的所有线性组合中方差最大者。

基于以上三条原则确定的综合变量 $Y_1,Y_2,\cdots,P$ 分别称为原始变量的第一、第二、$\cdots$、第 p 个主成分。其中,各综合变量在总方差中所占的比重依次递减。在实际研究工作中,通常只挑选前几个方差最大的主成分,从而达到简化系统结构、抓住问题实质的目的。

(七)遥感评价方法

近年来,卫星遥感技术因其具有大范围、长时间序列、多信息、多平台监测等优点被广泛应用于矿区生态环境评价中。煤炭开采对区域的土壤、水体、大气等生态环境造成的影响随时间和自然条件的变化而发生相应变化,通过遥感方法获取区域生态环境时空变化信息,能有效地对生态质量管理策略做出应对调整(Li et al.,2015)。2006 年,我国推出了主要基于遥感技术的生态环境指标——生态环境指数(ecological index,EI),该指标在生态环境监测上得到了广泛的运用。2013 年,在考虑到 EI 权重的合理性、归一化系数的设定、指标的易获取性和生态状况可视化等问题的情况下,一种完全基于遥感信息、集成多种生态因子的遥感生态指数(remote sensing based ecological index,RSEI)被提出,该指数将区域的生态环境用绿度、湿度、干度和热度 4 个分量表示,分量分别由归一化植被指数、缨帽变换的湿度分量、建筑指数与土壤指数合成的干度指标和地表温度表示。将这 4 个分量分别归一化后进行主成分分析,根据各个指标对第一主成分的贡献确定权重(徐涵秋,2013)。

RSEI 指数模型如下：

$$RSEI = C_1 \cdot Greenness + C_2 \cdot Wetness + C_3 \cdot Heat + C_4 \cdot Dryness \qquad (9\text{-}29)$$

式中：Greenness 为绿度、Wetness 为湿度、Heat 为热度、Dryness 为干度，C_x 为各指标权重。

在 RSEI 指数中，代表绿度的植被指数指标与《生态环境状况评价技术规范》（以下简称规范）中的植被覆盖指标含义相近，与其生物丰度指标也高度相关，因为《规范》中的生物丰度、植被覆盖这两个指标的计算依据是相同的，只是权重略有不同；代表湿度的指标与《规范》中水网指数指标相同，但湿度指标除了能代表开放水体外，还可以代表与生态环境高度相关的土壤和植被的湿度；代表干度的裸土指数指标则与《规范》中的土地退化指标紧密相关，裸土指数越高，地表越裸露，土地退化越严重。

由于在遥感生态指数构建时并没有考虑自然情况下生态环境的影响具有区域性，以明确的边界框定范围不尽合理。为了更好地反映区域范围内的生态环境状况，朱冬雨等（朱冬雨 等，2021）结合景观生态学中"尺度"的思想提出一种基于移动窗口的遥感生态指数（moving window-based remote sensing ecological index，MW-RSEI），该指数充分考虑评价单元与周围地物的联系，排除空间距离较远的区域对该区域生态环境的影响。

MW-RSEI 原理示意图如图 9-4 所示（朱冬雨 等，2021）。

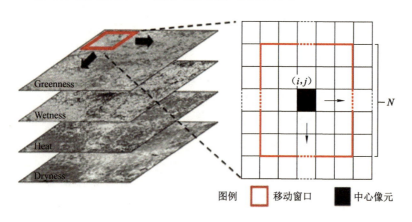

图 9-4　基于移动窗口综合指数的构建原理

基于移动窗口的综合指标通过对研究区域绿度、湿度、干度和热度 4 项指标分布图进行区域划分，以每个行列号为 (i,j) 的像元为中心构建 $N \times N$（N 为奇数）的评价区间，然后对每个评价区间单独进行主成分分析，得到的第一主成分分量值赋给中心像元，作为窗口中心像元 (i,j) 的生态环境指标的权重，其计算表达式为：

$$W(i,j) = PC1_N(i,j) \qquad (9\text{-}30)$$

式中，$W(i,j)$ 表示第 i 行、第 j 列的像元的权重，是指标对生态环境的贡献率；$PC1_N(i,j)$ 表示以第 i 行、第 j 列为中心进行主成分分析得到的第一主成分值；N 表示窗口边长的像元个数。当窗口研究区域内地物发生变化时，绿度、湿度、干度和热度 4 项指标大小随之发生变化，各个指标对生态环境的贡献度也发生改变。遍历研究区域每个像元，得到研究区各个像元生态环境指标的权重分布。

四、评价技术流程

(一)矿区生态环境评价流程

矿区生态环境评价是在收集基础资料和生态环境现状调查的基础上,分析煤炭资源开采导致矿区生态环境破坏的影响及影响因子,确定矿区生态环境评价的目标,选择适合的生态环境评价模型,构建生态环境评价指标体系,通过构建的矿区生态环境评价模型分析研究矿区的生态环境质量状况,并分析其变化情况。

首先,将收集的基础资料数字化,完成遥感影像的解译工作,形成 GIS 基础数据库;并检查矿区生态环境质量评价空间数据和属性数据的一致性;然后,利用算法指数等方法计算评价指标值,利用指标的标准化公式消除评价指标间量纲差别;通过构建的评价模型计算综合评价指数值,并根据一定的评价标准进行等级划分;最后,输出相应的生态环境质量等级图。在此基础上,对比分析不同时期的矿区生态环境质量变化情况。技术流程如图 9-5 所示。

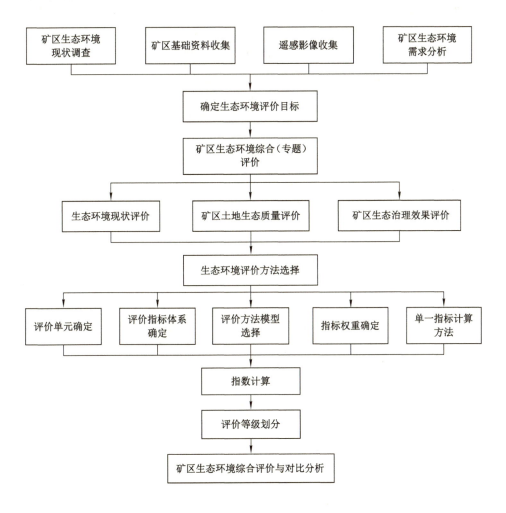

图 9-5　矿区生态环境评价技术流程

（二）评价单元的确定

评价单元是生态环境评价的基本单位,其划分应能客观反映区域生态环境功能与质量的空间差异。在国内外生态环境评价研究中,评价单元的选择主要有两大类,即基于面状的矢量评价单元和基于点状的栅格评价单元。具体评价单元的选择需要根据评价内容和评价目标来确定。

1. 面状评价单元

面状评价单元是根据评价特点划分具有空间范围的评价单位,如行政单元、小流域和景观单元等,其特点是方便获取各类经济社会及统计方面的数据,并且评价结论与现行的管理一致,但基于面状的评价单元以平均数据代替整个单元的整体特性,会出现评价单元内部差异性、统计数据空间的不确定性等问题。目前常用的面状评价单元有:① 行政区单元,在国家、省、市尺度进行区域生态评价中常采用;② 流域单元,主要依据流域内地形地貌分异及水文过程划分评价单元,常用于小流域范围内的生态环境评价;③ 景观单元,主要从具有异质性或斑块性的空间单元或以景观类型划分的单元,常用于区域生态保护、生态功能区划等方面的评价。

此外,国外也有从生态类型来进行生态评价单元的划分,如加拿大、美国等土地生态评价,常用生态组和生态立地作为评价单元:① 生态组,是一系列土地利用类型的有机组合,组成一个生态镶嵌体,大到一个区域或流域,小到一个自然村;② 生态立地,是由某一地类为主导的地块生态系统,它是由气候、水文、土壤和生物构成的自然综合体。

2. 栅格评价单元

栅格的评价单元是以点状的栅格单元为评价的信息载体,采用栅格单元的优点是具有精确的空间位置,可以利用 GIS 等技术快速完成运算,但缺点是栅格评价单元与地形地貌、景观格局、生态环境等信息缺乏有机联系,并且栅格数据的分辨率受其格网单元大小的影响,是量化和离散的,不能表示连续性地形、景观类型等。

（三）评价指标权重的确定

评价指标权重,是指标相对于评价目标重要性的一个度量,不同的权重往往会导致不同的评价与预测结果。而赋权常常是一种随机行为,不同的人由于其价值准则和心理理念不同,对同一指标的重要程度会有不同理解,因此,保证评价指标体系权重分配的科学性和合理性一直是多指标综合评价中特别关心的问题。迄今为止,学术界对指标的权重确定问题进行了大量的研究,其中有以研究人员的实践经验和主观判断为主来确定权重的,也有用各种数学方法为主来确定权重的。用数学方法确定权重可以对其准确性进行精确检验,从而减少权重确定中的误差,因此采取各种数学方法确定指标体系具体指标权重的方法比较普遍。较为成熟的方法有:层次分析法、相邻指标比较法、熵最大化方法、经验权重法、专家系统法、逐步回归法、统计平均值法、矩阵法、主成分分析方法、模糊矩阵方程法等;但由于数学学科的特殊性,任何一种数学方法在应用中都有严格的假设和前提条件,因此对指标权重的判断若单纯依靠某一种数学方法必然带有一定的主观随意性。为了提高权重值的准确性和客观性,本节介绍利用层次分析法（AHP）确定指标权重系数,然后介绍利用熵技术对确定的权重系统进行修正。

1. 层次分析法

层次分析法(analytical hierarchy process,AHP)是 20 世纪 70 年代由美国著名运筹学

家 T. L. Satty 提出的一种多目标、多准则、定性与定量相结合的决策分析方法。它是一种将决策者对复杂系统的决策思维过程模型化、数量化的过程。应用这种方法，决策者通过将复杂问题分解为若干层次和若干因素，在各因素之间进行简单的比较和计算，就可以得出不同方案的权重，为最佳方案的选择提供依据。这种方法的特点是：① 思路简单明了，它将决策者的思维过程条理化、数量化，便于计算，容易被人们所接受。② 所需要的定量数据较少，但对问题的本质，包含的因素及其内在关系分析得清楚。③ 可用于复杂的非结构化的问题，以及多目标、多准则、多时段等各种类型问题的决策分析，具有较广泛的实用性。因此，本章将运用层次分析法来确定土地复垦矿区生态环境评价指标的权重。

采用层次分析法赋权的基本步骤如下（彭珊珊 等，2014）：

（1）构造判断矩阵

判断矩阵的值之间反映了各因素的相对重要性，其确定方法采用美国著名运筹学家 T. L. Satty 提出的标度值（表 9-1），将层次结构模型每两元素间的相互比较的重要度构成判断矩阵 A：

$$A = \begin{bmatrix} a_{11} & a_{12} & \cdots & a_{1n} \\ a_{21} & a_{22} & \cdots & a_{2n} \\ \vdots & \vdots & & \vdots \\ a_{n1} & a_{n2} & \cdots & a_{nn} \end{bmatrix} \tag{9-31}$$

式中，a_{ef} 为指标 e 相对于指标 f 的重要程度，其中 $e,f=2,3,\cdots,n$；n 为重要度矩阵 A 的阶数，其中，$a_{ef}=1/a_{fe}(e\neq f)$，a_{ef} 的值由表 9-1 中给出的 $1\sim9$ 比较标度法标度。

表 9-1　标度法及其描述

重要性标度	定义描述
1	表示两个因素相比，具有同等重要性
3	表示两个因素相比，一个因素比另一个因素稍微重要
5	表示两个因素相比，一个因素比另一个因素明显重要
7	表示两个因素相比，一个因素比另一个因素强烈重要
9	表示两个因素相比，一个因素比另一个因素极端重要
2、4、6、8	上述两相邻判断的中间值
倒数	若因素 e 和 f 的比较判断为 a_{ef}，则 $a_{ef}=1/a_{fe}$

（2）求解判断矩阵的特征根

计算出最大特征根 λ_{max} 和它对应的标准化特征向量 W，即找出同一层中各因素相对于上一层某因素相对重要性的排序权重。矩阵 A 的最大特征根和标准化特征向量 W 由公式（9-32）计算得出。

$$\begin{cases} AW = \lambda_{max} \cdot W \\ \sum_{i=1}^{N} W_i = 1 \end{cases} \tag{9-32}$$

式中，W_i 为 W 的第 i 个分量，实际意义相当于第 i 个指标的权重。

在实际应用中,可采用方根法和求和法求出 $\lambda_{\max}$ 和 W 的近似解,这里采用方根法求解,其步骤为:

① 将矩阵 A 各行元素逐列相乘,即:

$$M_i = \prod_{k=1}^{N} a_{ik} \quad (i,k = 1,2,\cdots,N) \tag{9-33}$$

② 将 M_i 开 N 次方,即:

$$\overline{W_i} = \sqrt[N]{M_i} \quad (i = 1,2,\cdots,N) \tag{9-34}$$

③ 对 $\overline{W_i}$ 进行归一化处理得 W_i,即:

$$W_i = \overline{W_i} \bigg/ \sum_{i=1}^{N} \overline{W_i} \quad (i = 1,2,\cdots,N) \tag{9-35}$$

④ 计算 $\lambda_{\max}$:

$$\lambda_{\max} = \frac{1}{N} \sum_{i=1}^{N} \frac{(AW)_i}{W_i} \quad (i = 1,2,\cdots,N) \tag{9-36}$$

(3) 判断矩阵的一致性检验

在给定 a_{ef} 值时,由于判断上的误差很难保证所有的 a_{ef} 都满足公式 $a_{ef} = a_{ei} \times a_{if}$,这就使矩阵 A 出现了不一致性。若矩阵 A 的不一致在允许限度内,则 a_{ef} 的取值可以接受,具体的验证方法如下:

① 计算一致性指标 CI:

$$CI = \frac{\lambda_{\max} - N}{N - 1} \tag{9-37}$$

② 根据重要度矩阵 A 的阶数 N,查表求得平均随机一致性指标 RI,不同阶数矩阵的 RI 值如表 9-2 所示。

表 9-2　计算随机一致性指标

矩阵阶数	1	2	3	4	5	6	7	8	9
RI	0.00	0.00	0.52	0.89	1.12	1.26	1.36	1.41	1.45

③ 计算随机一致性比率 CR:

$$CR = CI/RI \tag{9-38}$$

④ 检验:若 $CR < 0.1$,则矩阵 A 的一致性满足要求。此时,前面求得的 W_i 即为第 i 个指标的权重。否则,矩阵 A 的一致性不满足要求,须重新给出指标相互对比的重要度矩阵,再重新计算。

2. 熵技术修正权系数方法

采用熵技术修正权系数的具体方法为:

(1) 对构造的判断矩阵按以下公式归一化处理,结果表示为 P_{ij},则:

$$P_{ij} = \frac{x_{ij}}{\sum_{i=1}^{m} x_{ij}} \tag{9-39}$$

(2) 计算第 j 项指标的熵值 e_j:

$$e_j = -k \sum_{i=1}^{m} p_{ij} \ln P_{ij} \tag{9-40}$$

式中：$k = (\ln m)^{-1}$，$k > 0$，$e_j \geqslant 0$。如果 x_{ij} 对于给定的 j 全部相等，那么

$$P_{ij} = \frac{x_{ij}}{\sum_{i=1}^{m} x_{ij}} = \frac{1}{m} \tag{9-41}$$

此时 e_j 取最大值，即：

$$e_j = -k \sum_{i=1}^{m} \frac{1}{m} \ln \frac{1}{m} = k \ln m \tag{9-42}$$

此时若取 $k = 1/\ln m$，则 $e_j = 1$，于是可以得出 $0 \leqslant e_j \leqslant 1$。

（3）计算第 j 项指标的差异系数 g_j：

对于给定的 j，x_{ij} 的差异越小，则 e_j 越大，当全部相等时，$e_j = e_{\max} = 1$，此时对于方案的评价，指标 x_j 毫无作用；相反，当各方案的指标值相差越大时，e 越小，该项指标对于方案评价所起的作用越大。据此可以定义差异系数：

$$g_i = 1 - e_j \tag{9-43}$$

（4）定义指标的信息权重系数 μ_j，公式如下：

$$\mu_j = \frac{g_j}{\sum_{j}^{n} g_j} \tag{9-44}$$

（5）利用信息权重 μ_j 修正 AHP 法得出的指标权系数 λ_j，公式如下：

$$\lambda_j = \frac{\mu_j W_j}{\sum_{j=1}^{n} \mu_j W_j} \tag{9-45}$$

（四）指标的标准化

为消除评价指标间量纲差别，需对各指标进行标准化处理。矿区生态环境状况指数与选择的评价指标值之间的关系，共有三种情况：一是正向型关系，即评价指标值越大，反映矿区生态环境状况越好，如植被覆盖度、生态用地优势度，该类型指标通过式(9-46)进行标准化；二是逆向型关系，即评价指标值越大，反映矿区生态环境状况越差，如建设占用率、土壤综合污染指数等，该类指标通过式(9-47)进行标准化；三是区间型关系，即评价指标有一适度值，在此适度值上，矿区生态环境状况最优，大于或小于此适度值，矿区生态环境状况均由优向劣方向发展，如土壤酸碱度。根据矿区的实际情况，参照有关研究成果和地方农用地分等定级成果，对该类评价指标用隶属函数[式(9-48)]进行标准化。

正向型指标：

$$y_i = \frac{x_{\max} - x_i}{x_{\max} - x_{\min}} \times 100 \tag{9-46}$$

逆向型指标：

$$y_i = \frac{x_i - x_{\min}}{x_{\max} - x_{\min}} \times 100 \tag{9-47}$$

区间指标：

$$y_i = \begin{cases} \dfrac{x_{\max} - x_i}{x_{\max} - x_{i0}}, & x \geqslant x_{\max} \\[2mm] 0, & x_{\max} \geqslant x \geqslant x_{\min} \\[2mm] \dfrac{x_i - x_{\min}}{x_{i0} - x_{\min}}, & x \leqslant x_{\min} \end{cases} \qquad (9\text{-}48)$$

式中，y_i 为标准化后的指标值，x_i 为原指标值，$x_{\min}$ 为最小值，$x_{\max}$ 为最大值。

第二节　矿区生态环境评价指标与模型构建

构建科学合理的矿区生态环境评价指标与模型是正确评价矿区生态环境的前提。矿区生态环境评价研究涉及的内容较多，本节将以矿区土地生态环境状况评价为例，在认识煤炭开采对生态环境影响特点的基础上，从矿区土地生态系统损伤角度出发，构建合理的生态环境评价模型，并根据土地生态环境评价指标体系设置的依据，构建矿区生态环境影响评价指标体系，开展矿区生态环境评价相关研究。

一、生态环境指标体系构建方法

（一）指标体系概念和功能

指标体系是指由若干个反映某种现象总体数量特征的相对独立又相互联系的统计指标所组成的有机整体。它是在某些原则基础上建立起来的指标集合，是一个具有一定结构和层次的、完整的有机整体，而不是一些指标的简单机械组合。它具有目的性、理论性、科学性、系统性的特点。

为了描述一个区域的发展程度，必须建立一套客观的指标体系，可持续发展的思想是建立指标体系的指导思想，所以一定区域的指标体系必须具备以下的功能：首先，它应该能描述和表现出任一时刻发展的各个方面（社会、经济、环境、资源）的现状，如人群生活质量、经济水平、环境质量等。其次，它要能够描述和表现出任何时刻发展的各个方面的变化趋势，如人口增长率、资金利税率等。第三，它要能够描述和表现出发展的各个方面之间的协调程度（成金华 等，2013）。

（二）指标体系建立的原则

生态环境评价的指标应能全面、系统地反映出该矿区生态环境的本质特征，应包括自然、社会和经济生态的主要因子，具体指标是针对存在的环境问题而确定的，并且各指标之间具有不可替代性。因此，参评的指标应具有易获取、处理简便等特点。

1. 可持续发展原则

可持续发展是世界各国及我国政府制定的基本发展方略。要实现社会、经济的可持续发展，资源可持续利用和生态环境的可持续发展是基础。遵循生态学原理、系统原理和整体性原理，进行矿区的生态环境质量评价是可持续发展的需求。因此，在矿区的生态环境质量评价中必须以社会效益、经济效益和生态效益的统一为原则。

2. 针对性原则

指标体系的建立和选择要针对矿区这一特定目标，针对该区域发展中面临的主要生态环境问题及主要矛盾。

3. 全面性原则

在指标的选取过程中,不要局限于指标是否具有历史统计数据,而是根据矿区的实际情况,合理、全面地选择指标。此原则意味着指标体系的信息量既必要又非常充分,由若干指标构成一个完整的指标群。

4. 实用性原则

指标设计要实用,要适应矿区的经济发展水平、环境统计水平和管理水平,要考虑指标的量化及数据获取的难易程度和可靠性。

5. 可比性原则

为了便于与相似地区的比较,要求指标数据的选取和计算采取通行的口径和标准,保证评价指标和结果在横向上具有类比性质。

6. 可操作性原则

计算方法要明确,便于操作,指标设计时必须明确计算方法、表述方法,便于数字表达和数字计算。

7. 优先原则

对环境污染指标的选取,要考虑优先原则。即对生态环境质量影响大的污染物优先;有可靠监测手段并能获得准确数据的污染物优先;已有生态环境标准或有可靠性资料依据的污染物优先;人类社会行为中预计会向环境排放的污染物优先。

此外,指标体系的设计,应尽可能考虑数据的易获得性和可采集性。一些指标虽能很好反映矿区生态环境质量的现状及变化情况,但在评价过程中数据根本无法获取,这种情况下指标体系设计得再好也无法实现。因此,各指标的原始数据应具有:容易通过调查、统计、遥感等手段获得,易定量计算,现实意义明确,符合行业规范,便于环境管理。

(三)指标体系构建方法

指标体系的构建方法有综合法和分析法两种。

综合法是指对已经存在的一些指标群按一定的标准进行聚类,使之体系化的一种构造指标体系的方法,如在一些拟定的指标体系基础上,作进一步的归纳整理,使之条理化后形成一套指标体系。

分析法是将度量对象和度量目标分成若干部分(即子系统),并逐步细分(即形成各级子系统及功能模块),直到每一部分和侧面都可以用具体统计指标来描述实现的方法。就度量对象的划分来说,包括按对象的运动过程和对象的构成要素两种方式来分解,这两种分解指标通常是交叉的。就度量目标的划分来说,通常是将指标体系的度量目标分成若干个子目标,然后每个子目标都用若干个指标来反映。

本章主要通过分析法构建矿区生态环境评价的指标体系。

(四)矿区生态环境指标体系构建模式

基于可持续发展的思想及矿区生态环境指标体系的建立原则,即应从矿区社会、经济、环境三个方面来考虑各个指标以及它们之间的协调程度,为了更适合研究区的实际情况,在矿区这个有其自身特色的区域,资源是其核心内容,所以本章指标体系的建立除应考虑可持续的发展考虑的三个方面外,还应在准则层上考虑资源的开采利用这个必不可少的指标子系统。鉴于上述原因,本章评价和预警的指标体系从自然条件、社会、经济等方面来建立。

二、基于综合指数法的矿区生态环境评价方法

本节仍以矿区土地生态环境为评价对象加以阐述。

(一)矿区土地生态环境状况衡量标准

土地生态系统是以陆地土壤、地形、水文和大气为环境介质和一定生物群落组成的具有特定结构、功能和动态特征并具有较强自我调节能力的复合生态系统,土地生态环境评价应按照土地利用生态功能分区,综合考虑不同区域自然气候、地理特点、景观结构、生态服务类型和人类活动强度等因素。根据上面分析煤炭资源开采导致耕地与植被破坏、土壤污染较为典型,此外,城乡建设用地扩张导致生态用地减少与破碎也日益明显。因此,从矿区生态系统的自然条件、景观结构、干扰程度和人为改造有益效应角度可以较为全面地反映矿区土地生态环境状况。

(二)评价指标体系构建

根据土地生态学原理,考虑采煤塌陷区土地生态特征,以综合性、主导性、过程性和可操作性为原则,从矿区生态系统的自然条件、景观结构、干扰程度和生态效益 4 个方面构建指标体系(徐嘉兴 等,2017),如图 9-6 所示。其中,反映区域水热状况的指标如气温、降雨、光照和蒸发具有较高的相关性,根据收集的数据,选取年均降雨量为气候数据,同时区域水环境的指标还选择了湿地比例和湿地年增加率;反映土壤质地与肥力的指标有土壤有机质含量;土壤受污染状况的指标选择了土壤重金属综合污染指数(刘硕 等,2016);景观结构可表征土地生态系统的生物多样性及其迁移与转化能力,其中,景观格局指标选择度量景观生态状况的景观多样性指数、生物丰度指数和景观破碎度指标;土地利用类型比例则是各种生态用地比例,如耕地比例、林地比例等。生态干扰程度是对土地生态系统的结构和功能造成直接或间接损伤或破坏的各种现象,如土壤污染、土地损毁,以及不合理的人类生产建设活动造成的生态用地退化等;生态效益主要通过土地复垦率、湿地增加率及反映复垦治理后矿区生态效益的生态服务价值指标来表征(Gurung et al.,2018)。

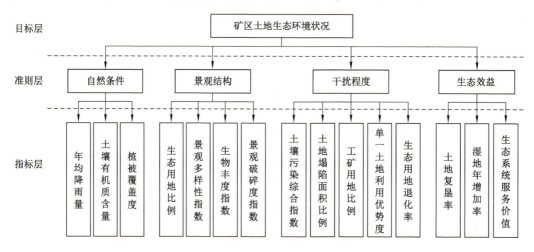

图 9-6 矿区土地生态环境评价指标体系

指标计算方法包括 GIS 空间分析(曲衍波 等,2008)、地统计空间插值、调研踏勘、遥感

解译、景观分析等,数据处理软件有 ERDAS 9.2、ArcGIS 9.3、Fragstas 3.3 等。其中,年均降雨量、土壤重金属污染均为观测或实测数据,并通过空间插值得到。植被覆盖度利用校正后 Landsat 7 ETM+影像计算植被指数(NDVI)获取。景观多样性指数选用 Shannon 多样性指数和景观破碎度指数,计算公式见相关文献。

生物丰度指数反映被评价区域内生物多样性的丰贫程度,公式为:

$$AE = (\sum_{i=1}^{8} \alpha_i \cdot w_i)/A \tag{9-49}$$

式中,AE 为生物丰度值;α_i 是景观类型 i 的面积,hm^2;w_i 是对应景观类型生物量的权重;A 为土地评价单元面积,hm^2。

单一化土地利用优势度指数是根据不同土地利用类型对土地生态系统的贡献,以 10 hm^2 为标准,统计超过标准面积的土地利用类型,除林地、园地、水体等类型,因为这些类型越大,生态系统越好,公式为:

$$D = \sum_{i=1}^{k} \beta_i/A \tag{9-50}$$

式中,D 表示单一化土地利用优势度;β_i 为大于 10 hm^2 的土地利用类型面积,hm^2;k 为参与统计的土地利用类型总数。

土壤综合污染指数是根据实测的 6 种土壤重金属含量,参照 GB 15618—2018,采用单因子指数法和内梅罗综合指数法计算(孙雷 等,2013;高文文 等,2015),公式为:

$$P_i = C_i/S_i, P_v = \sqrt{\frac{(\overline{P})^2 + P_{imax}^2}{2}}, \overline{P} = \frac{1}{n}\sum_{i=1}^{n} P_i \tag{9-51}$$

式中,C_i 为第 i 类重金属含量测定值,mg/kg;S_i 为相应重金属污染评价标准;P_v 为第 i 类重金属的综合污染指数;P_i,P_{imax} 为第 i 类重金属污染指数与最大值;$\overline{P}$ 为第 i 类重金属污染指数的平均值。

生态系统服务价值是利用 Costanza 理论模型,借鉴谢高地等研究成果(谢高地 等,2001),并结合矿区生态系统特征,修正不同土地利用类型的生态系统服务价值系数。公式为:

$$ESV = \sum_{i=1}^{n} A_i \cdot VC_i \tag{9-52}$$

式中,ESV 为生态服务价值总量,万元;A_i 为第 i 类土地利用类型面积,hm^2;VC_i 为第 i 类土地类型生态服务当量,元/hm^2。

(三)综合评价模型

矿区生态环境质量指数反映矿区生态系统本身的稳定状况,可通过生态系统的自然条件、景观结构、生态效益和干扰程度等方面综合体现。本节运用综合指数法计算矿区生态环境质量指数。

$$S = \sum_{i=1}^{n} X_i \cdot w_i \tag{9-53}$$

式中,S 为矿区生态环境质量综合分值,X_i 为指标值,w_i 为指标权重,n 为指标数量。

三、基于景观稳定性的矿区生态环境评价方法

由于影响矿区生态环境要素本身具有不确定性,环境状态的相邻两个评价等级之间具

有模糊性,集社会、环境、生态和资源等构建的庞大的评价指标体系可能造成评价内容的失真,如果将评价因子的监测值严格按照评价标准划分到某一个级别可能会歪曲生态环境质量的等级。因此,通过对矿区生态状况调查与前期研究基础,利用景观生态学理论,从矿区生态系统(侧重土地生态系统)的生态稳定性和干扰程度两个方面构建矿区生态质量评价模型,评价该区的生态环境质量状况,并分析其变化特征。

（一）矿区生态系统稳定性评价标准

土地生态系统是由多种景观类型组成的镶嵌体,其生态质量是指能量流动、物质循环和生物多样性等景观生态学功能在一定土地利用空间格局下的表现,因此,土地生态系统稳定性在景观生态学中表现为景观生态系统质量。评价景观生态系统质量,就是评价土地生态环境系统的稳定状况,因为,土地生态环境系统的稳定性能在整体上维持土地系统格局与过程的相互依存关系,并使土地生态系统处于平衡状态,并向更高一级生态系统发展。景观生态系统是具有特定结构、功能和动态特征的复杂系统,生态环境质量是在一定环境条件下生态系统维持自我存在和发展演化的能力,其变化受生态系统的稳定程度和干扰程度影响,稳定程度即某一景观格局基本维持不变的过程,而干扰是对原景观面貌产生一定负面影响的现象。景观对干扰的反应存在一个限值,只有干扰的规模和强度超过这个限值时,才会影响生态系统的物理结构和生态功能。

矿区生态系统稳定性取决于系统稳定程度和干扰程度两大方面。若干扰程度大于稳定程度,景观生态系统趋于不稳定,生态环境质量较低;若干扰程度小于稳定程度,景观生态系统趋于稳定状态,生态环境质量较高。所以评价矿区生态环境状况的关键问题是确定景观生态系统的生态学稳定程度和干扰程度。

1. 生态系统的稳定程度

自生态系统稳定性被提出以来,稳定性一直是景观生态学中复杂而又重要的问题。一般认为,稳定性是生态系统抵抗外界干扰及干扰后系统恢复到初始状态的能力,如恒定性、持久性、惯性、弹性、恢复性、抵抗性等都可以表示稳定性的概念。景观的稳定性并非绝对的稳定,而只是相对于一定时间和空间的稳定性,识别景观的稳定性可以从两个方面考虑:一种是景观变化的趋势(上升、下降或平衡),另一种是景观稳定性可以看作是干扰作用下景观的不同反应,一般来说,景观抵抗干扰的能力越强,景观受干扰的影响就小,景观越稳定;景观恢复能力越强,恢复干扰破坏后景观的时间越短,景观越稳定,事实上,景观可以看作干扰的产物。景观的稳定性可以从以下几个方面进行表征。

① 土地利用结构。土地利用结构是各种土地利用类型或土地覆被之间的比例关系或组成,由于不同土地利用类型的景观生态功能不同,林地＞草地、园地＞耕地等,建设用地最差,从景观格局角度来看,土地利用结构也包含景观的聚合性、连通性,土地利用结构的多样性使景观连通性增加,能促进系统生物的迁移与转化,增加景观单元中的生物多样性。

② 植被覆盖度。地表植被是生物迁移与生产环境改善的前提,也是防止水土流失的基础,所以,植被覆盖是影响生态系统稳定程度的重要因素。

③ 河流密度。水体是生态系统的重要组成部分,适当湿度的土壤是动植物生长的必要条件;河流的长度越长,对农业和其他行业所输出的污染源的吸纳能力和降解能力越大,而且河流周围的水生生物的发育繁殖等能不断增强,提高了生物多样性,保护了生态环境。

2. 生态系统的干扰程度

景观生态学干扰是指发生在一定时空范围内,对生态系统的结构造成直接或间接损伤或破坏的事件或现象。自然界中,干扰无处不在,直接影响着生态系统演变的过程,它既可以对生态系统演化起着积极的正效应,也可以起到消极的负效应,如水土流失过程,在自然环境影响下流失过程较为缓慢,但在人为干扰下,如过度放牧、过度砍伐,将会加速这一过程;然而,通过退耕还林、植树造林等合理的生态建设,可以使其向反方向逆转。干扰的生态影响主要反映在各种自然因素的改变上,如景观中局部地区光、水、土、能量、土壤养分等,进而影响到地表植被对土壤中养分的吸收,最终影响到土地覆被变化。一般认为,干扰是系统中发生的不可预知的突发事件,它对生态系统影响的范围或大或小,但均超出系统正常波动范围,干扰过后,生态系统自身无法恢复到景观原貌。按照干扰的来源可分为自然干扰和人为干扰,自然干扰是指在自然环境条件下发生的干扰,如火灾、风暴、洪水、地震、病虫害等;人为干扰是指人类改造和利用自然的各种活动,如开荒种地、砍伐森林、农田施肥、城市建设、资源开采与利用等;虽然从人类活动的角度出发,人类活动是一种经济生产活动,但对于生态系统来说,人类的一切行为均是一种干扰,都将会影响或改变土地生态系统的演替。

表征景观生态干扰程度的景观格局事件有:

① 景观破碎化。主要表现在自然或人为干扰使得土地形成了形状不同、大小各异的景观斑块,而且斑块的数量增加而面积减小,形状趋于不规则,其生态意义在于生态系统内部生境范围缩小,廊道被截断,景观斑块彼此隔离,直接影响种群的迁移与扩散,种群遗传与变异,影响物种的存活率、大小及灭绝速度,最终导致生物多样性的丧失,因此,干扰所形成的景观破碎化将直接影响到物种在生态系统中的生存。

② 建设用地干扰。主要表现在建设用地改变了土地覆盖原貌,阻隔了生物的迁移和物质能量的流动,使土地生态系统原有的功能丧失,表现为景观生态状况的下降。人类对土地的建设活动包括城市建设、农村居民点建设、工矿企业建设,交通用地建设等。随着经济社会的发展,人类建设活动不断加强,对生态系统的影响的深度也在不断地加深。

③ 土地利用类型的单一化。单一化的土地利用会导致景观多样性的减少,造成生境多样性降低和物种多样性的减少,一般认为,在复杂多样、规模不大的干扰作用下,异质性景观逐渐形成,随着干扰的增强,景观异质性也不断增加,但干扰程度达到一定阈值,则会降低景观的异质性。

(二)评价指标体系的构建

根据矿区生态系统的特征,从景观生态系统的稳定程度和干扰程度两个方面构建评价指标体系,选择能够反映景观生态系统的稳定程度的指标主要包括 4 个:植被覆盖指数、土地利用结构指数、景观多样性指数和水域比例,其生态意义在于这些指标能够对景观生态系统的良性发展起到积极作用,如耕地、林地、草地等植被类型及水体都是对生态环境具有积极作用的景观类型。选择能够反映采煤驱动下景观干扰的指标,主要包括 4 个:景观破碎度指数、工矿用地干扰度指数、单一化土地利用优势度指数和矿区土地塌陷比例。它们的生态意义在于景观斑块破碎会阻碍生态系统内部物质循环和能量流动,工矿建设用地直接破坏原始的土地结构,土地利用过于单一、采煤导致塌陷等都是人为活动对生态系统的干扰。构建的评价指标体系见表 9-3。

表 9-3　矿区生态环境质量评价指标体系

	准则层	指标层	标记
矿区土地 生态质量	稳定程度	植被覆盖指数	x_1
		土地利用结构指数	x_2
		景观多样性指数	x_3
		水域比例	x_4
	干扰程度	景观破碎度指数	z_1
		工矿用地干扰度指数	z_2
		单一化土地利用优势度指数	z_3
		矿区土地塌陷比例	z_4

指标的计算方法如下：

植被覆盖指数(x_1)：反映煤矿区植被覆盖程度，计算公式为：

$$x_1 = (0.39 \times 耕地面积 + 0.3 \times 林地面积 + 0.24 \times 草地面积 +$$
$$0.07 \times 建设用地面积)/ 区域面积 \tag{9-54}$$

土地利用结构指数(x_2)：根据矿区各景观类型对生态质量贡献程度，把土地类型定量化：耕地为 3，林地为 2，草地和水域为 1，建设用地为 0，分别乘以各土地利用类型的面积比例，若景观基质面积比例大于 60%，则按 100% 计算。然后取 4 种主要土地利用类型（面积较小的地类，可忽略不计）采用加权求和的方法计算土地利用类型指数。

$$x_2 = \sum_{i=1}^{4} g_i \cdot w_i = 0.4g_1 + 0.3g_2 + 0.2g_3 + 0.1g_4 \tag{9-55}$$

式中，x_2 为土地利用结构指数；g_i 为各土地利用类型得分；w_i 为 g_i 的权重，按土地利用类型的面积比例的大小，分别为 0.4、0.3、0.2、0.1。

景观多样性指数(x_3)：表示评价单元内景观类型的多样化程度，可选用香农多样性指数计算。

$$x_3 = -\sum_{i=1}^{m} p_i \ln p_i \tag{9-56}$$

式中，m 为景观类型总数，p_i 为景观类型 i 占评价单元面积的比例。

水域比例(x_4)：反映矿区河流、水域面积丰富程度，其计算公式：

$$x_4 = 水域面积 / 区域面积 \tag{9-57}$$

景观破碎度指数(z_1)：表征景观被分割的破碎程度，其计算公式如下：

$$z_1 = (N_p - 1)/N_c \tag{9-58}$$

式中，N_p 是景观单元内各类斑块总数；N_c 为景观单元的总面积，为消除评价单元不一致，N_c 值用研究区最小斑块面积除总面积的值代替。

工矿用地干扰度指数(z_2)：反映矿区内工矿建设等对生态系统的破坏程度，其计算公式如下：

$$z_2 = 建设用地面积 / 区域面积 \tag{9-59}$$

单一化土地利用优势度指数(z_3)：根据对土地生态系统的贡献，以 10 hm² 为标准，统计超过标准面积的土地利用类型的面积(S)，除去林地、草地、水域类型（因为这些类型越大，土地生态系统越好）。

$$z_3 = S/ \text{区域面积} \tag{9-60}$$

矿区土地塌陷比例(z_4)：采煤塌陷地直接反映土地损毁情况，是影响矿区生态质量的重要方面，计算公式如下：

$$z_4 = \text{塌陷面积} / \text{区域面积} \tag{9-61}$$

（三）矿区生态环境质量综合评价模型

矿区生态环境质量指数（ecological environmental quality index，EQI）反映矿区生态系统的稳定状况，是通过生态系统的稳定程度除以干扰程度得到的（Xu et al.，2019）。生态系统的稳定程度指数（ecological stability index，ESI）和干扰程度指数（ecological disturbance index，EDI）是基于层次分析法和熵技术的多因子权重指标函数法计算得到的。其计算公式分别为：

$$ESI = \sum_{i=1}^{n} w_x \cdot x_i \tag{9-62}$$

$$EDI = \sum_{i=1}^{n} w_z \cdot z_i \tag{9-63}$$

$$EQI = ESI/EDI \tag{9-64}$$

式中，x_i 和 w_x 分别为稳定程度指标值和权重，z_i 和 w_z 分别为干扰程度指标值和权重。EQI≥1，表明该地区生态质量较高，土地生态系统处于稳定状态，EQI 越大，说明其土地生态状况越好；EQI<1，表明区域生态质量较低，土地生态系统处于不稳定状态，EQI 越小，生态环境越差。

第三节　矿区生态环境预警模型与方法

一、矿区生态环境预警

（一）矿区生态环境预警的概念

预警是指对某一警素的现状和未来进行测度，预报不正常状态的时空范围和危害程度以及提出防范措施。生态环境预警以生态环境评价为基础，但又区别于生态环境评价，一方面生态环境评价重点是对生态环境现状及人类活动对生态环境的影响程度进行等级划分；而生态环境预警则着重于对人类活动引发的生态位移和环境质量的变化趋势、变化后果进行预测、分析和评价（傅伯杰，1993）。另一方面，在生态环境评价中，不能对生态环境未来的变化趋势过程、后果进行评价，环境质量等级取值是静态的；而生态环境预警评价则侧重于不同时段的动态变化分析，其重点不仅在于搞清研究区的生态环境质量属于哪一级，而且在于与现状进行比较，其质量是向好处发展还是向坏处发展？所处现状如何？变化趋势和速度有多大？后果是什么？并根据需要提出有关的警报信息。

矿区生态环境预警是以矿井为中心所形成的生态区域中资源、环境、社会、经济等因素相互协调、相互促进的动态可持续发展管理过程。在这种动态的可持续管理过程中需对矿区建设、资源开发、生态环境整治等人类活动或各种自然灾害对生态系统所造成的外界影响进行综合预测、分析与评价；确定区域生态环境质量和生态系统状态在人类活动影响下的变化趋势、速度以及达到某一变化阈值的时间等,并按需要适时地提出恶化或危害变化的各种警戒信息及相应的对策措施。矿区生态环境的预警分析是防止矿区生态系统向无序化发展和进行系统调控的重要途径之一,这对于提高风险意识和能力,促进矿区社会经济的可持续发展,改善矿区的生态环境具有重要的意义。

（二）预警与评价、预测的关系

生态环境的预警是在生态环境评价和预测基础上进行的(索永录 等,2010)。预警与预测、评价有着密切的联系。首先是对生态环境进行评价,才能进一步进行预测,最后才有预警。评价是预警的基础,而预警是评价的进一步发展和深化(周爱仙,2006)。

预警的原则主要包括以下几个方面:

① 集中性。预警主要是对负向环境的发展和影响进行预测,对生态环境恶化状态和过程进行分析,对未来可能出现的危害做出警示。

② 动态性。评价一般是对现状或历史情况进行静态的分析,预测是未来趋势进行方向上动态的判断,而预警是多维的,不仅需要对时间系列、变化速度进行预测,同时需要对未来特定区域的环境做出恶化趋势、恶化状态及恶化速度等方面的警示。

评价、预测与预警对比如表 9-4 所示。

表 9-4　评价、预测与预警对比

类型	环境评价	环境预测	环境预警
研究重点	环境现状的好坏、高低差别,影响因素分析	环境质量演化方向及未来的趋势	环境质量负向演化趋势及对未来的警示
时间尺度	过去、现状的评价	未来趋势分析	将来不同时段的动态变化
评价结果	静态评价,指导现实的发展	得到预测结论,为未来发展计划制定提供依据	动态多维结论,包括趋势方向、状态和质变等
三者关系	评价是基础	评价的延伸,预警的前提	评价和预测结果在实际中的运用
目前研究程度	理论方法比较成熟,成果广泛应用在工程和区域环境评价和管理	存在各种预测方法和模型,但普适性较差,成熟度不高	尚处于探索阶段,理论和方法还不成熟

二、矿区生态环境预警体系的建立

（一）预警指标体系的选取原则

选取合适的预警指标可使矿区生态环境预警结果的质量具有决定性的作用,预测指标的选择遵循下原则:

① 重要性原则。所选指标必须是生态环境衡量的重要指标,它们能够反映生态环境质量状况,通过这些指标能够把握生态环境的总体状况,为生态环境预警和决策提供不可缺少的信息。

② 敏感性原则。所选指标必须很敏感,对生态环境质量的变化能够及时在指标中体

现,从而通过这些指标能及时了解生态环境的"阴晴"变化,真正起到报警器的作用。

③ 时效性原则。所选指标必须能在短时间有资料信息反馈,即通过环境监测等部门获得近期资料。

④ 层次性原则。生态环境预警的指标体系应该分成大系统、子系统和预警因子的不同层次,从而便于突出重点。

⑤ 实用性原则。预警是为矿区的开发规划和治理提供决策和依据,因此所选预警的指标要简洁,数据易获得。

（二）预警指标的建立

生态环境预警是在评价和预测的基础上进行的,所以预警指标可在评价指标中选取。根据预警指标建立的原则,建立矿区生态环境质量预警指标体系。根据矿区生态环境质量评价理论,矿区生态系统是以土壤、水、岩石和大气为环境介质,并由一定生物群落组成的具有特定结构、功能和动态特征,并具有较强自我调节能力的复合生态系统,矿区生态环境预警应按照生态功能分区,综合考虑不同区域土地利用、植被状况、景观结构和人类活动强度等因素。因此,矿区的生态环境预警可以从植被状况、景观结构、干扰程度和生态效益等4 个方面构建指标体系,如图 9-7 所示。

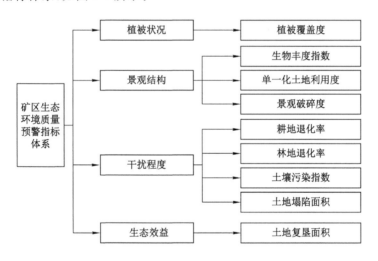

图 9-7　矿区生态环境预警指标体系

（三）预警指标预测模型

矿区生态环境预警就是对矿区未来生态环境处于什么样的警戒线范围进行预测,并用不同的信号进行预警,提示人们及时采取措施。在预警时,需要评价预警指标未来的数据,因此,在预警前首先要对预警指标的发展趋势进行预测。也就是说,预测是预警的前提。

矿区生态系统是一个多因素多层次的复杂系统,它没有物理原型,系统的作用机制不清楚,系统状态不易判断,系统关系、结构难以精确描述,是一个灰色的系统。因此,本章将灰色预测法应用到矿区生态环境的预测中,利用灰色模型（gray model,GM）来进行矿区生态环境质量的预测。

把矿区生态系统视为灰色系统,将表征矿区生态环境质量的各个预警指标看作是在一定范围内变化的灰色量,建立 GM(1,1) 预测模型。通过预测模型对矿区未来几年的各生态环境质量预警指标进行单指标的预测,再对矿区未来几年的生态环境总体质量进行预警。建立灰色系统预测模型的基本思想,是把已知现实的和过去无明显规律的时间数据列(原始数据列)进行一系列加工,得到有规律的时间数据列(生成数据列)。这样处理的目的,一是为建模提供中间信息,二是将原始数据列的随机性减弱,从而对系统的发展由一无所知,到认识其发展规律。然后,用微分方程对生成数据列进行拟合,得到灰色系统动态模型。利用它对系统的发展变化进行全面的分析和观察,并作出长期预测(沈琴琴,2021)。

灰色 GM(1,1) 预测模型的特点是:

① 适用于数据较少的数据数列;

② 预测值的精度一般较高;

③ 克服了统计模型只适应大数列的不足之处。

GM(1,1) 的建模过程如下:

已知原始非负数据数列 $X^{(0)}$,即

$$X^{(0)} = \{x^{(0)}(1), x^{(0)}(2), \cdots, x^{(0)}(n)\}^{\mathrm{T}} \tag{9-65}$$

其一次累加生成(1-AGO)序列:

$$X^{(1)} = \{x^{(1)}(1), x^{(1)}(2), \cdots, x^{(1)}(n)\}^{\mathrm{T}} \tag{9-66}$$

其中 $X^{(1)}(k) = \sum_{i=1}^{k} x^{(0)}(k), k = 1, 2, \cdots, n$,用矩阵形式可表示为 $X^{(1)} = AX^{(0)}$,其中:

$$A = \begin{pmatrix} 1 & 0 & 0 & \cdots & 0 \\ 1 & 1 & 0 & \cdots & 0 \\ 1 & 1 & 1 & \cdots & 0 \\ \vdots & \vdots & \vdots & & 0 \\ 1 & 1 & 1 & \cdots & 1 \end{pmatrix}$$

设

$$Z^{(1)} = \{z^{(1)}(2), z^{(1)}(3), \cdots, z^{(1)}(n)\} \tag{9-67}$$

为 $X^{(1)}$ 的均值生成序列,其中

$$Z^{(1)}(k) = \frac{1}{2}[x^{(1)}(k-1) + x^{(1)}(k)], k = 2, \cdots, n \tag{9-68}$$

GM(1,1) 模型的基本形式为:

$$x^{(0)}(k) + az^{(1)}(k) = b \tag{9-69}$$

参数 $-a$ 和 b 分别称为发展系数和灰作用量,可由最小二乘法求得:

$$\begin{pmatrix} a \\ b \end{pmatrix} = (B^{\mathrm{T}}B)^{-1}B^{\mathrm{T}}Y \tag{9-70}$$

其中

$$B = \begin{pmatrix} -z^{(1)}(2) & 1 \\ -z^{(1)}(3) & 1 \\ \vdots & \vdots \\ -z^{(1)}(n) & 1 \end{pmatrix}, Y = \begin{pmatrix} x^{(0)}(2) \\ x^{(0)}(3) \\ \vdots \\ x^{(0)}(n) \end{pmatrix}$$

GM(1,1) 模型对应的白化微分方程为:

$$\frac{\mathrm{d}x^{(1)}}{\mathrm{d}t} + ax^{(1)} = b \tag{9-71}$$

将式(9-70)中求得的参数 ab 代入式(9-71)中,可解得对应的白化微分方程的解,

$$\hat{x}^{(1)}(t) = c\,\mathrm{e}^{-at} + \frac{b}{a} \tag{9-72}$$

其中 c 为任意常数。以 $\hat{x}^{(1)}(1) = x^{(0)}(1)$ 为初始条件,代入式(9-72)中可解得

$$c = \left(x^{(0)}(1) - \frac{b}{a}\right)\mathrm{e}^{a}$$

从而得到灰色 GM(1,1)模型时间响应函数

$$\hat{x}^{(1)}(k) = \left(x^{(0)}(1) - \frac{b}{a}\right)\mathrm{e}^{-a(k-1)} + \frac{b}{a}\ ,\ k = 1,2,\cdots \tag{9-73}$$

累计还原后可得原始数据的预测值

$$\hat{x}^{(0)}(1) = x^{(0)}(1)$$
$$\hat{x}^{(0)}(k) = \hat{x}^{(1)}(k) - \hat{x}^{(1)}(k-1),\ k = 2,3,\cdots$$

预测精度检验包括残差检验和级比偏差检验。

残差检验:

$$\varepsilon(k) = \frac{x^{(0)}(k) - \hat{x}^{(0)}(k)}{x^{(0)}(k)},\ k = 1,2,\cdots,n \tag{9-74}$$

若对所有残差绝对值<0.1,则认为达到较高要求,若<0.2,则达到一般要求。

级比偏差检验:

$$\rho(k) = 1 - \frac{1 - 0.5a}{1 + 0.5a}\lambda(k) \tag{9-75}$$

若所有级比偏差值绝对值<0.1则认为达到较高要求;<0.2则达到一般要求。

(四)矿区生态环境预警方法

矿区生态环境预警的预报方法,可采用一组类似于交通信号灯的标志,把每个指标和综合指标每年的状态直观地表示出来,用以判断矿区生态环境的状况。绿灯表示质量状况很好;蓝灯表示质量状况尚可;黄灯表示质量状况不好,处于警戒水平;红灯表示质量状况很差,处于警报水平,需要发出警报,提醒大家要积极采取措施加以控制。

矿区的生态环境预警类别分为两类,一类是单指标预警,即根据每一个预警指标的预警标准,对单项指标的状态进行预报;另一类是综合预警,即对矿区的生态环境质量状况进行预报,这需要对矿区的单个预警指标按照一定的模型,计算出矿区的生态环境质量状况综合指数,根据综合指数的数值及其预警标准,进行综合预警(高建广 等,2011)。

1. 矿区生态环境单指标预警

根据预警模型,计算单个预警指标在某一年的预测值,对照预警分级表,确定各个单指标所处的级别。

2. 矿区生态环境综合预警

矿区生态环境的综合预警是对矿区生态质量状况的预报,按照一定的模型对选取的单个预警指标进行计算,得出矿区生态质量状况综合指数,并根据综合指数的数值及其预警标准,进行综合预警。预警综合指数的计算公式如下(侯艳辉,2004):

$$R = \sum_{i=1}^{m}\gamma(x_i)\cdot w_i \tag{9-76}$$

式中,R 为矿区生态环境状况综合指数值;m 为预警指标的个数;w_i 为指标权重,可通过前面权重计算方法计算。

预警结果计算出来以后,根据预测结果划分警情等级。一般情况下,分为无警、轻警、中警、重警和巨警。

第四节　矿区生态环境评价与预警实践

一、沛县矿区概况

(一) 自然地理概况

沛县位于江苏省西北端,地处苏、鲁、豫、皖四省交界处,北纬 $34°28'\sim34°59'$,东经 $116°41'\sim117°09'$,全境南北长约 60 km,东西宽约 30 km,总面积 1 576 km²。沛县为典型冲积平原,地势西南高东北低,境内无山,由西南部的 41 m 到东北部降至 31.5 m 左右。水系属淮河流域泗水水系的南四湖水系,有 9 条骨干河流,地下水总储量约为 22.19 亿 m³;属暖温带半湿润季风气候,四季分明,冬季寒冷干燥,夏季高温多雨,秋季天高气爽,春季天干多变,年平均日照 2 307.9 h,年平均气温 14.2 ℃,年日照率 54%,平均年无霜期约 201 天,年均降水量 816.4 mm,年均湿度 72%。沛县现辖 13 个镇、4 个街道、1 个农场。徐沛铁路纵穿南北,徐济高速贯通全县,徐沛快速通道使沛县完全融入徐州半小时都市圈。

(二) 煤炭开采情况

沛县北部煤矿区(简称"沛北矿区")涉及沛城街道、大屯街道、汉源街道、汉兴街道、杨屯镇、安国镇、龙固镇、鹿楼镇和朱寨镇,煤田面积 160 km²,已探明煤炭储量约 2.37×10⁹ t,占江苏省总量 40% 以上,徐州市总量 66% 以上。矿区煤炭资源开采历史悠久,是我国东部沿海地区主要的煤炭生产基地之一,也是典型高潜水位粮煤复合矿区。随着煤炭资源枯竭、产能过剩及生态环境问题,在煤炭供给侧结构性改革推动下,沛县煤矿陆续关闭,截至2014 年,矿区内分布有上海大屯能源股份有限公司的龙东煤矿、姚桥煤矿、徐庄煤矿和孔庄煤矿,徐州矿务集团的三河尖煤矿和张双楼煤矿,华润天能集团徐州煤电有限公司的龙固煤矿和沛城煤矿(表 9-5)。

表 9-5　沛县煤矿区矿井状况

矿井名称	隶属关系	矿井开发现状
龙东煤矿	上海大屯能源股份有限公司	位于沛北矿区北部,主井位于龙固镇东南部,1981 年建设、1987 年投产,年生产规模 60 万 t。目前,矿井煤炭资源趋于枯竭、临近闭井
姚桥煤矿	上海大屯能源股份有限公司	位于沛北矿区北部,主井位于杨屯镇东部,1972 年建设、1976 年投产,年生产规模 400 万 t
徐庄煤矿	上海大屯能源股份有限公司	位于沛北矿区东部,主井位于大屯街道东北部,是沛县最早开发的矿井。1970 年建设、1979 年投产,年生产规模 160 万 t
孔庄煤矿	上海大屯能源股份有限公司	沛北矿区东南部,主井位于沛城街道北 4 km,1973 年建设、1977 年投产,年生产规模 160 万 t,存在严重村庄和湖区压煤问题

表 9-5(续)

矿井名称	隶属关系	矿井开发现状
三河尖煤矿	徐州矿务集团有限公司	沛北矿区西北部,主井位于龙固镇镇区边缘,1988 年投产,年设计生产能力 220 万 t
张双楼煤矿	徐州矿务集团有限公司	沛北矿区中部,主井位于安国镇北部,1986 年投产,年设计生产能力 225 万 t
龙固煤矿	华润天能徐州煤电有限公司	沛北矿区北部,主井位于龙固镇北部,1994 年建设、1999 年投产,年设计生产能力 45 万 t,矿井已经闭井
沛城煤矿	华润天能徐州煤电有限公司	沛北矿区南部,主井位于汉兴街道北部,1972 年建设、1980 年投产并于 1986 年改造,年设计生产能力 30 万 t,矿井已经闭井。

　　沛县煤矿始建于 20 世纪 70 年代,80 年代末陆续达产,1998—2004 年处于稳产阶段,2004 年后产量逐步提升并于 2012—2014 年达到最大量,目前缓慢下降。沛北矿区历年煤炭开采量如图 9-8 所示。煤炭资源开采促进了区域经济快速发展,但长时间、大规模和高强度的开采不可避免地破坏了原生生态环境,矿区内形成了大面积采煤塌陷地,对土地利用与景观结构、水文生态和植被覆盖等生态环境产生了持续性影响。

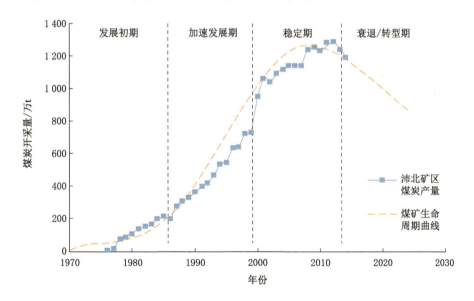

图 9-8　沛北矿区历年煤炭开采量与煤矿生命周期曲线

(三)煤炭开采对沛北矿区生态环境的影响

　　煤炭开采对沛北矿区生态环境的影响主要包括:

　　① 煤炭开采引起地表形变,破坏农田和建筑物。一方面,采煤塌陷导致大量耕地塌陷并转变为积水区,而轻度塌陷部分,破坏了农田排灌设施等,降低了耕地质量;另一个方面,采煤塌陷区内有村庄或城镇分布,导致房屋开裂形成危房或村庄内长期潮湿积水,部分村庄或城镇需要搬迁安置。同时采煤塌陷涉及部分公路和铁路,破坏交通道路。

② 破坏煤矿区河流水系,改变煤矿区水资源空间分布。采煤塌陷区涉及煤矿区内多条主要河流水系,三河尖煤矿、姚桥煤矿和张双楼煤矿形成的塌陷区影响到大沙河、杨屯河和龙口河等,另外,姚桥煤矿、徐庄煤矿和孔庄煤矿涉及湖区下开采。

③ 煤矸石堆积和发电厂等容易产生工业三废。煤矸石堆积与利用导致矿区大气环境的污染、水环境的污染和景观破坏等,特别是煤矸石中的化学物质氧化、溶解,对大气、水及土壤资源的生态环境造成不良影响(张玲,2008)。

二、基于景观稳定性的沛北矿区生态环境评价

(一)数据来源与处理

采用 3 期遥感影像作为数据源,分别为 1990 年的 SPOT-2 全色影像和 Landsat TM,2004 年的 SPOT-5 多光谱影像,以及 2014 年的 GF-1 号多光谱影像,成像季节均为秋季,成像质量和成像时的天气状况都较为理想;同时收集的研究区的地形图、行政区划图、行政村范围图等资料来自徐州市自然资源和规划局;沛县采煤塌陷区范围、复垦区范围等资料来自中国矿业大学环境与测绘学院。

利用 ERDAS 9.3 图像处理软件和 1:10 000 地形图对 2014 年影像进行几何校正后作将其为参考影像,采用二次多项式转换方程对其他影像进行几何校正,几何纠正的误差控制在 0.5 个像元以内,满足纠正精度要求。利用 1990 年 Landsat TM 影像与同期 10 m 分辨率的 SPOT-2 全色波段融合以提高影像分辨率。为了使各期不同分辨率影像具有可比性,将 3 期影像都重采样到分辨率为 10 m×10 m。参照全国土地利用分类体系,结合东部平原矿区景观特征,兼顾图像解译的可能性,将沛北矿区的土地景观类型分为 5 类:耕地(旱地、水田)、林地、草地、水体和建设用地。基于 IDL8.4 平台,采用随机森林分类方法,结合影像纹理特征、光谱特征等信息对各期影像进行解译,其中塌陷水体通过辅助开采沉陷预计结果进行获取。通过同期土地调查资料验证、高分辨率影像对比、GPS 采点及当地居民访谈等方法对各期景观分类精度进行评价(表 9-6)。

表 9-6　土地覆被类型精度评价

土地利用类型	1990 年		2004 年		2014 年	
	生产精度	用户精度	生产精度	用户精度	生产精度	用户精度
耕地	79.28	87.93	81.0	86.44	84.26	89.31
林地	92.05	81.02	85.11	80.51	83.52	81.45
草地	84.69	82.14	88.30	83.67	84.04	85.83
水体	91.84	90.58	95.96	95.21	93.72	95.88
建设用地	80.00	82.85	77.78	83.65	84.66	87.37
总体精度	85.03		86.71		88.21	
Kappa 系数	0.815		0.820		0.852	

（二）评价单元的确定

矿区生态环境评价应考虑景观的生态学特征，根据地球表层不同的生态学特征来进行评价单元划分，根据景观多样性的要求，评价单元需要将各类景观类型有机组合，所以参照加拿大和美国的分类分级方法，选取生态组作为生态环境质量评价单元，并选择与生态组相对应的行政村作为评价单元。研究区内有 5 个乡镇，4 个街道，共有 239 个行政村，因此，本次评价共有 239 个评价单元。

（三）单项指标计算及权重

根据前面所构建的生态环境评价指标的计算方法，在 ArcGIS 9.3 软件中分别计算每一个评价单元的单项指标值，并按照前面指标的标准化公式对各个单项指标逐一进行标准化处理，最终形成标准化指标数据库，为下一步综合评价作准备。

根据前面介绍的层次分析法和熵技术来确定评价指标的权重。首先，根据层次分析法确定权系数的理论方法，制定矿区生态环境评价指标重要程度比较调查表，通过对 10 位专家进行咨询，并统计调查结果后，得到干扰程度指标和稳定程度指标的判断矩阵，并检验判断矩阵的一致性，确定的权重系数见表 9-7、表 9-8。

表 9-7　沛北矿区生态稳定程度指标权重的确定

	x_1	x_2	x_3	x_4	权系数 w_x	一致性检验
x_1	1	1/2	2	2	0.269	$\lambda_{max}=4.071$,
x_2	2	1	2	3	0.420	CI=0.024,
x_3	1/2	1/2	1	2	0.190	RI=0.900,
x_4	1/2	1/3	1/2	1	0.121	CR=0.026<0.1 通过

表 9-8　沛北矿区生态系统干扰程度指标权重的确定

	z_1	z_2	z_3	z_4	权系数 w_x	一致性检验
z_1	1	1/2	2	3	0.278	$\lambda_{max}=4.031$,
z_2	2	1	3	4	0.467	CI=0.010,
z_3	1/2	1/3	1	2	0.160	RI=0.900,
z_4	1/3	1/4	1/2	1	0.095	CR=0.011<0.1 通过

尽管 AHP 技术确定权重可靠性相对较高，但采用专家咨询的方式，容易产生循环而不满足传递性公理，导致标度不准确和部分信息丢失的问题出现，因此尝试采用熵技术对 AHP 法确定的权重进行修正。具体操作过程如下：

首先对稳定程度指标的判断矩阵 R 进行归一化处理，得到标准矩阵 $\overline{R}$：

$$\overline{R} = \begin{bmatrix} 0.050 & 0.025 & 0.101 & 0.101 \\ 0.101 & 0.050 & 0.101 & 0.151 \\ 0.025 & 0.025 & 0.050 & 0.101 \\ 0.025 & 0.017 & 0.025 & 0.050 \end{bmatrix}$$

然后按照公式求熵向量 e、变差度向量 g 和权系数向量 u，分别为：

$$e = (e_1 \quad e_2 \quad e_3 \quad e_4) = (0.509 \quad 0.649 \quad 0.409 \quad 0.292)$$

$$g = (g_1 \quad g_2 \quad g_3 \quad g_4) = (0.491 \quad 0.351 \quad 0.591 \quad 0.708)$$

$$\mu = (\mu_1 \quad \mu_2 \quad \mu_3 \quad \mu_4) = (0.229 \quad 0.164 \quad 0.276 \quad 0.331)$$

将 μ 的值代入公式求得修正后的指标权系数向量 λ 为：

$$\lambda = (\lambda_1 \quad \lambda_2 \quad \lambda_3 \quad \lambda_4) = (0.276 \quad 0.309 \quad 0.235 \quad 0.179)$$

同理,对干扰程度指标的权系数进行修正,修正结果见表 9-9。

表 9-9 用熵技术对评价指标权系数进行修正

准则层	指标	e	g	μ	修正后的权重(λ)
稳定程度	x_1	0.509	0.491	0.229	0.276
	x_2	0.649	0.351	0.164	0.310
	x_3	0.409	0.591	0.276	0.235
	x_4	0.292	0.708	0.331	0.179
干扰程度	z_1	0.511	0.489	0.221	0.293
	z_2	0.672	0.328	0.148	0.332
	z_3	0.362	0.638	0.288	0.220
	z_4	0.243	0.757	0.342	0.155

(四) 沛北矿区生态环境评价结果

1. 矿区生态环境质量分析

根据所构建的景观稳定程度模型、景观干扰程度模型和生态环境质量综合评价模型,在 ArcGIS 9.3 软件中,将输入的行政村界图、采煤塌陷地范围图、土地复垦范围图及 1990年、2004 年和 2014 年土地利用图等数据通过叠加合并等空间分析,提取各类评价因子的属性数据,并保证与空间数据一致,然后,通过单一指标计算方法和综合评价模型(详见本章第二节)计算出生态环境质量指数(EQI),根据综合评价模型,若 EQI≥1,表明生态环境质量指数较高,生态系统处于稳定状态,且 EQI 越大,其生态环境质量越高,当稳定程度是干扰程度的 2 倍时(EQI>2),可以认为生态环境质量处于稳定状态,1≤EQI<2,生态环境质量处于较稳定状态;反之,EQI<1 表明生态环境质量较低,生态系统处于不稳定状态,EQI越小,生态环境越差,当稳定程度是干扰程度的 0.5 倍,可以认为生态环境质量处于极不稳定状态。因此,划分为 4 个等级(表 9-10),并统计 2 期生态质量等级的面积及比例(表 9-11),并生成沛北矿区 1990 年、2004 年和 2014 年生态环境状况分级图(图 9-9、图 9-10、图 9-11)。

表 9-10 沛北矿区生态环境质量指数等级

等级	一等	二等	三等	四等
指数范围	EQI≥2	1≤EQI<2	0.5≤EQI<1	EQI<0.5
生态状况	稳定	较稳定	不稳定	极不稳定

表 9-11 沛北矿区生态环境质量等级的面积及比例

评价等级	指数范围	1990 年		2004 年		2014 年	
		面积/hm²	百分比/%	面积/hm²	百分比/%	面积/hm²	百分比/%
稳定	EQI≥2	11 530.11	15.97	9 230.51	12.78	7 570.75	10.48
较稳定	1≤EQI<2	54 327.55	75.23	47 204.86	65.36	41 239.56	57.11
不稳定	0.5≤EQI<1	3 519.96	4.87	8 117.60	11.24	12 227.56	16.93
极不稳定	EQI<0.5	2 840.30	3.93	7 664.96	10.62	11 179.98	15.48

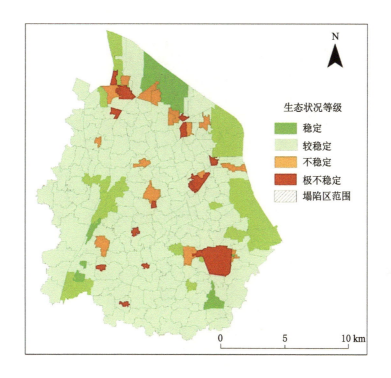

图 9-9 1990 年沛北矿区生态环境评价结果

对研究区 1990 年的生态环境质量指数统计结果表明,EQI 变化在 0.07~10.24 之间。生态环境状况处于稳定状态(EQI≥2)和较稳定状态(1≤EQI<2)的面积分别有 11 530.11 hm² 和 54 327.55 hm²,约占总面积的 15.97% 和 75.23%。主要分布于研究区的东部、北部和西南部(图 9-9),这些区域主要是农业区域,具有较好的自然条件,特别是微山湖西岸附近,水稻田和湿地较多,水体、林地和草地对保持高水平的生态环境质量起着至关重要的作用。不稳定区(0.5≤EQI<1)和极不稳定区(EQI<0.5)面积分别为 3 519.96 hm² 和 2 840.30 hm²,共占总面积的 8.80%,主要集中在沛县城市建成区和煤炭开采区。

2004 年生态环境质量指数的变化范围在 0.06~8.62 之间。其中不稳定等级(0.5≤EQI<1)和极不稳定等级(EQI<0.5)的总面积为 15 782.56 hm²,比 1990 年增加 13.04%。这些区域主要集中在沛县北部的煤矿区区域(图 9-10),这表明煤矿开采是沛北矿区生态环境质量恶化的最重要原因。稳定和相对稳定等级(EQI≥1)总面积为 56 435.37 hm²,比

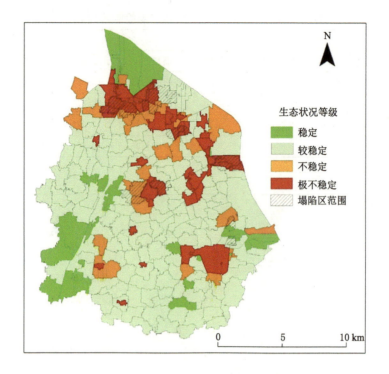

图 9-10   2004 年沛北矿区生态环境评价结果

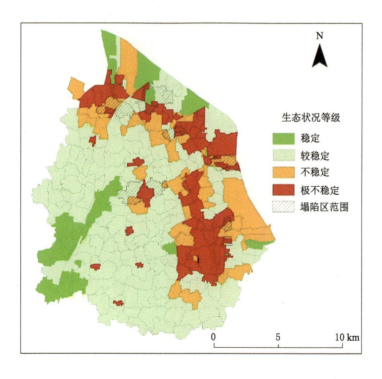

图 9-11   2014 年沛北矿区生态环境评价结果

1990 年减少 9 422.29 hm²。根据表 9-11 的数据,2014 年生态环境质量指数的变化范围在 0.08~7.76 之间。不稳定($0.5 \leqslant EQI < 1$)和极不稳定等级($EQI < 0.5$)的总面积为 23 407.54 hm²,面积比例为 32.41%,自 2004 年以来增加约 7 624.98 hm²。从图 9-12 的空间分布可以看出,2014 年等级极不稳定区域主要集中在城市和煤炭开采区,不稳定状况的区域主要分布在城市周边和采煤塌陷区。

与 1990 年相比,2014 年的生态环境质量为不稳定的区域仍在增加,表明研究区景观生态环境仍在恶化,但极不稳定的区域在减少,减少的区域分布与土地复垦区域表明矿区土地复垦工程的实施对生态环境质量的改善有一定的作用,如图 9-11 所示。

2. 矿区生态环境质量动态变化分析

为了进一步了解矿区生态环境质量的动态变化,利用 ArcGIS 9.3 对每两个阶段的评价结果进行减法来确定变化。根据其变化范围,矿区生态环境质量分为 5 个等级,即变差($\Delta < -2$),略微变差($-2 \leqslant \Delta < -0.5$),不变($-0.5 \leqslant \Delta < 0.5$),略微变好($0.5 \leqslant \Delta < 2$)和变好($\Delta \geqslant 2$),生态环境质量变化的面积与百分比如表 9-12 所示。

表 9-12 沛北矿区生态环境质量变化的面积与比例

矿区生态环境质量变化	变化范围	1990—2004 年		2004—2014 年	
		面积/hm²	百分比/%	面积/hm²	百分比/%
变差	$\Delta < -2$	2 707.15	3.75	3 799.86	5.26
略微变差	$-2 \leqslant \Delta < -0.5$	9 254.53	12.81	6 278.29	8.69
不变	$0.5 \leqslant \Delta < 0.5$	55 002.72	76.16	52 702.63	72.98
略微变好	$0.5 \leqslant \Delta < 2$	2 050.29	2.84	6 008.63	8.32
变好	$\Delta \geqslant 2$	3 203.23	4.44	3 428.52	4.75

由表 9-12 可以看出,1990—2014 年,沛县矿区的生态环境质量发生了很大的变化。从整体变化来看,1990—2004 年和 2004—2014 年,变好和略微变好的面积分别占全区的 7.28% 和 13.07%。在 1990—2004 年之间,变好和略微变好的区域集中在研究区东南部和北部,沿河或沿湖,说明水体在改善生态环境质量中起到了重要作用。2004—2014 年,变好和略微变好的区域主要分布在沛县北部采煤塌陷区。煤炭开采引起的开采沉陷对原有的生态景观造成了严重的破坏和一系列的生态环境问题。基于上述原因,当地政府针对采煤塌陷区开展了一系列的土地复垦和景观生态恢复措施。以采煤塌陷区为例,根据塌陷深度、水系特征和植物群落适应性,将采煤塌陷区改造为自然保护区、湿地和耕地。通过这些措施,沛县北部采煤塌陷区景观多样性大大增加,生态环境质量逐步提高。另外,沉降水对生态环境有一定的改善作用。

变差和略微变差的面积在两个时期分别占总面积的 16.56% 和 13.95%。1990—2004 年间变差和略微变差的地区主要是沛县的煤炭开采区,表明土地利用变化和采矿活动对区域生态环境质量的影响是显著的。在 2004—2014 年期间,变差和略微变差区域主要分布在城市周边地区,特别是城市北部。城市的快速发展占用了大量的耕地,导致了生物多样性的丧失和生态系统服务的减少。由于开采速度加快、环境保护不及时、二次塌陷、治理标准较低等原因,沛县北部部分矿区生态环境质量仍在下降。

从生态环境质量分布情况来看,沛县许多煤矿开采造成多处塌陷、土地损毁严重、矿区原有生态景观严重破坏等一系列生态环境问题,生态环境质量处于极不稳定状况。随着小煤矿的关停、一系列土地复垦和景观生态修复工作的实施,采煤塌陷区复垦为不同的植物景观区、湿地公园等,煤炭开采导致的破碎土地复垦为旱田、水田等,并对原有的农田基础设施进行完善,大大提高了景观多样性,景观生态环境逐步得到改善和提高(胡振琪 等,2014;Sun et al.,2019)。

此外,研究区属于典型平原高潜水位矿区,煤矿开采后,地表沉陷容易形成积水,由于积水来自深层地下水,水质良好,对生态环境改善有一定的作用。然而,随着经济快速增长,采煤速度的加快,矿区塌陷和破坏的速度也在加大,对生态环境的破坏仍在继续,由表9-12 可以看出,2004—2014 年间变差和略微变差地区面积占比仍有 13.95%,主要分布在煤矿区及城镇周围。由于煤炭开采的继续,环境保护措施不及时,以及复垦地区的二次塌陷、治理标准低等,部分地区生态环境质量下降;另外,由于该地区分布着许多采石场及水泥制品等工矿企业,山体植被遭到破坏,水土流失严重,致使生态环境质量下降。为此,需强化环保部门的环境监管职能,加大对生态脆弱区环境的保护,取消或限制采石开山等破坏生态环境的行为。退耕还林,涵养水源,提高全民环保意识。

三、基于综合指数法的沛县矿区生态环境评价

(一)数据来源与处理

本节采用的遥感数据分别是沛县的 SPOT-5 影像(获取日期:2012 年 10 月 31 日)和Landsat7 ETM+影像(获取日期:2012 年 10 月 1 日,并通过修补软件修复条带阴影)。同时收集了沛县行政区划图、地形图、2009 年和 2012 年的土地利用变更调查数据、矿区塌陷与复垦数据等。土壤重金属含量是沛县实测采样数据,经分析测试后通过空间插值获取,年均降雨量为徐州市气象观测数据。在 ERDAS 9.2 软件中进行多波段影像合成与几何校正(误差控制在 1 个像元内);参照全国土地利用分类体系,考虑沛县矿区景观特征,结合实地调研与踏勘,将矿区土地利用类型分为耕地、林地、园地、自然水体、塌陷水体、城乡建设用地、工矿用地、交通运输用地 8 类。

(二)评价指标与权重计算

1. 评价指标计算

指标收集的基期年为 2012 年,动态指标时段为 2009—2012 年。指标计算方法包括GIS 空间分析、地统计空间插值、调研踏勘、遥感解译、景观分析等,数据处理软件有 ERDAS 9.2、ArcGIS 9.3、Fragstas 4.2 等。其中,年均降雨量、土壤重金属污染均为观测或实测数据,并通过空间插值得到。植被覆盖度是利用校正后 Landsat 7 ETM+影像计算植被指数(NDVI)获取的。景观多样性指数选用 Shannon 多样性指数和景观破碎度指数,另外生物丰度指数、单一化土地利用优势度指数、土壤综合污染指数和生态系统服务价值等计算公式见上一节相关介绍。

2. 指标权重与标准化

采用层次分析法与熵技术确定指标权重系数,其步骤为:

(1)构造判断矩阵 A

$$A = \begin{bmatrix} x_{11} & x_{12} & \cdots & x_{1n} \\ x_{21} & x_{22} & \cdots & x_{2n} \\ \vdots & \vdots & & \vdots \\ x_{m1} & x_{m2} & \cdots & x_{mn} \end{bmatrix}$$

式中，x_{ef} 为指标 e 相对于指标 f 的重要度，其中 $e = 1, 2, \cdots, m$；$f = 1$。n 为重要度矩阵 A 的阶数。

（2）指标标准化

为消除评价指标间量纲差别，需对各指标进行标准化处理，这里采用归一化方法，即：

正向指标：

$$X_{ef} = \frac{x_{ef} - x_{f\min}}{x_{f\max} - x_{f\min}} \tag{9-77}$$

逆向指标：

$$X_{ef} = \frac{x_{f\max} - x_{ef}}{x_{f\max} - x_{f\min}} \tag{9-78}$$

式中，x_{ef} 为指标原值，X_{ef} 为标准化值，$x_{f\max}$、$x_{f\min}$ 为 x_{ef} 的最大值与最小值。

对于区间值如年均降雨量等采用隶属度函数进行标准化。

① 土层厚度隶属函数。

根据农用地分等定级标准，构建区域土层厚度的分值隶属函数，设土层厚度为 x，标准值为 y，按线性内插方法，其隶属函数为：

$$y = \begin{cases} 100 & (x \geqslant 18 \text{ cm}) \\ \dfrac{25}{4}x - \dfrac{25}{2} & (10 \text{ cm} < x < 18 \text{ cm}) \\ 5x & (0 \leqslant x \leqslant 10 \text{ cm}) \end{cases} \tag{9-79}$$

② 土壤有机质含量隶属函数。

设土壤有机质含量为 x，标准值为 y，按线性内插方法，其隶属函数为：

$$y = \begin{cases} 100 & (x \geqslant 2.5\%) \\ 20x + 50 & (1.5\% \leqslant x < 2.5\%) \\ \dfrac{300}{7}x + \dfrac{110}{7} & (0.8\% \leqslant x < 1.5\%) \\ 62.5x & (0 \leqslant x < 0.8\%) \end{cases} \tag{9-80}$$

③ 年均降雨量隶属度函数。

降雨量是反映区域水热状况的重要因素。其空间分异受经纬度、海拔和坡度等因素的综合影响。从农业生产和水土保持的角度考虑，设年均降雨量为 x，标准值为 y，则其隶属函数（陆建衡 等，2018）为：

$$y = 1 / [1 + 8.0 \times 10^{-5} \times (x - 790)^2] \tag{9-81}$$

（3）权重确定与修正

首先采用层次分析法初步确定指标权重，再利用熵技术权系数修正 AHP 法得出的指标权系数。公式为：

$$\text{AW} = \lambda_{\max} \cdot W, \quad \sum_{i=1}^{N} w_i = 1 \tag{9-82}$$

$$E_j = -k\sum_{i=1}^{m} P_{ij}\ln P_{ij}, \quad P_{ij} = \frac{x_{ij}}{\sum\limits_{i=1}^{m} x_{ij}} \qquad (9\text{-}83)$$

$$\lambda_j = \frac{\mu_j W_j}{\sum\limits_{j=1}^{n} \mu_j W_j}, \quad \mu_j = \frac{1-E_j}{\sum\limits_{j=1}^{n}(1-E_j)} \qquad (9\text{-}84)$$

式中,$\lambda_{\max}$为判断矩阵 A 的最大特征根,w_i 为 W 的第 i 个分量,即第 i 个指标的权重。$k=(\ln m)^{-1}$,$k>0$,E_j 为评价指标的熵值,λ_j 为指标权系数。

（三）沛县矿区生态环境综合评价结果

根据评价指标和评价结果与现行管理一致性,本章以行政村为评价单元。在 ArcGIS 9.3 软件中,将输入的行政村边界图、基础性数据、土地利用数据、土壤污染数据、土地生态效益等进行空间叠加分析,并通过综合评价模型进行加权求和运算,最终得到生态环境质量综合评估分值。根据自然断裂点法分级原理将生态环境质量值分为稳定、较稳定、中等、不稳定、极不稳定 5 个等级。在 ArcGIS 中绘制生态环境质量分级图（图 9-12）,并统计各等级生态环境质量面积与比例(表 9-13)。

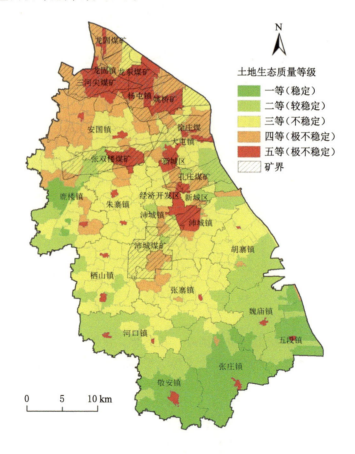

图 9-12　沛县矿区生态环境质量分级图

表 9-13 矿区生态环境质量等级的面积与比例

生态环境质量等级	指数值范围	行政村个数	面积/hm²	所占比例/%
一等(稳定)	0.117 5~0.153 3	57	17 503.51	13.38
二等(不稳定)	0.153 3~0.205 1	80	29 686.23	22.69
三等(中等)	0.205 1~0.247 7	146	52 201.74	39.89
四等(不稳定)	0.247 7~0.327 0	61	20 385.34	15.58
五等(极不稳定)	0.327 0~0.544 2	56	11 080.47	8.47

由图 9-12 可知,沛县生态环境质量总体呈现南部好、北部差,农村好、城镇差的空间格局。由表 9-13 可以看出,生态环境质量较高的区域(Ⅰ等)共有 137 个行政村,面积为 47 189.74 hm²(Ⅰ类 17 503.51 hm²,Ⅱ类 29 686.23 hm²),占沛县土地总面积的 36.06%,主要分布在沛县南部的敬安、张庄、五段、魏庙与河口等镇的大部分地区,以及中东部栖山与鹿楼镇的部分地区,这些地区降雨量大、土地生态基础条件较好,主要以农业为主,植被覆盖较好,同时又远离城镇和工矿区,受城镇化、工业化影响较小,生态环境保护较好。生态环境质量为中等的区域集中分布在以沛县城区为中心的张寨、胡寨、栖山、朱寨镇的大部地区,沛城、大屯与安国的部分地区,共计 146 个行政村,面积为 52 201.74 hm²,该地区受城镇化和煤炭开采的影响,耕地、林地减少,土壤污染较明显,景观结构逐步遭到破坏。生态环境质量较差和极差的区域涵盖 117 个行政村,面积为 31 465.82 hm²,占总面积的 24.05%,集中分布在沛县北部的主要煤炭开采区,主要原因是煤炭资源持续开采,导致沛县矿区地表覆盖破坏严重、植被退化、水土流失及污染加剧、生物量减少,土地生态环境逐步恶化,此外,城镇建设用地也是生态环境质量状况较差的区域,城镇扩张存在较高生态风险。

由图 9-12 还可以看出,在采煤塌陷区内存在着生态状况较好的异常区域,如张双楼煤矿中西部、沛城煤矿的中部、孔庄煤矿的东部和北部等,主要原因是近年来矿区土地复垦与环境治理工作取得了一定成效。自 2000 年以来随着一系列土地复垦和景观生态修复工作的实施,因地制宜地将塌陷区复垦为生态农业区、景观湿地,煤炭开采导致破碎的土地整理为连片旱田、水田等,通过土地复垦与景观修复,耕地、水体斑块面积增大,斑块破碎化程度减小,景观多样性大大提高,局部地区矿区生态环境逐步得到改善;另外,研究区属于典型平原高潜水位矿区,煤矿开采后,地表沉陷容易形成积水,由于积水来自深层地下水,水质良好,对生态环境改善有一定的作用。然而,由于沛县煤炭产量处于稳定期,煤炭开采规模较大、煤炭开采破坏与污染的程度远高于土地生态环境的承载力,此外,在对矿区的规划治理,如矿地统筹规划、沛北一体化建设等还处于初级阶段,工程实施也会导致原有生态系统的变化,总体上生态环境质量仍较差。

(四)两种评价方法对比分析

本章采用景观稳定性和综合指数的方法分别对沛北矿区生态环境状况开展评价。两种评价方法基本目标是通过评价指数等级反映生态环境质量优劣,并通过多期比较,分析矿区生态环境的变化态势,得到的结论是恶化或是好转。具体工作思路是:首先,选择评价指标体系并确定指标权重;其次,对各期指标赋值、无量纲化处理;再次,计算矿区生态环境综合指数;最后,绘制综合指数变化曲线,分析生态环境变化态势。从评价结果可以看出,两种评价方法中沛北矿区生态环境质量较差的区域均主要集中在沛县北部煤矿开采区和城市建成区,主要是煤炭资源持续开采,导致沛北矿区地表覆盖破坏严重、植被退化、水土流失及污染加剧、生物量减少,土地生态环境逐步恶化,此外,城镇建设用地也是生态环境质量状况较差的区域,城镇扩张存在较高生态风险。两种评价结果与沛北矿区生态环境实际情况相符合,表明这两种评价方法在矿区生态环境评价上均具有可行性。由于矿区生态系统结构极为复杂,反映生态环境的指标较多,且部分指标数值不易获取,因此,采用上面两种评价方法各有优缺点。

1. 基于景观稳定性的矿区生态环境评价方法的优缺点

① 指标获取方便。根据生态系统的特性,从景观稳定性和景观干扰度两个方面建立分层次或等级的指标体系。无论是景观稳定性指标还是景观干扰度指标均可以通过景观格局指数来表现,指标赋值方便计算。指标数值获取方便也是构建评价指标体系的最基本的原则之一。

② 突出反映生态环境变化。这种方法利用景观生态学理论,从矿区生态系统的生态稳定性和干扰程度两个方面构建矿区生态质量评价模型,评价该区的生态环境质量状况,并分析其变化特征。这种变化是通过生态系统的内部固有特性来反映生态环境质量的变化规律,可以进一步分析矿区生态环境变化的动力机制,为改善矿区生态环境提供科学的依据。

但由于矿区生态系统结构极为复杂,生态环境影响因素较多,与当地气候、环境、土壤质地以及人类活动等因素直接相关,基于景观稳定性的生态环境质量评价方法仅从景观生态学的角度出发,考虑生态系统稳定性和生态干扰度,没有考虑采煤导致土壤、水质等污染情况,在一定程度上影响了评价的精度。另外,受评价模型和等级标准划分方法的影响,其评价结果很难与基于综合指数法的生态环境质量评价结果进行横向对比分析。因此,基于景观稳定性的矿区生态环境评价方法适用于评价区域资料缺乏、要求体现评价动态变化的矿区开展相关评价。

2. 基于综合指数法的矿区生态环境评价方法的优缺点

首先,概念清晰简洁,便于决策者做出综合决策。综合指数法是在确定一套合理的生态环境评价指标体系的基础上,对各单项指标指数进行加权平均,进而得出生态环境质量综合值,是综合评价的一种方法。它条理清晰,便于理解,只要建立完善的评价指标体系,评价结果不仅可以反映复杂的生态环境总体的变化方向和程度,而且可以确切地、定量地说明变化所产生的实际效果。第二,计算过程简单。评价模式技术简单方便,模式简洁易行。

但由于要求指标体系全面,指标体系过于庞大,各评价因子的赋值较为困难,难以获取多期评价结果进行对比;且权重考虑具有主观性,影响综合评价结果。另外,缺少统一的生态环境综合指数分级标准。目前,现行的分级标准都是依据各地生态环境特征制定的,不具有统一性,导致评价结果具有人为性。因此,基于综合指数法的矿区生态环境评价方法适用于评价区域资料相对齐全、评价目标明确、对综合评价结果较为关注的矿区开展相关生态环境评价。

四、沛北矿区生态环境预警分析

生态环境的预警分析是防止生态系统向无序化发展和进行系统调控的重要途径之一（杨静,2004）。在矿区生态环境评价的基础上,结合上述的预警模型与方法,对沛北矿区生态环境状况进行预测预警。

（一）预警指标与权重计算

沛县煤矿开采导致耕地与植被破坏、土壤污染较为典型。此外,城乡建设用地扩张导致生态用地减少与破碎也日益明显。根据生态学原理,考虑采煤塌陷区生态特征,从矿区的植被状况、景观结构、干扰程度和生态效益 4 个方面构建指标体系,共 9 个指标（表 9-14）。

表 9-14 预警指标体系与权重

准则层	指标层	权重	属性
植被状况	植被覆盖度	0.142	+
景观指数	生物丰度指数	0.051	+
	景观破碎度指数	0.039	−
	单一化土地利用优势度指数	0.037	−
干扰程度	土壤污染综合指数	0.047	−
	土地塌陷面积比例	0.035	−
	耕地退化率	0.028	−
	林地退化率	0.042	−
生态效益	土地复垦率	0.034	+

植被覆盖度是通过遥感影像计算 NDVI 来获取的,景观多样性指数选用 Shannon 多样性指数和景观破碎度指数,可通过 Fragstats 4.2 来计算;生物丰度指数、单一化土地利用优势度指数和土壤污染综合指数的计算分别参照式(9-49)、式(9-50)和式(9-51)。耕地和林地退化率可根据土地变更调查数据进行计算。

在矿区生态环境状况预警之前,需要对各个指标进行无量纲化。由于各个指标的物理意义和单位不同,不能进行对比。因此,为了统一度量范围可以根据指标类型将指标分为正向指标和逆向指标。正向指标数值越大越好,逆向指标数值越小越好。指标无量纲化方法计算公式为:

正向指标:

$$\gamma_i = \begin{cases} 1, & x \geqslant x_{\max} \\ \dfrac{x - x_{\min}}{x_{\max} - x_{\min}}, & x_{\max} \geqslant x \geqslant x_{\min} \\ 0, & x \leqslant x_{\min} \end{cases} \tag{9-85}$$

逆向指标:

$$\gamma_i = \begin{cases} 0, & x \geqslant x_{\max} \\ \dfrac{x - x_{\min}}{x_{\max} - x_{\min}}, & x_{\max} \geqslant x \geqslant x_{\min} \\ 1, & x \leqslant x_{\min} \end{cases} \tag{9-86}$$

中性指标：

$$\gamma_i = \begin{cases} \dfrac{x_{\max} - x_i}{x_{\max} - x_{i0}}, & x \geqslant x_{\max} \\ 0, & x_{\max} \geqslant x \geqslant x_{\min} \\ \dfrac{x_i - x_{\min}}{x_{i0} - x_{\min}}, & x \leqslant x_{\min} \end{cases} \tag{9-87}$$

式中，x 为各预警指标预警值；$x_{\min}$ 为预警指标 i 的标准最小值；$x_{\max}$ 为预警指标 i 的标准最大值。

（二）预警的级别标准

预警在逻辑上可分为四个步骤（索永录 等，2010）。

① 明确警义。警义是用来表示警情严重程度的指标。一般情况下，分为无警、轻警、中警、重警和巨警。这些警戒级别的限定可依据前人研究成果、专家调查、规程规范和数学统计方法来综合确定。通过判断指标的预测值处于何种警限范围确定该指标的警度级别。

② 寻找警源。警源是产生警情的来源。从产生原因和生成机制上看，主要有三种警源，分别是来自自然因素的自然警源，外部因素对生态环境造成影响的外生警源和来自系统内部的内生警源。在矿区生态环境预警中，采煤活动是影响其生态环境的内在因素。因此，本章中的警源主要是内生警源。

③ 分析警兆。警兆是警情爆发前的先兆性指标。它反映了从警源出现到影响生态环境的全过程，包含了警情的孕育、发展、壮大到爆发的几个阶段。不同的警情对应着不同的警兆，根据警情指标的限度，预警警兆也分为五种情况，分别是无警警区、轻警警区、中警警区、重警警区和巨警警区。

④ 预报警度。根据警兆的变化情况及警情区间，预报警情的严重程度。根据矿区生态环境综合评价中的单个指标分级标准，确定矿区生态环境预警中单指标的预警级别。根据未来某一年的预测值，对照其相应预警级别标准确定的预警区间进行单个指标的警度预报。

单指标的预警级别和综合指数预警级别见表 9-15 和表 9-16。

表 9-15　矿区生态环境单指标预警级别标准

预警级别	无警	轻警	中警	重警	巨警
	I	II	III	IV	V
生物丰度指数	≥0.8	0.6～0.8	0.4～0.6	0.2～0.4	≤0.2
单一化土地利用优势度指数	≤0.2	0.2～0.4	0.4～0.6	0.6～0.8	≥0.8
土壤污染综合指数	≤1	1～2	2～3	3～5	≥5
植被覆盖度	≥0.8	0.6～0.8	0.4～0.6	0.2～0.4	≤0.2
景观破碎度指数	≤0.2	0.2～0.4	0.4～0.6	0.6～0.8	≥0.8

表 9-15(续)

预警级别	无警	轻警	中警	重警	巨警
	Ⅰ	Ⅱ	Ⅲ	Ⅳ	Ⅴ
土地塌陷面积比例	≤0.01	0.01~0.05	0.05~0.15	0.15~0.20	≥0.20
耕地退化率	≤0.05	0.05~0.10	0.10~0.15	0.15~0.20	≥0.20
林地退化率	≤0.01	0.01~0.05	0.05~0.10	0.10~0.15	≥0.15
土地复垦率	≥0.8	0.5~0.8	0.3~0.5	0.1~0.3	≤0.1

表 9-16　矿区生态环境综合指数预警分级标准

综合指标	无警	轻警	中警	重警	巨警
	Ⅰ	Ⅱ	Ⅲ	Ⅳ	Ⅴ
生态环境综合指数	≥0.8	0.6~0.8	0.4~0.6	0.2~0.4	≤0.2

（三）沛北矿区生态环境预警结果

利用 GM(1,1)灰色预警模型,得到沛北矿区生态环境预警指标体系中各单指标的预测值,并根据矿区生态环境单指标预警级别标准,得出各单项指标的警度,如表 9-17 所示。

表 9-17　矿区生态环境预测结果

	生物丰度指数	单一化土地利用优势度指数	土壤污染综合指数	植被覆盖度	景观破碎度指数	土地塌陷面积比例	耕地退化率	林地退化率	土地复垦率
预测值	0.5	0.65	5.2	0.43	0.61	0.16	0.13	0.07	0.35
级别	Ⅲ	Ⅳ	Ⅴ	Ⅲ	Ⅳ	Ⅳ	Ⅲ	Ⅲ	Ⅲ
警度	中警	重警	巨警	中警	重警	重警	中警	中警	中警

在此基础上,利用各预警指标标准化后的数值与其权重计算得到矿区生态环境综合指数,其中生态环境综合指数预警分级标准如表 9-17 所示。

从表 9-17 可看出,矿区生态环境单项指标中土壤污染综合指数指标预测级别为Ⅴ,处于巨警警度;土地塌陷面积比例、单一化土地利用优势度指数和景观破碎度指数预测值级别为Ⅳ级,处于重警警度;生物丰度指数、耕地退化率、林地退化率以及植被覆盖度指标预测值级别为Ⅲ级,处于中警警度。通过对矿区生态环境的预测,研究区生态环境综合指数预测值级别为Ⅲ级,处于中警警度。因此,目前沛北矿区的生态环境应该引起相关部门的重视,急需采取相应的生态环境治理措施。

第十章　矿区生态环境监测信息系统

矿区生态环境监测信息系统(mining area ecological environment monitoring information system,MAEEMIS)是对矿区生态环境各类监测数据、业务数据进行存储、管理、分析、发布与展示,实现科学评价、预测、预警及决策支持等功能的应用系统。本章分析了MAEEMIS 的特点,归纳总结了系统的业务需求,介绍了系统的建设目的、任务、原则与要求,并探讨了系统开发的关键技术与最新动态。最后,结合神东、峰峰、平朔、淮南等矿区的实际情况,介绍了基于 WEB-GIS 的矿区生态环境监测系统、矿区生态环境监测网络系统、基于物联网技术的矿区生态环境监测评价系统等建设范例。

第一节　系统的功能与结构

根据最新的生态环境部颁发的《生态环境信息化标准体系(征求意见稿)》(生态环境部,2022)以及《生态环境监测规划纲要(2020—2035 年)》(生态环境部,2019),针对矿区生态环境监测的特点与现势要求,归纳总结 MAEEMIS 的功能需求。

一、MAEEMIS 的特点

生态环境监测是生态环境保护的基础,也是生态文明建设的重要支撑。党中央、国务院高度重视生态环境监测工作,已将其纳入生态文明改革大局,生态环境监测工作取得了前所未有的显著成效。生态环境监测具有以下特点(廖克 等,2004):

① 长期性。国家决策部门和环境科学界对环境信息的需求是长期的、连续的、动态的,任何一次性(或短期)的、静态性的数据和调查结果不可能对生态环境的演变趋势做出准确判断,必须坚持长期的动态监测,才能从大量的监测数据中揭示其变化规律,预测其变化趋势。

② 综合性。一个完整高效的生态环境动态监测计划将涉及该地区自然和社会的各个方面,监测对象涵盖空气、水体、土壤、固体废物、植被覆盖等客体,监测手段包括生物、地理、环境、生态、理化、数学、信息和技术科学等一切可以表征生态环境参量的方法。

③ 动态周期性。生态环境的变化过程是缓慢的(如地表塌陷与修复、土地利用与覆盖变化等),而且生态环境系统本身具有自我调控功能,对人类活动所产生干扰作用的反应也极为缓慢,因此,生态环境动态监测的时间尺度一般很长,通常需采用周期性的动态监测。

"矿区"的含义可以指某一个煤矿,或是一个矿业集团所管辖的几个煤矿组成的矿区,也可以是一个矿山城市(镇)。矿区是一种特殊的地理区域,其地理空间要素和社会经济要素内容广泛、综合、复杂、变化迅速,是一种复杂的、动态的、开放的社会经济区域(系统)(郭达志 等,1996)。矿区生态环境具有以下特性:综合性、系统性、三维空间特性、动态性、差异性、不确定性、随机性、滞后性。在进行 MAEEMIS 建设时,系统设计和实施过程中要充分考虑上述特性或特点。

近 40 年来,不少国家为了加强区域资源开发与环境保护的系统调控,积极建设以 GIS 为基础的矿区生态环境信息系统。作为区域规划、管理和决策的现代化工具,GIS 不仅具有可供存储、查询、检索的空间型数据库(一般按地理坐标),而且包括若干个分析评价模型、知识库以及专家系统,可以实现生态环境信息(数据)的叠加、复合、分析评价、动态显示及专题制图等功能,从而不仅可以展现生态环境空间实体的现状,还能再现其演化过程,对未来生态环境的发展趋势做出预测。

广义上,MAEEMIS 可以看作是一个人造的信息系统,由数据、计算机软硬件、工作流程及技术人员四个要素组成。要想建立一个有效的 MAEEMIS,必须运用系统工程的理论与方法,把 MAEEMIS 当作一项工程来建设(廖克 等,2004;郭达志 等,1996)。

为了满足 MAEEMIS 对矿区表面、地下和近地表的多种生态环境要素空间分布和相互关系的研究,以及实现对各要素的有效管理,与常见的生态环境监测信息系统相比,MAEE-MIS 还具有以下特点:

① 公共的地理定位基础。所有的地理要素,要按照矿区采用的国家统一坐标系或独立坐标系进行严格的空间定位,才能对具有时序性、多维性、区域性特征的生态环境空间要素进行复合和分解,将其中隐含的生态环境信息变为显式表达,形成空间上和时间上连续分布的、综合的基础信息,以支持矿区生态环境问题的处理、分析和决策。

② 标准化和数字化。将多源的空间数据、生态环境监测数据和社会经济统计数据进行分级、分类、规范化和标准化处理,使其适应计算机输入和输出的要求,才能满足矿区生产决策、自然资源和环境要素之间的对比和相关分析的操作要求。

③ 多维结构。通常,MAEEMIS 所处理的对象是矿区表面的数据,若数据是地表以下或以上的,要先把它投影到地表再进行处理。如图 10-1 所示,系统所处理的是对应于地表同一位置的多"层"平面图形,在进行二维空间编码基础上,实现多专题三维信息结构的组合(通常称之为 2.5 维),并按时间序列延续,从而使它具有信息存储、更新和转换的能力,只有这样,才能满足生态环境信息实时显示和多层次分析的要求。

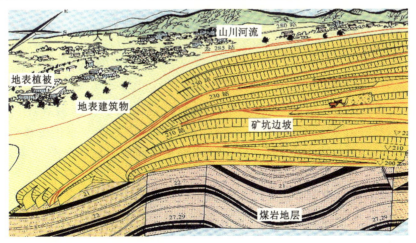

图 10-1　MAEEMIS 的多维结构

以煤矿生态环境监测为例,其空间对象上至大气环境、中至山川植被、河流水系、道路建筑,下至矿坑边坡、井巷工程、煤岩地层等都属于矿区生态环境系统的组成部分。为了描述矿区井下生产、资源与生态环境间的关系,要求 MAEEMIS 必须具有空间数据的真 3 维数据结构,连同时序和属性数据,应具有 4~5 维的时空数据结构,这就使得 MAEEMIS 比一般的生态环境系统更复杂、要求更高。

二、MAEEMIS 的基本任务

在矿区开发的不同阶段,MAEEMIS 设计与开发的任务侧重点也有所不同。在矿区开发的各阶段,MAEEMIS 的基本任务和数据要求见表 10-1(郭达志 等,1996)。

表 10-1　MAEEMIS 的基本任务和数据要求

矿区开发阶段	系统的基本任务	系统的数据需求
矿区规划设计阶段	区域经济和社会发展规划	图件:矿区地形图、地质图、遥感图、矿区土地利用图、采掘工程图、井上下对照图、市政工程图等。 报告:矿区开发设计报告、矿区地质图件及文字报告、矿床(体)产状图及文字报告等。 数据:地面监测数据、卫星遥感监测数据、国家生态环境监测网共享数据、社会统计数据以及其他数据 ……
	矿区总体规划	
	绿色矿山建设与环境保护规划	
	智慧矿山建设规划	
	……	
矿区生产经营阶段	矿区基础空间信息系统建设	
	生态环境监测与保护	
	智慧矿山建设	
	绿色矿山建设	
	资源合理开发利用	
	矿山地质环境保护与治理	
	……	
矿区关停、报废阶段	土地复垦整治	
	生态重建与恢复	
	产业转型	
	……	

概括起来,MAEEMIS 的主要目的和任务包括:

① 为矿区生态环境的动态监测与科学管理提供信息服务。在建立 MAEEMIS 的过程中,首先对矿区已有的生态环境进行系统整理、统一科学分类,使分散的资料系统化,变独享资料为共享资源,使杂乱的数据标准化,将单要素资料聚合为综合资料,以实现生态环境信息的现代化管理,提高资料的使用效率。

② 实现矿区生态环境监测数据的综合分析研究。利用存储于空间数据库中各种形式、时态的生态环境监测数据,可迅速、准确地进行综合分析,并按要求生产生态环境评估所需的其他数据。

③ 进行矿区生态环境的综合评价。生态环境的评价是科学合理地开发和利用生态环境监测数据的基础。基于 MAEEMIS 可全面、系统地了解矿区生态环境的现状、优劣、组合

特征以及面临的问题,能够提供生态环境的数量、质量、分布以及特征和开发利用条件,这就为合理监管、保护矿区生态环境提供了有力的科技手段。

④ 为矿区生态环境规划和环境保护提供决策支持。矿区的生态环境是一个复杂的、开放的巨系统,各生态环境要素在空间、属性及时间序列上各具特色。要素之间相互作用、相互制约,存在着十分复杂的物质流、能量流和信息流的转换,在矿区资源开发利用、环境保护治理过程中必须综合考虑各要素之间的关系。MAEEMIS 有助于引入系统科学的理论与方法,在多要素空间数据库的支持下,通过信息流来调控物质流、能量流和人流,可为生态环境的规划、保护和整治提供决策服务。

三、MAEEMIS 应具备的基本功能

MAEEMIS 在矿区开发各阶段的应用目标是通过多要素空间数据库、各种应用模型及相应的应用软件来实现的。一个典型 MAEEMIS 应具备的基本功能可以概括如下:

① 数据的输入、编辑和存储。对多种形式(影像、图形、视频、文本、数字等)、多种来源的数据,可以采用多种方式(如自动或人工)实现数据的输入,经过编辑后形成空间数据库。数据输入是把外部的原始数据传输到系统内部,并以系统便于处理的格式进行存储。它实际上包括了数字化(通过数字化仪进行模数转换)、规范化(对多种来源的数据进行比例尺、坐标系统、精度的统一,并形成统一的记录格式)和数据编码(根据一定的数据结构和目标属性特征,将数据转换为计算机便于识别和处理的代码)三个方面的内容。数据输入通常采用三种方式:一是键盘、鼠标输入,主要输入有关图像、图形的属性数据和文本文件;二是手扶跟踪数字化仪的数字化,由人工选点或跟踪线段进行图形输入;三是利用扫描仪的图形扫描数字化输入。

数据编辑是用户根据实际情况,对已输入的图形和属性数据进行检查和修改,是对数据的增删与更新。

数据存储是将数据以某种特定格式记录在计算机内部或外部存储介质上。其存储方式与数据文件的组织密切相关,关键在于建立记录的逻辑顺序,以便提高数据存取、检索的速度。

② 操作运算。其是为了满足各种可能的查询条件而进行的数据操作,如数据格式转换,多边形叠合,图形图像拼接、裁剪等操作以及按一定模式关系进行的各种数据运算,包括算术运算、关系运算、逻辑运算、函数运算等。

③ 数据查询、检索。其功能是从已建立的数据文件、数据库或存储设备中,查找和选取所需的生态环境信息。

④ 应用分析。应用 GIS 分析一定区域内的生态环境现象和过程。这些功能可在系统操作运算功能的支持下或借助专门的分析软件来实现,如生态环境监测参数的量测与统计、多要素综合分析、趋势预测等。

⑤ 数据显示、结果输出。数据显示即为中间处理过程和最终结果的屏幕显示。一般情况下,以人机对话方式来选择显示的对象与形式,如数据显示、统计图形显示、空间数据的图形图像显示等。结果输出有专题地图、图表、数据、报告等形式。这些最终结果通过显示器、绘图仪、打印机输出或存储于计算机磁盘中。

⑥ 数据更新与维护。数据更新即以新的数据项或记录替换数据文件或数据库中相对

应的数据项或记录,可以通过删除、修改、插入等一系列操作来实现。在 MAEEMIS 中,数据更新的关键是建立生态环境在线监测数据、遥感数据与 MAEEMIS 的接口,以提高不同数据结构数据转换的精度和效率。

四、MAEEMIS 系统的构成

MAEEMIS 的目标、任务众多,内容十分广泛、复杂,准确完整、及时的数据是所有信息系统能否健康运行的基础(王崇倡 等,2005;李学渊,2015)。就 MAEEMIS 而言,测绘、地质、矿产资源开采方面的数据资料是基础信息,多源遥感影像是获取生态环境参数的重要来源,各类监测设备密切监控工矿设备的运行状态,生态环境监测网可以实时记录矿区的大气、水体、固废、污染源的即时状况,系统的业务流程可用图 10-2 描述。矿区生态环境监测信息系统构成如图 10-3 所示(郭达志 等,1996;毕如田 等,2005;汪云甲,2017)。

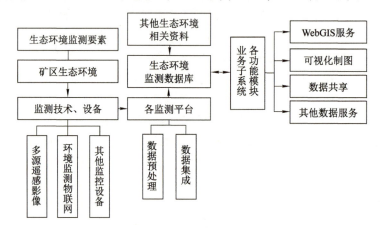

图 10-2　MAEEMIS 的业务流程

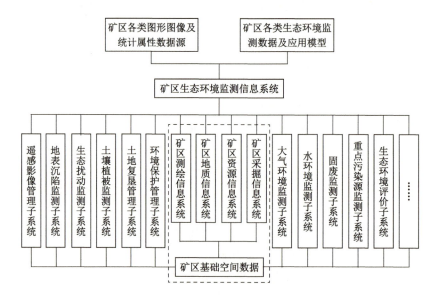

图 10-3　矿区生态环境监测信息系统构成

鉴于矿区有设计阶段、生产阶段和衰老阶段的不同生命周期,各期间对生态环境监测的功能需求也各有侧重,因此,组成系统的各功能模块、子系统的内容与数量也会有所不同或侧重,并且随着矿区的不同建设阶段,各子系统的建设应有所选择,循序渐进、逐步实施。

第二节　系统的数据模型与数据库

矿区生态环境数据库、知识库、专家系统库中的数据模型和数据结构,对于系统功能的强弱、优劣有着决定性的影响。MAEEMIS 需要存储、分析处理基于图形、图像和属性数据一体化的空间实体数据,并且它们通常具有不同分辨率、不同精度和不同时相,这就要求系统具有真三维的空间数据模型和数据结构,以及动态、实时的分析能力。

一、数据分类与数据源

在构建 MAEEMIS 综合数据库时,要将所有收集、采集到的生态环境监测数据进行整理和入库,这些数据一方面为 MAEEMIS 运行及辅助决策提供数据支撑,另一方面也为系统的扩充以及其他应用服务提供数据保障。整个 MAEEMIS 综合数据库的数据内容可分为以下几类。

1. 空间数据

所有与矿区位置有关的图形数据都称为空间数据。按照数据的种类,将矿区的空间数据分成空间基础图形、遥感影像、生态环境专题图形三大类。其中,矿区生态环境遥感影像是整个监测系统可持续运行的基础,要形成多层次、运行化的动态监测体系,就必须采用多种卫星影像数据,常用的影像包括:MODIS、LANDSAT、TM/ETM+、ASTER、CBERS、SPOT 和 QUICKBIRD 等。系统可根据不同的矿区范围采集不同尺度的基础地理图形数据,这些基础图形数据覆盖 1∶10 000、1∶2 000、1∶500 三种尺度,基本涵盖了大、中、小型矿区范围,主要成果包括 DOM、DEM、DLG 三种产品。此外,矿区控制测量、工程测量、井下测量获取的地形控制要素也应实时入库并展示。生态环境专题图形数据包括矿区生态环境调查、监测所形成的图件和由遥感影像提取的生态环境专题信息所产生的图形资料。对矿区生态环境的变化分析不仅需要现时的数据资料,也需要大量的历史数据。系统运行后,将不断产生和生成新的专题图,这些都是生态环境分析的基础数据。利用遥感技术监测矿区的生态环境信息,提取生态环境专题图形数据是生态环境监测、评估的基础。由遥感影像提取的专题信息主要有生态环境调查图、土地利用与覆盖变化图、开采沉陷图等。

2. 属性数据

从数据获取方式上可分为遥测数据和调查数据两大类,遥测数据主要包括从卫星遥感影像提取的生态环境参数、地表沉陷参数、生态扰动参数、土地覆盖变化参数等,此外,还有从国家生态环境监测网收集的数据,如水体环境参数、大气环境参数、固废监测参数等。调查数据包括矿区资源、社会经济情况等,这些数据主要通过实际调查获取。按照各类数据的特征,可分为矿区生产数据、生态环境调查数据、生态环境遥感统计数据、社会经济数据等类别。

3. 数据编码

编码是人为确定的代表客观事物(实体)名称、属性或状态的符号或者是这些符号的组合,编码设计应具有唯一性、规范性、系统性。唯一性是编码设计的首要任务,通过唯一性可以将现实世界中的目标进行区分,便于计算机管理。此外,系统所用的编码应尽量标准化,编码设计尽量参考使用国家标准及生态环境部、自然资源部、煤矿安全生产部门编制的行业标准规范。一个良好的编码设计既要保证处理问题的需要,又要保证科学管理的需要。

4. 元数据

元数据是"关于数据的数据",用于描述资源的属性,呈现其关系,支持资源发现、管理与有效利用,是对所采集到的数据的说明。一般来说,它有两方面的用途:首先,元数据能提供基于用户的信息,如记录数据项的业务描述信息的元数据能帮助用户使用数据;其次,元数据能支持系统对数据的管理和维护,如关于数据项存储方法的元数据能支持系统以最有效的方式访问数据。参考《环境信息元数据规范》(HJ 720—2017),在矿区生态环境动态监测的综合数据库中,元数据机制主要支持以下几类系统管理功能:描述哪些数据在综合数据库中、定义要进入数据库中的数据和从数据库中产生的数据、记录并检测系统数据一致性的要求和执行情况、衡量数据质量。

二、数据的存储结构

1. 栅格数据

矿区生态环境动态监测系统采集了大量的遥感影像、正射影像等栅格结构的数据,这些数据的存储结构基本类似,因此可进行统一设计。遥感影像数据库与普通的图像数据库在存储上有些差别,遥感影像数据存储结构模型必须能够描述几个图像(波段)之间的逻辑关系,系统可自动建立各图像(波段)之间的关系,并按一定规则存储在数据库系统中。

对栅格数据在后台可采用关系型数据库管理系统进行存储,如 Oracle 可直接存储影像信息,并具有较强的数据管理能力,可以实现栅格数据信息的快速检索和提取。对栅格数据可依据图形属性一体化的存储思想,采用大二进制格式直接存储数据,这种方式的存储可实现内容的快速检索查询,按索引表检索出相关项后可直接打开栅格数据,以提高栅格数据的管理效率。

2. 矢量数据

系统可采用图形、属性一体化思想,将空间数据和属性数据合二为一,全部存在一个记录集中,这种空间数据存储方式在当前的 GIS 系统中非常流行。考虑到矿区生态环境监测数据的具体情况,可采用空间数据库存储空间数据和属性数据;对于部分具有少量、定型几何信息的地理要素,如水体、大气监测点、开采沉陷监测点、煤矸石堆放点、重要固废监测点等,可采用图属一体化思想存储其信息;而与其有关联的、大量的、多维化的属性信息,如水质参数,则存储在属性数据表中,再利用唯一标识符建立两表间的关联。针对系统生态环境数据的特点,系统可按照"数据库-子库-专题(基础数据)-图层-要素-属性"的层次框架来构筑空间数据库,按照统一的地理坐标系统来存储空间数据,以实现对地理实体/生态环境专题要素的分层管理。

三、数据采集与入库

1. 栅格数据入库

栅格数据包括数字栅格图、数字高程模型、遥感影像图等,该类型数据在入库前均规定了具体格式,数字栅格图、遥感影像图可采用非压缩的 GeoTiff 格式,数字高程模型数据要根据开发平台来选择相应的格式。

根据系统提供的数据情况,为方便对数据进行管理,数据库管理子系统可根据数据类型、比例尺、坐标体系、带号等类型对其构建的栅格目录进行存储管理,另外,为方便其他应用子系统的查找和调用,系统可添加图名、图号、制作日期、比例尺、描述信息等公共字段。

2. 矢量数据入库

GIS 的矢量数据组织方式包括图形数据分层组织、分幅组织、分层与分幅相结合等三种方式。系统可根据所收集的数据情况,综合考虑矿区生态环境数据的现状、未来发展以及系统设计的先进性,以选择适合的组织方式。对于大型矿区可采用分层与分幅相结合的方式组织图形数据;对于中小型矿区仅采用分层组织即可,图形数据全部采用地理坐标系统,以实现多源数据的无缝拼接。后续,要将所有分幅图形进行接边处理、重新建立拓扑关系,要将相同的要素类组成一个数据集进行存储管理。另外,为方便其他应用子系统的查找和调用,同栅格数据一样,系统在入库时要自动添加图名、图号、制作日期、比例尺、描述信息等公共字段。

四、数据管理与数据库

MAEEMIS 正常运行的标志是数据及信息在各数据库和应用子系统之间的快速高效的查询、调用、更新、再加工。系统中涉及的各种数据可以在物理上分散存储,数据的调用、管理可由不同的子系统、不同的功能模块执行。同一业务应用中需要用到不同数据库中的数据,为保证系统能及时从基础数据库或各成果数据库中获取数据信息并将更新的信息回放到各自对应的数据库中,必须构建系统管理平台,即数据库管理系统。

数据管理与数据库子系统是矿区生态环境动态监测及辅助决策的核心,其建设的总体目标是以数据库及相关技术为主要技术手段,在统一的规范和标准下,构建矿区基础空间信息、地表沉陷监测、土地破坏监测、植被覆盖变化监测、水环境监测、大气环境监测、生态环境评价、土地复垦管理等一体化的综合数据库系统,并建立相应的数据更新、维护、管理体系,形成运行化的海量生态环境监测数据组成的矿区生态环境监测信息服务平台,为矿区资源开发、生态环境监测与决策分析提供数据支持。

当前的空间数据库仍以关系数据模型为主,同时也具备了一定的时态存储与分析能力,能够满足 MAEEMIS 的基本要求,是当前空间数据管理的主流模型。面向对象数据库技术以及相应的面向对象模型、面向对象程序设计方法具有较好的发展前景,也是当前 GIS 研究的重点技术之一,但在 MAEEMIS 设计与开发中,涉及众多的遥感影像数据与生态因子提取算法,单纯的面向对象模型难以描述,并且维护困难,需要继续深入研究。此外,以超图数据结构(hypergraph-based data structure,HBDS)为基础的超图(hypermap)理论也已应用于 GIS 数据库的设计中,能否适用于 MAEEMIS 还有待深入研究和接受实践的检验。

此外,要使 MAEEMIS 能在矿区的规划设计、生产建设、环境保护与生态修复等诸多任务或应用目标中发挥实效,还必须研究相应的应用(数学)模型,开发相应的应用软件(杨永均,2017)。这是系统发挥效用的关键,也是系统功能的最终体现,并且需要多学科、多专业的科技人员参与。

五、数据标准化和规范化

信息时代的特征是实现信息或数据在社会中的快速传播和广泛共享。为了使 MAEEMIS 中存储的数据或信息不仅服务于建立该系统的矿山企业本身,也服务于其他企业、机构和上级管理部门,其关键之一是数据的标准化和规范化。制定矿区生态环境数据标准(包括质量标准)是实现数据共享的前提,也是系统内部保持数据连贯性、持续性、有效性的必要前提。

矿区生态环境数据的标准化和规范化体系应首先遵循全国统一的规范和标准,在此基础上制定统一的数据采集原则、统一的空间定位框架、统一的数据分类标准和编码系统、统一的数据记录格式及统一的数据测试标准。为此,首先应采用国家统一坐标系,而不宜继续使用矿区独立坐标系。另一个重要内容是数据分类和编码系统。目前,我国正在进行地理信息及其属性编码规范和标准的研制,已取得不少成果,如《基础地理信息要素分类与代码》(GB/T 13923—2022)、《地理空间数据交换格式》(GB/T 17798—2007),以及一些行业标准和规范,如《环境空间数据交换技术规范》(HJ 726—2014)。MAEEMIS 的数据分类、编码体系,应在全国统一标准、规范的基础上制定,遵循分类和编码的唯一性、系统性、适用性、可扩充性、简单性、规范化和完整性的原则,既要与全国统一标准接轨,又要与相关行业的标准协调,立足现在,面向未来。考虑到矿区生态环境数据内容十分广泛、类型复杂,一般需要 6~7 级分类编码才能使用。根据煤炭资源开发、生态环境监测与修复的具体情况,可以按照国家标准拟定 MAEEMIS 中数据的高位分类及编码体系(1~2 级),见表 10-2,更详细(3~7 级)的分类由各子系统的研发人员定制。这样,就构成了各子系统间相对独立、又相互联系的完整的数据分类体系。

表 10-2　MAEEMIS 的数据高位分类体系(以煤炭开发为主)(郭达志 等,1996)

第一级	第二级	第一级	第二级
基础数据	11 区域境界 12 交通运输 13 地形地貌 14 水土资源 15 矿产资源 16 地质基础 17 气候和生物资源 ……	社会经济	41 区域人口 42 工农业经济 43 商业服务业 44 运输邮电业 45 文教卫生 ……

表 10-2(续)

第一级	第二级	第一级	第二级
矿山工程	21 矿山建设 22 矿山开采(煤矿开采) 23 地质与勘探 24 矿山测量 25 通风与安全 26 煤炭加工利用 27 矿山机械 28 矿山电气与通讯 ……	环境与灾害	51 矿区环境 52 环境污染 53 环境恶化与灾害 54 环境保护 ……
矿山经营管理	31 计划与调度 32 物资供应 33 产品运销 34 财务与劳资 35 人事 ……	区外信息	61 交流 62 能源交流 63 信息交流 64 市场信息 65 参考信息 ……

第三节　系统设计与实现

一、MAEEMIS 的设计原则

MAEEMIS 是由一些相互区别、相互作用和影响的子系统有机地聚合在一起，以实现共同目标(主要是监控矿山生产过程中的生态环境演变)的综合空间信息系统。应该通过系统的精心设计和实施，力求以最小的投入，最科学、合理的人、财、物配置，获得最佳的效果和效益。为此，在 MAEEMIS 开发和实施时，应遵循系统论和软件工程的思想，同时要考虑矿区生态环境监测的特点，还要考虑各矿区生态环境的共性问题与个体差异。

MAEEMIS 的设计应该遵循智能化、模块化、网络化、多功能化、标准化和规范化的原则(廖克 等,2004)，以实现立体监测、数据集成、数据处理与产品开发、数据共享与信息服务等功能为目的，设计并构造一个用户需求驱动的、端到端(从矿区生态环境要素监测到生态环境评价结果)的生态环境监测与预测预报系统。该系统能实时地或准实时地、长期地、连续地、准确地完成矿区生态环境要素监测数据的采集、通信、分析、处理、存储及数据库管理，制作出满足矿区生态环境评价需要的实测、预报、预警、评价、统计分析等信息产品，并能够及时、有效地响应不同的用户群体的信息需求，最终实现和其他区域生态环境系统互通互联、互相补充，构建一体化的生态环境立体监测网络体系。系统设计要兼顾灵活性、可扩展性和对用户需求变化及实现约束的适应性，确保在技术层面和非技术层面上都符合规范逻辑。系统要兼顾矿区生态环境监测与预测预警的实际需求，既能有效地利用现存的监测数据及专家知识，又要保证业务运行的可行性。

在充分调研当前矿区生态环境监测与管理现状的基础上，结合空间信息系统的开发实践，MAEEMIS 的设计与开发可以按以下步骤进行：可行性研究→用户需求分析→总体设计→详细设计→实施与运行维护。

系统设计应遵循的基本原则主要包括：

① 矿业特色原则。MAEEMIS 主要服务于矿产资源开发，这是系统设计和建设的依据，系统的内容和功能必须适应矿产开发及矿区可持续发展的要求，紧密围绕矿区勘查、规划、开发建设、关闭复垦过程中的生态环境问题展开。

② 实用性原则。系统应界面友好、方便使用、操作简单。同时，能够有效管理生态环境监测数据，对矿区的生态环境能够进行科学合理的评价，为矿区生产规划提供决策支持。在系统设计中，既要考虑实效性，也要考虑通用性，以便于普及推广，实现数据共享、移植和联网。

③ 可扩充性原则。MAEEMIS 各子系统的数量、内容、属性编码等均应具有可扩充性，以保证系统的延续性与可扩充性。系统能够接纳多源的数据，尤其是众多与生态环境监测密切相关的卫星影像数据，并能够对这些数据进行回溯。

最终实现的 MAEEMIS 将满足如下功能要求：

① 自动综合监测。由单一的矿区生态环境参数监测、人工采集分析系统向自动的、复杂的多层次、全方位的生态环境要素监测系统发展，监测参数包括地表沉降、大气、水、固废、重点污染源、土地破坏、土壤植被、生物量等重要参数。

② 模块化结构。各功能模块采用开放式、标准化、模块化设计，具有集成度高、独立性强、配置灵活的特点，可以适应不同应用的需要。根据具体需要，可以灵活地集成或拼装成不同用途的自动监测系统，无须重新开发新的功能软件。

③ 提供通用的数据交换标准，可轻松实现系统内部或与其他异构生态环境监测系统之间的数据交换、传输及处理等。

④ 在线监测与预警。采用先进的数据挖掘算法建立各种生态环境预测预报模型，利用监测网络提供的实时监测数据实现在线预警。

⑤ 数据实时传输。利用无线或有线通信手段向生态环境监测网络中心和用户实时传输监测数据。

⑥ 生态环境监测网络和信息网络二网合一。实现生态环境的集中监测、操作和管理，使得管理与现场分离，管理更加综合化和系统化。通过人机接口，可对远程的生态环境监测设备进行实时的监视和操作控制，以及在线巡检、动态配置等。

⑦ 生态环境数据资源共享、互为补充，以提高利用率。为生态环境预警提供可靠及时的原始监测数据和智能预警结果。

⑧ 增强服务功能，实现生态环境监测与服务的一体化，为各类用户提供通用服务和定制的个性化服务，使用户能高效地使用系统提供的生态环境监测数据资源。

二、MAEEMIS 的开发策略

一个实用的 MAEEMIS 工程项目，内部必然存在着各种物质和信息的交换关系，这些交换可用空间数据流程来表示（图 10-4）。

一个实用 MAEEMIS 项目的实施可用如下工作流程图表示（图 10-5）。

该工作流程可分成四个部分：

图 10-4 MAEEMIS 空间数据流程

图 10-5 MAEEMIS 建设的工作流程

① 前期准备:包括立项、调研、可行性分析、用户需求分析;

② 系统设计:包括系统总体设计、数据标准化设计、系统详细设计、数据库结构设计;

③ 施工阶段:包括应用模型和软件开发、建立数据库、系统组装、试运行、系统诊断与分析评价;

④ 运行阶段:包括系统交付使用和系统更新。

MAEEMIS 的建设是一项复杂的工程,它涉及人力、财力和物力的大量投入。因此,必须制定合理、有效的开发策略和计划,有步骤地进行系统的开发和建设工作,避免走弯路、不必要的返工或失误。

按照系统开发的通用模式,再考虑矿区生态环境监测的特点,MAEEMIS 的开发可以考虑采取如下策略:积木式开发、分区建设、分步实施、滚动发展、急用先行、矿区办公与 MAEEMIS 相结合,并且要考虑矿地多方合作、矿区生态环境监测节点要融入国家生态环境监测网中。

由于各子系统都以共享的空间数据库为支撑,因此,数据库建设一般采取全委托的方式,以减少设备的投资和时间的投入。一般来说,应用子系统的开发应在相应的数据库建成后才能进行,但由于数据建库是一个长期、工作量较大的工程,若在数据库完全建成后再启动应用子系统的开发工作,则会延长系统工程建设周期,使得系统的功能、作用难以尽快得到应用与发挥。但同时全方位铺开所有子系统的建设和开发又会造成人、财、物力的紧张,并且,在矿区开发的不同阶段,各子系统的建设也有所选择,有些并非必需。目前,GIS 的开发有同步开发、超前开发、滞后开发和复合开发四种模式。对于功能复杂的 MAEE-MIS 来说,复合开发模式更能发挥系统的效益。所谓复合开发是指部分应用子系统的开发与一些基础数据库的建库同步完成,而其他应用子系统可先于或后于其数据库的建库。参考图 10-3,可优先建设矿区测绘、地质、资源信息管理子系统及其数据库,其他子系统在此之后根据需要逐步实施,急用先建。

三、MAEEMIS 的关键技术

在 MAEEMIS 开发与实践中,应围绕 MAEEMIS 的核心功能展开,其中的关键技术包括以下几方面(汪云甲,2017;雷兵 等,2014;张成业 等,2022)。

1. 生态环境因子的自动提取技术

矿区生态环境的动态监测需要实时地掌握矿区地表覆盖、矿区高程变化和矿区塌陷状况等相关数据资料,而这些资料难以通过常规技术手段获取。随着空间信息技术的发展,各种资源、环境监测卫星的发射和运行,遥感技术提供了更多时相、更大范围的实时信息,已成为研究地表资源环境最有利的手段之一。

从卫星遥感影像中提取矿区生态环境参量的方法可以归纳为三种类型:一是由计算机自动完成,主要从光谱数据提取与生态环境相关的特征参数,设计相应的分类模型,达到分类的目的;二是人工目视解译方法,运用专家知识实施综合解译;三是人机交互式解译方法,以提高解译的效率和精度。

由计算机自动提取生态环境信息是遥感应用领域的重点研究方向。目前,国内外在该领域的研究和探讨仅限于少数实验区,虽然也有很多的技术方案和算法,但离实际的生产需求仍有很大差距。遥感信息的提取精度问题一直是困扰遥感信息自动提取的技术瓶颈,主要表现在两个方面:一是遥感信息本身的同谱异物和同物异谱现象,以及待提取地物单元在遥感影像上色调、纹理、形态上的复杂性,这给信息自动提取带来了很大的困难;二是当前遥感信息自动提取技术还大多停留在试验阶段,算法以及参数设置等都不成熟,可操作性差。所以,矿区生态环境信息的自动提取在生产实际上确实存在许多技术难点。

针对特定的矿区,如果能找到比较切合实际的、严密的提取算法,也是可以将之应用于生产实际的。但我国矿区分布广泛,生态环境的总体特征复杂、多样、跨度大,因此,各矿区要根据自身的特点、区位特征来优选生态环境因子的自动提取算法,不可能有统一的、普适的技术流程,只能依靠研发人员针对区域特点展开针对性研究,归纳总结适合区域的遥感影像处理模型与技术方法。

遥感信息提取的精度决定了矿区生态环境动态监测与分析的效率,系统可采用多种技术手段保证遥感信息自动提取以及修编后的精度,包括图像自动提取的算法设计、图像处理一致性、解译参考完整性、人工修编规范性等方面。从信息自动提取算法的角度讲,要求算法严密、先进,但必须考虑通用性、推广性。综合国内外相关的生态环境信息提取算法,再结合各矿区的地物特征,可采用分级分类的算法思想。所谓分级分类就是按照要素类别来一级一级地细分,对于一个待分类的遥感影像,首先可以区分为两个大类:植被类与非植被类或是水体类与非水体类,而后在下一级的时候再考虑在植被类里面划分林地、灌木、草地、农田等。这种分类过程,也合乎我们通常的认知过程,一方面可以避免一些大类别上的划分错误,同时可以缩小划分某一地类时的考虑范围,大大提高了分类的精度。另一方面,对于最低一级的类型划分可采用监督分类的思想,依据知识库中所建立的对应地类的解译标志、地物样方、地物光谱等之间的对应关系,选择对应地类的分类信息。最后再经过主要/次要分析、集群分析等分类后处理技术得到某一专题的自动提取结果。因此,需要对矿区生态环境因子进行专题划分,针对各专题要素设计合理的提取算法与技术流程,增加自动提取的可靠性与提高效率。

2. 融合遥感影像的 4 维 GIS 平台

在 MAEEMIS 中,遥感影像是系统的主要数据源,能够分析处理遥感影像的 GIS 平台是系统的核心组成部分,GIS 本身更是管理和分析空间数据的有效手段,能极大地提升遥感影像的利用价值。遥感与 GIS 的一体化集成已成为一种趋势和发展潮流,遥感影像的处理与分析功能已经是 GIS 的核心技术组成,这种技术上的融合也将会促使两者在操作、工作流程以及思维方式上实现一体化。

遥感影像类似于 GIS 中的栅格数据,因此上,遥感和 GIS 很容易在数据层次上实现集成。但通常的 GIS 软件没有提供完善的遥感影像处理功能,而专业的遥感影像处理软件也缺少空间分析及数据管理功能。目前,遥感和 GIS 的一体化集成主要有如下实现途径。

(1)数据一体化管理与共享

遥感影像处理与分析作为 GIS 的核心功能与 GIS 平台实现一体化,首先要解决的问题就是遥感与 GIS 平台之间的数据互操作问题。数据互操作实现有两个途径:一是将遥感数据或者 GIS 数据都以标准格式保存,两个平台都支持;二是遥感和 GIS 平台直接支持对方的数据格式,很明显后者比前者更加方便。

在遥感中,数据主要储存格式为栅格,GIS 中的数据主要由矢量数据格式组成。栅格和矢量一体化管理,就需要能同时储存栅格和矢量数据的数据模型,并支持分布式管理。

(2)平台一体化分析

即在统一的平台下工作,遥感软件中进行图像处理的工作流与 GIS 软件中的 GIS 工作流能无缝连接和交换。如在遥感软件中处理的数据可通过菜单功能直接传送到 GIS 软件中,无须中间的保存、打开等步骤;GIS 软件中分析的数据,也可直接导入到遥感软件中,并且保持同步显示。

当前的实现途径主要有:一是遥感软件中可以调用 GIS 软件的部分功能;再就是 GIS 平台可以调用遥感影像处理的功能;虽然在两个不同的软件平台下工作,但操作感和处理效率类似于一个平台下作业。

(3)系统一体化集成开发

大多数遥感和 GIS 软件平台都提供了二次开发功能。如在 GIS 系统二次开发时,可将专业的影像数据处理与分析功能集成到 GIS 系统环境中,这样,在同一系统中既能完成遥感数据的处理与分析,又能完成 GIS 空间分析与发布共享等工作,形成一个遥感与 GIS 一体化集成的系统。要实现一体化集成开发系统,前提是遥感和 GIS 软件平台提供的二次开发接口,都能遵循统一的标准,都能通过程序开发语言调用并整合在一起。

对 MAEEMIS 来说,遥感平台承担了大部分的生态环境监测任务,无论是生态环境调查、地表沉陷监测、生态扰动监测,还是生态环境评价,遥感影像均是核心数据源。MAEEMIS 建立的基础仍是实用、可靠的 GIS 平台,正如前面的分析,这个 GIS 平台不仅要具备常规的空间数据处理能力,更需要与遥感平台融为一体,并且,MAEEMIS 具有明显的多维结构特点,它处理的数据从地表下的岩层变形,到地面上的生态环境演变,再到空中的大气环境监测,这就要求选用的 GIS 平台能处理真 3 维的空间数据结构,同时,还能考虑时序数据的管理与分析,尤其是能分析、处理长时间序列的遥感影像与实时在线的生态环境监测数据,显然这是个 4 维 GIS 平台。

据不完全统计,目前的商业化 GIS 软件产品已达 200 多种,在我国用户众多、知名度较高的主要软件有 ESRI 公司的 ArcGIS、北京超图软件股份有限公司的 SuperMap、易智瑞信息技术有限公司的 GeoScene、中地数码科技有限公司的 MapGIS、北京吉威时代软件股份有限公司的 GEOWAY、龙软科技股份有限公司的 LongRuan GIS 等。在矿业,尤其是煤矿领域,LongRuan GIS 平台业已成为煤炭工业领域领先的 GIS 平台,能够满足 MAEEMIS 4 维信息处理的要求,但该平台目前仍无法有效地融合遥感影像,无法胜任矿区生态环境遥感监测工作。而 ArcGIS、SuperMap、MapGIS 等是当前主要的能融合遥感影像的 GIS 平台,其中,Arc-GIS 功能强大、能与常用的遥感影像处理系统 ENVI/IDL 一体化集成,在当前生态环境遥感监测领域用户群体较多。GeoScene 是 ArcGIS 在国内的完全汉化版,也具备同步的强大功能。SuperMap 作为国产 GIS 软件的代表在遥感影像处理领域的功能日益完善,已成为流行的能融合遥感影像的 4 维 GIS 平台,对国内 MAEEMIS 用户来说,更值得推荐。

3. 海量空间数据管理技术

GIS 是采集、管理、分析和显示空间数据的计算机系统,它以空间数据为研究对象。空间数据,特别是栅格数据,一般都具有较大的存储量,而 MAEEMIS 的核心数据包括环境因子理化分析、实地调查、定位观测和遥感影像等,影像数据由于自身的特点,通常需要占用较大的计算机存储空间,尤其是那些高空间分辨率影像更是如此。这些数据一般还需要进行后期处理,要通过高强度的运算过程才能转化为生态环境评估所需要的信息。此外,在基于网络的实时交互系统中,超大的遥感影像数据集也对带宽提出了挑战。因此,研究海量空间数据管理技术,自然成为 MAEEMIS 的难题之一。

MAEEMIS 所采用的基础数据源包括多种分辨率的遥感影像,包括 TM/ETM+、SPOT-5、Quickbird 等,以及用于监测矿区沉陷的系列 SAR 影像。原始的基础数据经过融合、镶嵌等处理过程,得到的中间成果也是影像数据,这些成果资料可以直观地反映出矿区的生态环境变化情况,所产生的影像成果应存入综合数据库中,以实现数据的快速查询、调用。此外,系统所采集的数字高程模型(DEM)、数字正射影像图(DOM)、数字栅格图(DRG)等基础数据也有着较大的存储量,这些数据都可以归类为栅格数据,因此,海量空间数据管理技术,最重要的就是对遥感影像等栅格数据的存储管理。

目前,多数 GIS 软件都可以将遥感影像、矢量数据、DEM、DRG 等数据进行统一管理,但随着数据量的增大,很多 GIS 软件都难以有效组织、调度、管理这些海量数据,更难以考虑多数据源、多比例尺、多时相影像数据的统一管理和集成问题,而 MAEEMIS 的建设又迫切需要高效、快捷地存储与管理这样的影像数据。为满足系统建设的需要,除了采用先进的 GIS 基础软件平台作为管理平台外,还需要研究专门的影像管理技术来存储、分发这些海量数据以适应 MAEEMIS 对影像数据的特殊需求,为此,可以考虑建设专门的多源影像管理子系统,见图 10-3。子系统可以采用"影像金字塔"等技术来大大减少磁盘存储量,提高系统响应速度,实现对影像数据的高效管理,还可以对遥感影像、DEM、DOM、DRG 等栅格数据建立独立的存储表空间。为了获得更高效率的存取速度,在数据组织上采用金字塔和网格分块数据结构,还可以对影像数据进行高效压缩,以缩短数据抽取时间。以高分辨率数据为底层,通过逐级抽取数据,建立不同分辨率的影像数据金字塔结构,再逐级生成较低分辨率的遥感影像数据,在数据查询检索时,就可以根据需要分级调用合适级别的遥感影像数据,大大提高浏览和显示速度。

4. 系统集成技术

系统集成是大型应用系统建设必须考虑的一个问题。系统集成也是一个广义的概念,它包括了硬件系统的集成、软件模块的集成、软件与硬件的集成、基础平台软件与开发工具的集成等。在前面的设计中,我们一再强调 MAEEMIS 由若干子系统(功能模块)构成,这些子系统可以渐进式、积木式开发建设,这就需要解决各子系统之间数据、功能的协调统一,实现的关键在于解决系统之间的互操作性问题,需要解决各子系统间的接口、协议、系统平台、应用软件等集成问题。

对于 MAEEMIS 来说,可以采用数据流将各子系统集成,完成矿区生态环境监测从数据获取、处理、分析到应用的全过程。由于各子系统要完成不同的功能操作,因此,在结构上可采用组件式开发模式搭建各子系统,每个子系统完成特定的功能,各子系统之间通过数据库系统进行关联,是一种“数据紧密关联,功能独立松散”的连接关系。系统集成的关键就是围绕着数据流进行集成,通过数据的处理过程实现整个系统的集成,最终把不同来源、格式、特点性质的生态环境监测数据在逻辑上或物理上整合。

目前,能集成异构数据源的体系结构主要有三种:联邦数据库系统、数据仓库和中间件结构,这些结构分别从不同的着重点和应用上来解决数据共享问题和为企业提供决策支持。MAEEMIS 是一个涉及多种应用需求的综合系统,在运行时需要大量的数据作为支撑,因此,可采用数据仓库和中间件相结合的模式进行系统数据集成,总体结构采用数据仓库方式,所有数据集中存储在综合数据库中,这样有利于实现数据的共享,系统同时也使用中间件数据集成技术,通过中间件管理系统实现对数据请求的响应。

采用以数据仓库为主要数据集成方式的 MAEEMIS 体系结构,主要考虑两方面原因:一是矿区各环境监控子系统产生的业务数据需要动态地采集与处理;二是各应用子系统对生态环境监测数据的需求也是动态变化的。因此,MAEEMIS 的数据集成体系注定是一种耦合度低、扩展性强的结构,正是按照这种思想,在前面的设计中,将整个系统划分成若干功能相对独立的子系统,各应用矿区可根据实际需要进行组装式搭建,根据自身的特点进行定制与开发。

基于数据集成的另一个重要方面是数据标准化,进入数据仓库中的数据必须符合一定的标准和规范,这样才能实现信息共享以及信息扩充。数据标准化原则可按照现有国家标准、行业标准进行,建议采用国家生态环境保护标准体系的系列标准、测绘地理信息行业标准和规范,以及《智慧矿山信息系统通用技术规范》(GB/T 34679—2017)等重要规范。系统在开发时,也可以研究定制内部的业务逻辑,以有利于信息共享与集成分析。

5. 遥感与 GIS 的集成

MAEEMIS 应由天、空、地、井一体化的生态环境感知网组成,使得人们能够实时地采集、处理、分析、更新这些生态环境监测数据。将这些多源异构的监测数据有效地集成在统一的 GIS 平台,实现信息互补、增强,将会极大地提升以 GIS 为基础的生态环境综合监测能力。

遥感与 GIS 的融合已经是当前空间信息处理的必然要求,但目前的遥感影像处理软件与 GIS 软件的集成仍难以满足要求,或是立足于遥感影像的处理,略带一些最基本的矢量数据浏览和编辑功能;或是立足于矢量数据的编辑、空间分析和查询统计,附带一些影像数据的浏览和简单的拉伸功能,即使是 RS/GIS 集成功能较好的商业软件也只能进行简单的矢量编辑,远远不能满足生态环境监测信息处理的实际需要。从应用型系统开发来看,能很好地集成遥感影像的处理、信息提取功能和 GIS 的数据编辑、空间分析、综合查询统计等功能于一体的案例仍在探索中。

生态环境遥感监测系统的发展趋势与现势要求一定是能够集成遥感影像的各种处理功能以及矢量数据的分析功能,形成一个完备的生态环境监测、分析系统。从对遥感影像的校正、镶嵌、裁剪、拉伸、融合等操作,到矿区生态扰动监测、生态环境调查、土地覆盖变化监测、开采沉陷监控等生态环境专题信息的自动提取,以及遥感信息提取所必需的遥感知识库查询和管理,再到基于栅格数据的影像到影像的分类图,以及对分类图的动态监测,构成了完整的基于遥感影像处理的栅格数据处理平台。从矢量专题数据的后期修编,到多期专题数据的动态分析,到支持不同区域、不同属性的查询统计,构成了比较完备的基于矢量数据的处理平台。基于 GIS 的生态环境遥感监测系统必然要求两个平台能有机集成,遥感信息自动提取的结果可以直接输入到数据管理系统,而数据管理系统调入的矢量数据也可以应用于遥感影像的处理。

6. 基于 WebGIS 的生态环境监测信息共享技术

随着计算机网络技术与 GIS 技术的发展,WebGIS 技术为生态环境监测数据的共享提供了一种全新的、跨越时空、快捷、有效的手段。从理论上讲,在 WebGIS 环境下,对各种生态环境监测数据只要依据统一的数据共享标准和规范,就能在互联网中自由地存取、发布和共享。但由于生态环境监测数据的复杂性,以及数据的安全性与保密性等原因,生态环境监测信息的共享还面临各种各样亟待解决的问题,其中之一就是如何为各种 Web 用户提供均质、集成和无缝链接的时空数据,从而实现由生态环境监测数据的检索、查询和信息共享到对生态环境演变规律的认识与知识发现,真正使有限的生态环境监测数据成为服务于社会的"无限知识"。

快速发展的 Web 技术可提供面向用户的开放式信息共享环境,并为实现生态环境数据共享和生态环境知识的传播提供了技术平台,使生态环境监测信息不仅服务于矿区建设,更能够与其他环境信息系统互联互通,提升生态环境监测信息的价值。

Web 环境下,生态环境监测数据的共享应当遵循统一的数据分类和编码标准;系统应提供良好的交互环境和信息导航服务,以保证数据信息共享在开放式系统中进行;对客户端的要求不应特殊,只需安装 Web 浏览器和支持浏览 HTML 文件的操作系统即可。为实现生态环境监测数据的共享,可分别从基础平台系统、数据组织、服务提供等方面进行综合考虑。在基础平台选择上,尽量与遥感影像处理平台、GIS 基础平台能够很好地集成,最好是采用统一的平台。生态环境遥感监测系统在设计空间数据结构时需要从属性和空间构成两方面进行仔细分析,要针对用户需求设计共享数据的层次结构。

7. 空间数据库引擎

随着 GIS 技术的发展,空间数据库技术也得到了很大的发展,现在应用最广的就是用关系数据库管理系统(RDBMS)来管理空间数据。用 RDBMS 来管理空间数据,必须解决存储在关系数据库中的空间数据与应用程序之间的数据接口问题,即空间数据库引擎(spatial database engine,SDE)。更确切地说,空间数据库管理技术是解决空间数据对象中几何属性在关系数据库中的存取问题,其主要任务是:① 用关系数据库存储、管理空间数据;② 从数据库中读取空间数据,并转换为 GIS 应用程序能够接收和使用的格式;③ 将 GIS 应用程序中的空间数据导入数据库,交给关系数据库管理。

目前,流行的空间数据库数据存储模式主要有三种:拓扑关系数据存储模式、Oracle Spatial 模式和 ArcSDE 模式,其中,常用的是 ArcSDE 模式。ArcSDE 是 ESRI 公司开发的一个中间件产品,是 ArcGIS 的空间数据库引擎,它是在 RDBMS 中存储和管理多用户空间数据库的通路。从空间数据管理的角度看,ArcSDE 是一个连续的空间数据模型,借助这一模型,可以实现用 RDBMS 管理空间数据。在 RDBMS 中融入空间数据后,ArcSDE 可以为空间和非空间数据提供高效率的数据库服务。此外,ArcSDE 采用的是客户/服务器体系结构,所以众多用户可以同时并发访问和操作同一数据。ArcSDE 还提供了应用程序接口,软件开发人员可将空间数据检索和分析功能集成到自己的应用工程中去。通常的开发模式如下:采用面向对象技术,利用 ArcSDE、ADO 等中间件辅助系统开发,系统结构见图 10-6。

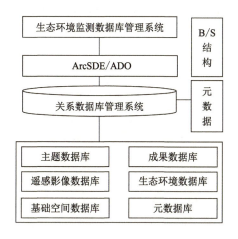

图 10-6　系统数据库与空间数据库引擎

四、MAEEMIS 的发展动态

我国生态环境监测网络存在范围和要素覆盖不全,建设规划、标准规范与信息发布不统一,信息化水平和共享程度不高,监测与监管结合不紧密,监测数据质量有待提高等突出问题,这些问题将影响监测的科学性、权威性和政府公信力。因此,2015 年 8 月国务院办公厅印发了《生态环境监测网络建设方案》,对今后一个时期中国生态环境监测网络建设做出了全面规划和部署。此后,2016 年 3 月环境保护部印发了《生态环境大数据建设总体方案》,2020 年 2 月国家发展改革委、能源局等八部委下发《关于加快煤矿智能化发展的指导意见》,2020 年 6 月自然资源部下发《绿色矿山评价指标》,2020 年 6 月生态环境部发布《生态环境监测规划纲要(2020—2035 年)》,这些政策文件为 MAEEMIS 的建设指明了方向。

(一)现代空间信息技术是 MAEEMIS 的新基建

空间信息技术可以通过各种手段和集成各种方法对地球及地球上的实体目标和人类活动进行时空数据采集、信息提取、网络管理、知识发现、空间感知认知和智能位置服务(李德仁 等,2022)。物联网(IOT)概念的提出为空间信息技术提供了新的发展机遇,物联网的建设需要空间信息技术的支撑,同时物联网也是空间信息技术发展的有力驱动。随着 5G、云计算、物联网和人工智能等新技术的发展,人类已经进入了万物互联时代,以物联网为代表的新一代信息技术与空间信息技术深度融合,即现代空间信息技术,是当前生态环境监测领域的新基建。

基于 IOT,全国生态环境监测网的建设已日臻完善。全国环境监测网由国家环境监测网、各部门环境监测网及各行政区域环境监测网组成。全国生态环境监测系统由各类跨部门、跨地区的生态环境监测系统组成,由各部门、各行政单元负责生态环境监测工作。部门生态环境监测网是资源管理、环境保护、工业、交通、矿业等各部门自成体系的纵向监测网,它们在国家环境监测网分工的基础上,根据自身功能特点和减少重复的原则,工作各有侧重,如资源管理、矿业等部门以生态环境质量监测为主,工业、交通等部门以污染源监测为主。行政区域生态环境监测网由省、市级横向监测网组成,省级以所辖地区的生态环境监测为主,市级以污染源监测为主。目前,我国环境监测总站能够实时发布的生态环境监测数据有:水质自动监测实时数据、全国空气质量预报、国家地表水融合数据。

矿区是典型的跨区域、跨部门的生态环境监测单元,一定要与全国生态环境监测联网共建。同时,矿区生态环境监测又是一项专业性、技术性、系统性很强的工作,必须借助现代空间信息技术手段,以提高矿区生态环境监测能力(汪云甲,2017)。矿区生态环境监测与评价、生态过程及空间响应识别与调控、环境承载能力预测预警、生态环境损害及修复评估、生态保护的人工干预与智能决策等工作的基础都依赖于各类生态环境数据的采集与分析,都需要与现代空间信息技术深度融合。因此,融入全国生态环境监测网,基于现代空间信息技术,建设矿区生态环境监测系统是当前矿区生态环境保护的"新基建"。

在生态环境监测领域,遥感发挥着越来越重要的作用。依托国内外多源卫星遥感数据,综合利用卫星遥感反演、多源数据融合、大数据分析和云服务等技术,可以形成覆盖大气、水和地表生态环境的持续监测能力,能够实现大范围、全天时、全天候、常态和非常态生态环境遥感的业务监测,为生态环境保护及修复提供决策支持。

依靠遥感卫星、物联网、云计算等技术,配合网格化监测微站、移动监测(无人机及便携式现场监测设备)等技术方法,构建高时空分辨监测网,可以实时观测煤层及上覆岩层,水系(水资源与水环境),地表土壤与植被、微生物、大气环境等生态环境参数的变化,识别评价煤炭开采扰动、环境污染治理、资源综合利用、生态修复等的程度与自然恢复水平,已是煤炭企业的共识,也是国家发展战略的要求。因此,推动煤矿区新型基础设施建设,加快布局建设5G网络、物联网、云计算、边缘计算、新型互联网交换中心等设施,构建新一代信息技术支撑的生态环境监测网络,为矿区各领域、各角落、全天候、无缝监管提供高时空分辨率的监测数据是当前矿区生态环境动态监测的战略制高点。

利用高时空分辨监测网的监测数据和大数据分析技术,加强矿区生态环境信息资源的整合,可以精细刻画环境扰动要素变化和排放源的排放规律,提高矿井及周边区域时间和空间的识别精度,系统掌握区域内山、水、林、田、湖、草、矿产资源等的生态环境大数据,提升实时数据监控能力。按生态环境监测规划纲要指示要求,生态环境监测要向环境风险预警拓展,构建生态环境状况综合评估体系。以技术支撑网格化管理,通过综合环境容量、实时扰动特征及开采情况提升监管效率,支持源头治理,强化主体责任,在支撑矿产精准开采的同时,服务矿井及周边区域生态功能提升。

为应对信息碎片化、局地化、平面化与不确定性,借助新基建的契机,引入物联网、大数据、云计算、人工智能、区块链等现代化信息技术,将矿区生态环境治理大数据监管与决策平台列为煤矿智能化建设的核心内容之一。充分融合现代化信息技术手段,构建数字化、智能化的矿区生态环境治理"最强大脑",可以有效提升运行效率、服务和管理水平。如引入科技手段,通过物联网监测平台实现动态监测、智能预测预警、快速定位、跟踪研判、精准溯源,及时发现问题,将问题精确定位在特定矿井或地表区域,从而对特定对象进行分时、分级、分类精准管控。同时,以平台建设拓展矿区治理张力,加快应用互联感知、数据分析和智能决策技术,在技术的辅助下,积累更多可靠数据。利用多源数据融合分析,可以形成成本更低、覆盖面更广、布点更灵活、查找影响源更精准的生态环境保护方法与治理策略。

基于现代空间信息技术，建设具有信息采集、风险感知、风险监测、智能分析、预判预警、监管核查、综合治理、防控协同、决策评估的一体化监控平台，可以有效推动矿区治理的精准预测、防控协同与可视化管理，服务矿山及其周边区域生态保护，增强矿区韧性。

（二）大数据分析技术是 MAEEMIS 的制高点

我国初步建立的空、天、地立体式生态环境监测系统，融合了地面监测、卫星遥感、航空遥感、互联网等技术，随着全国监测网的建成并投入运营，已能够从长时间序列、高频次、多尺度来观测生态环境的状况，这标志着生态环境监测已步入大数据与智能分析时代（王运涛 等，2022）。

矿区生态环境监测是全国监测网的组成节点，不仅包含了空、天、地监测系统，还包括地下监测，矿区生态环境监测领域已积累了海量的观测数据（张成业 等，2022）。这些数据来源于与矿区生态环境相关的不同部门和领域，来源多样、结构各异。一般认为，矿区生态环境大数据是为矿区生态环境提供服务的大数据集、大数据技术和大数据应用的总称。矿区生态环境大数据除了具有大数据的 5 维特征外，还具有高维、高复杂性、高不确定性的"三高"特性。

为有效地处理矿区生态环境监测数据，需要使用大数据分析技术。大数据分析技术可以帮助系统更好地分析、处理、挖掘和可视化展示数据。通过大数据分析，还可以快速地识别并隔离异常数据，并将有价值的信息提取出来。因此，如果说现代空间信息技术是 MAEEMIS 的支撑硬件，大数据分析技术则是 MAEEMIS 的核心软件。具体来说，大数据分析技术在 MAEEMIS 中的作用包括（王运涛 等，2022）：

① 提高监测效率。传统的生态环境监测方法往往需要人工采样分析，存在着样本数量少、采样点不足、样品分析周期长等问题。而生态环境大数据技术可以通过各种传感器对生态环境进行实时监测和数据采集，从而提高了监测效率。

② 实现全面覆盖。传统的环境监测方法只能对有限区域进行监测，难以实现全面覆盖。而生态环境大数据可以通过互联网和移动通信等手段，获取全国范围内各类污染源的实时监控数据集。

③ 实现快速响应。生态环境大数据技术可以通过数据分析和处理，实现对突发生态事故的快速响应，通过对海量数据的分析和处理，提供精准、全面、可靠的信息支持，帮助有关部门做出更加科学合理的决策。

为在 MAEEMIS 中更好地支持大数据处理与分析功能，需要从如下几个方面入手：

① 与全国生态环境监测网的数据共享。生态环境监测是个费时费力且需要长期投入的系统工程，没有任何一个人或机构可以同时容纳和有效分析所有形式的生态环境数据。要使矿区生态环境监测大数据得到应用与发展，必须确保能与其他部门、区域的生态环境监测数据共享。要优先考虑数据、方法、标准和代码的开放性，要搭建网络的共享架构，改进数据共享的工作流程，以增强大数据共享的服务。

② 要建立多源异构大数据集成与存储系统。这是 MAEEMIS 建设的基础，以矿区生态环境监测数据与业务数据为中心，针对非结构化大数据的多样性及结构化大数据的异构异源性，实现多源数据空间和时间融合，以解决矿区生态环境大数据的高效存储与清洗问题。

③ 矿区生态环境参数的智能获取。在有效管理大数据基础上，通过大数据"一张图"实

现矿区生态环境监测数据的可视化,进而对矿区生态环境各参数进行精准识别与智能获取,该功能可以为生态环境监测常态化运行奠定基础。

④ 研究多维大数据的分析模型。矿区生态环境的实时监控与预警是系统的核心功能,建立集实时监控数据形势诊断、预警预报和会商决策等于一体的生态环境评估与预警体系,是当前矿区生态环境大数据的主要应用场景,也是大数据应用的核心。

⑤ 生态环境演变规律及驱动机制的挖掘。基于大数据技术获取多尺度、多要素、多过程的监测数据,将基于机理模型的多源数据与基于大数据驱动的模型数据整合,可以深度挖掘矿区生态环境演变与社会经济要素间的关系,形成对生态环境演变及成因的全面认知,可以探究生态环境的演变规律及内在机制,为矿区生态环境的科学治理与有效调控提供决策支持。

如何将大数据与矿区规划结合,利用数据支持综合治理,促进矿区产业结构调整、经济转型是智能化生态环境治理工作需要高度关注的重要课题。建设智能绿色矿区,充分融合科技手段治理矿区生态环境,可以最大程度减小生态环境破坏,实现生态保护精准化、敏捷化与现代化。矿区生态环境保护理念的转变、技术的完善,将有利于网格化的精准管理,发挥大数据的价值,推进以风险评估为基础的精准治理,并逐步融入智慧矿区体系。

第四节　典型系统及应用

一、基于 WEB-GIS 的矿区生态监测与管理信息系统

神东矿区是神府东胜矿区的简称,是我国重点规划建设的十三个大型煤炭基地之一,现为我国最大的井工煤矿开采地,有 17 个煤矿,生产原煤约占全国总产量的 6%。神东矿区位于毛乌素沙漠边缘区,生态环境脆弱,年蒸发量是降雨量的 6 倍以上。随着矿区的快速发展,原本就十分脆弱的生态环境和匮乏的水资源已经对矿区的可持续发展形成了制约,统筹规划和保护好矿区生态环境是神东矿区开发中需要长期面对和深入研究的课题。

神东矿区生态环境的特点为干旱缺水,生态环境十分脆弱,水资源短缺成为煤炭资源开发和矿区生产生活最重要的资源约束因素,另外,植被稀少、盖度低,风蚀、水蚀与荒漠化严重是矿区生态环境的另一个显著特点。针对矿区生态环境监测信息化建设的迫切需求,神东矿区采用最新的空间信息技术,建设了基于 WEB-GIS 的矿区生态环境监测与管理信息系统(曹志国 等,2018),该系统采用通用的 B/S 架构,实现了多源、海量基础空间信息资源的管理和服务,能够对矿区生态环境各类监测数据、工程数据进行存储、管理、分析、发布与展示。该系统在神东矿区已成功应用,实现了矿区历年生态环境基础数据、生态遥感监测数据的动态可视化管理,为矿区生态环境治理提供了保障。

（一）系统组成

从功能上划分,系统由 6 个子系统组成,分别为:基础 GIS 子系统,遥感监测子系统,视频监测子系统,生态、灌溉水质、土壤风蚀监测子系统,数据管理子系统,用户管理子系统。

① 基础 GIS 子系统。基础 GIS 子系统能够提供基础的 WEB-GIS 功能,集成 GIS 的距离量测、空间分析、场景浏览等先进技术,实现各类数据的空间表达,充分发挥通信技术、信息技术、数据库技术、空间技术的优势,为各类生态环境监测工作提供便利的服务。

② 遥感监测子系统。遥感监测子系统由展示子系统和统计分析子系统组成,其中展示子系统主要负责遥感影像、遥感监测解译产品的展示;统计分析子系统主要负责遥感监测结果的查询、统计、对比、分析。

③ 视频监测子系统。视频监测子系统负责视频监测摄像头观测角度调整和监测数据的实时显示,包括远程视频图像实时浏览功能(单画面、四画面、九画面等设置显示)、云台控制功能、图像抓拍功能、设备管理功能等。

④ 生态、灌溉水质、土壤风蚀监测子系统。该子系统由无线自动生态监测、灌溉水质监测、土壤风蚀监测三部分组成。各部分的主要功能如下:a. 无线自动生态监测子系统:用户可以在神东矿区生态环境监测与信息管理系统上查找出气象站所在空间位置,通过空间位置链接,可以调出相应气象站的监测数据;b. 灌溉水质监测子系统:可以实时采集生态灌溉用水水质,一旦水质超标,就会进行预警,通知操作人员采取应急措施;c. 土壤风蚀监测子系统:通过不同监测监控点,可以采集到不同时期内、不同月份的土壤湿度、水分、降雨、蒸发等统计数据。

⑤ 数据管理子系统。数据管理子系统负责对工程信息资料、GNSS 工程数据、遥感影像、专题产品的存储、管理、发布、浏览、统计、下载等工作。

⑥ 用户管理子系统。用户管理子系统主要负责对用户角色、权限、日志的管理等工作。

(二)系统实现与应用

① 系统实现。系统采用通用的 B/S 架构,依托先进的 WEB-GIS 平台向用户提供服务,并实现了多源、海量基础空间信息资源的管理和服务,通过开放地理空间信息联盟(open geospatial consortium,OGC)标准规范的二次开发接口,实现了异构 GIS 平台的数据互操作,满足了基础空间信息资源开发和共享的要求。

② 系统应用。能够收集矿区的生态环境资料、矿产资源开发利用资料(各矿区探矿权和采矿权、土地使用权范围等)、矿区生态地质环境恢复治理报告、矿区地形图等基础资料;能够电子化管理煤矿初步设计说明书、管理文件、水土保持与环评报告、污染源普查数据、环境统计数据、矿井涌水量等相关资料;同时,系统还采集了神东矿区自 1990 年以来的遥感影像,提取了土地利用、植被覆盖度等 6 项生态环境监测专题信息,实现了神东矿区建矿以来的生态环境演变的动态可视化管理。在大柳塔沉陷区域布设了 4 部视频监测系统,实现了对重点监测区域的实时监测;集成已有的生态、灌溉水质、土壤风蚀三个方面的监测系统,实现了相关监测指标在同一平台的一体化在线监测与显示。

应用该系统,能够实现矿区电子地图集的高效管理,如距离和图层叠加分析,能够进行生态环境遥感监测的各种专题图的叠加,可以对比分析各种生态环境监测数据的变化情况;通过选定时间段,可以按不同时间、空间对比生态环境基础数据的演变情况,分析变化原因,指导生态环境治理工作;可以进行多图联动展示,也可以对某一类生态环境监测要素进行专门的图文展示;实现了图形信息与属性的动态关联,通过点击图形相应坐标可以将该监测点数据的属性信息提取;通过视频监控子系统,可以实时采集地面生态环境现状,实现了安全监控和历史数据回放。系统进一步集成矿区已有的专项监测系统,实现了生态环境遥感监测、视频监控与环境要素的一体化管理、监控与展示。

系统的运行界面,如图 10-7 至图 10-10 所示。

系统建设运行以来,对神东矿区历年的生态环境监测数据进行了有效的采集、整理和分

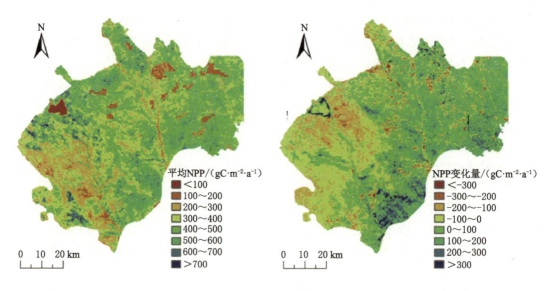

图 10-7 生态环境遥感监测子系统

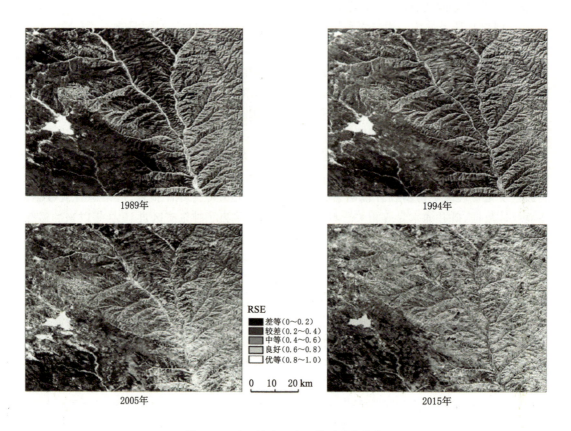

图 10-8 矿区综合生态环境遥感指数集

析,为神东矿区的环境治理、生态保护提供了保障,矿区整体生态功能不断提升,原有的脆弱的生态环境实现正向演替。通过系统对矿区的生态环境效应进行了综合评价,结果表明:

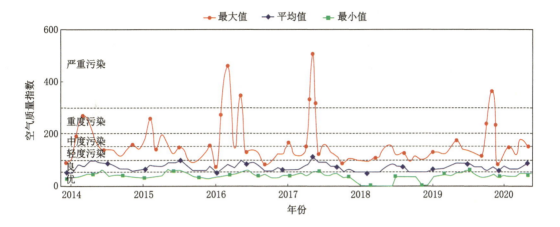

图 10-9　矿区大气监测质量指数集

（a）重点固废排放点监控视频

（b）重点生态功能区监测视频

图 10-10　矿区生态环境现场视频监测

① 神东中心区的土地利用现状以林草地为主，其次为工矿用地；植被覆盖度和土壤湿度在空间上都表现为从西北向东南逐渐增加的趋势；从 1990 年至今，中心区土地利用类型的变化趋势为：林草地面积呈先增加后减少趋势，城镇及工矿用地面积呈现增长趋势，沙（裸）地面积呈现减少趋势；植被覆盖度整体上呈增加趋势。土壤湿度呈现先增加后减少再增加的趋势。这说明城镇扩张及地下采矿力度加大确实对植被产生了负面影响，但是并没有导致植被大面积退化；矿区实施开采与治理并重的方针发挥了重要作用，提高了矿区植被覆盖度，部分抵消了采矿活动带来的负面影响，并没有出现因地下采煤活动规模加大导致土壤明显干化的现象。

② 2011 年以来，神东矿区林地、工矿用地和城镇用地面积均呈现增长趋势，草地面积呈现减少趋势；植被覆盖度、土壤湿度和绿化率总体上都呈递增趋势，说明监测高分区（大柳塔煤矿、活鸡兔煤矿等）的植树造林、网障固沙等生态修复治理工作取得了良好的生态效益；水面面积的变化与乌兰木伦河河道橡胶坝内的蓄水量密切相关。

③ 监测高分区的植被覆盖度值均大于 50％，高于同期中心区的植被覆盖度值，说明高分区整体上植被长势好于中心区。同时，神东中心区的植被覆盖度从总体上看，乌兰木伦河西部区域高于东部区域，高覆盖度植被区主要集中在西北部和东南部区域，低覆盖区主要集中在东北部风沙区，在未来的矿区生态环境治理工程中，要在风沙治理区加强网障固沙和防护体系建设，完善栽种植物养护措施，提升栽种植物成活率；矿区水保生态建设带来的正面影响能部分抵消采矿活动对矿区植被和浅层土壤湿度带来的负面影响，应继续加强矿区植被生态建设。未来将继续加强已绿化草地、灌丛等的养护工作；进一步加强生态监测系统建设，包括加强无人机遥感监测和地面生态监测，实现对重要生态功能区、保护区等大范围、全天候监测。

二、矿区生态环境监测网络系统

大部分矿区的生态环境监测存在范围窄、要素不全、信息化水平低、共享程度不高、监测数据质量有待提高等突出问题，难以满足矿区生态文明建设的需要，迫切需要推进矿区生态环境监测的网络建设（王继水 等，2012）。

（一）矿区生态环境监测网络建设目的与原则

1. 建设目标

矿区生态环境监测网络建设目标应与相关文件的要求一致，即构建现代生态环境监测网络体系，实现环境质量、重点污染源、生态环境状况监测全覆盖，监测数据系统互联共享，监测预报预警、信息化能力和保障水平明显提升，监测与监管协同联动，建成天、空、地、井一体、上下协同、信息共享的生态环境监测网络，使生态环境监测能力与生态文明建设要求相适应。同时契合生态环境大数据建设的要求，即利用物联网、移动互联网等新技术，拓宽数据获取渠道，创新数据采集方式，提高对大气、水、土壤、生态等多种环境要素及各种污染源全面感知和实时监控能力；按照绿色矿山、智能矿山的评价标准开展矿区生态环境智能在线监测。

2. 建设原则

① 明晰事权、落实责任。依法明确矿区生态环境监测的权益，推进部门分工合作，强化监测质量监管，落实政府、矿山企业的社会责任和权利。

② 健全制度、统筹规划。按照全国生态环境监测的法律法规、标准和技术规范体系,统一规划矿区生态环境监测网络布局。

③ 科学监测、创新驱动。针对矿山生产实际,加强生态环境监测的理论与技术研究,强化卫星遥感等高新技术、先进装备与系统的应用,提高矿区生态环境监测立体化、自动化、智能化水平。

④ 综合集成、测管协同。推进矿区生态环境监测数据联网和共享,开展监测大数据分析,实现生态环境监测与监管的有效联动。

(3)建设要求

参考国家生态环境监测的统一要求,结合矿区实际,建设要求应包括:

① 建设统一的矿区生态环境监测网络。涵盖大气、水、土壤、固废等要素,布局合理、功能完善,按照统一的标准规范开展监测和评价,客观、准确地反映生态环境质量。

② 健全重点污染源监测制度。对矿区重点监控的水体、大气环境、固废排放点等要做到在线监测,接受各级环境保护部门的监督,做好面源、移动源等的实时监测工作。

③ 加强生态环境监测系统建设。建立天、空、地、井一体化的生态环境遥感监测系统,加强无人机遥感监测和地面生态环境监控,实现对矿区重要的生态功能区全覆盖、全天候监测。

④ 建立生态环境监测数据集成共享机制。实现生态环境监测信息集成共享、互联互通。构建生态环境监测大数据平台,加强生态环境监测数据资源开发与应用,开展大数据关联分析,为矿区生态环境保护、管理和执法提供决策支持。

⑤ 加强生态环境质量监测的预报预警。提高矿区空气质量预报和污染预警水平,强化污染源追踪与解析。加强矿区重要水体、水源地区的水质监测与预报预警。加强矿区复垦土壤的生物富集性和对人体健康危害大的污染物的监测,提高自动监测预警能力。

⑥ 提升生态环境风险监测评估与预警能力。建立矿区生态保护红线监管平台,对矿区生态环境进行科学评估与预警,提高生态环境风险防控和应急监测能力。

(二)矿区生态环境监测网络建设技术

近年来,我国在互联网技术、产业、应用以及跨界融合等方面取得了积极进展,在生态环境监测领域,"互联网＋"的应用具有广阔的前景。将物联网、云计算和大数据技术结合,研究和开发适用于矿区生态环境在线自动化监测与服务系统,是当前矿区生态环境监测的"新基建"之一。

矿区生态环境监测网主要包括:水质水文监测、土壤监测、大气监测、环境监测、沉陷监测、生态扰动监测等功能模块,然后,通过互联网技术将生态环境监测数据实时传输到监测平台,由平台提供数据采集、分析、存储、视频监控、数据展示及预测预警功能。

通常的生态环境监测系统主要由监测站、通信网络、数据服务平台以及查询终端等部分组成。矿区的生态环境监测站点一般包括气象站、水质监测站、水文监测站、土壤监测站、空气质量监测站、沉陷监测站、固废堆放监测站等。

各监测站点的监测数据可以使用卫星、光纤、RS、电台、无线网桥等多种通信技术传送至数据服务平台。数据服务器是矿区生态环境监测的重要组成部分,是面向各类互联网用户提供综合业务能力的数据平台,是计算、存储、网络集成的面向用户提供服务的互联网基础设施。

经过数据服务平台处理后的生态环境监测信息可以通过客户端访问、操作，通过普通的 IE、Foxfire 等浏览器就能操作软件，普通 PC 电脑和智能手机都能访问。

（三）矿区生态环境监测网络建设实例

1. 峰峰矿区"大数据＋物联网"模式的生态环境监测系统

峰峰矿区为资源能源型工业企业基地，工业结构偏重，污染源种类广，排污总量大。过去靠执法人员人工监管、核查超标、异常数据，工作量太大，并且效率低。2018 年 10 月，峰峰矿区启动了生态环境自动监测动态监管系统，实施对象为峰峰矿区所辖所有重点污染源自动监控点位（共 87 个），实现了对大气、水质的实时远程监控，开启了智慧环保新模式。该系统将物联网、大数据、人工智能、云计算、视频监控等信息化技术相结合，实现了对生态环境监测设备运行状态、工作参数和监测数据的"三同时"立体式监控，并利用大数据智能寻踪报警引擎和监测设备仿真校对模型，及时发现、判断、响应和处理自动监控设备中出现的异常、造假等情形，构建对矿区重点污染源的全覆盖监控，有效地提升了污染源自动监测的数据质量和监管效率。

该系统可实现全天候 24 小时远程连续监控，且有自动寻踪报警功能，同时执法人员可通过站房智能门禁视频监控查看站房内操作人员出入信息及视频监控画面，第一时间取得有力证据，开展环境执法。该系统提升了矿区的生态环境监测效率，已取得显著的社会经济效益。

2. 淮南矿区采煤沉陷区地质生态环境动态监测系统（徐翀 等，2014）

淮南矿业集团联合相关高校，针对淮南矿区开采后地表沉陷区形成大面积积水的情况，建立了沉陷区生态环境动态监测与决策支持系统。

系统建立了采煤沉陷水域叶绿素、透明度、总磷、总氮、高锰酸盐指数等主要水质监测参数的遥感反演模型和采煤沉陷积水区的水深反演模型，实现了基于遥感光谱信息的采煤沉陷区水环境动态监测。采用二轨法差分干涉测量技术对采煤沉陷区 C 波段 ENVISAT ASAR 提供的 SAR 影像数据进行地表形变的分析处理，获得了不同时期淮南矿区采煤沉陷区的沉降参数，差分干涉结果获得的沉降相关数据与实测数据有很好的一致性，实现了基于 D-INSAR 技术的地表沉降量分析和地表变形监测。系统可以实时监测区域生态环境的动态变化，掌握生态环境现状、演变规律、发展趋势。采用环境监测、遥感光谱解译、雷达波反演、三维动态虚拟等技术建立了采煤沉陷区生态环境动态监测系统和综合治理数字化服务平台，具有对研究区内海量空间信息和基础生态环境信息的集成、共享、融合和综合分析等功能。

系统在淮南矿区已得到成功应用，在矿区生态环境的动态监测和科学高效管理中发挥了重要作用。

三、基于物联网技术的矿区生态环境监测评价系统

中煤平朔集团有限公司与罗克佳华科技集团股份有限公司合作，建设了矿区生态环境监测的物联网系统（闫晓兴 等，2012）。系统采用自主研发的网格化环境质量监管综合解决方案，采用业界领先的感知手段，对区域地表水及空气中的各种监管对象进行感知，将感知到的信息高速传输到大数据平台进行处理，分析得出的结论和规律提供给各监管子系统，以便于科学决策。

系统基于矿山复杂环境的远距离无线传输、自组网、异构网络融合、网络管理及网络安全等技术,实现了物联网组网与通信设备,包括无线网关、无线网桥和无线终端等,设备具有安全性、可靠性、冗余性、可扩展性、开放性等技术特征。系统由监测中心、通信网络、前端监测设备、测量设备四部分组成。监测中心由服务器、公网专线(或移动专线)、生态环境监测系统软件组成。通信网络由 GPRS/短消息/北斗卫星、Internet 公网/移动专线组成;前端监测设备主要包括:大气质量监测终端、矿井水监测终端、地表水体监测终端、重要固废监测点监测终端等。系统功能主要包括:

管理功能:具有数据分级管理功能、监测点管理等功能。

采集功能:采集监测点实时获取的生态环境数据。

通信功能:各级监测中心可分别与被授权管理的监测点进行通信。

告警功能:当大气污染物、水质、矿井涌水、降雨量等数据超过告警上限时,监测点主动向上级告警。

查询功能:监测系统软件可以查询各种历史记录。

存储功能:前端监测设备具备大容量数据存储功能;监测中心数据库可以记录所有历史数据。

分析功能:对大气环境指数、水质参数、水位、降雨量等数据可以生成曲线及报表,供趋势分析。

扩展功能:支持通过 OPC 接口与其他系统对接。

(1) 大气监测子系统

其中,大气颗粒物监管系统通过建设易于分散布点的前端监测站点和后端大气环境数据服务平台,构建多源数据网格化大气环境监测分析服务体系,进行时空动态趋势分析和污染溯源,从而实现了环保监管责任的下移,有效扩大了环境监管覆盖面。与传统空气监测设备相比较,系统的大气网格化监测系统,可有效地对本底污染因素进行污染溯源,实现靶向治理,通过密集布点,网格化监管,达到任务下移。

系统采用了网格化的监测方案,采用标准仪器设备监测站点和分布式低成本传感器监测站点相结合的方式,获取了矿区高密度、高频度的环境空气 $PM_{2.5}$ 监测数据。此外,系统还可以连接到全国的生态环境监测大数据中心,通过数据融合、空间分析、可视化等技术,将前端采集到的多源、实时监测数据,通过自动修约校准、融合和多维度、多尺度的统计分析和图形化,自动生成时空动态趋势变化图,直观展现区域环境空气 $PM_{2.5}$ 浓度的时空变化,进而能追踪污染源及其扩散趋势,为矿区大气环境动态监测提供依据,以实现环境监测分析和决策支撑全过程的智慧化。

(2) 水质监测子系统

在水质监测方面,系统采用了水体在线监测分析仪器,可实现矿区水体水质的实时连续监测和远程监控。该方案结合 GIS 技术对区域各站点监测数据进行统计分析和展示,为水环境监管、考核和环境执法,以及各级领导决策提供依据。

系统还提供了矿区水资源大数据解决方案,对矿井水、地表水、生活用水等实现了长期、实时监测。基于水质监测数据量大、数据类型多源、模型算法复杂的现状,系统采用大数据分析的手段对矿区水资源数据进行分析利用,打造了"物联网+大数据服务平台"模式,实现了矿区水质监测数据等要素的互通共享。

借助矿区生态环境监测物联网的遥感监测功能,系统可针对水质污染、环境质量和风险源等环境要素进行全面感知,并对感知数据进行一体化智慧分析,显著提升了矿区对生态环境的监管能力,为矿区生态环境大数据监测分析、污染源监控、生态环境评价提供了强有力的决策支持。

(3)矿区生态环境监测评价子系统

系统研究了基于 PSR(压力-状态-响应)模型的矿区生态环境指标筛选与指标体系构建技术,采用综合指数评价法构建了矿山生态环境监测评价指标体系。系统通过对实时操作系统技术、实时数据库技术、模拟采集一致性技术等的研究,开发了矿区生态环境监测评价子系统。

该系统共包括8个子系统:矿山生态环境综合数据展示分析系统、矿山生态环境评价系统、季报数据发布与服务系统、生态修复治理工程管理系统、辅助决策系统、二三维一体化 GIS 展示系统、数据通信管理系统、矿山生态环境遥感监测与评价系统。系统的性能指标包括:① 最大的并发连接数应不少于 1 000 个;② 支持同时在线人数不少于 300 人;③ 具备 7×24×365 服务提供能力;④ 本地用户对 5 000 万条记录级别的数据库的操作响应时间不大于 5 s。

基于物联网技术的矿区生态环境监测评价系统的特点表现为:① 综合运用指标标准化法、AHP 层次分析法、环境综合指数法、模糊概率和综合评价法等,构建了矿区生态环境综合评价方法体系。② 提出了地面与遥感协同监测算法,获得了空、天、地、井一体化的监测数据。③ 采用自组网、协同检测、异构网络融合等技术,实现了多网无缝接入与信息交互标准化的网关技术。④ 开发集空、天、地、井一体化数据监测、展现、分析、评价、上报、审核、管理及辅助决策于一体的信息化系统。

系统综合运用多种高性能监测装备,构建了智能化、网格化多层监测策略。采取多层次、多时相、多分辨率、多策略数据融合技术和多类异质数据关联分析、深度学习等智能方法,研究了生态环境监测大数据应用云计算中心,建设了分布式实时数据库系统,可以完成生态环境数据采集、传输、集成、存储和知识发现任务,可实现对水污染源、大气污染源、环境空气质量、区域生态环境状况以及地质灾害的有效监测,并及时有效地形成季报数据上报上级行政主管部门。

本书参考文献

安鑫,吕俊娥,张耀,等,2016.遥感技术在矿区土地利用调查中的应用[J].水土保持应用技术,(3):18-20.

白斌,龚武田,2020.新型便携式煤矿井下气体监测采样装置[J].煤炭技术,39(11):178-180.

白乐,李怀恩,何宏谋,等,2015.煤矿开采区地表水-地下水耦合模拟[J].煤炭学报,40(4):931-937.

白中科,郭青霞,王改玲,等,2001.矿区土地复垦与生态重建效益演变与配置研究[J].自然资源学报,16(6):525-530.

白中科,赵景逵,李晋川,等,1999.大型露天煤矿生态系统受损研究:以平朔露天煤矿为例[J].生态学报,19(6):870-875.

白中科,周伟,王金满,等,2018.再论矿区生态系统恢复重建[J].中国土地科学,32(11):1-9.

毕如田,白中科,师华定,2005.平朔露天矿区生态环境空间信息系统的设计[J].地理信息世界,12(5):31-36.

卞晓娣,2017.基于主成分分析法的安徽省滁州市土地生态安全评价[J].云南农业大学学报(社会科学),11(6):83-87.

卞正富,许家林,雷少刚,2007.论矿山生态建设[J].煤炭学报,32(1):13-19.

蔡永乐,胡创义,2013.矿井通风与安全[M].2版.北京:化学工业出版社.

曹军,汪琦,徐政,等,2022.我国环境空气中温室气体监测技术研究进展[J].环境监控与预警,14(1):1-6.

曹志国,王瑞国,何瑞敏,2018.基于WEB-GIS的矿区生态监测与管理信息系统[J].煤炭工程,50(3):161-163.

柴义伦,2018.淮南矿区矿山地质环境影响评价方法探讨[J].安徽地质,28(4):299-302.

陈晋,马磊,陈学泓,等,2016.混合像元分解技术及其进展[J].遥感学报,20(5):1102-1109.

陈俊松,侯绍涛,文毅,等,2014.矿区废弃地生态脆弱性评价分析:以个旧锡矿区为例[J].亚热带水土保持,26(3):8-11.

陈磊,王家鼎,谷天峰,等,2017.大西沟铁矿生态环境模糊综合评价研究[J].土壤通报,48(4):794-799.

陈利顶,傅伯杰,2000.干扰的类型、特征及其生态学意义[J].生态学报,20(4):581-586.

陈琳,冯启言,高波,等,2015.某矿区矿井水有机污染健康风险评价[J].工业安全与环保,41(10):21-23.

陈楠,徐宝东,张瑜,等,2019.激光雷达在湖北大气环境监测中的应用[J].中国环境监测,35(2):142-149.

陈鹏飞,2018.无人机倾斜摄影测量开采沉陷监测方法研究[D].太原:太原理工大学.

陈鹏琦,2016.基于高分辨率 SAR 影像的矿山地表大尺度形变监测研究[D].湘潭:湖南科技大学.

陈琦,秦凯,陆亚萍,2020.基于涡度相关技术的徐州市城郊 CO_2 通量特征研究[J].地理与地理信息科学,36(4):85-93.

陈强,陈云浩,蒋卫国,2015.基于 OB-HMAD 算法和光谱特征的高分辨率遥感影像变化检测[J].光谱学与光谱分析,35(6):1709-1714.

陈冉丽,吴侃.三维激光扫描用于获取开采沉陷盆地研究[J].测绘工程,21(3):67-70.

陈圣波,周超,王晋年,2012.黑龙江多金属矿区植物胁迫光谱及其与金属元素含量关系研究[J].光谱学与光谱分析,32(5):1310-1315.

陈元鹏,2018.基于遥感数据的工矿复垦区分类与反演方法研究[D].北京:中国地质大学(北京).

成金华,陈军,易杏花,2013.矿区生态文明评价指标体系研究[J].中国人口·资源与环境,23(2):1-10.

程水英,2014.彬长矿区规划环境影响评价指标体系的建立[J].洁净煤技术,20(1):93-95.

崔洪庆,宁顺顺,2007.废弃矿井充水问题及其研究和治理方法:以美国匹兹堡煤田为例[J].煤田地质与勘探,35(6):51-53.

崔世展,谢佳,缪德仁,2020.煤矿区土壤中重金属形态及其在茶树不同组织中的含量分布[J].昆明学院学报,42(6):35-39.

戴立乾,赵鸿燕,2009.煤矿区煤尘污染遥感监测研究[J].河南科学,27(6):737-739.

邓道贵,孟小丽,雷娟,等,2010.淮北采煤塌陷区小型湖泊浮游植物群落结构和季节动态[J],29(6):499-506.

邓喀中,谭志祥,姜岩,等,2014.变形监测及沉陷工程学[M].徐州:中国矿业大学出版社.

邓书斌,陈秋锦,杜会建,等,2014.ENVI 遥感图像处理方法[M].北京:高等教育出版社.

刁鑫鹏,2018.矿区大尺度地表形变 SAR/InSAR 监测相关技术研究[D].徐州:中国矿业大学.

董丽丽,丁忠义,刘一玮,等,2014.基于 TOPSIS 模型的煤矿区土地生态质量评价[J].江苏农业科学,42(9):300-303.

杜会建,2012.基于混合像元分解的煤矿区土地利用与覆盖变化检测[D].徐州:中国矿业大学.

杜培军,柳思聪,郑辉,2012.基于支持向量机的矿区土地覆盖变化检测[J].中国矿业大学学报,41(2):262-267.

杜培军,夏俊士,薛朝辉,等,2016.高光谱遥感影像分类研究进展[J].遥感学报,20(2):236-256.

杜玉明,2022.大气温室气体监测方法研究进展[C]//中国环境科学学会,2022 年科学技术年会论文集:44-50.

樊文华,李慧峰,白中科,等,2010.黄土区大型露天煤矿煤矸石自燃对复垦土壤质量的影响[J].农业工程学报,26(2):319-324.

樊智军,2003.模糊数学法在大同矿区空气环境质量评价中的应用[J].能源环境保护,17

(2):57-58.

范立民,孙魁,李成,等,2020.西北大型煤炭基地地下水监测背景、思路及方法[J].煤炭学报,45(1):317-329.

范廷玉,程方奎,严家平,等,2015.淮北临涣煤矿塌陷水域叶绿素 a 与相关因子分析[J].环境化学,34(6):1168-1176.

范薇,周金龙,曾妍妍,2016.水环境优先控制污染物筛选方法研究进展[J].地下水,38(3):94-96.

方精云,王襄平,沈泽昊,等,2009.植物群落清查的主要内容、方法和技术规范[J].生物多样性,17(6):533-548.

方彦奇,2018.福建省矿山地质环境评价方法研究[D].北京:中国地质大学(北京).

房文杰,2021.矿井自然发火气体监测系统问题分析[J].煤炭技术,40(8):151-153.

房文杰,李长录,2012.煤矿束管监测系统的应用与存在的问题[J].煤矿安全,43(5):58-59.

冯明春,徐亮,金岭,等,2016.傅里叶变换红外光谱仪动镜倾斜和动态校准研究[J].光子学报,45(4):163-167

冯启言,2007.环境监测[M].徐州:中国矿业大学出版社.

冯银厂,2017.我国大气颗粒物来源解析研究工作的进展[J].环境保护,45(21):17-20.

傅伯杰,1993.区域生态环境预警的原理与方法[J].应用生态学报,4(4):436-439.

盖丽红,李洁琳,2021.环境监测在生态环境保护中的作用及发展[J].中小企业管理与科技(7):65-66.

高峰,楚博策,帅通,等,2019.基于深度学习的耕地变化检测技术[J].无线电工程,49(7):571-574.

高建广,杨静,房孝敏,2011.矿区生态环境质量预警方法研究[J].山东科技大学学报(自然科学版),30(6):97-102.

高文文,白中科,余勤飞,2015.煤矿工业场地土壤重金属污染评价[J].中国矿业大学,24(8):59-64.

高永志,2012.双鸭山矿山地质环境遥感监测研究[D].长春:吉林大学.

葛学玮,2012.ZS30 型煤矿束管监测系统的应用[J].煤矿安全,43(8):100-101.

顾大钊,2015.晋陕蒙接壤区大型煤炭基地地下水保护利用与生态修复[M].北京:科学出版社.

郭达志,张瑜,1996.矿区资源环境信息系统的基本内容和关键技术[J].煤炭学报,21(6):571-575.

郭栋,2019.宁武煤矿矿山地质灾害遥感监测研究[J].华北自然资源(5):62-65.

郭柯,方精云,王国宏,等,2020.中国植被分类系统修订方案[J].植物生态学报,44(2):111-127.

郭麒麟,乔世范,王璐,2012.露天开采人工边坡岩土体变形计算及安全评估[J].采矿与安全工程学报,29(5):679-684.

郭庆华,苏艳军,胡天宇,等,2018.激光雷达森林生态应用:理论、方法及实例[M].北京:高等教育出版社.

郭学飞,曹颖,焦润成,等,2020.土壤重金属污染高光谱遥感监测方法综述[J].城市地质,

15(3):320-326.

郭友红,2010.采煤塌陷区水体生物多样性调查[J].中国农学通报,26(10):319-322.

郭云开,刘宁,刘磊,等,2018.土壤 Cu 含量高光谱反演的 BP 神经网络模型[J].测绘科学, 43(1):135-139.

韩宝平,2008.矿区环境污染与防治[M].徐州:中国矿业大学出版社.

韩玲,刘志恒,宁昱铭,等,2019.矿区土壤重金属污染遥感反演研究进展[J].矿产保护与利 用,39(1):109-117.

韩宇飞,2010.基于 D-InSAR 技术的长白山天池火山形变监测研究[D].北京:中国地震局 地质研究所.

郝利娜,2013.矿山环境效应遥感研究:以湖北省重点矿集区为例[D].武汉:中国地质大学.

何芳,刘瑞平,徐友宁,等,2018.基于遥感的木里煤矿区矿山地质环境监测及评价[J].地质 通报,37(12):2251-2259.

何国清,杨伦,1991.矿山开采沉陷学[M].徐州:中国矿业大学出版社.

何秀凤,何敏,2012.InSAR 对地观测数据处理方法与综合测量[M].北京:科学出版社.

侯文斌,2017.煤矿大气污染与防治对策[J].环境与发展,29(6):64.

侯艳辉,2004.矿区生态环境评估及预警实现技术研究[D].青岛:山东科技大学.

胡炳南,郭文砚,2021.我国采煤沉陷区建筑利用关键技术及展望[J].煤炭科学技术,49(4): 67-74.

胡俊,李志伟,朱建军,等,2010.融合升降轨 SAR 干涉相位和幅度信息揭示地表三维形变 场的研究[J].中国科学:地球科学,40(3):307-318.

胡友健,梁新美,许成功,2006.论 GPS 变形监测技术的现状与发展趋势[J].测绘科学, 31(5):155-157.

胡振琪,龙精华,王新静,2014.论煤矿区生态环境的自修复、自然修复和人工修复[J].煤炭 学报,39(8):1751-1757.

虎维岳,闫兰英,2000.废弃矿井地下水污染特征及防治技术[J].煤矿环境保护,14(4): 37-38.

黄淑玲,韩亚芬,2015.煤矿区大气降尘中 Hg 和 As 的赋存形态及健康风险评价[J].阜阳师 范学院学报(自然科学版),32(4):56-61.

黄翌,2014.煤炭开采对植被-土壤物质量与碳汇的扰动与计量:以大同矿区为例[D].徐州: 中国矿业大学.

姬广青,2013.露天煤矿开采对地下水环境的影响研究:以伊敏一号露天矿为例[D].呼和浩 特:内蒙古大学.

姬红英,2010.煤矿区生态环境影响评价方法研究[D].西安:西安科技大学.

季顺平,田思琦,张驰,2020.利用全空洞卷积神经元网络进行城市土地覆盖分类与变化检 测[J].武汉大学学报(信息科学版),5(2):233-241.

贾利萍,李郑,汪燕,2016.SPOT-5 影像在安徽省矿山地质环境遥感监测中的应用[J].能源 技术与管理,41(4):159-160.

贾莹,2017.基于 GIS 的露天开采矿噪声环境影响评价研究[D].南京:南京大学.

贾永红,谢志伟,张谦,等,2015.采用独立阈值的遥感影像变化检测方法[J].西安交通大学学报,49(12):12-18.

焦明连,2016.基于灰色聚类分析的矿山环境质量评价[J].煤矿开采,21(2):78-82.

居红云,张俊本,李朝峰,等,2007.基于 K-means 与 SVM 结合的遥感图像全自动分类方法[J].计算机应用研究,24(11):318-320.

康高峰,卢中正,李社,等,2008.遥感技术在煤炭资源开发状况监督管理中的应用研究[J].中国煤炭地质,20(1):13-16.

康日斐,2017.济南市露天开采集中区矿山地质环境遥感监测与环境评价研究[D].济南:山东师范大学.

康向阳,2017.近景摄影测量在矿区开采沉陷监测中的应用[J].北京测绘(4):73-75.

蓝金辉,邹金霖,郝彦爽,等,2018.高光谱遥感影像混合像元分解研究进展[J].遥感学报,22(1):13-27.

雷兵,甘宇航,李兰,等,2014.矿区环境动态监测系统建设研究[J].遥感信息,29(4):103-106.

雷冬梅,徐晓勇,段昌群,2012.矿区生态恢复与生态管理的理论及实证研究[M].北京:经济科学出版社.

李聪聪,王佟,王辉,等,2021.木里煤田聚乎更矿区生态环境修复监测技术与方法[J].煤炭学报,46(5):1451-1462.

李德仁,张洪云,金文杰,2022.新基建时代地球空间信息学的使命[J].武汉大学学报(信息科学版),47(10):1515-1522.

李东,周可法,孙卫东,等,2015.BP 神经网络和 SVM 在矿山环境评价中的应用分析[J].干旱区地理,38(1):128-134.

李海启,郭增长,乐平,等,2009.数字近景摄影在建筑物变形监测中的应用[J].地理空间信息,7(4):117-119.

李慧,蔺启忠,刘庆杰,等,2009.基于反射光谱预测哈图-包古图金矿区地球化学元素异常的可行性研究[J].遥感信息,24(4):43-49.

李曼,2017.同煤矿区大气污染特征、追因及预测研究[D].徐州:中国矿业大学.

李琪,2018.无人机在大气环境监测中的应用[J].中国环保产业(2):54-57.

李强,邓辉,周毅,2014.三维激光扫描在矿区地面沉陷变形监测中的应用[J].中国地质灾害与防治学报,25(1):119-124.

李秋,秦永智,李宏英,2006.激光三维扫描技术在矿区地表沉陷监测中的应用研究[J].煤炭工程,38(4):97-99.

李珊珊,2019.高分二号影像融合及矿山开发占地信息提取研究[D].北京:中国地质大学(北京).

李喜林,王来贵,苑辉,等,2012.大面积采动矿区水环境灾害特征及防治措施[J].中国地质灾害与防治学报,23(1):88-93.

李鑫,2021.煤炭开发环节碳排放测算及低碳路径研究[J].煤炭经济研究,41(7):39-44.

李学渊,2015.基于 RS/GIS 的矿山地质环境动态监测与评价信息系统[D].北京:中国矿业大学(北京).

李玉洁,2019.露天矿区煤粉沉降对周边植被的生理影响[D].乌鲁木齐:新疆大学,2019.

李增元,庞勇,刘清旺,等,2015.激光雷达森林参数反演技术与方法[M].北京:科学出版社.

厉彦玲,2007.基于灰色聚类分析方法的生态环境质量综合评价模型[J].测绘科学,32(5):77-79.

厉彦玲,朱宝林,王亮,等,2005.基于综合指数法的生态环境质量综合评价系统的设计与应用[J].测绘科学,30(1):89-91.

梁运涛,田富超,冯文彬,等,2021.我国煤矿气体检测技术研究进展[J].煤炭学报,46(6):1701-1714.

廖红军,邵怀勇,孙小飞,2015.基于综合指数法的矿山地质环境评价:以攀西矿区为例[J].测绘与空间地理信息,38(11):34-36.

廖克,陈文惠,2004.生态环境动态监测与管理信息系统的设计与建设[J].测绘科学,29(6):11-14.

林亲录,2014.植被定量遥感原理与应用[M].北京:科学出版社.

刘广,郭华东,RAMON H,等,2008.InSAR 技术在矿区沉降监测中的应用研究[J].国土资源遥感,20(2):51-55.

刘良云,陈良富,刘毅,等,2022.全球碳盘点卫星遥感监测方法、进展与挑战[J].遥感学报,26(2):243-267.

刘美玲,2006.基于 GIS 和 RS 的矿产资源开发生态环境效应监测与评价:以云南省兰坪县铅锌矿为例[D].北京:中国地质大学(北京).

刘敏,伏玉玲,杨芳,2014.基于涡度相关技术的城市碳通量研究进展[J].应用生态学报,25(2):611-619.

刘绮,潘伟斌,2005.环境监测[M].广州:华南理工大学出版社.

刘硕,吴泉源,曹学江,等,2016.龙口煤矿区土壤重金属污染评价与空间分布特征[J].环境科学,37(1):270-279.

刘涛,2014.煤炭开采利用对生态环境的影响及对策研究[J].内蒙古煤炭经济(6):45-46.

刘卫东,多彩虹,崔玉芳,等,2008.某煤矿井下噪声危害现状调查[J].职业卫生与病伤,23(6):342-344.

刘文清,陈臻懿,刘建国,等,2019.区域大气环境污染光学探测技术进展[J].环境科学研究,32(10):1645-1650.

刘文清,陈臻懿,刘建国,等,2016.我国大气环境立体监测技术及应用[J].科学通报,61(30):3196-3207.

刘喜韬,鲍艳,胡振琪,等,2007.闭矿后矿区土地复垦生态安全评价研究[J].农业工程学报,23(8):102-106.

刘毅,王婧,车轲,等,2021.温室气体的卫星遥感:进展与趋势[J].遥感学报,25(1):53-64.

刘媛,李玫瑰,2014.煤矿区生态环境影响评价方法及对策[J].科技创新与应用(12):102.

刘政,赵文廷,王爱军,2018.盂县煤矿区及其周边农田土壤重金属溯源分析[J].煤炭学报,43(S2):532-545.

卢霞,刘少峰,胡振琪,等,2006.矿区水污染遥感识别研究[J].矿业研究与开发,26(4):89-92.

陆建衡,黄艺,王春宇,等,2018.吉林永安煤矿区土壤及近地表大气尘重金属污染评价[J].

工业安全与环保,44(6):5-9.

吕长春,王忠武,钱少猛,2003.混合像元分解模型综述[J].遥感信息,18(3):55-58.

罗文泊,盛连喜,2011.生态监测与评价[M].北京:化学工业出版社.

马丽丽,田淑芳,王娜,2013.基于层次分析与模糊数学综合评判法的矿区生态环境评价[J].
国土资源遥感,25(3):165-170.

马世俊,王如松,1984.社会-经济-自然复合生态系统[J].生态学报,4(1):1-9.

马小计,杨自安,邹林,等,2006.抚顺市市区地质灾害遥感调查研究[J].中国地质,33(5):
1167-1173.

梅文胜,张正禄,黄全义,2002.测量机器人在变形监测中的应用研究[J].大坝与安全(5):
33-35.

孟格蕾,邰志娟,邓纪凤,等,2018.重金属污染对植物的影响及植物修复技术[J].应用技术
学报,18(2):118-123.

孟磊,冯启言,2008.煤矿区地下水环境问题与保护:第六届中国水论坛学术研讨会[C].
成都.

潘德元,2014.多通道地下水监测技术应用示范[J].探矿工程(岩土钻掘工程),41(11):1-4.

庞文品,秦樊鑫,吕亚超,等,2016.贵州兴仁煤矿区农田土壤重金属化学形态及风险评
估[J].应用生态学报,27(5):1468-1478.

裴文明,2016.淮南潘谢矿区生态环境动态监测及预警研究[D].南京:南京大学.

彭珊珊,张辛亥,2014.下峪口煤矿的灰色评价研究[J].价值工程,33(2):57-58.

钱斌,冯启言,李庭,等,2014.基于灰色聚类法的贾汪废弃矿区地下水水质综合评价[J].节
水灌溉(6):50-53.

钱铭杰,吴静,袁春,等,2014.矿区废弃地复垦为农用地潜力评价方法的比较[J].农业工程
学报,30(6):195-204.

乔爱萍,2019.煤矿项目环评中土壤环境影响评价方法讨论[J].山西化工,39(3):220-222.

邱雪辉,宋晓晓,2016.长治西掌矿区环境噪声监测及评价[J].露天采矿技术,31(10):
72-75.

曲喜杰,易齐涛,胡友彪,等,2013.两淮采煤沉陷积水区水体营养盐时空分布及富营养化进
程[J].应用生态学报,24(11):3249-3258.

曲衍波,齐伟,商冉,等,2008.基于GIS的山区县域土地生态安全评价[J].中国土地科学,
22(4):38-44.

全占军,李远,李俊生,等,2013.采煤矿区的生态脆弱性:以内蒙古锡林郭勒草原胜利煤田
为例[J].应用生态学报,24(6):1729-1738.

任梦溪,郑刘根,程桦,等,2016.淮北临涣采煤沉陷区水域水体污染源解析[J].中国科学技
术大学学报,46(8):680-688.

任世华,谢亚辰,焦小淼,等,2022.煤炭开发过程碳排放特征及碳中和发展的技术途径[J].
工程科学与技术,54(1):60-68.

陕永杰,郝蓉,白中科,等,2001.矿区复合生态系统中土壤演替和植被演替的相互影响[J].
煤矿环境保护,2001,15(5):28-30.

尚洁,蓝登明,赵一阳,等,2015.内蒙古大兴安岭林区不同采煤方式对植物多样性的影响

[J].安徽农业科学,43(15):209-213.

沈琴琴,2021.基于时空融合灰色模型的交通流预测研究[D].苏州:苏州大学.

沈渭寿,曹学章,金燕,2004.矿区生态破坏与生态重建[M].北京:中国环境科学出版社.

盛耀彬,2011.基于时序 SAR 影像的地下资源开采导致的地表形变监测方法与应用[D].徐州:中国矿业大学.

施佩荣,陈永富,刘华,等,2018.基于分割评价函数的多尺度分割参数的选择[J].遥感技术与应用,33(4):628-637.

史舟,王乾龙,彭杰,等,2014.中国主要土壤高光谱反射特性分类与有机质光谱预测模型[J].中国科学:地球科学,44(5):978-988.

舒宁,2003.雷达影像干涉测量原理[M].武汉:武汉大学出版社.

宋永昌,2017.植被生态学[M].2 版.北京:高等教育出版社.

宋子岭,范军富,王来贵,等,2016.露天煤矿开采现状及生态环境影响分析[J].露天采矿技术,31(9):1-4.

眭海刚,冯文卿,李文卓,等,2018.多时相遥感影像变化检测方法综述[J].武汉大学学报(信息科学版),43(12):1885-1898.

孙雷,孙世群,杨晨,2013.几种综合指数方法在土壤重金属污染评价中的应用:以淮南矿区为例[J].赤峰学院学报(自然科学版),29(22):34-36.

孙奇奇,宋戈,齐美玲,2012.基于主成分分析的哈尔滨市土地生态安全评价[J].水土保持研究,19(1):234-238.

索永录,姬红英,辛亚军,等,2010.采煤引起的矿区生态环境影响评价指标体系探析[J].煤矿安全,41(5):120-122.

汤万钧,2018.露天煤矿粉尘分布和运移机理研究[D].徐州:中国矿业大学.

田芳,2018.无人机在大气环境监测中的应用分析[J].资源节约与环保(7):47.

田富超,2019.煤矿采空区火灾气体红外光谱在线分析技术[D].徐州:中国矿业大学(江苏).

田功太,巩俊霞,杜兴华,等,2014.采煤塌陷区鱼塘浮游植物群落特征及变动规律[J].长江大学学报(自科版),11(17):29-36.

涂宇龙,邹滨,姜晓璐,等,2018.矿区土壤 Cu 含量高光谱反演建模[J].光谱学与光谱分析,38(2):575-581.

万阳,周忠泽,汪晨琛,等,2018.迪沟采煤沉陷湖泊浮游植物群落结构特征[J].生物学杂志,35(1):75-81.

汪金花,李玉凤,2007.遥感技术在矿山资源管理中的研究与思考[J].技术经济研究(9):25-47.

汪燕,李郑,贾利萍,2017.遥感技术在安徽省重点矿区动态监测中的应用[J].西部资源(4):161-163.

汪云甲,2017.矿区生态扰动监测研究进展与展望[J].测绘学报,46(10):1705-1716.

王超,张红,刘智,2002.星载合成孔径雷达干涉测量[M].北京:科学出版社.

王崇倡,宋伟东,2005.阜新矿区资源环境监测系统的建立[J].矿山测量(3):1-3.

王桂杰,谢谟文,邱骋,等,2010.D-INSAR 技术在大范围滑坡监测中的应用[J].岩土力学,

31(4):1337-1344.

王浩,蒋承林,史莉莉,2011.煤矿井下噪声危害分析及对策[J].中国安全生产科学技术, 7(12):183-187.

王荷生,张镱锂,1994.中国种子植物特有科属的分布型[J].地理学报,49(5):403-417.

王继水,曹帅,2012.基于物联网的矿山环境在线实时监测系统研究与实现[J].计算机测量 与控制,20(2):342-344.

王见红,2015.CORS-RTK 高程测量在开采沉陷监测中的应用:以顾北矿北一采区观测站为 例[D].淮南:安徽理工大学.

王建增,郑继天,李小杰,等,2008.连续多通道管监测井成井技术[J].探矿工程(岩土钻掘工 程),35(8):15-18.

王娟,张建国,杨自安,等,2014.遥感技术在甘肃省重点矿山开发调查与监测中的应用[J]. 矿产勘查,5(2):312-321.

王猛,马如英,代旭光,等,2021.煤矿区碳排放的确认和低碳绿色发展途径研究[J].煤田地 质与勘探,49(5):63-69.

王明明,2015.多层监测井成井工艺与止水材料研究[D].北京:中国地质大学(北京).

王奇琪,2015.基于混合像元分解的矿区 LUCC 遥感监测[D].东营:中国石油大学(华东).

王启春,马洪浩,2017.基于测量机器人与近景摄影测量技术的山区采动地表移动变形监测 方法[J].矿山测量,45(5):1-4.

王桥,2021.中国环境遥感监测技术进展及若干前沿问题[J].遥感学报,25(1):25-36.

王婷婷,易齐涛,胡友彪,等,2013.两淮采煤沉陷区水域水体富营养化及氮、磷限制模拟实 验[J].湖泊科学,25(6):916-926.

王文杰,赵忠明,朱海青,2009.面向对象特征融合的高分辨率遥感图像变化检测方法[J].计 算机应用研究,26(8):3149-3151.

王雪君,2015.高光谱遥感图像半监督分类方法的研究[D].哈尔滨:哈尔滨工程大学.

王颖,冯仲科,2019.平朔矿区开采受损及治理区土壤养分特征对比分析[J].水土保持通报, 39(1):91-97.

王运涛,王国强,王桥,等,2022.我国生态环境大数据发展现状与展望[J].中国工程科学, 24(5):56-62.

王振红,桂和荣,罗专溪,等,2005.采煤塌陷塘浮游生物对矿区生态变化的响应[J].中国环 境科学,25(1):43-47.

王子昕,宋颖霞,郭呈宇,2019.巴拉素煤矿煤炭开采对地表水的影响分析[J].矿业安全与环 保,46(4):108-112.

韦朝阳,1999.我国煤矿区生态环境综合评价方法初探[J].生态农业研究,7(4):50-52.

魏嘉磊,2018.基于遥感的矿区环境监测与评价[J].山东工业技术(22):138.

温扬茂,许才军,李振洪,等,2014.InSAR 约束下的 2008 年汶川地震同震和震后形变分析 [J].地球物理学报,57(6):1814-1824.

邬红娟,郭生练,2001.水库浮游植物群落与环境多因子分析[J].武汉大学学报(工学版), 34(1):18-21.

吴侃,黄承亮,陈冉丽,2011.三维激光扫描技术在建筑物变形监测的应用[J].辽宁工程技术大学学报(自然科学版),30(2):205-208.

吴侃,汪云甲,王岁权,等,2012.矿山开采沉陷监测及预测新技术[M].北京:中国环境科学出版社.

吴文豪,李陶,陈志国,等,2017.基于子带干涉技术监测大型桥梁形变[J].武汉大学学报(信息科学版),42(3):334-340.

吴亚娜,2017.近景摄影测量在边坡形变监测中的应用研究[D].昆明:昆明理工大学.

武强,李松营,2018.闭坑矿山的正负生态环境效应与对策[J].煤炭学报,43(1):21-32.

奚旦立,2019.环境监测[M].5 版.北京:高等教育出版社.

夏既胜,葛然,2014.基于灰色关联法和德尔菲法的土壤侵蚀敏感性评价:以云南金沙江流域 3 个典型露天矿区为例[J].云南地理环境研究,26(5):40-46.

夏乐,2008.遥感技术在矿山开发监测中的应用:以湖南郴州苏仙区为例[D].北京:中国地质大学(北京).

夏楠,2018.准东矿区生态环境遥感监测及生态质量评价模型研究[D].乌鲁木齐:新疆大学.

夏耶,2013.干涉雷达滑坡监测关键技术探讨[Z].昆明.

向阳,赵银娣,董霁红,2019.基于改进 UNet 孪生网络的遥感影像矿区变化检测[J].煤炭学报,44(12):3773-3780.

肖胡萱,蒲生彦,何发坤,等,2020.遥感技术在土壤污染中的应用研究进展[J].地球与环境,48(5):622-630.

肖鸾,胡友健,王晓华,2005.GPS 技术在变形监测中的应用综述[J].工程地球物理学报,2(2):160-165.

肖昕,2017.环境监测[M].北京:科学出版社.

谢高地,张钇锂,鲁春霞,等,2001.中国自然草地生态系统服务价值[J].自然资源学报,16(1):47-53.

徐翀等,2014.采煤沉陷区地质生态环境动态监测系统研究[Z].安徽省,淮南矿业集团,6-20.

徐涵秋,2013.区域生态环境变化的遥感评价指数[J].中国环境科学,33(5):889-897.

徐嘉兴,2013.典型平原矿区土地生态演变及评价研究:以徐州矿区为例[D].徐州:中国矿业大学.

徐嘉兴,赵华,李钢,等,2017.矿区土地生态评价及空间分异研究[J].中国矿业大学学报,46(1):192-200.

徐进军,王海城,罗喻真,等,2010.基于三维激光扫描的滑坡变形监测与数据处理[J].岩土力学,31(7):2188-2191.

徐良骥,李青青,朱小美,等,2017.煤矸石充填复垦重构土壤重金属含量高光谱反演[J].光谱学与光谱分析,37(12):3839-3844.

徐鑫,易齐涛,王晓萌,等,2015.淮南矿区小型煤矿塌陷湖泊浮游植物群落结构特征[J].水生生物学报,39(4):740-750.

徐志文,王思远,2021.基于遥感影像的矿区水环境状态识别与检测:以珠江流域部分河段为例[J].矿业安全与环保,48(2):107-111.

许加星,徐力刚,姜加虎,等,2013.鄱阳湖典型洲滩植物群落结构变化及其与土壤养分的关系[J].湿地科学,11(2):186-191.

许竞轩,2018.面向对象的高分辨率遥感影像变化检测方法研究[D].郑州:战略支援部队信息工程大学.

薛白,2019.多源遥感卫星影像镶嵌技术方法研究[D].北京:中国地质大学(北京).

闫晓兴等,2012.基于物联网技术的矿山生态环境监测评价系统[Z].太原罗克佳华工业有限公司,国家环境保护工业污染源监控工程技术中心,05-11.

闫旭骞,王广成,2003.矿区复合生态系统理论初探[J].中国矿业,12(8):24-27.

杨保安,张科静,2008.多目标决策分析:理论、方法与应用研究[M].上海:东华大学出版社.

杨博宇,白中科,张笑然,2017.特大型露天煤矿土地损毁碳排放研究:以平朔矿区为例[J].中国土地科学,31(06):59-69.

杨超,邬国锋,李清泉,等,2018.植被遥感分类方法研究进展[J].地理与地理信息科学,34(4):24-32.

杨成生,2008.基于 D-InSAR 技术的煤矿沉陷监测[D].西安:长安大学,2008.

杨金中,聂洪峰,荆青青,2017.初论全国矿山地质环境现状与存在问题[J].国土资源遥感,29(2):1-7.

杨金中,秦绪文,聂洪峰,等,2015.全国重点矿区矿山遥感监测综合研究[J].中国地质调查,2(4):24-30.

杨金中,秦绪文,张志,等,2011.矿山遥感监测理论方法与实践[M].北京:测绘出版社.

杨静,2004.矿区生态环境评价和预警的指标体系及方法的研究[D].青岛:山东科技大学.

杨松勇,2019.近景摄影测量技术在露天矿边坡变形监测中的研究[D].赣州:江西理工大学.

杨晓飞,2014.矿山环境遥感动态监测方法与应用研究[D].北京:中国地质大学(北京).

杨永均,2017.矿山土地生态系统恢复力及其测度与调控研究[D].徐州:中国矿业大学.

杨永均,2020.矿山土地生态系统恢复力性质、测度与调控[M].北京:科学出版社.

姚永熙,章树安,杨建青,2011.地下水信息采集与传输应用技术[M].南京:河海大学出版社.

叶成明,李小杰,郑继天,等,2007.国外地下水污染调查监测井技术[J].探矿工程(岩土钻掘工程),34(11):57-60.

殷文昌,胡瑾,2015.水文地质基础与应用[M].成都:四川大学出版社.

尹国勋,2010.矿山环境保护[M].徐州:中国矿业大学出版社.

庾露,2015.基于高分辨率 SAR 数据的子带干涉测量技术及其在地震同震形变场应用研究[D].北京:中国地震局地质研究所.

袁珂月,钱雅慧,许丹丹,等,2022.内蒙古乌达矿区土壤多环芳烃空间分布特征及分析[J].地球与环境,(5):698-707.

岳建伟,林爱华,梅涂术,等,2008.矿产违法开采信息的快速提取[J].计算机工程,34(9):263-264.

张成业,李军,雷少刚,等,2022.矿区生态环境定量遥感监测研究进展与展望[J].金属矿山(3):1-27.

张芳,2021.环境保护中环境监测重要性与具体措施探析[J].资源节约与环保(3):64-65.

张过,墙强,祝小勇,等,2010.基于影像模拟的星载 SAR 影像正射纠正[J].测绘学报,39(6):554-560.

张宏达,卞振举,BLACK B,等,2011.Westbay 分层测量系统在地下水污染调查中的应用:第二届土壤及地下水污染防治与修复技术高峰论坛[C].北京.

张佳华,张国平,王培娟,等,2010.植被与生态遥感[M].北京:科学出版社.

张金海,2014.煤矿开采对水环境矿的影响及评价方法研究[J].矿山测量,(3):27-29.

张军杰,李长录,于文海,等,2010.煤矿束管监测系统的应用[J].煤矿安全,41(6):84-86.

张军杰,2019.煤矿束管监测系统的现状与发展趋势[J].煤矿安全,50(12):89-92.

张良培,武辰,2017.多时相遥感影像变化检测的现状与展望[J].测绘学报,46(10):1447-1459.

张玲,2008.煤矿开采对喀斯特地区地表水环境质量的影响与评价[D].贵阳:贵州大学.

张裴,2007.煤矿区环境地球化学基线研究及其应用[D].青岛:山东科技大学.

张勤,赵超英,丁晓利,等,2009.利用 GPS 与 InSAR 研究西安现今地面沉降与地裂缝时空演化特征[J].地球物理学报,52(5):1214-1222.

张锐,邹蒙蒙,马泽雯,等,2021.通导遥一体化技术在生态环境保护中的应用初探[J].卫星应用(6):52-55.

张笑然,白中科,曹银贵,等,2016.特大型露天煤矿区生态系统演变及其生态储存估算[J].生态学报,36(16):5038-5048.

张妍,郭隽瑶,2021.资源枯竭区经济转型发展研究:以徐州市潘安湖湿地公园为例[J].资源与人居环境(5):37-41.

张芸,2016.RS 技术在矿区土地利用调查中的应用[J].内蒙古煤炭经济(7):3-4.

赵安文,刘奕含,2020.遥感影像在矿山地质环境监测治理方面的应用[J].科技与创新(7):151-152.

赵家乐,陈浩,2019.高分遥感影像煤矿非法开采动态监测应用[J].卫星应用(7):18-23.

赵敏,2018.结合多尺度特征和主动学习的高分遥感影像变化检测[D].徐州:中国矿业大学.

赵晓虎,孙鹏帅,杨眷,等,2021.应用于煤自燃指标气体体积分数在线监测系统[J].煤炭学报,46(S1):319-327.

赵银娣,杜会建,吴波,等,2011.基于 CBERS CCD 数据的鹿洼煤矿塌陷区 LUCC 检测[J].中国科学:信息科学,41(S1):128-139.

赵英时,2003.遥感应用分析原理与方法[M].北京:科学出版社.

赵玉玲,杨楠楠,张海霞,等,2020.基于高光谱的邯郸市土壤重金属统计估算模型研究[J].生态环境学报,29(4):819-826.

赵忠明,高连如,陈东,等,2019.卫星遥感及图像处理平台发展[J].中国图象图形学报,24(12):2098-2110.

郑继天,王建增,蔡五田,等,2009.地下水污染调查多级监测井建造及取样技术[J].水文地质工程地质,36(3):128-131.

中华人民共和国国土资源部,2011.矿山地质环境保护与恢复治理方案编制规范:DZ/T

0223—2011[S].北京:中国标准出版社.

中华人民共和国环境保护部,2015.生态环境状况评价技术规范:HJ 192—2015[S].北京:中国环境科学出版社.

周爱仙,2006.煤矿区生态环境现状评价及预警研究:以南屯煤矿区为例[D].济南:山东师范大学.

周川,李妍均,朱祥柯,等,2016.基于灰色聚类模型的重庆市典型矿区损毁程度研究[J].中国水土保持(8):49-51.

周茉,邹滨,涂宇龙,等,2020.关联类标准化样品特征波段的矿区土壤重金属 Pb 高光谱反演[J].光谱学与光谱分析,40(7):2182-2187.

周沛洁,李峰,李保珠,等,2012.模糊数学法在深部矿坑水环境质量评价中的应用[J].环境保护科学,38(2):86-89.

周妍,周伟,白中科,2013.矿产资源开采土地损毁及复垦潜力分析[J].资源与产业,15(5):100-107.

朱冬雨,陈涛,牛瑞卿,等,2021.利用移动窗口遥感生态指数分析矿区生态环境[J].武汉大学学报(信息科学版),46(3):341-347.

朱建军,杨泽发,李志伟,2019.InSAR 矿区地表三维形变监测与预计研究进展[J].测绘学报,48(2):135-144.

朱坦,冯银厂,2012.大气颗粒物来源解析:原理、技术及应用[M].北京:科学出版社.

朱小明,2018.基于多光谱遥感图像信息的水质污染监测研究[J].计算机技术与发展,28(11):52-55.

邹家恒,2019.基于 GOCI 的中国东部逐小时 $PM_{2.5}/1$ 浓度遥感估算[D].徐州:中国矿业大学.

ARAUJO M C U,SALDANHA T C B,GALVÃO R K H,et al.,2001. The successive projections algorithm for variable selection in spectroscopic multicomponent analysis[J]. Chemometrics and Intelligent Laboratory Systems,57(2):65-73.

BADRINARAYANAN V,KENDALL A,CIPOLLA R,2017. SegNet:a deep convolutional encoder-decoder architecture for image segmentation[J]. IEEE Transactions on Pattern Analysis and Machine Intelligence,39(12):2481-2495.

BALDOCCHI D D,2003. Assessing the eddy covariance technique for evaluating carbon dioxide exchange rates of ecosystems:past,present and future[J]. Global Change Biology,(4):479-492.

BAMLER R,EINEDER M,2004. Split band interferometry versus absolute ranging with wideband SAR systems[C] //IGARSS 2004. 2004 IEEE International Geoscience and Remote Sensing Symposium. Anchorage,AK,USA. IEEE:980-984.

BANGIRA T,ALFIERI S M,MENENTI M,et al.,2019. Comparing thresholding with machine learning classifiers for mapping complex water [J]. Remote Sensing,11(11):1351.

BAYLISS J D,GUALTIERI J A,CROMP R F,1998. Analyzing hyperspectral data with independent component analysis[C]//SPIE Proceedings,26th AIPR Workshop:Exploiting New Image Sources and Sensors. Washington,DC. SPIE:133-143.

BERMAN M,KIIVERI H,LAGERSTROM R,et al. ,2004. ICE:a statistical approach to identifying endmembers in hyperspectral images[J]. IEEE Transactions on Geoscience and Remote Sensing,42(10):2085-2095.

BIOUCAS-DIAS J M,FIGUEIREDO M A T,2010. Alternating direction algorithms for constrained sparse regression:application to hyperspectral unmixing[C]//2010 2nd Workshop on Hyperspectral Image and Signal Processing:Evolution in Remote Sensing. Reykjavik,Iceland. IEEE:1-4.

BOARDMANJ W,1996. Automating spectral unmixing of AVIRIS data using convex geometry concepts[C]//Summaries of the 4th Annual JPL Airborne Geoscience Workshop. Boulder,1:11-14.

BORMANN F H,LIKENS G E,1967. Nutrient cycling[J]. Science,155(3761):424-429.

BOVOLO F,BRUZZONE L,2007. A theoretical framework for unsupervised change detection based on change vector analysis in the polar domain[J]. IEEE Transactions on Geoscience and Remote Sensing,45(1):218-236.

BOVOLO F,MARCHESI S,BRUZZONE L,2012. A framework for automatic and unsupervised detection of multiple changes in multitemporal images[J]. IEEE Transactions on Geoscience and Remote Sensing,50(6):2196-2212.

BRCIC R,EINEDER M,BAMLER R,2009. Interferometric absolute phase determination with TerraSAR-X wideband SAR data[C] //2009 IEEE Radar Conference. Pasadena, CA,USA. IEEE:1-6.

BUSO D C,LIKENS G E,EATON J S,2000. Chemistry of precipitation,stream water and lake water from the Hubbard Brook Ecosystem Study:a record of sampling protocols and analytical procedures[R]. General Tech. Report NE-275, USDA Forest Service, Northeastern Research Station,Newtown Square,Pennsylvania,1-52.

CAI L M,XU Z C,REN M Z,et al. ,2012. Source identification of eight hazardous heavy metals in agricultural soils of Huizhou, Guangdong Province, China[J]. Ecotoxicology and Environmental Safety,78:2-8.

CLEWELL A F,ARONSON J,2013. Ecological restoration: principles,values,and structure of an emerging profession[M]. Washington: Island Press.

CLOUTIS E A,1996. Hyperspectral geological remote sensing:evaluation of analytical techniques[J]. International Journal of Remote Sensing,17(12):2215-2242.

CRAIG M D,1994. Minimum-volume transforms for remotely sensed data[J]. IEEE Transactions on Geoscience and Remote Sensing,32(3):542-552.

DOBIGEON N,MOUSSAOUI S,TOURNERET J Y,et al. ,2009. Bayesian separation of spectral sources under non-negativity and full additivity constraints[J]. Signal Processing,89(12):2657-2669.

DONG J H,MENG L R,BIAN Z F,et al. ,2019. Investigating the characteristics,evolutionand restoration modes of mining area ecosystems[J]. Polish Journal of Environmental

Studies,28(5):3539-3549.

DRĂGUTL,CSILLIK O,EISANK C,et al. ,2014. Automated parameterisation for multi-scale image segmentation on multiple layers[J]. ISPRS Journal of Photogrammetry and Remote Sensing,88(100):119-127.

EILER A,HEINRICH F,BERTILSSON S,2012. Coherent dynamics and association networks among lake bacterioplankton taxa[J]. The ISME Journal,6(2):330-342.

ERSKINE P D,FLETCHER A T,2013. Novel ecosystems created by coal mines in central Queensland's Bowen Basin[J]. Ecological Processes,2(1):33.

EVERINGHAM M,ALI ESLAMI S M,VAN GOOL L,et al. ,2015. The pascal visual object classes challenge:a retrospective[J]. International Journal of Computer Vision,111 (1):98-136.

FOODY G M,LUCAS R M,CURRAN P J,et al. ,1997. Non-linear mixture modelling without end-members using an artificial neural network[J]. International Journal of Remote Sensing,18(4):937-953.

GAMON J A,2015. Reviews and Syntheses:optical sampling of the flux tower footprint [J]. Biogeosciences,12(14):4509-4523.

GANN G D,MCDONALD T,WALDER B,et al. ,2019. International principles and standards for the practice of ecological restoration. Second edition[J]. Restoration Ecology,27 (S1):1-46.

GITZEN R A,2012. Design and analysis of long-term ecological monitoring studies[M]. Cambridge:Cambridge University Press.

GOCHIOCO L M,MILLER T,RUEV F J,2008. High-resolution 2D surface seismic reflection survey to detect abandoned old coal mine works to improve mine safety[J]. The Leading Edge,27(1):80-86.

GOODFELLOW I J,POUGET-ABADIE J,MIRZA M,et al. ,2014. Generative adversarial networks[EB/OL]. (2014-06-10)[2021-08-21]. http://arxiv. org/abs/1406. 2661. pdf.

GRAY J S,CALAMARI D,DUCE R,et al. ,1991. Scientifically based strategies for marine environmental protection and management [J]. Marine Pollution Bulletin, 22 (9): 432-440.

GREEN R H,1984. Statistical and nonstatistical considerations for environmental monitoring studies[J]. Environmental Monitoring and Assessment,4,293-301.

GROVE S J,2004. Ecological research coverage at the Warra LTER site,Tasmania:a gap analysis based on a conceptual ecological model[J]. Tasforests,15,43-53

GUAN Q Y,WANG F F,XU C Q,et al. ,2018. Source apportionment of heavy metals in agricultural soil based on PMF:a case study in Hexi Corridor,Northwest China[J]. Chemosphere,193:189-197.

GUNN D A,MARSH S H,GIBSON A,et al. ,2008. Remote thermal IR surveying to detect abandoned mineshafts in former mining areas[J]. Quarterly Journal of Engineering Geology and Hydrogeology,41(3):357-370.

GURUNG K,YANG J,FANG L,2018. Assessing ecosystem services from the forestry-based reclamation of surface mined areas in the north fork of the Kentucky River watershed[J]. Forests,9(10):652.

HAN G,XU H,GONG W,et al. ,2018. Feasibility study on measuring atmospheric CO_2 in urban areas using spaceborne CO_2-IPDA LIDAR[J]. Remote Sensing,10(7):985.

HARRISON M E,MARCHANT N C,HUSSON S J,2012. Ecological Monitoring to Support Conservation in Kalimantan's Forests:Concepts and Design[R]. Orangutan Tropical Peatland Project Report,Palangka Raya,Indonesia.

HARSANYI J C,CHANG C I,1994. Hyperspectral image classification and dimensionality reduction:an orthogonal subspace projection approach[J]. IEEE Transactions on Geoscience and Remote Sensing,32(4):779-785.

HE J Y,CHEN Y J,WU J P,et al. ,2020. Space-time chlorophyll-a retrieval in optically complex waters that accounts for remote sensing and modeling uncertainties and improves remote estimation accuracy[J]. Water Research,171:115403.

HINDERSMANN B,ACHTEN C,2018. Urban soils impacted by tailings from coal mining:PAH source identification by 59 PAHs,BPCA and alkylated PAHs[J]. Environmental Pollution,242:1217-1225.

HORWITZ H M,NALEPKA R F,HYDE P D,et al. ,1971. Estimating the proportions of objects within a single resolution element of a multispectral scanner[C]//Proceedings of the 7th International Symposium on Remote Sensing of Environment:1307-1320.

HOU L,LI X J,LI F,2019. Hyperspectral-based inversion of heavy metal content in the soil of coal mining areas[J]. Journal of Environmental Quality,48(1):57-63.

HOWLADAR M F,2013. Coal mining impacts on water environs around the Barapukuria coal mining area, Dinajpur, Bangladesh [J]. Environmental Earth Sciences, 70 (1): 215-226.

HUA L,YANG X,LIU Y J,et al. ,2018. Spatial distributions,pollution assessment,and qualified source apportionment of soil heavy metals in a typical mineral mining city in China[J]. Sustainability,10(9):3115.

JACKSON J M,LIU H,LASZLO I,et al. ,2013. Suomi-NPP VIIRS aerosol algorithms and data products[J]. Journal of geophysical research atmospheres,118(22):12673-12689.

JASINSKI M F,EAGLESON P S,1989. The structure of red-infrared scattergrams of semivegetated landscapes[J]. IEEE Transactions on Geoscience and Remote Sensing, 27(4):441-451.

JIANG X,LIU Y,YU B,et al. ,2007. Comparison of MISR aerosol optical thickness with AERONET measurements in Beijing metropolitan area[J]. Remote Sensing of Environment,107(1/2):45-53.

KARAN S K,SAMADDER S R,MAITI S K,2016. Assessment of the capability of remote sensing and GIS techniques for monitoring reclamation success in coal mine degraded lands[J]. Journal of Environmental Management,182:272-283.

KEMPER T,SOMMER S,2002. Estimate of heavy metal contamination in soils after a mining accident using reflectance spectroscopy[J]. Environmental Science & Technology,36(12):2742-2747.

KENNEDY J,EBERHART R C,2002. Particle swarm optimization[C]//Proceedings of ICNN'95-International Conference on Neural Networks. Perth,WA,Australia. IEEE: 1942-1948.

KENNEDY R E,YANG Z Q,COHEN W B,2010. Detecting trends in forest disturbance and recovery using yearly Landsat time series:1. LandTrendr—temporal segmentation algorithms[J]. Remote Sensing of Environment,114(12):2897-2910.

KENT J T,MARDIA K V,1988. Spatial classification using fuzzy membership models[J]. IEEE Transactions on Pattern Analysis and Machine Intelligence,10(5):659-671.

KOCH G,ZEMEL R and SALAKHUTDINOV R,2015. Siamese neural networks for one-shot image recognition[C]//Proceedings of the 32nd International Conference on Machine Learning,Lille:JMLR:2.

LI H X,JI H B,2017. Chemical speciation,vertical profile and human health risk assessment of heavy metals in soils from coal-mine brownfield,Beijing,China[J]. Journal of Geochemical Exploration,183.

LIANG J T,CHEN C C,SONG X L,et al. ,2011. Assessment of heavy metal pollution in soil and plants from Dunhua sewage irrigation area[J]. International Journal of Electrochemical Science,6(11):5314-5324.

LIANG Y,ZHANG J X,XIAO X,et al. ,2021. Risk assessment of heavy metals in overlapped areas of farmland and coal resources in Xuzhou,China[J]. Bulletin of Environmental Contamination and Toxicology,107(6):1065-1069.

LINDENMAYER D B,LIKENS G E,2009. Adaptive monitoring-a new paradigm for long-term research and monitoring[J]. Trends in Ecology and Evolution,24,482-486.

LINDENMAYER D B,LIKENS G E,2010. The science and application of ecological monitoring[J]. Biological Conservation,143(6):1317-1328.

LIN T Y,MAIRE M,BELONGIE S,et al. ,2014. Microsoft COCO:common objects in context[EB/OL]. (2014-05-01)[2021-08-16]. http://arxiv. org/abs/1405. 0312. pdf.

LI N,YAN C Z,XIE J L,2015. Remote sensing monitoring recent rapid increase of coal mining activity of an important energy base in Northern China,a case study of Mu Us Sandy Land[J]. Resources,Conservation and Recycling,94:129-135.

LIU D,ZHENG Z F,CHEN W B,et al. ,2019. Performance estimation of space-borne high-spectral-resolution lidar for cloud and aerosol optical properties at 532 nm[J]. Optics Express,27(8):A481-A494.

LIU S C,BRUZZONE L,BOVOLO F,et al. ,2015. Sequential spectral change vector analysis for iteratively discovering and detecting multiple changes in hyperspectral images [J]. IEEE Transactions on Geoscience and Remote Sensing,53(8):4363-4378.

LI Z Y,MA Z W,VAN DER KUIJP T J,et al. ,2014. A review of soil heavy metal pollution from mines in China: pollution and health risk assessment[J]. The Science of the Total Environment, 468/469: 843-853.

LOEWEN C J G, WYATT F R, MORTIMER C A, et al. , 2020. Multiscale drivers of phytoplankton communities in north-temperate lakes[J]. Ecological Applications: a Publication of the Ecological Society of America, 30(5): e02102.

LUO P, XIAO X, HAN X X, et al. , 2019. Application of different single extraction procedures for assessing the bioavailability of heavy metal(loid)s in soils from overlapped areas of farmland and coal resources[J]. Environmental Science and Pollution Research, 26 (15): 14932-14942.

MADSEN S N, ZEBKER H A, 2002. Automated absolute phase retrieval in across-track interferometry[C] //[Proceedings] IGARSS '92 International Geoscience and Remote Sensing Symposium. Houston, TX, USA. IEEE: 1582-1584.

MAHER W A, NORRIS R H, 1990. Water quality assessment programs in Australia deciding what to measure, and how and where to use bioindicators[J]. Environmental Monitoring Assessment, 14, 115-130.

MARSH S E, SWITZER P, KOWALIK W S, et al. , 1980. Resolving the percentage of component terrains within single resolution elements[J]. Photogrammetric Engineering and Remote Sensing, 46(8): 1079-1086.

MCCULLOUGH C D, VAN ETTEN E J B, 2011. Ecological restoration of novel lake districts: new approaches for new landscapes[J]. Mine Water and the Environment, 30(4): 312-319.

MELIN F, CLERICI M, ZIBORDI G, et al. , 2010. Validation of SeaWiFS and MODIS aerosol products with globally distributed AERONET data[J]. Remote Sensing of Environment, 114(2): 230-250.

MIAO L D, QI H R, 2007. Endmember extraction from highly mixed data using minimum volume constrained nonnegative matrix factorization[J]. IEEE Transactions on Geoscience and Remote Sensing, 45(3): 765-777.

MILLER L L, RASMUSSEN J B, PALACE V P, et al. , 2013. Selenium bioaccumulation in stocked fish as an indicator of fishery potential in pit lakes on reclaimed coal mines in Alberta, Canada[J]. Environmental Management, 52(1): 72-84.

MONDAL S, SINGH G, JAIN M K, 2020. Spatio-temporal variation of air pollutants around the coal mining areas of Jharia Coalfield, India[J]. Environmental Monitoring and Assessment, 192(6): 405.

MURGUÍA D I, BRINGEZU S, SCHALDACH R, 2016. Global direct pressures on biodiversity by large-scale metal mining: spatial distribution and implications for conservation [J]. Journal of Environmental Management, 180: 409-420.

NASCIMENTO J M P, DIAS J M B, 2005. Vertex component analysis: a fast algorithm to unmix hyperspectral data[J]. IEEE Transactions on Geoscience and Remote Sensing, 43(4): 898-910.

NICHOLS J,WILLIAMS B,2006. Monitoring for conservation[J]. Trends in Ecology & Evolution,21(12):668-673.

PAN H Y,GENG Y,TIAN X,et al. ,2019. Emergy-based environmental accounting of one mining system[J]. Environmental Science and Pollution Research,26(14):14598-14615.

PETERMAN R M, M'GONIGLE M,1992. Statistical power analysis and the precautionary principle[J],Marine Pollution Bulletin,24:231-234.

PLAZA A,MARTINEZ P,PEREZ R,et al. ,2002. Spatial/spectral endmember extraction by multidimensional morphological operations[J]. IEEE Transactions on Geoscience and Remote Sensing,40(9):2025-2041.

PRADOS A I,KONDRAGUNTA S,CIREN P,et al. ,2007. GOES Aerosol/Smoke Product (GASP) over North America:comparisons to AERONET and MODIS observations [J]. Journal of Geophysical Research (Atmospheres),112(D15):D15201.

QU M K,LI W D,ZHANG C R,et al. ,2013. Source apportionment of heavy metals in soils using multivariate statistics and geostatistics[J]. Pedosphere,23(4):437-444.

RINGOLD P L,ALEGRIA J,CZAPLEWSKI R L,et al. ,1996. Adaptive monitoring design for ecosystem management[J]. Ecological Applications,6(3):745-747.

ROGGE D M,RIVARD B,ZHANG J,et al. ,2007. Integration of spatial-spectral information for the improved extraction of endmembers[J]. Remote Sensing of Environment, 110(3):287-303.

RONNEBERGER O,FISCHER P,BROX T,2015. U-net:convolutional networks for biomedical image segmentation[EB/OL]. (2015-05-18)[2021-10-20]. http://arxiv. org/ abs/1505. 04597. pdf.

RUDIN L I,OSHER S,FATEMI E,1992. Nonlinear total variation based noise removal algorithms[J]. Physica D,60(1/2/3/4):259-268.

RUSSAKOVSKY O,DENG J,SU H,et al. ,2014. ImageNet large scale visual recognition challenge[EB/OL]. (2014-09-01)[2021-11-20]. http://arxiv. org/abs/1409. 0575. pdf.

SAYER A M,HSU N C,BETTENHAUSEN C,et al. ,2013. Validation and uncertainty estimates for MODIS Collection 6 "Deep Blue" aerosol data[J]. Journal of Geophysical Research:Atmospheres,118(14):7864-7872.

SHELHAMER E,LONG J,DARRELL T,2016. Fully convolutional networks for semantic segmentation [EB/OL]. (2016-05-20) [2021-11-22]. http://arxiv. org/abs/1605. 06211. pdf.

SINGH A,1989. Digital change detection techniques using remotely-sensed data[J]. International Journal of Remote Sensing,10(6):989-1003.

SINGH B A,1986. Change detection in the tropical forest environment of northeastern india using Landsat[M]∥EDEN M J,PARRY J T. Remote Sensing and Tropical Land Management. New York:John Wiley and Sons:237-254.

SOULARD C E,ACEVEDO W,STEHMAN S V,et al. ,2016. Mapping extent and change in surface mines within the United States for 2001 to 2006[J]. Land Degradation & Development,27(2):248-257.

STRAHLER A H,WOODCOCK C E,LI X,et al. ,1984. Discrete-object modeling of remotely sensed scenes[C]//Proceedings of the 18th International Symposium on Remote Sensing of Environment,Paris,France:465-473.

SUN J F,YUAN X Z,LIU H,et al. ,2019. Emergy evaluation of a swamp dike-pond complex:a new ecological restoration mode of coal-mining subsidence areas in China[J]. Ecological Indicators,107:105660.

VOS P,MEELIS E,TER KEURS W J,2000. A framework for the design of ecological monitoring programs as a tool for environmental and nature management[J]. Environmental Monitoring and Assessment,61(3):317-344.

WANG F,1990. Fuzzy supervised classification of remote sensing images[J]. IEEE Transactions on Geoscience and Remote Sensing,28(2):194-201.

WANG F H,GAO J,ZHA Y,2018. Hyperspectral sensing of heavy metals in soil and vegetation:feasibility and challenges[J]. ISPRS Journal of Photogrammetry and Remote Sensing,136:73-84.

WANG J,SU J W,LI Z G,et al. ,2019. Source apportionment of heavy metal and their health risks in soil-dustfall-plant system nearby a typical non-ferrous metal mining area of Tongling,Eastern China[J]. Environmental Pollution,254:113089.

WENTZKY V C,TITTEL J,JAGER C G,et al. ,2020. Seasonal succession of functional traits in phytoplankton communities and their interaction with trophic state[J]. Journal of Ecology,108(4):1649-1663.

WICKHAM J,WOOD P B,NICHOLSON M C,et al. ,2013. The overlooked terrestrial impacts of mountaintop mining[J]. Bioscience,63(5): 335-348.

WINTER M E,1999. N-FINDR:an algorithm for fast autonomous spectral end-member determination in hyperspectral data[C]//SPIE's International Symposium on Optical Science,Engineering,and Instrumentation. Proc SPIE 3753,Imaging Spectrometry V, Denver,CO,USA,3753:266-275.

XIAO X,ZHANG J X,WANG H,et al. ,2020. Distribution and health risk assessment of potentially toxic elements in soils around coal industrial areas:a global meta-analysis [J]. The Science of the Total Environment,713:135292.

XU J X,ZHAO H,YIN P C,et al. ,2019. Landscape ecological quality assessment and its dynamic change in coal mining area:a case study of Peixian[J]. Environmental Earth Sciences,78(24):708.

YANG Y J,ERSKINE P D,LECHNER A M,et al. ,2018. Detecting the dynamics of vegetation disturbance and recovery in surface mining area via Landsat imagery and LandTrendr algorithm[J]. Journal of Cleaner Production,178:353-362.

YANG Y J,ERSKINE P D,ZHANG S L,et al. ,2018. Effects of underground mining on vegetation and environmental patterns in a semi-arid watershed with implications for resilience management[J]. Environmental Earth Sciences,77(17):605.

YANG Y Y,ZHANG J X,XIAO X,et al.,2021. Speciation and potential ecological risk of heavy metals in soils from overlapped areas of farmland and coal resources in northern Xuzhou,China[J]. Bulletin of Environmental Contamination and Toxicology,107(6): 1053-1058.

YANG Z F,LI Z W,ZHU J J,et al.,2017. Retrieving 3-D large displacements of mining areas from a single amplitude pair of SAR using offset tracking[J]. Remote Sensing, 9(4):338.

YI Q T,WANG X M,WANG T T,et al.,2014. Eutrophication and nutrient limitation in the aquatic zones around Huainan coal mine subsidence areas,Anhui,China[J]. Water Science and Technology:a Journal of the International Association on Water Pollution Research,70(5):878-887.

ZARE A,GADER P,2007. Sparsity promoting iterated constrained endmember detection in hyperspectral imagery[J]. IEEE Geoscience and Remote Sensing Letters,4(3): 446-450.

ZHANG H W,ZHANG F,SONG J,et al.,2021. Pollutant source,ecological and human health risks assessment of heavy metals in soils from coal mining areas in Xinjiang,China[J]. Environmental Research,202:111702.

ZHANG H,ZHOU X Y,2009. Speciation variation of trace metals in coal gasification and combustion[J]. Chemical Speciation & Bioavailability,21(2):93-97.

ZHANG S Q,LI J,LIU K,et al.,2016. Hyperspectral unmixing based on local collaborative sparse regression[J]. IEEE Geoscience and Remote Sensing Letters,13(5):631-635.

ZHAO H H,JIANG Y M,WANG T,et al.,2016. A method based on the adaptive cuckoo search algorithm for endmember extraction from hyperspectral remote sensing images [J]. Remote Sensing Letters,7(3):289-297.

ZHUKOV B,OERTEL D,LANZL F,et al.,1999. Unmixing-based multisensor multiresolution image fusion[J]. IEEE Transactions on Geoscience and Remote Sensing,37(3): 1212-1226.

ZHU X X,ZHOU Y L,YANG Y J,et al.,2020. Estimation of the restored forest spatial structure in semi-arid mine dumps using worldview-2 imagery[J]. Forests,11(6):695.